Cyfri'r Da
HANES CANMLYNEDD CYMDEITHAS AMAETHYDDOL FRENHINOL CYMRU

Cyfri'r Da

HANES CANMLYNEDD CYMDEITHAS AMAETHYDDOL FRENHINOL CYMRU

David W. Howell

Cyhoeddir ar ran Cymdeithas Amaethyddol Frenhinol Cymru
GWASG PRIFYSGOL CYMRU
CAERDYDD
2003

© Cymdeithas Amaethyddol Frenhinol Cymru, 2003

Cedwir pob hawl. Ni cheir atgynhyrchu unrhyw ran o'r cyhoeddiad hwn na'i gadw mewn cyfundrefn adferadwy na'i drosglwyddo mewn unrhyw ddull na thrwy unrhyw gyfrwng electronig, mecanyddol, ffotogopïo, recordio, nac fel arall, heb ganiatâd ymlaen llaw gan Wasg Prifysgol Cymru, 10 Rhodfa Columbus, Maes Brigantîn, Caerdydd CF10 4UP.

www.cymru.ac.uk/gwasg

Mae cofnod catalogio'r gyfrol hon ar gael gan y Llyfrgell Brydeinig.

ISBN 0–7083–1841–X

Datganwyd gan David W. Howell ei hawl foesol i gael ei gydnabod yn awdur y gwaith hwn yn unol ag adrannau 77 a 78 Deddf Hawlfraint, Dyluniadau a Phatentau 1988.

Cyfieithwyd o'r Saesneg gwreiddiol gan M. Eluned Rowlands.

Hoffai Cymdeithas Amaethyddol Frenhinol Cymru gydnabod cymorth ariannol HSBC wrth gyhoeddi'r gyfrol hon.

Cysodwyd gan Andrew Lindesay, Golden Cockerel Press Cyf.
Argraffwyd ym Mhrydain gan J. W. Arrowsmith Ltd.

Cynnwys

Rhagair gan EUB Tywysog Cymru	vii
Rhagair yr Awdur a Diolchiadau	viii
Cydnabyddiaethau'r Lluniau	xi
Neges oddi wrth ein Noddwyr, HSBC	xii

RHAN UN
Lansio'r Gymdeithas: Blynyddoedd Aberystwyth, 1904–1909 — 1

RHAGYMADRODD	Hir Pob Aros	3
UN	Cael Gwared â Chenfigen Ddibwys	7
DAU	Mae'r Sioe ar y Ffordd	22
TRI	Llawer Mwy na Sioe	37

RHAN DAU
Chwilio am Wir Hunaniaeth Genedlaethol: Y Cyfnod Symudol Cyntaf, 1910–1939 — 43

PEDWAR	Blynyddoedd o Bryder	45
PUMP	'Cystal ag Unrhyw Sioe yn y Deyrnas'	59
CHWECH	Buchesau Di-dwbercwl a Chwningod Gwyllt	87

RHAN TRI
Diffygion a Mwd: Yr Ail Gyfnod Symudol, 1947–1962 — 95

SAITH	Cur Pen Newydd: Costau'n Cynyddu Ymhobman	97
WYTH	Y Sioe, 1947–1962: Ehangu a Newid	115
NAW	Porfeydd Newydd	146
DEG	'Gweithred o Ffydd': Symud i Safle Parhaol	152

RHAN PEDWAR
O Argyfwng i Fuddugoliaeth: Blynyddoedd Llanelwedd, 1963–2004 — 161

UN AR DDEG	Blynyddoedd Llanelwedd, 1963–1975: Tristwch ac Anobaith	163
DEUDDEG	Yr Haul yn Gwenu ar Lanelwedd	180
TRI AR DDEG	Y Sioe Deuluol, 1963–2004	200
PEDWAR AR DDEG	Gorwelion Ehangach	245
EPILOG	Edrych yn Ôl ac Ymlaen	254
	Atodiadau a Nodyn Llyfryddiaethol	261
	Mynegai	279

CLARENCE HOUSE

Mae gan Gymdeithas Amaethyddol Frenhinol Cymru lawer i'w ddathlu yn ystod blwyddyn ei chanmlwyddiant. Er gwaethaf gorfod wynebu a choncro nifer o anawsterau a rhwystrau yn y blynyddoedd cynnar, fe ddatblygodd y Gymdeithas yn gorff egnïol a llwyddiannus. Daeth ei sioe flynyddol, ffenestr siop ffermio Cymreig, i gael ei chydnabod fel un o'r tri digwyddiad pwysicaf ym myd amaeth yn y Deyrnas Gyfunol, ac mae gweithgareddau'r Gymdeithas y tu allan i'r sioe yn cwmpasu rhaglen eang sy'n hybu economi amaethyddol a gwledig Cymru.

Mae'r llyfr hwn sy'n dathlu'r canmlwyddiant, ac a ysgrifennwyd gan yr Athro David Howell, arbenigwr cydnabyddedig ar hanes y Gymru wledig, yn cyflwyno i'r darllenwyr ddarlun cynhwysfawr o'r Gymdeithas, gan olrhain ei datblygiad o'i chwe blynedd cyntaf yn Aberystwyth rhwng 1904 ac 1909, drwy ei chyfnod crwydrol o 1910 i 1962, i'w chartref parhaol yn Llanelwedd o 1963 ymlaen. Gyda chymorth straeon dadlennol – a thra diddorol yn aml – mae hanes y canmlwyddiant a gyflwynir yma yn stori ddynol yn fwy na dim; cofnod o gefnogaeth wirfoddol ryfeddol gan nifer dirifedi o bobl mewn gwahanol ffyrdd er sicrhau bod y Gymdeithas yn gwarchod amcanion ei sylfaenwyr, sef hybu amaethyddiaeth Cymru, ac yn bennaf oll, ei da byw byd-enwog. Ar ôl darllen y gyfrol hon rwy'n sicr y bydd y darllenwyr yn ymhyfrydu yn yr hanes ac yn diolch am y gwasanaeth ffyddlon a roddwyd i'r cymunedau amaethyddol Cymreig gan Gymdeithas Amaethyddol Frenhinol Cymru er 1904.

Fel ymwelydd ar nifer o achlysuron â maes y sioe yn Llanelwedd, maes sydd wedi ei leoli yn un o rannau prydferthaf y wlad, rwyf wedi ymddiddori'n fawr yn ffyniant y Gymdeithas a'r ffermwyr y mae yn eu gwasanaethu. Yn arbennig, rwyf wedi bod yn ymwybodol o'r rhan anhepgor y mae'r Gymdeithas wedi ei chwarae yn cefnogi ffermwyr Cymru yn ystod rhai o'r dyddiau tywyllaf yn hanes amaethyddiaeth y degawd olaf hwn, yn bennaf yn ystod Clwy'r Traed a'r Genau yn 2001. Nid anghofiaf byth yr awyrgylch yn Ffair Aeaf y Sioe Frenhinol Gymreig yn Rhagfyr 2001, y tro cyntaf i'r ffermwyr ymgynnull wedi'r Clwyf – roedd y teimlad o ryddhad yn eglur, fel yr oedd penderfyniad ffermwyr arbennig Cymru i barhau â'u ffordd gynhenid o fyw a ffordd y mae cymaint ohonynt yn rhagori ynddi. Mae gan Gymdeithas Amaethyddol Frenhinol Cymru gymaint i fod yn falch ohono ac rwy'n ei chyfrif yn bleser ac yn anrhydedd i ysgrifennu'r rhagair hwn ar gyfer 'Cyfri'r Da'. Rwy'n gobeithio ac yn gweddïo y bydd y Gymdeithas yn ystod y 100 mlynedd nesaf yn datblygu er mwyn wynebu'r heriau newydd a ddaw, ac wrth wneud hyn, yn mynd o nerth i nerth.

Rhagair yr Awdur a Diolchiadau

Fel un a fu'n ysgrifennu, drwy gydol fy ngyrfa academaidd, am ddatblygiad amaethyddiaeth yng Nghymru ac am natur y gymdeithas wledig Gymreig o'r ddeunawfed ganrif ymlaen, roeddwn wrth fy modd (er braidd yn nerfus) pan wahoddwyd fi gan Gymdeithas Amaethyddol Frenhinol Cymru yn 1997 i ysgrifennu hanes ei chanmlwyddiant. Bachgen ysgol oeddwn pan ymwelais â'r sioe am y tro cyntaf yng Ngorffennaf 1955, pan drefnwyd trip o Ysgol Ramadeg Arberth i sioe hynod lwyddiannus Hwlffordd. Dyma'r flwyddyn y dangoswyd y digwyddiad am y tro cyntaf ar y teledu. Ychydig a sylweddolwn ar y pryd nad sioeau blynyddol y Gymdeithas, er mor wych oeddynt fel man i arglwyddi balch gerdded o gwmpas y cylch, oedd y prif reswm dros fodolaeth y Gymdeithas o bell ffordd. Gobeithiaf y bydd y darllenydd wrth bori drwy'r gyfrol hon yn darganfod cyfoeth ei gweithgareddau amlochrog, i gyd yn amcanu i hyrwyddo lles ffermwyr Cymru a'r gymdeithas wledig ehangach. Ar adegau gwahanol wedi'r cychwyn stormus yn Aberystwyth yn nechrau 1904, ac yn arbennig yn y blynyddoedd cyn canol y 1970au, wynebodd trefnwyr y gymdeithas anawsterau lawer a fu'n fygythiad i union fodolaeth y sefydliad. Wrth ddod yn ymwybodol o'r frwydr i orchfygu'r anawsterau hyn yn llwyddiannus, dylem fel Cymry fod yn falchach byth o'r hyn a gyflawnwyd gan y Gymdeithas nodedig hon ac o'i henw da rhyngwladol.

Cefais gymorth gwerthfawr gan nifer o sefydliadau ac unigolion wrth ysgrifennu'r llyfr hwn ac mae'n bleser gennyf gydnabod fy nyled iddynt yma. Fel bob amser, cefais gymorth rhwydd staff Llyfrgell Genedlaethol Cymru, Aberystwyth: rwyf yn arbennig o ddyledus i'r wybodaeth a gefais gan Menna Phillips o Adran y Llyfrau Printiedig, merch Llywelyn Phillips a chwaraeodd ran mor allweddol ym myd y Gymdeithas yn y 1960au a'r 1970au. Cymorth gwerthfawr arall oedd cael archwilio cofnodion y Gymdeithas a drosglwyddwyd dros dro, drwy garedigrwydd a chaniatâd Gwyn Jenkins, pennaeth Adran Lawysgrifau Llyfrgell Genedlaethol Cymru, i lyfrgell fy ngholeg yn Abertawe. Bu staff Llyfrgell Thomas Parry yn Aberystwyth yn gyson garedig wrth roi mynediad rhwydd i mi ddarllen bron rediad cyfan *Cylchgrawn* y Gymdeithas. Yr un modd bu fy nghyd-weithwyr yn llyfrgell Prifysgol Cymru Abertawe yn gyson barod i'm cynorthwyo ymhob ffordd bosibl. Bu staff un o adeiladau ceinaf Cymru, yr ystafell gyfeirio gron yn llyfrgell dinas Abertawe, yn hynod amyneddgar wrth fy helpu i ddefnyddio copïau micro-ffish nifer o ôl-rifynnau'r *Western Mail*. Darparodd W. Dyfrig Davies o Deledu Telesgop, Llandeilo, ddeunydd ffotograffig addas ar gyfer clawr y llyfr. Cefais gan y staff parhaol yn Llanelwedd atebion prydlon a chwrtais bob amser i'm hymholiadau niferus. Parodd hynawsedd y Prif Weithredwr David Walters a'i dîm i mi deimlo yn hynod gartrefol pan ymwelwn yn achlysurol â maes y sioe. Bu'r wybodaeth a gyflwynwyd gan Fwrdd y Rheolwyr, o dan gadeiryddiaeth Dr W. Emrys Evans, ynghyd â'i ganiatâd i roi ar fenthyg i mi gofnodion y Gymdeithas a deunyddiau perthnasol eraill, o gymorth enfawr wrth baratoi'r gyfrol hon.

Trwy gydol fy nghyfnod yn ymchwilio i hanes gwledig Cymru, sy'n ymestyn yn ôl i'r 1970au, elwais yn fawr ar gyngor dau ysgolhaig blaenllaw yn hanes amaethyddiaeth Prydain, yr Athro Gordon Mingay a'r Athro Michael Thompson. Bu sgwrsio â hwy ynglŷn â pha agwedd i'w chymryd wrth ysgrifennu hanes y canmlwyddiant hwn yn werthfawr iawn. Dibynnais yn helaeth ar ysgolheictod yr Athro Richard Moore-Colyer o Adran Amaethyddiaeth Prifysgol Cymru, Aberystwyth. Wrth gwrs, roedd y sioeau blynyddol bob amser yn cynnwys merlod a chobiau Cymreig ac roeddwn yn dibynnu yn helaeth yn y maes hwn ar weithiau a llythyrau Dr Wynne Davies, yr arbenigwr cydnabyddedig yn y maes. Yn ychwanegol, cefais gymorth gwerthfawr gan fy nghyfaill a'm myfyrwraig ymchwil Wilma Thomas o Lanmadog, Gŵyr, a fu'n cystadlu yn y gorffennol yn Llanelwedd gyda merlod hela, drwy ei sylwadau gwerthfawr ar yr adran geffylau. Bydd rhai ohonoch yn cofio personoliaeth fywiog Alan Turnbull o Benrhyn Gŵyr a chwaraeodd ran sylweddol yn trefnu sioeau Llanelwedd. Cefais gipolwg ar ei gymeriad trwy gyfarfod â nifer o'i gyfeillion fel grŵp yn ardal Gŵyr yng nghartref Judy Methuen-Campbell o Gastell Pen-rhys, a mawr yw fy niolch iddi am drefnu'r cyfarfod hwn. Mae'r gyfrol hon wedi elwa llawer ar sgiliau fy nghyfaill Alun Owen o Langyfelach. Fe dreuliodd oriau lawer yn sganio ffotograffau hen a diffygiol a oedd yn dyddio'n ôl i ddegawdau cynnar yr ugeinfed ganrif. Rwy'n hynod ddiolchgar iddo. Cefais gymorth gwerthfawr hefyd wrth sganio ffotograffau hen eraill gan fy nghyd-weithiwr Roger Davies o adran ffotograffiaeth y Celfyddydau a'r Dyniaethau ym Mhrifysgol Cymru Abertawe. Yr un mor anhepgor oedd y cymorth a gefais i gyfieithu testunau Cymraeg i'r Saesneg gan Brinley Jones, Ifor Rowlands, Dr Peter Freeman a Dr Gareth Pritchard, cyd-weithwyr i mi. Bu cyd-weithiwr arall, Nick Woodward, mab-yng-nghyfraith i'r diweddar Wil Jones, cyn-lywydd Cymdeithas y Merlod a'r Cobiau Cymreig, yn garedig yn creu Ffigurau 1 a 2 yn Atodiad Tri. Darllenwyd y testun gorffenedig gan yr Athro Geraint H. Jenkins o'r Ganolfan Uwchefrydiau Cymreig a Cheltaidd yn Aberystwyth a chan Dr Jeremy Burchardt o Ganolfan Hanes Gwledig, Prifysgol Reading. Cyfrannodd y ddau syniadau gwerthfawr ar gyfer gwella'r cynnyrch terfynol.

Daeth anogaeth wych o gyfeiriad fy ngholeg. Bu'r Is-ganghellor Robin Williams, FRS, brodor o'r Bala, yn holi'n gyson am hynt y llyfr. Tra bu pennaeth fy adran, yr Athro Noel Thompson a chyd-weithwyr eraill yn yr

Adran Hanes yn gefnogol i'r eithaf a dangos amynedd di-ben-draw tuag ataf, fe syrthiodd y baich mwyaf ar ysgwyddau ein hysgrifenyddes, Jane Buse, a deipiodd y llyfr yn siriol ac yn effeithlon. Mae fy nyled yn fawr iddi hi. Mae'n bleser nodi diolch y Gymdeithas a'm diolch innau i Wasg Prifysgol Cymru, yn arbennig Susan Jenkins, Ceinwen Jones, Ruth Dennis-Jones, Liz Powell a Sue Charles, am eu cwrteisi a'u harweiniad di-feth drwy gydol y gwaith wrth gyhoeddi'r fersiynau Saesneg a Chymraeg. Hoffwn ddiolch hefyd i Janet Davies a luniodd y mynegeion yn y ddwy iaith, ac i M. Eluned Rowlands am gyfieithu'r gwreiddiol i'r Gymraeg.

Yn olaf, fe gefais gefnogaeth gyson fy ngwraig, Angela, a'n merch, Emma Angharad, wrth ymchwilio ac ysgrifennu'r llyfr hwn. Fel bob amser, mae gennyf reswm bod yn ddiolchgar iawn iddynt. Fe gofiaf yn dda hefyd ddiddordeb fy niweddar dad yn dilyn datblygiad y gyfrol a'r llawenydd a ddangosodd pan ddywedais wrtho yn ei gartref yng Nghilgeti fod y gyfrol wedi'i chwblhau.

David W. Howell

Cydnabyddiaethau'r Lluniau

Hoffai'r awdur a'r cyhoeddwyr gydnabod y canlynol am ganiatâd i atgynhyrchu lluniau:

Archifau CAFC, yn cynnwys lluniau o *Cylchgrawn Cymdeithas Amaethyddol Frenhinol Cymru*: 1, 2, 3, 9, 10, 11, 12, 15, 16, 17, 18, 19, 20, 21, 22, 23, 24, 26, 27, 32, 34, 36, 37, 38, 39, 41, 42, 43, 44, 47 (Les Mayall) 49 (Tegwyn Roberts), 50, 51 (Tegwyn Roberts), 52 (Tegwyn Roberts), 53 (Tegwyn Roberts), 54 (Tegwyn Roberts), 55, 56, 57 (Tegwyn Roberts), 59 (Tegwyn Roberts), 60, 62 (Tegwyn Roberts), 63 (Tegwyn Roberts), 64 (Tegwyn Roberts), 66, 67, 68 (Tegwyn Roberts), 69, 70 (Tegwyn Roberts), 72 (Tegwyn Roberts), 73 (Tegwyn Roberts), 74 (Tegwyn Roberts), 75, 76 (Tegwyn Roberts), 77 (Tegwyn Roberts), 78 (Tegwyn Roberts), 82, 83 (Tegwyn Roberts), 84 (Tegwyn Roberts), 85, 86 (Tegwyn Roberts), 87, 88 (Tegwyn Roberts), 89, 90 (Tegwyn Roberts), 91 (Tegwyn Roberts), 93

Llyfrgell Thomas Parry, Aberystwyth, am yr eitemau canlynol o *Cylchgrawn Amaethyddiaeth Cymru*: 4, 5, 6, 7, 28, 46

Griffiths & Davies, Neuadd Dolclettwr, Taliesin: 8

Central News, Llundain: 13

Shirley a John Thomas, Sgeti, Abertawe: 14

National Library of Wales, Geoff Charles Collection: 25, 29, 30, 35, 40, 79

Megan Thomas, Pennard, Gŵyr: 31

Hammonds, Henffordd: 61

Dr Wynne Davies, Meisgyn, Pontyclun: 33, 65

Miss Biddy Gwynne Howell, Llanelwedd: 45

Western Mail and Echo: 58

Oriel Marina, Llandrindod: 48, 71

Daily Express: 80

Farmers Weekly: 81

John Kendall: 92

Neges oddi wrth ein Noddwyr, HSBC

Mae Banc HSBC ccc yn falch iawn o noddi'r llyfr hwn sy'n dathlu canmlwyddiant Cymdeithas Amaethyddol Frenhinol Cymru.

Mae'r mwyafrif ohonom yn cysylltu'r Gymdeithas â Sioe Frenhinol Cymru a gynhelir yn flynyddol yng Ngorffennaf ac yn wir y sioe gyntaf yn 1904 a roddodd sylfaen i'r Gymdeithas fel ag y mae heddiw. Mae dylanwad y Gymdeithas bellach yn llawer mwy pellgyrhaeddol, gyda nifer o sioeau a digwyddiadau arbenigol yn cael eu cynnal gydol y flwyddyn ar faes parhaol y Gymdeithas yn Llanelwedd.

Gwelwyd datblygiadau anhygoel ers sefydlu maes parhaol yn 1962, ac mae'r gweithgarwch beunyddiol yn brawf o'r holl waith caled gan nifer o unigolion ymroddgar ledled Cymru. Mae'r Gymdeithas yn denu llawer o bobl i ganolbarth Cymru yn ystod y flwyddyn ac mae'n gyfrannwr o bwys at yr economi leol.

Mae amaethyddiaeth yn parhau i fod yn rhan arwyddocaol o'r economi Gymreig ac mae'r Gymdeithas yn darparu canolbwynt ar gyfer nifer o sectorau. Mae'r sioeau, yn arbennig, yn hybu bridio a hwsmonaeth o'r safon uchaf sy'n anhepgor os yw cynnyrch Cymru i gystadlu ym marchnadoedd y byd.

Mae cysylltiad HSBC â'r Gymdeithas yn mynd yn ôl dros lawer o flynyddoedd ac rydym yn hynod o falch o allu ei llongyfarch ar ei chanmlwyddiant. Edrychwn ymlaen at gydweithio â'r Gymdeithas am lawer o flynyddoedd eto.

RHAN UN
Lansio'r Gymdeithas
BLYNYDDOEDD ABERYSTWYTH, 1904–1909

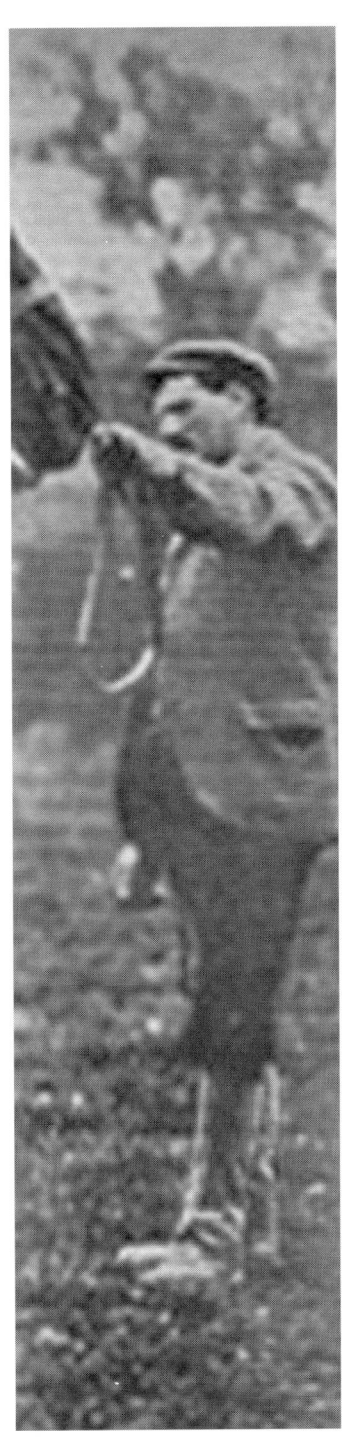

RHAGYMADRODD
Hir Pob Aros

Sefydlu Cymdeithas Amaethyddol Sir Frycheiniog yn 1755 gan sgweier lleol, Charles Powel o Gastell Madog, a roddodd fod i'r gymdeithas sirol gyntaf o'i bath ym Mhrydain ac fe ddaeth yr ysbrydoliaeth oddi wrth Gymdeithas Gelfyddydau Llundain a sefydlwyd y flwyddyn flaenorol ar gyfer hyrwyddo amaethyddiaeth, gweithgynhyrchion a masnach. Mewn ymgais i wella dulliau hwsmonaeth o fewn y sir, roedd ffermwyr blaengar yn cael eu gwerthfawrogi trwy dderbyn premiwm am dyfu maip a thatws, a chael hadau maip rhad, a hefyd roedd coed yn cael eu plannu a ffyrdd yn cael eu lledu a'u gwella. O weld y manteision a ddeuai i amaethyddiaeth Sir Frycheiniog o hyn, sefydlodd yr aristocratiaid a'r uchelwyr mewn mannau eraill yng Nghymru gymdeithasau tebyg yn eu siroedd eu hunain. Y gyntaf i ddilyn enghraifft Brycheiniog oedd Sir Gaerfyrddin pan, yn Ebrill 1772, yr awgrymodd Watkin Lewes o Abernant-bychan (Sir Aberteifi) – a oedd yn berchen hefyd ar stadau yn Sir Gaerfyrddin – sefydlu 'Cymdeithas ar gyfer Hybu Amaethyddiaeth, Plannu a dibenion clodfawr eraill'. Yn ddiweddarach yn yr un flwyddyn sefydlwyd cymdeithas hefyd ym Morgannwg o dan nawdd Thomas Mansel Talbot o Fargam. Ddeuddeng mlynedd yn ddiweddarach sefydlwyd Cymdeithas Sir Benfro er hyrwyddo Amaethyddiaeth, Gweithgynhyrchu a Diwydiant gan William Knox, sgweier newydd Slebets, a fu yn gynharach yn ei yrfa yn Is-ysgrifennydd Gwladol America. Am resymau na wyddom beth oeddynt, dim ond am chwech i saith mlynedd y parhaodd y gymdeithas, ond fe'i hadfywiwyd yn 1805 gan yr Arglwydd Cawdor o Stackport Court. Yr un flwyddyn, 1784, sefydlwyd Cymdeithas er hyrwyddo Amaethyddiaeth a Diwydiant yn Sir Aberteifi. Chwe blynedd yn ddiweddarach fe welwyd trawsffurfio Cymdeithas Faesyfed Llundain, a arferai gyfarfod yn Nhŷ Coffi Gray's Inn Road, yn Gymdeithas Amaethyddol Faesyfed o dan anogaeth John Lewis o Harpton Court. Sefydlwyd Cymdeithasau Wrecsam a Sir Drefaldwyn yn 1796, y gyntaf gan y trydydd Syr Watkin Williams Wynn o Wynnstay, a sefydlwyd cymdeithasau yn ddiweddarach ym Meirionnydd, Sir Gaernarfon a Sir Fôn yn 1801, 1807 a 1808.

Hyd yn oed os nad oedd dylanwad y cymdeithasau amaethyddol cynnar hyn yn llwyr gyflawni nod eu sefydlwyr, yn sicr fe fuont yn gymorth i ledaenu dulliau newydd o hwsmonaeth megis tyfu maip a meillion. Yn y blynyddoedd cynnar, cyfyngwyd aelodaeth yn bennaf i dirfeddianwyr a gynhaliai eu cyfarfodydd rheolaidd mewn tafarndai lleol, cyfarfodydd hwyliog a diotgar, ond o tua 1810 ehangwyd yr aelodaeth yn gynyddol i gynnwys ffermwyr-denantiaid sylweddol. O bwys yn y cyswllt hwn, roedd gan Gymdeithas Sir Benfro, yn ei hymgyrch i recriwtio mwy o ffermwyr cyffredin, archeb reolaidd o 1809 ymlaen – 'ni fydd cinio yn costio mwy na hanner coron y person, a bydd pawb sy'n bresennol yn gallu dewis ei ddiod ei hun'. Felly, er nad hwy bellach oedd yr unig rai i gyfrannu at y cymdeithasau hyn, fe barhaodd y pendefigion a'r uchelwyr i fod yn ffyddlon drwy gydol y degawdau canlynol. Os nad oedd y nawdd hwn ar gael roedd y cymdeithasau yn chwalu, fel y digwyddodd, er enghraifft, yn achos Cymdeithas Amaethyddol Gogledd Sir Aberteifi yn 1885. Cafodd y cymdeithasau a fodolai yn y 1860au hwb o'r newydd pan sylweddolodd y tirfeddianwyr a'r ffermwyr mwy blaengar werth gwella bridiau'r Gwartheg Duon a da byw eraill pan oedd prisiau ar i fyny. Sefydlwyd nifer o gymdeithasau newydd ar yr un pryd, digwyddiad yr oedd *The Welshman* yn 1874 yn ymwybodol ohono: 'Mae'r modd cyflym y mae'r arddangosfeydd hyn yn lluosogi yn y wlad yn brawf diamheuol o'u poblogrwydd, a heb amheuaeth mae enwogrwydd un gymdeithas, neu wybod am y gwaith da a gyflawnir mewn un ardal, wedi arwain at ffurfio cymdeithasau eraill.'

Cafwyd digonedd o gydnabyddiaeth ar y pryd o ddylanwad llesol y cymdeithasau hyn. Yn 1882, er enghraifft, dywedodd tirfeddiannwr lleol a chlerigwr, y Parchedig Garnons Williams o Abercamlais, fod y gwelliannau a welwyd mewn amaethyddiaeth yn Sir Frycheiniog yn y blynyddoedd a aeth heibio i'w priodoli i sioeau amaethyddol. Roedd yn amlwg fod datganiad sgweiar y Cilgwyn, Sir Aberteifi, yn 1872 nad oedd sioeau amaethyddol bychain lleol 'o unrhyw werth ac mai gwastraff arian oedd eu hybu' yn llawer rhy ysgubol. Eto, rhaid tymheru rhywfaint ar y ganmoliaeth i'w heff-eithiolrwydd. Mynnid bod tenantiaid yn gwerthfawrogi sioeau amaethyddol yn bennaf oherwydd y gwobrau ariannol y gallent eu hennill, a'u bod yn methu â sylweddoli mai gwir amcan y gymdeithas oedd nid llenwi pocedi tirfeddianwyr a thenantiaid ond, yn hytrach, gwella'u stoc. Weithiau byddent yn grwgnach pan enillai'r tirfeddianwyr y gwobrau gorau, ac er mwyn ateb y gŵyn hon tynnwyd rhestrau gwobrau gan ystyried yn bennaf y ffordd orau i wobrwyo'r nifer fwyaf o arddangoswyr yn hytrach na'r ffordd orau i wella da byw a chnydau. Ceisiodd Cymdeithas Amaethyddol Meirionnydd yn 1881 gynnig ateb gwreiddiol i'r broblem pan benderfynodd rannu iard y sioe yn ddwy, un ar gyfer da byw tenantiaid yn ennill incwm o lai na £300 y flwyddyn, a'r llall ar gyfer da byw y tirfeddianwyr; a chynigiwyd gwobrau ariannol i denantiaid, ond dim ond gwobrau anrhydeddus a dderbyniai'r tirfeddianwyr. Mae'n ymddangos bod hyn wedi bod yn arbrawf llwyddiannus o weld y patrwm yn cael ei ddilyn gan Gymdeithas Amaethyddol Gogledd Sir Aberteifi y flwyddyn ddilynol. Bu beirniadaeth hefyd ar y cynnydd cyflym yn niferoedd y cymdeithasau hyn yn y ganrif a fu, gydag un sylwebydd yn dadlau yn 1884 bod y math hwn o sefydliadau hynod o leol yn wan ac y byddai'n well cael llai ohonynt a'r rheini yn gryfach o ran adnoddau a dylanwad.

Er yr holl weithgarwch cynnar hwn yn sefydlu cymdeithasau amaethyddol lleol o ganol y ddeunawfed ganrif ymlaen, Cymru oedd yr olaf o wledydd y Deyrnas Unedig i ffurfio cymdeithas amaethyddol genedlaethol. Sefydlwyd y gyntaf, Cymdeithas Dulyn, yn 1731 gan Thomas Prior i hyrwyddo amaethyddiaeth, gweithgynhyrchu a'r celfyddydau, ac fe gafodd gryn gefnogaeth gan dirfeddianwyr mawr Iwerddon. Dilynwyd hon gan Gymdeithas yr Ucheldiroedd ac Amaethyddol yr Alban yn 1783, a gafodd Siarter Frenhinol yn 1787. Does dim amheuaeth na fu hyn yn ysbrydoliaeth i sefydlwyr Cymdeithas Amaethyddol Frenhinol Lloegr – yn bennaf John Charles, y trydydd Iarll Spencer, a William Shaw, golygydd *Mark Lane Express* – a ddaeth â'r gymdeithas i fod yn 1838. Dilynwyd hyn yn fuan wedyn gan sefydlu Cymdeithas Amaethyddol Gogledd-Ddwyrain Iwerddon yn 1854, cymdeithas a arweiniwyd gan bedwerydd ardalydd Downshire a adnabyddid fel 'Yr Ardalydd Mawr'. Roedd gan y gymdeithas hon rywfaint o gysylltiad, waeth pa mor denau, â Chymdeithas y Gogledd-Ddwyrain, a sefydlwyd yn 1826. Yn 1903 newidiodd Cymdeithas Amaethyddol y Gogledd-Ddwyrain ei henw i Gymdeithas Amaethyddol Ulster, a'r flwyddyn ddilynol fe gafodd ganiatâd i'w galw ei hun yn Gymdeithas Amaethyddol Frenhinol Ulster.

Fel y bydd y bennod gyntaf yn dadlennu, nid heb gryn genfigen y gwelwyd sefydlu Cymdeithas Amaethyddol Genedlaethol Cymru, cenfigen o du y cymdeithasau amaethyddol lleol a fodolai, a gelyniaeth ers tro byd rhwng trigolion gogledd a de Cymru. Roedd anawsterau tebyg wedi golygu bod bridwyr Gwartheg Duon y gogledd a'r de wedi dilyn eu llwybrau eu hunain yng nghanol y 1880au i sefydlu llyfrau buchesi a sefydliadau ar wahân, sefyllfa a fyddai'n parhau hyd flwyddyn gyffrous 1904 pan unodd y ddwy gymdeithas i ffurfio Cymdeithas y Gwartheg Duon Cymreig. Mae'n arwyddocaol i Gymdeithas Amaethyddol Genedlaethol Cymru a Chymdeithas y Gwartheg Duon Cymreig ill dwy gael eu lansio mewn cyfnod a oedd yn fwrlwm o ddatblygiadau wedi'u hanelu at wella ffermio yng Nghymru. Gellir sôn am dwf parhaol y ddwy Adran Amaethyddiaeth yng Ngholegau Prifysgol Cymru yn Aberystwyth a Bangor ers eu sefydlu yn y 1880au hwyr, nid y lleiaf yn eu gwaith allanol ar ffurf ysgolion llaethydda; sefydlu Cymdeithas y Merlod a'r Cobiau Cymreig yn 1901; ac o 1902 datblygiad y mudiad cydweithredol yn ne-orllewin Cymru a arloeswyd gan Augustus Brigstocke. Mae'n nodweddiadol o'r ffaith i'r un bobl yn aml fod ynghlwm wrth yr amryw gyrff hyn mai dau gefnogwr gweithgar y mudiad cydweithredol, D. D. Williams a Walter Williams, oedd hefyd yn flaengar wrth sefydlu Cymdeithas Amaethyddol Genedlaethol Cymru.

PENNOD UN
Cael Gwared â Chenfigen Ddibwys

Prin y gallai'r dyrnaid o unigolion a sefydlodd Gymdeithas Amaethyddol Genedlaethol Gymreig gan mlynedd ynghynt, fod wedi rhagweld llwyddiant di-feth Cymdeithas Amaethyddol Frenhinol Cymru wrth iddi ddathlu ei chanmlwyddiant yn 2004. Yn wir, yn ystod ei blwyddyn gyntaf, fwy neu lai, wynebodd y Gymdeithas sefyllfa gwbl elyniaethus o du tyrfa o wrthwynebwyr penderfynol, ac am lawer blwyddyn wedyn cawsai'r trefnwyr eu rhwystro a'u llesteirio oherwydd diffyg aelodau, ac roedd hyn yn bygwth sefydlogrwydd ariannol y Gymdeithas, a hyd yn oed yn peryglu ei bodolaeth. Ni fedrir gwerthfawrogi ymdrechion dewr ac ymroddiad cadarn a gweledigaethol y sefydlwyr cynnar hynny heb archwilio'n fanwl sut y sefydlwyd y Gymdeithas a sut y llwyddodd i oresgyn y gwrthwynebiad sylweddol tuag ati.

Syniad Lewes T. Loveden Pryse o Aberllolwyn, Llanychaearn, ger Aberystwyth, oedd Cymdeithas Amaethyddol Genedlaethol Gymreig. Ef oedd trydydd mab ystâd fawr Gogerddan, yn un afradlon, erfyniol ac yn llawn dyled o hyd, a fyddai'n etifeddu'n ddamweiniol diroedd a barwniaeth y teulu yn 1918. Yn Ionawr 1904 roedd yn ei dridegau ac yn ysgrifennydd Cymdeithas Gyd-weithredol Amaethyddol Llanfarian a'r Cylch. Mae'n bosib fod ysbrydoliaeth wedi deillio o lwyddiant ysgubol sioe Cymdeithas Amaethyddol Gogledd Sir Aberteifi yn Aberystwyth y flwyddyn flaenorol lle roedd ef, ynghyd â W. B. Powell o ystâd Nanteos gerllaw a Vaughan Davies o Dan-y-bwlch, Aberystwyth, AS Sir Aberteifi, wedi sicrhau £360 ar gyfer y gwobrau agored. Er nad oeddynt yn boblogaidd ymysg ffermwyr yr ardal, roedd y dosbarthiadau agored hyn yn denu gwartheg i Aberystwyth o holl siroedd Cymru ar wahân i Sir Faesyfed, ac roedd y Brenin Edward VII wedi anfon da byw er mwyn dangos ei ddiddordeb yn amaethyddiaeth Cymru. Daeth yn amlwg yn eithaf buan fod arddangoswyr o fonheddwyr ar draws Cymru yn awyddus i adeiladu ar lwyddiant sioe 1903, ac felly penderfynodd Loveden Pryse ddyrchafu'r digwyddiad yn Aberystwyth i statws sioe genedlaethol i Gymru. Daeth y strategaeth hon i olwg y cyhoedd am y tro cyntaf yng nghyfarfod cyffredinol blynyddol Cymdeithas Amaethyddol Gogledd Sir Aberteifi ar 1 Chwefror 1904 pan

1. Syr Lewes Loveden Pryse, cyfarwyddwr ac ysgrifennydd cyntaf y Gymdeithas o 1904.

argymhellodd fod y dosbarthiadau lleol o hyn ymlaen yn cael eu cynnwys yn sioe bresennol Tal-y-bont ac mewn sioe newydd ei sefydlu i'r de o Afon Rheidol yn Llanilar. Byddai'r weithred hon yn clirio'r ffordd ar gyfer sioe fawr agored yn Aberystwyth. Roedd Loveden Pryse yn barod wedi mynd at y rhai hynny yr ystyriai ef eu bod yn cynrychioli amaethyddiaeth yng Nghymru, ac fe gafodd y cyfarfod wybod bod y canlynol i gyd wedi mynegi eu cefnogaeth i'r fenter: iarll Powys, a gytunodd i dderbyn swydd y llywydd; yr Arglwydd Tredegar, a gydsyniodd i fod yn un o'r is-lywyddion; J. Marshall Dugdale o'r Llwyn, Llanfyllin, R. M. Greaves o'r Wern, Porthmadog, a Richard Stratton o'r Dyffryn, Casnewydd (y tri chynrychiolydd Cymreig ar Gyngor Cymdeithas Amaethyddol Frenhinol Lloegr), er bod yr olaf, er ei fod yn croesawu'r fenter newydd, wedi gwrthod ymuno â'r gymdeithas oherwydd nad oedd yn Gymro; A. Osmond Williams, AS Meirionnydd; A. C. Humphreys Owen, AS Sir Drefaldwyn; y Cyrnol Pryce Jones, AS Bwrdeistrefi Maldwyn; a Vaughan Davies, AS Sir Aberteifi y soniwyd amdano uchod. Fe welwn, ar ôl trafodaeth frwd, fod y cynnig y dylid cynnal sioe fawr agored yn Aberystwyth o hyn ymlaen wedi ei dderbyn.

Yna, ar sail yr ymateb hwn, fe alwodd Loveden Pryse y bonheddwyr canlynol at ei gilydd yng Ngwesty Brenhinol y Llew, Aberystwyth, ar 11 Chwefror 1904: Daniel Davies Williams (a dderbyniodd y gadeiryddiaeth), G. Checkland Williams, Henry Roberts, J. R. Rees o gangen leol Banc Gogledd a De Cymru, a Rufus Williams. Roedd Daniel Davies Williams, neu 'DD' fel yr adweinid ef fel arfer, mab ffermwr cefnog o Dregaron, ar staff Adran Amaethyddiaeth Coleg Prifysgol Cymru, Aberystwyth a chyfarwyddwr Tan-y-graig, Fferm y Coleg. Ceir achos da i ddadlau y dylai 'DD' fod wedi cael yr un statws â Loveden Pryse fel cyd-sylfaenydd, gan mor frwdfrydig ydoedd dros lwyddiant y fenter newydd ac mor bwysig oedd ei graffter busnes sylweddol a'i hoffter o fanylion wrth baratoi amcanion gwreiddiol y Gymdeithas. Yn rhugl mewn Cymraeg a Saesneg, fe roddodd y cyfan i'r Gymdeithas am hanner canrif gyfan tan ei farwolaeth yn 1954, bythefnos cyn sioe jiwbili y Gymdeithas ym Machynlleth. Wrth eu ffurfio'u hunain yn Gymdeithas Amaethyddol Genedlaethol Cymru ac ethol yn ffurfiol iarll Powys yn llywydd ac Arglwydd Tredegar yn un o'r is-lywyddion, aethant ati i lunio rhai rheolau drafft i'w cyflwyno am gadarnhad i gyfarfod cyffredinol cyntaf y cefnogwyr. Gan fod Tŷ'r Cyffredin yn eistedd a nifer o'r ASau yn dymuno bod yn bresennol, fe gynhaliwyd y cyfarfod hwn, a fynychwyd gan fwy nag ugain o ffigyrau amlwg o Gymru, yn Llundain, yn Ystafell Bwyllgor Deuddeg Tŷ'r Cyffredin, ar 26 Chwefror 1904.

Cynigiwyd y dylid derbyn y rheolau canlynol. Yn gyntaf, y dylid galw'r

2. D. D. Williams, Neuadd Argoed, Tregaron, aelod sefydlu blaengar y Gymdeithas.

Gymdeithas yn Gymdeithas Amaethyddol Genedlaethol Gymreig, gan gynnwys Sir Fynwy fel rhan o Gymru, ac mai ei hamcan fyddai gwella bridio stoc a hyrwyddo amaethyddiaeth ledled Cymru. Gyda'r bwriad hwn mewn golwg (wedi'i fynegi mewn Cymraeg a Saesneg), roedd y cynlluniau canlynol i'w gweithredu cyn gynted ag yr oedd y Gymdeithas yn gallu gwneud hynny:

1) *Yn gyntaf.* Cynal Arddangosfa ganolog faintiolus, yn agored i'r byd, gyda rhai gwobrwyon arbenig i ffermwyr Cymreig. Diben yr Arddangosfa yw ceisio dyfod a'r stoc oreu i blith y dosparth Amaethyddol yn Nghymru er mwyn rhoddi cyfleusterau bob blwyddyn i gael gweled yr anifeiliaid goreu i'r sawl nad oes dichon iddynt ymweled ag Arddangosfeydd mawrion y deyrnas, a thrwy gyfyngu Gwobrwyon arbenig iddynt, au cymhell i fagu gwell anifeiliaid.
2) *Yn ail.* Cynorthwyo Cymdeithasau Teirw, Stalwyni a Merlod, ar hyd a lled Cymru, drwy gyfyngu arian atynt.
3) *Yn drydydd.* Cyhoeddi cylchgrawn Amaethyddol yn Gymraeg ac yn Saesneg, ai roddi i bob aelod.
4) *Yn bedwerydd.* Cynorthwyo hyd eithaf ei gallu Amaethyddiaeth yn gyffredin drwy Gymru i gyd.

Yr ail reol a argymhellwyd ac y mynnid cefnogaeth iddi oedd na ddylid ar unrhyw gyfrif drafod yng nghyfarfodydd y Gymdeithas unrhyw gwestiwn o duedd wleidyddol yn gysylltiedig â mesurau cyfredol neu yn aros am sylw yn y Senedd. Fe ddilynwyd hyn gan nifer o reolau arfaethedig a effeithiai ar gyfansoddiad y Gymdeithas. Yn gyntaf, ei bod yn cynnwys llywydd, islywydd, ymddiriedolwyr, llywodraethwyr ac aelodau; yn ail, fod yn rhaid i'r ymddiriedolwyr a'r is-lywyddion fod yn ymddiriedolwyr cyn y gallent gael eu hethol; yn drydydd fod y Cyngor yn cynnwys y llywydd, dim mwy na 13 ymddiriedolwr, 13 is-lywydd, a 52 aelod; yn bedwerydd, y dylai'r llywydd fod yn swyddog am flwyddyn ac ni ddylai fod yn gymwys i'w ailethol am dair blynedd, ac y dylai ethol y llywydd a'r Cyngor ddigwydd yn y cyfarfod cyffredinol blynyddol ac y dylent ymgymryd â'u swyddi ar ddiwedd y cyfarfod hwnnw; ac, yn olaf, y dylid gosod tanysgrifiadau o £5 ar gyfer yr ymddiriedolwyr a £1 ar gyfer aelodau – gydag eithriad i ffermwyr-denantiaid go-iawn neu ddeiliaid yn ennill eu bywoliaeth drwy ffermio yng Nghymru a'u gwerth trethiannol heb fod yn fwy na £100 y flwyddyn, a'u tanysgrifiad i fod yn 10s 6d.

Fe bleidleisiwyd o blaid y rhain i gyd ac yna cynigiwyd 'bod y Sioe yn cael ei chynnal yn Aberystwyth am y tair blynedd nesaf ac ar ddiwedd y cyfnod hwn y dylid penderfynu lleoliad yng nghyfarfod cyffredinol yr aelodau', ac fe benderfynwyd hefyd 'y dylai'r Sioe fod yn agored i'r byd gydag ychydig o wobrau arbenig i'w cyfyngu i ffermwyr-denantiaid neu ddeiliaid *bona fide*, yn ennill eu bywoliaeth drwy ffermio yng Nghymru'. Dilynwyd hyn gan nifer o gynigion (a fu i gyd yn llwyddiannus) ar gyfer ethol pobl benodol, yn bennaf y tirfeddianwyr mawr a rhai ASau, i amrywiol swyddi'r Gymdeithas a chyrff megis y Cyngor, Pwyllgor Cyllid a Phwyllgor Dewis Rhaglen a Beirniaid. Fel y gellid disgwyl, etholwyd Lewes T. Loveden Pryse yn rheolwr cyffredinol ac fe gynigiodd ar unwaith y dylid cynnal sioe undydd ar 3 Awst 1904.

Ystyriaeth bwysig y tu cefn i'r cynnig i gynnal sioe genedlaethol yn flynyddol oedd nad oedd bridiau Cymreig, yn y rhan fwyaf o achosion – er iddynt dderbyn rhywfaint o gydnabyddiaeth mewn mân sioeau y tu allan i Gymru – yn cael y gydnabyddiaeth neilltuol ac arbennig a gaent mewn sioe a fyddai yn ei hanfod yn genedlaethol Gymreig. Yn ogystal, byddai sioeau blynyddol o'r fath yn gallu cynnig cyfle cystadlu i'r anifeiliaid a enillodd wobrau yn y sioeau lleol, a thrwy hynny sirchau bod y gorau yn cael eu cynrychioli yng Nghymru, a hyn yn ei dro yn tynnu at ei gilydd y cynhyrchwyr da byw gorau a phrynwyr posibl, a byddai hyn, heb unrhyw amheuaeth, o fantais i amaethyddiaeth Cymru yn ei chyfanrwydd.

Roedd y sylfaenwyr yn ymwybodol iawn fod Cymru bob amser wedi cynnig lleoliad addas ar gyfer sioeau amaethyddol a ddeuai yma ar ymweliad, ac roedd hyn yn sicr yn ffactor o blaid sefydlu Cymdeithas Amaethyddol Genedlaethol Gymreig gyda'i sioe flynyddol. Felly pan gynhaliodd Cymdeithas Amaethyddol Frenhinol Lloegr ei sioe yng Nghaerdydd yn 1901 fe fynnid ei bod yn un o'r ychydig gyfarfodydd yn ystod blynyddoedd diweddar a oedd yn llwyddiant diamheuol. (Yn sicr roedd hyn yn gywir o safbwynt y nifer a oedd yn bresennol, sef 167,423.) Neu eto, pan ddaeth Cymdeithas Caerfaddon a Gorllewin Lloegr i Abertawe ym Mai 1904, fe honnwyd i'r achlysur fod yr un mor hapus. Roedd y sylfaenwyr yn hyderus y gellid yn hawdd ailadrodd yr un llwyddiant gan Gymdeithas Amaethyddol Frenhinol Gymreig, ac felly dod â chryn fudd i ffermwyr Cymru. Roeddynt yn dal i gofio enghraifft yr Alban gyda'i Chymdeithas Ucheldiroedd ac Amaethyddol hynod lwyddiannus.

Ar y cychwyn, tybid yn gamarweiniol y byddai'r sioe yn cael ei chynnal yn barhaol yn Aberystwyth. Felly roedd y sylfaenwyr yn awyddus i bwysleisio mai dim ond y dechrau oedd hyn, ac mai derbyn cyfraniad hael a chael cynnig safle da lle y gellid rhoi'r fath fenter ar ei thraed a wnaeth iddynt gytuno y byddai'n ddoeth cynnal y sioe yn yr un man am y tair blynedd gyntaf. Fodd bynnag, ar ddiwedd y cyfnod hwn byddai lleoliad y sioe yn gwestiwn y byddai'n rhaid i'r cyfarfod cyffredinol ddelio ag ef, neu ei roi yng ngofal cynrychiolydd yr amrywiol ddosbarthiadau a chymdeithasau brîd ar y Cyngor. Roedd y sylfaenwyr yn argyhoeddiedig y byddai'r Gymdeithas yn sefydliad ffyniannus ar fyr o dro os câi'r syniad ei dderbyn gan y Cymry, a chael cefnogaeth eang o'r gogledd i'r de.

Yn rhannol, roedd y gefnogaeth gyffredinol yn bod o'r dechrau. Cafodd y Gymdeithas, o'r cychwyn, gefnogaeth llawer o dirfeddianwyr ac amaethwyr enwog yng Nghymru, yn ogystal â 27 allan o 33 Aelod Seneddol. Roedd Walter Williams o Aberystwyth, ysgrifennydd cynorthwyol y Gymdeithas, i ysgrifennu yn y *Western Mail* ar 21 Mai 1904 ar sut 'yr oedd y boneddigion wedi ymateb yn ardderchog'. Eto fe gafwyd gwrthwynebiad grymus gan garfanau a oedd yn genfigennus o'r fenter a ddangoswyd gan Lewes Loveden Pryse a'i gylch agosaf o gyfeillion. Roedd R. M. Greaves o'r Wern wedi rhagweld yn glir yr ymateb sur hwn pan ysgrifennodd at Loveden Pryse yn Chwefror 1904:

Rwy'n falch o glywed bod gobaith cael Sioe Genedlaethol Gymreig, y mae mawr angen amdani, ac yr wyf dros gymaint o amser wedi bod yn gobeithio ei gweld yn cael ei sefydlu, er fy mod bob amser yn ofni y byddai mân genfigen y Cymdeithasau lleol yn rhwystr anorchfygol.

Chwerw iawn yn sicr oedd yr ymosodiadau di-ball hyd at 1906 ar Lewes Loveden Pryse gan John Gibson, golygydd y *Cambrian News*, a oedd wedi ei leoli yn Aberystwyth. Ei ddadl oedd y byddai gweithred drahaus Loveden Pryse yn sefydlu Cymdeithas Amaethyddol Genedlaethol Gymreig yn Aberystwyth yn anorfod yn arwain at dranc Cymdeithas Amaethyddol Gogledd Sir Aberteifi, a'r llwyddiant diamheuol a gâi gyda'i sioe flynyddol a oedd bob amser wedi cael ei chynnal yn Aberystwyth. Roedd Loveden Pryse wedi gwylltio Gibson yng nghyfarfod cyffredinol blynyddol Cymdeithas Amaethyddol Gogledd Sir Aberteifi yng Ngwesty Brenhinol y Llew, Aberystwyth, ddydd Llun, 1 Chwefror 1904 drwy gynnig – gan fod y sioe bresennol wedi datblygu'n ddigwyddiad o bwys – y byddai'n ddoeth yn y dyfodol cynnal y dosbarthiadau lleol mewn sioe newydd i'w sefydlu i'r de o Afon Rheidol ac yn y sioe bresennol yn Nhal-y-bont, i'r gogledd o Afon Rheidol, ac felly galluogi Aberystwyth i gael sioe fawr agored. Fe nododd fod £1,000 yn barod mewn llaw, ac fel y crybwyllwyd eisoes, fod rhai amaethwyr pwysig yng Nghymru ac Aelodau Seneddol o rannau o etholaethau canolbarth Cymru wedi mynegi eu cefnogaeth.

Yn ei ymateb, fe anogodd Gibson y ffermwyr a oedd yn bresennol i siarad fel dynion ar eu rhan eu hunain a dwued yn union yr hyn a deimlent am yr hyn a bardduai ef fel 'y cynnig od i ffurfio dau fath o sioeau, un yn y de ac un yn y gogledd; tra oedd rhywun hollol anwybyddus yn cynnal sioe yng nghanol yr ardal heb fod ganddo gysylltiad â'r lle'. Fel gwelliant, fe gynigiodd y dylid gohirio ystyried y cynnig am bythefnos er mwyn galluogi'r ffermwyr a thanysgrifwyr eraill i Gymdeithas Amaethyddol Gogledd Sir Aberteifi gael amser i feddwl dros y mater. Ymddangosai iddo ef, fel yr haerai'n herfeiddiol, mai nod y cynnig oedd lladd Cymdeithas Amaethyddol Gogledd Sir Aberteifi fel y dylid rhoi lle i un person i 'fosio'r sir'. Yn dilyn hyn, nid oedd yn syndod yn y byd fod geiriau cas wedi eu cyfnewid rhwng Gibson a Loveden Pryse ar y cwestiwn a oedd Gibson yn aelod o Gymdeithas Amaethyddol Gogledd Sir Aberteifi ai peidio, gyda Gibson yn cloi'r ddadl drwy ddweud wrtho: 'Dydw i ddim am dalu i ti am fosio'r Gymdeithas hon.' Fel y cofnododd y *Cambrian News* mewn modd swta ar 5 Chwefror: 'Yn ystod y cam hwn yn y cyfarfod roedd cryn gynnwrf ac aethpwyd ymlaen i sgwrsio'n gyffredinol.' Collwyd mwy o dymer pan ymyrrodd W. B. Powell, sgweier Nanteos, trwy ddweud bod sylwadau Gibson yn sarhad mawr ar Powell, sylw a enynnodd gymeradwyaeth y cyfarfod. Gan barhau yn aneglur, meddai'r un adroddiad, aeth Powell ymlaen i ddweud ei bod yn annheg fod Gibson, ar ôl dod â Chymdeithas Amaethyddol Gogledd Sir Aberteifi i'w chyflwr presennol, yn cyfeirio at Pryse mewn ffordd mor flagardlyd, ac y dylid ei gicio allan o'r ystafell. A dyma'r adeg y gofynnodd y cadeirydd am drefn ac fe eiliwyd gwelliant Gibson gan D. Rees o Dyn-parc. Ar ei ran ei hun, gwrthododd Loveden Pryse y feirniadaeth na fyddai pobl yr ardal yn cael llais yn rheolaeth y sioe drwy bwysleisio y byddai'n cael ei rhedeg ar yr un llinellau â rhai Cymdeithas Amaethyddol Frenhinol Lloegr. Doedd dim posibilrwydd y byddai ef yn bosio gan fod sawl bòs arno ef. Roedd gan y Gymdeithas Gyngor yn cynnwys 12 is-lywydd a 50 aelod, a byddai ffermwyr-denantiaid yn cael y cyfle i ethol 50 aelod. Ni fedrai neb fosio cymdeithas o'r fath, ychwanegodd, gan dderbyn cymeradwyaeth.

Pan ofynnodd John Jones, Ynys-hir, a fyddai ffermwyr lleol yn gallu cystadlu yn sioe Aberystwyth, atebodd Pryse y byddai unrhyw un yn gallu cystadlu yn Sioe Amaethyddol Cymru ac y byddai nifer o wobrau arbennig yn cael eu cynnig i ffermwyr Cymreig yn unig. Pan ofynnwyd ymhellach a fyddai Cymdeithas Amaethyddol Gogledd Sir Aberteifi yn cynnal ei sioe ei hun yn Aberystwyth y flwyddyn honno, atebodd Pryse, er y byddai Sioe Amaethyddol Cymru yn cael ei chynnal yn Aberystwyth yn lle'r digwyddiad arferol gan Gymdeithas Amaethyddol Gogledd Ceredigion, y byddai unrhyw un yn gymwys i gystadlu am y gwobrwyon.

Ar ôl trafodaeth fywiog a barodd am gryn amser cafwyd pleidlais ar y cwestiwn. Pleidleisiodd 20 dros gynnig Loveden Pryse a 12 dros welliant Gibson. Er iddo fethu, nid oedd golygydd y *Cambrian News* mewn unrhyw fath o hwyl i dderbyn y sefyllfa ac fe'i gwelwyd mewn cyfres o rifynnau o'r papur yn defnyddio ei sgiliau rhethregol aruthrol fel golygydd i gystwyo'r fenter newydd a'i sylfaenwyr. Fe ymosododd yn syth ar Osmond Williams, AS Meirionnydd, a'r Aelodau Seneddol eraill a oedd wedi addo eu cefnogaeth, gan ddadlau na fuasent hwy, yn eu siroedd eu hunain, wedi caniatáu gweithred mor drahaus â'r hyn a ddigwyddodd yn Sir Aberteifi, lle roedd sioe newydd yn cael ei sefydlu gan ychydig o unigolion yn gysylltiedig â Chymdeithas Amaethyddol Gogledd Sir Aberteifi ar draul dinistrio'r gymdeithas honno. Sut y byddai Osmond Williams, gofynnodd, fel cefnogwr brwd i Gymdeithas Amaethyddol Meirionnydd, yn teimlo pe byddai un o swyddogion y gymdeithas honno yn cynhyrchu cynllun di-droi'n-ôl ar gyfer claddu Cymdeithas Meirionnydd a rhannu rhywfaint o'r gronfa rhwng dwy arddangosfa fechan, un yn Harlech ac un yng Nghorwen, er mwyn gallu cynnal sioe, a fyddai'n agored i'r Deyrnas Unedig gyfan, yn Nolgellau yn flynyddol? Yna fe grechwenodd: 'Credwn y byddid yn sicr o fod wedi achub y blaen a gofyn i'r swyddog a wnaeth gynnig fel hwn ym Meirionnydd onid oedd wedi anghofio pwy ydoedd a beth oedd ei ddyletswyddau.' Wrth geryddu'r Aelodau Seneddol hynny a addawodd eu cefnogaeth i'r cynllun chwarter-call hwn, holodd a wyddent o ble yr oedd wedi tarddu, sut na fwynhai gefnogaeth amaethwyr gogledd Sir Abereifi, a sut y golygai ddinistrio Cymdeithas Amaethyddol Gogledd Sir Aberteifi ar y pryd.

Wythnos yn ddiweddarach dychwelodd Gibson i'r ffrwgwd drwy fygwth bod yr 'awtocratiaid anghyfrifol' a sefydlodd y cynllun wedi gwneud cam-gymeriad sylfaenol o ymddwyn yn afreolaidd wrth sefydlu sioeau bychain yn Llanilar a Thal-y-bont gan anwybyddu'r rheolau. Mewn gwirionedd, roeddynt at ei gilydd wedi gweithredu fel pe bai tanysgrifwyr Cymdeithas Amaethyddol Gogledd Ceredigion yn hanner call ac yn cyfrif dim. I Gibson, hwyrach mai'r ffaith fwyaf anhygoel o safbwynt chwalu Cymdeithas Amaethyddol Gogledd Ceredigion gan yr 'awtocratiaid' oedd nad oedd yn ymddangos eu bod wedi ymdrafferthu i ymgynghori â Chyngor Cymdeithas y Siroedd Unedig, a gynhwysai Siroedd Aberteifi, Caerfyrddin a Phenfro. Aeth ymlaen i sicrhau Cyngor y Gymdeithas honno nad oedd gan ffermwyr Gogledd Sir Aberteifi ddim i'w wneud â'r cynnig 'ynfyd' a oedd yn ffrwyth cyd-ddychymyg nifer fechan iawn o 'fegalomaniaid'. Daeth yr ymosodiad llym hwn ar 19 Chwefror 1904 i ben mewn rhefru sur:

Yn ystod y 40 mlynedd diwethaf fe welsom nifer dda o fudiadau cenedlaethol Cymreig rhithiol o darddiad unigol. Ddaeth dim byd ohonynt. Ac ni ddaw dim o'r sioe hon ar gyfer y bydysawd ychwaith. A'r hyn sy'n rhaid i ffermwyr a thirfeddianwyr Gogledd Ceredigion ei wneud yw gofalu nad yw'r gymdeithas amaethyddol [Gogledd Sir Aberteifi] a fu hyd y llynedd yn llwyddiannus, hefyd yn mynd i'r gwellt.

Hanfod ei holl areithio oedd un ddadl sylfaenol, na fedrai unrhyw gymdeithas genedlaethol, waeth pa mor llwyddiannus, wneud iawn i ffermwyr Gogledd Sir Aberteifi am golli eu cymdeithas leol.

Nid Gibson oedd unig feirniad y fenter newydd. Yng Nghaerfyrddin ar 10 Chwefror 1904, mewn cyfarfod o Gymdeithas Amaethyddol y Siroedd Unedig (a sefydlwyd yn 1896), gosodwyd gerbron gynnig yn condemnio'r trefnyddion am ddechrau'r Gymdeithas Amaethyddol Genedlaethol Gymreig, fel y'i gelwid, heb gysylltu o flaen llaw â'r cymdeithasau hŷn a fodolai yng Nghymru. Ar 2 Ebrill, mewn cyfarfod pellach o'r Gymdeithas yng Ngwesty'r Boar's Head yng Nghaerfyrddin, o dan gadeiryddiaeth eu llywydd, C. Morgan-Richardson o Noyadd (Ceredigion), beirniadwyd unwaith eto sylfaenwyr y gymdeithas newydd. Dywedodd y llywydd wrth y rhai a oedd yn bresennol, ar ôl y cynnig o brotest a dderbyniwyd yn y cyfarfod diwethaf, fod yr ysgrifennydd, D. H. Thomas o Barc Starling, wedi anfon copi at nifer o gymdeithasau a'i fod wedi derbyn rhybudd fod rhai ohonynt yn barod wedi mabwysiadu penderfyniad tebyg, ac yn eu mysg Gymdeithas Sir Benfro a Chymdeithas De Cymru o Fridwyr Gwartheg Duon. Mewn ymateb i'r honiadau fod gweithred Cymdeithas y Siroedd Unedig wedi tarddu o genfigen, atebodd Morgan-Richardson fod ei wrthwynebiad i'r cynllun wedi tarddu o'r ffordd anaddas y cafodd ei sefydlu. Fe fynegodd heb flewyn ar ei dafod na ddylai sioe Aberystwyth fyth ddod yn un genedlaethol, ac mai ychydig fyddai'r niwed a wnâi i sioe y Siroedd Unedig er na fyddai'n gwneud unrhyw les gwironeddol iddi hi ei hun. Maentumiodd nad oedd unrhyw dirfeddiannwr o bwys yn ne Cymru wedi ymuno â'r Gymdeithas (er ei fod efallai'n anghywir o gofio am gefnogaeth yr Arglwydd Tredegar, y Cyrnol Wyndham-Quin a Syr Henry Fletcher), ac yn ei farn ef, roedd yn amlwg nad oedd unrhyw gynrychiolydd o Siroedd Caerfyrddin na Phenfro wedi mynychu'r cyfarfod cyffredinol cyntaf yn yr Ystafell Bwyllgor yn Nhŷ'r Cyffredin. Dyfalbarhaodd trwy ddweud na fyddai'r sioe yn Aberystwyth o unrhyw werth beth bynnag i unrhyw ffermwr yn y ddwy sir hyn.

Gwadodd Morgan-Richardson fod ei feirniadaeth lem o'r prosiect yng nghyfarfod Chwefror wedi ei symbylu gan resymau personol neu breifat, fel y mynnai Loveden Pryse mewn llythyr at ei ysgrifennydd. Yn yr ohebiaeth honno, prif wrthwynebiad Pryse i gynnig protest Cymdeithas y Siroedd Unedig oedd fod hwnnw'n cyhuddo Cymdeithas Amaethyddol Gogledd Sir Aberteifi o ffurfio Cymdeithas Amaethyddol Cymru, ond mynnai ef fod y gymdeithas newydd wedi ei ffurfio gan ddynion dylanwadol drwy Gymru benbaladr. Roedd wedi ei gynhyrfu gymaint gan gylchlythyr a ddosbarthwyd gan ysgrifennydd Cymdeithas y Siroedd Unedig ar 18 Chwefror yn gwneud yr un cyhuddiad yn erbyn Cymdeithas Amaethyddol Gogledd Ceredigion fel y rhybuddiodd y gallai'r gyfraith ddwyn achos yn erbyn y Gymdeithas Sirol Unedig am anfon allan y cylchlythyrau hyn, ac fe alwodd ar yr ysgrifennydd i wrth-ddweud y datganiad lle bynnag yr oedd yn cael ei gylchredeg. Datganodd Morgan-Richardson yn y cyfarfod nad oedd angen ofni'r enllib bygythiol hwn ac, yn ddadlennol, aeth ymlaen i nodi mai achos oedd hyn bellach o Gaerfyrddin yn erbyn Aberystwyth fel canolfan amaethyddol. Parhaodd i herio, gan ennill cymeradwyaeth ei gynulleidfa, a phroffwydodd na ddylid ofni'r dyfodol pe câi tref Caerfyrddin well cyfleusterau rheilffordd a phe byddai'r aelodau yn aros yn ffyddlon i'w cymdeithas eu hunain; yn wir, byddai'r hyn yr oeddynt yn ei ofni yn eu dychymyg yn troi'n fantais iddynt wrth eu sbarduno i ofalu bod eu sioe yn well nag a fu yn y gorffennol.

Ar ôl rhywfaint o drafod cynigiwyd bod copi o'r penderfyniad a basiwyd yng nghyfarfod 10 Chwefror yn cael ei anfon at yr holl gymdeithasau amaethyddol Cymreig a fodolai, a chanfasio eu barn ar hyn. Yn fyr, roedd y penderfyniad hwn yn mynegi agwedd Cymdeithas Amaethyddol y Siroedd Unedig sef fod lleoliad anhygyrch Aberystwyth yn ei gwneud yn anaddas fel lle ar gyfer sioe ganolog ac nad oedd gan Gymdeithas Amaethyddol Gogledd Sir Aberteifi ddim hawl i ffurfio cymdeithas genedlaethol i gynrychioli Cymru gyfan heb gysylltu â'r hen gymdeithasau amaethyddol a oedd yn bod yn barod. Er bod rhywfaint o gefnogaeth i fenter Aberystwyth wedi dod oddi wrth yr Uwchgapten Webley-Parry-Pryse o Noyadd Trefawr a David Evans o refa Llwyncadfor, fe bleidleisiwyd yn unfrydol dros y cynnig.

Yn ei gasineb at y fenter newydd, crafangodd Gibson am y 'weithred resymol' hon gan Gymdeithas Amaethyddol y Siroedd Unedig gan ddod â'r holl fater gerbron pob cymdeithas amaethyddol yng Nghymru. Yn yr un modd, daeth golygyddol y *Western Mail* am 12 Ebrill 1904 allan o blaid agwedd Cymdeithas y Siroedd Unedig, gan noethi'i ddannedd ceidwadol trwy ddweud: 'Mae'r union enw y bwriedir ei roi ar y Gymdeithas yn ysgwyd synnwyr gwedduster pawb. Mae'r term "cenedlaethol" wedi cael ei gamddefnyddio yn ddybryd yn ddiweddar oherwydd y ffordd lac y mae wedi ei ddefnyddio.' Ymhellach, roedd y bwriad i gynnal sioe 'genedlaethol' arfaethedig Aberystwyth am un diwrnod yn unig yn chwerthinllyd gan nad oedd yn debyg o ddenu arddangoswyr o bell. Ar y llaw arall, mewn llythyr yn y *Western Mail* ar yr un diwrnod gan 'gefnogwr', lambastiwyd gwrthwynebiad Cymdeithas y Siroedd Unedig, gan ddweud ei fod yn deillio o'r 'genfigen bitw sydd wedi bod yn felltith i gymaint o achosion da yng Nghymru'. Daeth i'r casgliad nad oedd yn ddim mwy na chenfigen leol am fod Aberystwyth yn achub y blaen ar Gaerfyrddin.

Mewn ymateb i ddymuniad Cymdeithas Amaethyddol y Siroedd Unedig, cyfarfu Cymdeithas Amaethyddol Llanbedr Pont Steffan, er enghraifft, tua diwedd Ebrill 1904 o dan gadeiryddiaeth J. C. Harford o Falcondale. Yn gynnar yn y cyfarfod, darllenodd y cadeirydd lythyr gan Lewes Loveden Pryse, dyddiedig 28 Ebrill, yn datgan bod ysgrifenyddion nifer o gymdeithasau amaethyddol wedi anfon ato yn gofyn am fanylion am y gymdeithas genedlaethol newydd a bod nifer ohonynt wedi rhoi cryn gymorth iddo. 'Mor wahanol', meddai, 'yw eu hymddygiad i un y Siroedd Unedig, a ffrwydrodd trwy gyfrwng eu llywydd, heb ofyn am unrhyw fanylion, gan wneud arddangosiad gwrthwynebus plentynnaidd a cheisio lladd yr hyn yn eu barn hwy oedd yn fudiad da, dim ond oherwydd nad ymgynghorwyd â hwy.' Gan mai prif amcan y mudiad newydd oedd hybu bridio gan ffermwyr Cymru, fe ysgrifennodd Pryse ei fod yn ffyddiog na fyddai Cymdeithas Llanbedr Pont Steffan yn gwrthwynebu'r fenter, ac fe bwysleisiodd y farn y byddai sioe fawr genedlaethol yn gwella yn hytrach na gwneud niwed i'r sioeau lleol. Clywyd gwahanol farnau gan y rhai a oedd yn bresennol a ddylid cefnogi'r mudiad newydd ai peidio. Beirniadodd nifer o'r siaradwyr yr honiad yng nghylchlythyr y Siroedd Unedig mai gweithred 'ar ran rhai o fonheddwyr Aberystwyth' ydoedd. Fodd bynnag, fe gefnogodd y cadeirydd gŵyn y Siroedd Unedig nad oedd ymgynghori wedi bod â'r cymdeithasau a fodolai ac aeth ymlaen i ychwanegu mai twll o le oedd Aberystwyth i anfon da byw iddo. Dau gefnogwr brwd y fenter yn y cyfarfod oedd David Davies o Felindre a D. J. Williams o Aber-coed, y cyntaf yn annog y rhai a oedd yn bresennol na ddylent gweryla ynglŷn â'r enw a fabwysiadwyd gan y gymdeithas newydd ac y dylid cydnabod y cynnydd yn nifer y dosbarthiadau yn y sioe fawr i'w hagor yn Aberystwyth – digwyddiad 'a fyddai o fudd i bawb'. Pan gyflwynwyd y cynnig y dylai Cymdeithas Amaethyddol Llanbedr Pont Steffan gymeradwyo ffurfio sioe genedlaethol i'w chynnal yn Aberystwyth, roedd y bleidlais yn unfrydol o blaid.

Ar 29 Ebrill 1904 cynhaliwyd cyfarfod arall i drafod y mudiad, y tro hwn ym Mhwllheli, ac yn briodol roedd Loveden Pryse a Walter Williams yn bresennol. Mae'n ymddangos na chododd y cymdeithasau mawr yn siroedd y gogledd y gwrthwynebiadau a leisiwyd yn y de, ac yn sicr ni wnaeth y cyfarfod ym Mhwllheli – er yn gyfarfod bychan gyda llai na 30 yn bresennol – fynegi unrhyw anghytgord. Ei bwrpas oedd egluro amcanion y Gymdeithas Amaethyddol Genedlaethol Gymreig, cymdeithas yn ôl John Greaves, arglwydd raglaw Sir Gaernarfon, a oedd wedi bod ers amser 'yn nod anobeithiol ac yn ddymuniad brwd' ymysg selogion amaethyddiaeth Cymru. Nid y lleiaf o'r rhwystrau a wynebai fenter Aberystwyth, fel y sylwodd Greaves yn gywir, fyddai cael gogledd a de Cymru – a hyd yn oed y siroedd yn y rhannau hyn – i gyd-dynnu. Fe'i dilynwyd gan Loveden Pryse a fynegodd, wrth bwysleisio amcanion y Gymdeithas, fod llwyddiant ar lefel leol yn aml yn arwain at gasgliadau ffug am ansawdd brîd ac y byddai sioe fawr fel yr un a sefydlwyd yn cael gwared â'r syniadau ffug hyn ac yn arwain at bethau gwell. Wedi i Pryse eistedd i lawr, siaradodd Walter Williams o Aberystwyth, yr is-ysgrifennydd, yn Gymraeg a chyfeiriodd at Gymdeithasau Amaethyddol Cenedlaethol Iwerddon a Denmarc a oedd, meddai, yn arddangos balchder cenedlaethol. Gyda chymeradwyaeth ei wrandawyr, gofynnodd pam na ddylai Cymru gael cymdeithas debyg gyda'r un balchder. Siaradodd R. M. Greaves o'r Wern i nodi ei fod fel aelod o bwyllgor Sioe Frenhinol Lloegr, dro ar ôl tro yn gresynu nad oed unrhyw awdurdod amaethyddol yng Nghymru y gallai'r pwyllgor gyfeirio ato; byddai'r fath awdurdod yn amhrisiadwy i wyntyllu cwynion a mynegi barn amaethwyr Cymreig. Mewn ymgais i wynebu'r pryder cyffredinol y byddai'r gymdeithas newydd yn fwy o rwystr nag o les i'r cymdeithasau bychain Cymreig, cyfeiriodd R. M. Greaves hefyd at y ffaith y byddai cymdeithas genedlaethol yn eu gwella yn hytrach na'u niweidio. Ymhellach, fe gredai y byddai'r fath gymdeithas o fantais enfawr i ddod â gogledd a de Cymru at ei gilydd. Yna fe ymunodd J. Bryn Roberts, AS Gogledd Sir Gaernarfon yn y ddadl, a datganodd na ddylai diffyg maint y gynulleidfa hon ym Mhwllheli wangalonni'r hyrwyddwyr, oherwydd roedd dechrau bron pob menter lwyddiannus, fel y mudiad i gael Colegau Prifysgol yng Nghymru 40 mlynedd yn ôl, yn yr un modd yn brin o ddiddordeb ar ran y cyhoedd, ac wrth gloi ei anerchiad fe wnaeth apêl at ffermwyr ac amaethwyr i ymuno â'r gymdeithas newydd. Daeth y cyfarfod i ben yn unfrydol trwy gefnogi ffurfio Cymdeithas Amaethyddol Genedlaethol Gymreig.

Parhau a wnaeth y ddadl yng nghylchoedd amaethyddol y de. Yn fwyaf arbennig, fe ymddangosodd yn gynnar ym mis Mai 1904 benderfyniad gan Gymdeithas Amaethyddol y Siroedd Unedig i ddod â'r holl gyrff at ei gilydd i wyntyllu'r cwestiwn o ffurfio gwir Gymdeithas Amaethyddol Genedlaethol ar gyfer Cymru. Mewn cyfarfod yng Nghaerfyrddin ar 3 Mai penderfynodd Cymdeithas y Siroedd Unedig ofyn i'w hysgrifennydd, D. H. Thomas, ac ysgrifennydd Siambr Amaeth Morgannwg, D. T. Alexander o Gaerdydd, gasglu at ei gilydd gyd-bwyllgor o gynrychiolwyr pob cymdeithas amaethyddol yng Nghymru yn ystod Sioe Caerfaddon a Gorllewin Lloegr a oedd i'w chynnal yn Abertawe yn ddiweddarach yn y mis. Byddai'r cyfarfod yn trafod y posibilrwydd o gael Cymdeithas Amaethyddol Genedlaethol ar gyfer Cymru, a byddai gwahoddiad yn mynd at Lewes Loveden Pryse, rheolwr cyffredinol y 'sioe genedlaethol' arfaethedig yn Aberystwyth, yn ei wahodd i egluro nodau ac amcanion y Gymdeithas a oedd newydd ei ffurfio.

Roedd golygyddol y *Western Mail* ar 20 Mai yn croesawu cynnal y cyfarfod yn Abertawe drannoeth. Ar ôl dwrdio yn ysgafn fenter Aberystwyth, gyda'r sylw, 'Mae'n bosibl nad ymgymerodd yr hyrwyddwyr â'r dasg yn y ffordd orau i sicrhau llwyddiant yn gyntaf,' aeth ati mewn cywair mwy cadarnhaol i ddweud: 'gellir cyflawni llawer drwy drafodaeth gyfeillgar ar y dull a'r modd. Os yw'r mudiad a gychwynnwyd yn Aberystwyth i fynd yn ei flaen – ac mae pob rheswm dros gredu y gwna – po gyntaf y daw yr holl gyrff amaethyddol yng Nghymru a'r Gymdeithas newydd i gytundeb, gorau yn y byd. Dim ond drwy ddealltwriaeth berffaith a chydweithrediad y gellir gwneud y fenter newydd yn wirioneddol "genedlaethol".' O sylwi mai un o'r cwestiynau i'w trafod yn Abertawe oedd a ddylai'r sioe newydd fod yn un sefydlog neu'n un symudol, taflodd y *Western Mail* ei goelbren o blaid un symudol, gan gyfeirio at Lys Prifysgol Cymru a Chymdeithas yr Eisteddfod Genedlaethol i ddangos rhinwedd sefydliad teithiol.

RHAN I: 1904-1909

Ar 21 Mai, roedd yr ystafell yng Ngwesty'r Belle Vue yn orlawn o gynrychiolwyr o gymdeithasau amaethyddol ac eraill yn ne Cymru. Fe glywodd y cyfarfod – o dan gadeiryddiaeth y Cyrnol Lewis o Lysnewydd, Sir Gaerfyrddin – Morgan-Richardson, unwaith eto, yn beirniadu sylfaenwyr mudiad Aberystwyth (dau neu dri o bobl yn Aberystwyth) am fethu ag ymgynghori â'r cymdeithasau a oedd yn bodoli yng ngogledd a de Cymru; cwynodd na chynhaliwyd y cyfarfod sefydlu mewn man cyhoeddus ac mai cyfarfod preifat yn Nhŷ'r Cyffredin ydoedd ac, ar ben hynny, roedd y rheolau yn annerbyniol. Os oedd hon i fod yn gymdeithas genedlaethol, dadleuai Morgan-Richardson, dylid cyfyngu'r hawl i arddangos i'r bobl a oedd yn byw yn y Dywysogaeth, a thrwy hynny warchod y ffermwr yn erbyn yr un a alwai yn 'siewmon teithiol'. Eto, Aberystwyth oedd y man mwyaf anhygyrch ac nid oedd hyd yn oed mewn ardal amaethyddol dda: 'Mae'n debyg na fyddai ganddynt ddim i'w arddangos yno – ond merlod mynydd.' Ond daeth nodyn mwy cadarnhaol, fodd bynnag, pan gyhoeddodd eu bod hwy (gan gyfeirio, fwy na thebyg, at amaethwyr y de) yn barod i gefnogi sioe a fyddai'n symud o le i le. Roedd y penderfyniad a gynigiwyd ganddo ymhellach yn ymgorffori'r agwedd hon:

Ym marn y cyfarfod hwn fod y sioe a sefydlwyd yn ddiweddar yn Aberystwyth fel sioe genedlaethol ar gyfer Cymru wedi ei ffurfio heb ymgynghoriad gyda chymdeithasau amaethyddol presennol yng Ngogledd a De Cymru, ac mai dim ond sioe symudol i'w chynnal o dro i dro mewn mannau cyfleus yng Ngogledd, Canolbarth a De Cymru a fydd yn dderbyniol yn gyffredinol gan amaethwyr y Dywysogaeth.

Ymatebodd Loveden Pryse mewn modd cymodol clodwiw, gan ddatgan y dylid yn ei farn ef ddiddymu cynnig y cyfarfod yn Llundain y dylid cynnal y sioe yn Aberystwyth am dair blynedd yn olynol a'i chynnal am flwyddyn yn unig, ac fe wadodd fod y cynllun wedi ei wthio gan bobl Aberystwyth. Mewn gwirionedd, roedd iarll Powys wedi ei ddewis yn fwriadol fel llywydd am ei fod yn byw yng nghanolbarth Cymru, ac roedd y cynigion yn ennill cefnogaeth pobl o bob rhan o Gymru. Os oedd yn gamgymeriad i beidio ag ymgynghori â'r cymdeithasau amaethyddol, ef a neb arall oedd yn gyfrifol am hynny ac fe fynegodd ei bod yn 'ddrwg iawn' ganddo os oedd wedi tramgwyddo yn erbyn unrhyw un. Roedd wedi gweithredu yn y modd hwn er mwyn arbed amser, gan y buasai ymgynghori â phawb wedi golygu oedi anochel. Yr un mor gymodol yn ei dro, gwrthododd y cyfarfod gynnig gydag unrhyw gyfeiriad at weithred sylfaenwyr Aberystwyth ynddo, a phenderfynodd mai'r cyfan y dylid ei ddweud oedd y byddai sioe genedlaethol yn dderbyniol ond iddi fod yn un symudol ac y dylid enwebu pwyllgor bychan i gysylltu â Loveden Pryse o safbwynt datblygiad y mudiad yn y dyfodol. Cytunwyd hefyd ar gynnig y dylid gofyn i ddau gynrychiolydd o bob cymdeithas amaethyddol yng ngogledd a de Cymru gyfarfod â Loveden Pryse mewn man canolog i drafod y cynllun ymhellach.

Fe welwyd tymer ddrwg ddiddiwedd Gibson yn ffrwydro mewn print yn y *Cambrian News* ar 27 Mai. Tra cytunai y byddai Cymdeithas Amaethyddol Gymreig yn cael ei sefydlu yn y pen draw, roedd y 'mudiad un dyn' y bu ef yn ei wrthwynebu o'r cychwyn cyntaf 'cyn farwed â hoel'. Gan y gwnaethpwyd hynny'n glir yn y cyfarfod, meddai'n wawdlyd, mae'n debyg na fyddai 'Sioe Cymru Gyfan' yn cael ei chynnal yn Aberystwyth fwy nag unwaith; ac mai pris sioe y flwyddyn nesaf fyddai dinistrio yn fwy neu lai Gymdeithas Amaethyddol Gogledd Sir Aberteifi; a phetai Cymdeithas Amaethyddol Genedlaethol Gymreig yn cael ei sefydlu ni fyddai'n cael ei rheoli gan un dyn ac ni fyddai bob amser yn cael ei chynnal yn yr un lle. Yr oedd yn amlwg wrth ei fodd yn atgoffa ei ddarllenwyr nad oedd yn hawdd iawn y dyddiau hyn fel yn y gorffennol 'siarad a gweithredu heb awdurdod yn enw pobl Cymru' – sef sen amlwg yn erbyn yr hen *régime* aristocrataidd. Does dim amau ei fodlonrwydd wrth gyhoeddi bod y 'cyfarfod yn Abertawe ar y Sadwrn wedi rhoi pin ym malŵn y Gymdeithas Amaethyddol Genedlaethol Gymreig a bod popeth wedi dadfeilio'n llwyr wedyn'. Un ymateb i fellt a tharanau Gibson oedd yr un a ddaeth oddi wrth Cyrnol G. F. Scott o Blas Cregennan, Arthog, Meirionnydd, a ysgrifennodd at Loveden Pryse ar ddiwedd Mai:

Cefais gryn hwyl o ddarllen erthygl flaen Gibson. Mae'n fy atgoffa o'r datganiadau o Rwsia, ar ôl buddugoliaeth Siapaneaidd. Rwy'n ystyried, o gymryd popeth arall i ystyriaeth, eich bod wedi ennill yr holl ffordd yn Abertawe. Nid yw ond un enghraifft arall o eiddigedd lleol a phersonol. Dylech gael diolchgarwch cynnes iawn.

Roedd y *Western Mail* yn cytuno, er bod y papur, wrth farnu bod y cyfarfod yn Abertawe yn llwyddiant, yn mynd allan o'i ffordd i bwysleisio mor ddoeth oedd y cynnig i wneud y sioe yn un symudol, a chymerai'n ganiataol y byddai cefnogwyr y gymdeithas newydd yn cytuno â hynny. Nid oedd yn araf i ddweud yn ddiflewyn-ar-dafod na fyddai sioe barhaol yn Aberystwyth yn ffynnu o gwbl, oherwydd byddai'r rhan fwyaf o amaethwyr Cymru yn methu cefnogi sioe a gynhelid o flwyddyn i flwyddyn mewn cornel ddiarffordd o Gymru. Cyn belled ag yr oedd y golygydd yn y cwestiwn, roedd Cymru yn rhy ranedig i gydweithio mewn unrhyw fudiad a oedd fwy neu lai yn lleol o ran ei sgôp, gan nodi unwaith eto mewn amddiffyniad fod pob mudiad cenedlaethol yng Nghymru yn symudol, fel Cymdeithas Hynafiaethau Cymru, Llys Prifysgol Cymru a'r Eisteddfod Genedlaethol.

Erbyn yr amser pan gynhaliwyd y sioe gyntaf ar 3 a 4 Awst – roedd y cynnig gwreiddiol am sioe undydd wedi ei ddiwygio, hwyrach mewn ymateb i'r feirniadaeth fod hyn yn cymharu'n anffafriol â nifer o sioeau dau a thri diwrnod yn y siroedd Seisnig – roedd llawer o'r gwrthwynebiad cynnar tuag at y Gymdeithas Amaethyddol Genedlaethol wedi diflannu. Fel y soniodd golygyddol y *Western Mail* ar 3 Awst yn gymeradwyol: 'Ers dyddiad y concordat y cytunwyd arno gan amaethwyr y siroedd ar y cyd yng Nghaerfyrddin, mae'n ymddangos bod y sefyllfa wedi symud ymlaen yn esmwyth iawn' (cyfeiriad at y ddealltwriaeth y daethpwyd iddi ar 6 Gorffennaf pan gytunwyd i gadarnhau y penderfyniad a wnaethpwyd yn Abertawe). Roedd peri i'r holl wrthwynebiad difrifol ddiflannu fel niwl yn glod i'r hyn a ddisgrifiwyd yn y papur newydd fel y 'dygnwch a'r trylwyredd' yn y modd y dilynwyd syniad gwreiddiol Lewes Loveden Pryse. Mewn erthygl arall anolygyddol yn yr un papur newydd y diwrnod canlynol, rhoddwyd cymeradwyaeth iddo am lafurio mor ddewr ac ennill y dydd. Mewn ymateb i'r gwichiadau o brotest oddi wrth y cymdeithasau hŷn am nad ymgynghorwyd â hwy wrth ffurfio'r sefydliad newydd, nododd yr ysgrifennwr, mai'r ateb a gynigiwyd oedd 'gwell un pen na chant'. Yn ei farn ef, byddai cytundeb wedi bod bron yn amhosibl pe byddid wedi gofyn i bob cymdeithas a fodolai gymryd rhan o'r dechrau. Yn hytrach, gobeithid ennill cefnogaeth gyffredinol yn raddol yn rhinwedd yr ehangder a oedd yn ymhlyg yn y cynnig. Yn ôl y gohebydd hwn, pe gwelid ar ddiwedd y tair blynedd fod teimladau cyffredin y byddai lles y Sioe Genedlaethol yn elwa o newid y lleoliad a'i gwneud yn sioe symudol, yna roedd trefniant ar gael i wireddu'r dymuniad hwn.

Erbyn hyn roedd y *Western Mail* yn chwilio am ffordd i gymodi aelodau'r Siroedd Unedig â'r Sioe Genedlaethol, drwy ddefnyddio llwyddiant sioe Awst y Siroedd Unedig yng Nghaerfyrddin i ddadlau nad oedd unrhyw reswm pan na ddylai'r ddwy sioe fodoli a ffynnu ochr yn ochr. Ond ni thyciodd hyn, oherwydd y gwrthwynebiad a oedd yn dal i ddod oddi wrth Gibson a Chymdeithas Amaethyddol y Siroedd Unedig. Felly fe welwyd yn y *Cambrian News* ar 23 Chwefror 1906 fel yr oedd Gibson yn cilwenu oherwydd nad oedd y gymdeithas 'ymhongar' hon ddim yn talu ei ffordd, ac nid oedd yn synnu at hynny, oherwydd doedd pobl ddim am gyfrannu'n hael i 'gymdeithas un dyn' a oedd yn llawn o bobl â theitlau ac arweinwyr mewn enw yn unig heb ddim dylanwad go-iawn. Unwaith eto fe ganodd ei hoff gân: 'Mae'n gynnyrch ffug a bydd yn chwythu'i blwc yn y diwedd os na fydd yn suddo'n ôl i'w ffurf wreiddiol fel Cymdeithas Gogledd Ceredigion o dan reolaeth boblogaidd.' Mewn gorfoledd sbeitlyd aeth ymlaen i nodi: 'Rydym wedi aros dair blynedd am y sefyllfa waradwyddus hon. Fe allwn aros dair blynedd arall am y cwymp terfynol.' Yn y *Cambrian News* ar 27 Chwefror 1906, fe gynhyrfwyd Syr Richard D. Green-Price i geryddu Gibson fel hyn: 'Rwyf wedi methu â darganfod pam mae papur lleol fel eich un chi wedi mynd allan o'i ffordd i daflu carreg at y Gymdeithas hon, sydd heb amheuaeth yn dod â budd, nid yn unig i Aberystwyth, ond hefyd i Gymru gyfan.'

Fel rhan o'i gwrthwynebiad parhaus, tua diwedd Awst 1904 gwelwyd Cymdeithas Amaethyddol y Siroedd Unedig yn awgrymu y dylid gwahodd Morgannwg i uno â hi, a chanlyniad llwyddiannus hyn fyddai sefydlu'n gadarn y Siroedd Unedig fel sioe de Cymru. Roedd y rhai a gefnogai'r syniad hwn yn dadlau mai cwrdd ag anghenion gogledd Cymru'n unig a wnâi sioe Aberystwyth, ac y gallai ddatblygu i'r cyfeiriad hwnnw gan adael sioe unedig Caerfyrddin i ledaenu ei dylanwad dros ardal de Cymru. Yn ôl llywydd y Siroedd Unedig, Morgan-Richardson, nid oedd y syniad yn un newydd, dim ond yn atgyfodi cynnig tebyg a wnaethpwyd rai blynyddoedd ynghynt. Er iddo honni na fwriedid i'r symudiad hwn fynd yn erbyn 'Sioe Aberystwyth neu Ogledd Cymru', mae'n anodd cymryd yr honiad hwnnw o ddifrif. At hyn fe fabwysiadwyd agwedd gymodlon gan y *Western Mail* ar 22 Tachwedd 1904 i annog swyddogion gweithredol y gymdeithas unedig arfaethedig i ofalu bod cyn lleied â phosibl o feini tramgwydd yn cael eu rhoi ar lwybr y Gymdeithas Amaethyddol Genedlaethol Gymreig: 'Dylid, gan fod y gymdeithas yn awr wedi ei sefydlu, gynnig pob cyfle iddi fodoli a llwyddo.' Fel y digwyddodd, penderfynodd tanysgrifwyr hen Gymdeithas Amaethyddol Morgannwg erbyn Ebrill 1906 beidio ag uno â Chymdeithas Amaethyddol y Siroedd Unedig ac mae'n ymddangos mai dyma ddiwedd y mater.

Erbyn yr amser pan gynhaliwyd yr ail sioe yn gynnar yn Awst 1905, cafwyd y teimlad fod y rhagfarn ar y cychwyn yn erbyn y sefydliad wedi methu â'i glwyfo'n barhaol. Yn wir, fe ddadleuwyd yn y *Western Mail* fod y fath wrthwynebiad gan y sefydliadau amaethyddol lleol os rhywbeth wedi bod yn fodd i hysbysebu'r sioe genedlaethol, a bod 'y gwynt a chwyth yn erbyn barcud Aberystwyth os rhywbeth yn fodd i'w godi i fyny'. Daeth y cais olaf un i daflu'r sbocsen ynddi mewn cyfarfod o Gyngor Cymdeithas y Siroedd Unedig yn Rhagfyr 1906 pan gymeradwyodd pwyllgor y rhestr wobrwyon y dylid ehangu'r Gymdeithas i gynnwys de Cymru a Sir Fynwy. I gyflawni hyn, fe ddadleuwyd y byddai rhestr wobrwyon hael yn fodd i hybu mwy o welliannau mewn da byw, i ychwanegu'n faterol at boblogrwydd y Gymdeithas, ac i gynyddu nifer y cystadleuwyr yn y sioe. Gan dueddu i ffafrio'r cynnig, penderfynodd y cyfarfod y dylai'r sioe y flwyddyn ddilynol yng Nghaerfyrddin fod yn agored i siroedd Mynwy, Morgannwg, Maesyfed a Brycheiniog yn ogystal â Chaerfyrddin, Aberteifi a Phenfro. Ar ôl tair blynedd o'r sioe agored estynedig hon, fodd bynnag, teimlid y byddai'n well cyfyngu'r sioe i dair sir y de-orllewin, gan mai gorllewin Cymru oedd yn cyfrannu y rhan fwyaf o arian y gwobrau. Felly fe lwyddodd y fenter newydd i wrthsefyll strancio cenfigennus cymdeithasau lleol yn ardal Aberystwyth ei hun ac yn y de. Ymhellach, o safbwynt Gibson, yn ddigamsyniol fe feithrinodd ddrwgdeimlad personol tuag at Loveden Pryse, a hwn yn cael ei fwydo, yn ôl pob golwg, gan atgasedd tuag at yr hen deuluoedd aristocratig.

PENNOD DAU

Mae'r Sioe ar y Ffordd

Nid oes unrhyw amheuaeth, er y gwrthwynebiad i'r fenter newydd, fod chwe blynedd cyntaf y fenter wedi gosod sylfaen gadarn i sioe'r Gymdeithas Amaethyddol Genedlaethol Gymreig. Yn wir, erbyn diwedd ei chyfnod yn Aberystwyth, gallai D. D. Williams, wrth ysgrifennu yn rhifyn Ionawr 1910 o *Cylchgrawn y Gymdeithas Amaethyddol Genedlaethol Gymreig*, gyfiawnhau yn ddigon teg: 'Mae'r Genedlaethol Gymreig, er yn ddim ond chwe blwydd oed, eisoes wedi cyrraedd rheng flaen y sioeau amaethyddol.' Cydnabu fod gwelliannau mawr i'w gweld yn flynyddol, er nad oedd y gymdeithas ond megis yn egino a heb gyrraedd y cyflwr perffaith a gyrhaeddwyd gan gymdeithasau cenedlaethol eraill hirsefydlog. Fodd bynnag, roedd y gweithiwr diflino hwn ar ran y Gymdeithas yn hollol ymwybodol fod yn rhaid cael gwared â rhai diffygion. Roedd nifer o adrannau yn y sioe angen eu stiwardio'n well, ac fel sioe genedlaethol, yn ei farn ef, dylid gwneud gwell defnydd o ysgrifenyddion prif sioeau Prydain ac o ddynion eraill adnabyddus. Ni ddefnyddid byrddau gwobrwyo mewn unrhyw gylch cystadlu, ac yn llawer rhy aml ni allai'r ymwelwyr ddilyn y beirniadu. Yn ychwanegol at hyn, roedd angen rhai newidiadau mewn nifer o'r dosbarthiadau: dylid cynnwys dosbarth ar gyfer ebolion hacnai, a chan fod nifer o ddefaid Ryeland yn cael eu harddangos yn yr adran 'Defaid heb fod yn rhai Cymreig', dylid ymdrechu i

Tabl 1. Cystadleuwyr da byw, 1904–1909

ADRANNAU A DOSBARTHIADAU	1904	1905	1906	1907	1908	1909
Ceffylau gwedd	45	55	46	65	44	51
Ceffylau hacnai	31	36	29	34	28	44
Ceffylau hela	19	19	23	22	27	25
Merlod a chobiau	111	96	101	104	121	118
Gwartheg Byrgorn	68	68	63	70	55	60
Gwartheg Henffordd	25	47	46	60	56	50
Gwartheg Duon Cymreig	56	74	64	65	52	40
Defaid Sir Amwythig	29	41	41	46	23	52
Defaid Ceri	36	44	56	82	63	59
Defaid Mynydd Cymreig	46	64	56	73	64	70
Moch	16	16	16	47	15	9
CYFANSWM CEISIADAU	**482**	**560**	**541**	**668**	**548**	**578**

sefydlu dosbarthiadau arbennig ar gyfer y brîd hwn sy'n bennaf yn un Cymreig. At ei gilydd, fodd bynnag, roedd cryfderau yn drech na gwendidau, ac roedd y trefnwyr wedi eu calonogi yn fawr gan y ffaith fod nifer y cystadleuwyr da byw yn gyffredinol yn tueddu i godi dros y chwe blynedd cyntaf hyn, fel y gellir gweld yn Nhabl 1.

Boddhad enfawr a dealladwy hefyd oedd fod y ffigurau hyn yn uwch na'r ceisiadau ar gyfer Sioe Caerfaddon a Gorllewin Lloegr. O'r dechrau cyntaf, un o nodweddion arbennig Sioe Amaethyddol Genedlaethol Cymru oedd y gyfran sylweddol o'r holl arddangosion a oedd o fewn dosbarthiadau ffermwyr-denantiaid, bron 50 y cant yn 1904 ac ychydig dros 60 y cant yn 1905, a'r rhain, yn galonogol, yn dod o bob cwr o Gymru. Mewn ymgais i sicrhau ymrwymiad pellach y ffermwyr-denantiaid yn y sioeau, penderfynodd y Gymdeithas gynnig ail wobrwyon ym mhob un o'r dosbarthiadau yn agored i ffermwyr-denantiaid. Roedd golygydd *Cylchgrawn* y Gymdeithas, mewn gwirionedd, wedi cymeradwyo hyn yn llawn brwdfrydedd yn 1905:

Mae cyfyngu gwobrau i ffermwyr Cymru yn arferiad da, gan ei fod yn rhoi iddynt gyfle i gystadlu gyda'r arddangoswr proffesiynol, a chymharu eu hanifeiliaid â'r rhai gorau y gall y wlad eu cynhyrchu, ac mae hefyd yn rhoi cefnogaeth iddynt gan eu bod yn gallu cystadlu ymysg ei gilydd am wobr.

Ffactor arall a roddai foddhad iddynt oedd y ffaith fod yr arddangoswyr yn anfon anifeiliaid o bob ardal yn Lloegr yn ogystal â Chymru, a nifer ohonynt yn cynnwys enillwyr yn Sioe Cymdeithas Amaethyddol Frenhinol Lloegr. O bwysigrwydd arbennig i ysgogi diddordeb y cyhoedd oedd arddangosiadau gwartheg Henffordd a anfonwyd flwyddyn ar ôl blwyddyn gan y Brenin Edward VII, er nad oedd bob amser yn ennill y wobr gyntaf gan mor uchel oedd safon y cystadleuwyr, fel yn sioeau 1907 a 1909.

Fel y disgwylid – ac yn sicr fel y bwriedid – ar y blaen yn adrannau da byw sioeau olynol Aberystwyth daeth yr arbenigeddau yr oedd Cymru yn enwog amdanynt, sef merlod Mynydd a chobiau Cymreig, gwartheg Duon Cymreig, defaid Mynydd Cymreig a defaid Ceri. Y rhai mwyaf poblogaidd ohonynt i gyd a'r un a roddai'r pleser mwyaf i'r dyrfa, oedd y merlod a'r cobiau. Yn nodedig ymysg y rhai a gystadlodd yn nosbarth y merlod Mynydd yr oedd Grey Light, stalwyn yn eiddo i fridiwr enwog yn nosbarth y merlod Mynydd, Evan Jones o Manorafon, Llandeilo. Wedi ennill yn 1904, 1905, 1907 ac 1909, ystyriwyd Grey Light ymysg merlod gorau'r deyrnas. O sioe 1908 ymlaen cafodd y gystadleuaeth ysgogiad pellach ar ffurf cyflwyniadau blynyddol gan dywysog Cymru (a ddaeth yn noddwr i'r Gymdeithas y flwyddyn flaenorol), sef yr her-gwpan arian £50 i'r cob gorau o'r hen deip Cymreig o bedair i saith oed, heb fod dan 14 dyrnfedd na thros 15, wedi ei fagu ac yn eiddo i rywun a oedd yn byw yng Nghymru a Mynwy, a'r cystadleuwyr yn gymwys i'w henwi neu eu cynnwys yn Llyfr Gre Cymdeithas y Merlod a'r Cobiau Cymreig. Roedd yn hollol addas i Gymdeithas Amaethyddol

3. Grey Light, y stalwyn enwog o ferlyn, enillydd bedair gwaith yn Aberystwyth, yn eiddo i Evan Jones, Manorafon, Llandeilo.

Genedlaethol Gymreig ddewis fel beirniad ar y gystadleuaeth allweddol hon yn y sioe Syr Richard Green-Price o Drefyclo, beirniad profiadol a bridiwr, a dadleuwr brwd dros y cobiau Cymreig pur, ac un a oedd wedi mynegi'n groyw y dylid gwarchod y brîd yn bur heb ei ddifwyno gyda'r straen hacnai. Gan mai amcan Cwpan Tywysog Cymru oedd hybu brîd yr hen gob Cymreig, penderfynodd Syr Richard yn sioe 1908 ddethol allan o 16 o gystadleuwyr y ferlen â'r gallu gorau i gynhyrchu'r stoc a chwenychid, a'r wobr yn mynd o ganlyniad i Pride of the Hills a'i berchennog H. P. Edwards o Aberystwyth. Yn 1909 yr oedd 14 anifail wedi'u cyflwyno ar gyfer y gystadleuaeth, ond gwrthodwyd 10 ohonynt ar y tir eu bod yn ormod o'r math hacnai. Roedd yr enillydd, High Stepping Gambler II, yn eiddo i Evan Davies, Cwmgwenin, Llanbedr Pont Steffan, ac ef oedd yr unig enghraifft go-iawn o'r hen gob Cymreig yn y sioe gyfan. Gobeithid y byddai dyfarnu'r wobr i farch yn rhoi hwb arbennig i fridio cobiau Cymreig y mae bellach alw mawr amdanynt gartref a thramor.

Gyda'r enw da sydd i'r brîd o safbwynt cynhyrchu llaeth a chig, a chan mai dyma'r brîd sy'n talu rhent nifer o ffermwyr-denantiaid yng Nghymru, nid yw'n fawr o syndod fod y gwartheg Duon Cymreig yn nodwedd boblogaidd o'r sioe o'r cychwyn cyntaf. Yn wir, roedd union fodolaeth sioe fawr ar gyfer Cymru yn dangos ei gwerth o safbwynt arddangos y Gwartheg Duon, gyda'r beirniad yn sioe 1905 yn sylwi bod un peth y tu hwnt i bob amheuaeth, sef bod sioe y Gwartheg Duon yn Aberystwyth yn gryfach o lawer o ran nifer ac ansawdd nag yn y Park Royal, ger Llundain, cartref parhaol dros-dro Sioe Frenhinol Lloegr rhwng 1903 a 1905, ac ar ôl y cyfnod trychinebus hwnnw aethpwyd yn ôl at sioeau peripatetig. Datganodd un gohebydd yn frwd fod sioe 1906 yn Aberystwyth wedi rhoi'r arddangosiadau gorau o Wartheg Duon a welwyd mewn unrhyw le. Roedd y gystadleuaeth rhwng gogledd a de yn llym iawn, fel yn 1908 pan, ar ôl ennill yn barod o fewn ei ddosbarth mewn dwy sioe olynol yn Aberystwyth, yr enillwyd Her-gwpan Ysguborwen am y tarw gorau o'r brîd Cymreig a nifer o wobrau arbennig eraill gan Duke of

4. Duke of Connaught, y tarw Du a enillodd yn Aberystwyth rhwng 1906 a 1908.

Connaught, tarw enwog ffermwyr ar y cyd, sef y Meistri Davies, Thomas a Howells o Sanclêr, ac felly guro cystadleuwyr o ogledd Cymru, er i gystadleuwyr y gogledd lwyddo i gael y gorau ar rai'r de yn y dosbarthiadau benywaidd. Roedd y sioe flynyddol hefyd yn ffordd i'r ffermwyr-denantiaid gael prisiau gwirioneddol dda am eu stoc, gan gynnwys y Gwartheg Duon. Yn sioe 1905, er enghraifft, cyrhaeddodd rhai lloi Duon Cymreig £20 yr un. Felly roedd y sioe fawr yng Nghymru, fel mewn mannau eraill, yn gweithredu yn debyg iawn i ffair fawr lle roedd y prynwyr gorau yn ymgynnull.

Yn rhinwedd ei sioeau blynyddol, nid yn unig roedd y Gymdeithas Amaethyddol Genedlaethol Gymreig yn cael ysgogiad i wella'r brîd, ond hefyd roedd yn gweithio mewn cytgord gyda Chymdeithas y Gwartheg Duon Cymreig a oedd newydd ei ffurfio. Roedd wedi dod i fod yn gynnar yn 1904 – gan adlewyrchu, fel y maentumiodd J. B. Owen o Lanboidy, Hendy-gwyn, yn y *Cylchgrawn* yn Ionawr 1905, 'Rhagfarn ddeheuol yn erbyn y brîd Gogleddol' – trwy briodas anfoddog rhwng Cymdeithasau Gwartheg Duon Cymreig Gogledd Cymru a De Cymru a oedd ar wahân cyn hynny. Yn gyfleus, roedd cyfarfodydd cyffredinol blaenorol Cymdeithas y Gwartheg Duon Cymreig yn cael eu cynnal yn Aberystwyth yn ystod cyfnod y sioe, fel hefyd rhai Cymdeithas y Merlod a'r Cobiau Cymreig a sefydlwyd yn 1901, a Chymdeithas Llyfr Diadelloedd Defaid Cymreig.

Roedd sefydlu'r olaf yn ystod sioe 1905, gyda Marshall Dugdale, gwir garwr y ddafad Gymreig ddilys, fel ei bennaeth, yn wirioneddol angenrheidiol a hynny ar frys, ac fe ddaeth cefnogaeth bellach i wella'r brîd gan sioe flynyddol y Gymdeithas Amaethyddol Genedlaethol Gymreig. Mynnwyd mai'r arddangosfa o ddefaid Mynydd Cymreig yn sioe 1905 oedd yr un orau a welwyd erioed yn unman, a'r arddangosfa hon a hybodd y galw yn syth am gyfarfod ar dir y sioe i sefydlu Llyfr Diadell y Ddafad Gymreig. Roedd llawer o waith yn disgwyl holl gefnogwyr brwd y brîd brodorol, fel y dangoswyd pan dynnwyd sylw gan feirniad y defaid Mynydd Cymreig yn sioeau 1907 ac 1908 at y ffaith y ceid o hyd, ochr yn ochr â defaid Mynydd Cymreig ardderchog eu hansawdd, anifeiliaid nad oeddynt yn haeddu lle mewn sioe flaenllaw.

Dadl y sylfaenwyr oedd y byddai'r sioe Gymreig, yn ychwanegol at roi'r 'gydnabyddiaeth arbennig a neilltuol' honno i'r bridiau brodorol, hefyd yn galluogi ffermwyr Cymru i weld unwaith y flwyddyn y mathau gorau o fridiau Prydeinig. Heb amheuaeth fe wireddwyd y dyhead olaf hwn ar draws

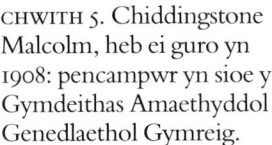

CHWITH 5. Chiddingstone Malcolm, heb ei guro yn 1908: pencampwr yn sioe y Gymdeithas Amaethyddol Genedlaethol Gymreig.

DE 6. Tarw Henffordd Endale, yn eiddo i Peter Coats, pencampwr yn Aberystwyth yn 1907.

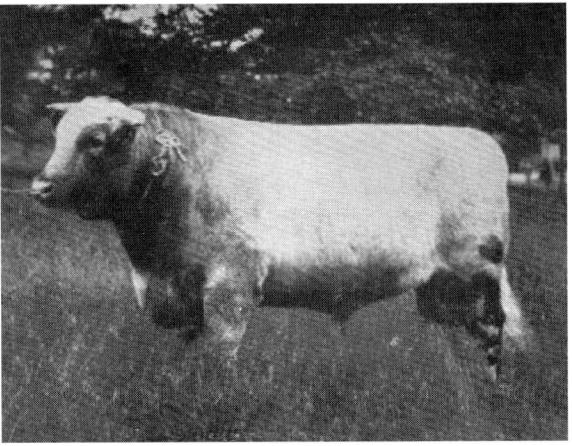

holl ystod y da byw. Yn adrannau'r gwartheg, roedd cynrychiolaeth dda o'r gwartheg Byrgorn ac, i raddau llai, yr Henffordd, y ddau frîd yn arddangos rhai o anifeiliaid gorau'r deyrnas, yn cynnwys nifer o enillwyr Sioe Frenhinol Lloegr – megis yn sioe 1908, y tarw Byrgorn Chiddingstone Malcolm, pencampwr y teirw, a oedd yn eiddo i Syr Richard Cooper o Gaerlwytgoed. Dangosodd y cyhoedd lawer o ddiddordeb yn nosbarthiadau gwartheg Henffordd a ddangosid dros y blynyddoedd gan y brenin, ond soniwyd eisoes fod safon y gystadleuaeth mor uchel fel bod ei dda yn aml yn cael eu curo, megis yn sioe 1907 pan mai Endale, a oedd yn eiddo i Peter Coats, oedd pencampwr y teirw.

Roedd enghreifftiau gwych o ddefaid eraill heblaw'r defaid Mynydd Cymreig a defaid Ceri yn y sioeau, fel rhai Sir Amwythig yn sioe 1905, ac yn bennaf ymysg y rhain yr oedd arddangosiadau o ddiadell enwog Shenstone Court, eiddo R. P. Cooper. Un hwrdd enwog o'r ddiadell hon oedd

Heredity, yn perthyn i John Rees, Dolgwm, Llanybydder, a enillodd y wobr am yr hwrdd gorau mewn unrhyw oedran yn sioe 1906. Enillydd enwog arall gyda'i ddefaid Sir Amwythig oedd Alfred Tanner o'r Amwythig, â'i Shrawardine Dream yn cipio'r wobr gyntaf yn y Sioe Frenhinol yn ogystal ag yn y Genedlaethol Gymreig yn 1908. Mor aml yr oedd defaid Sir Amwythig yn curo'r rhai Ryeland yn y sioeau cynnar fel bod y beirniaid, yn dilyn sioeau 1908 ac 1909, wedi argymell y dylid cyflwyno dosbarthiadau gwahanol i bob brîd.

Arddangoswyd hefyd geffylau a moch o bob brîd. Yn ogystal â merlod a chobiau, roedd ceffylau gwedd, hela a hacnai hefyd yn cael eu harddangos, gydag arddangoswyr Sir Drefaldwyn yn cipio'r wobr yng nghystadlaethau ceffylau gwedd, yn ddiau oherwydd dygnwch a menter Cymdeithas Geffylau Cyfan Sir Drefaldwyn. Arddangoswr enwog o geffylau gwedd yn ystod y

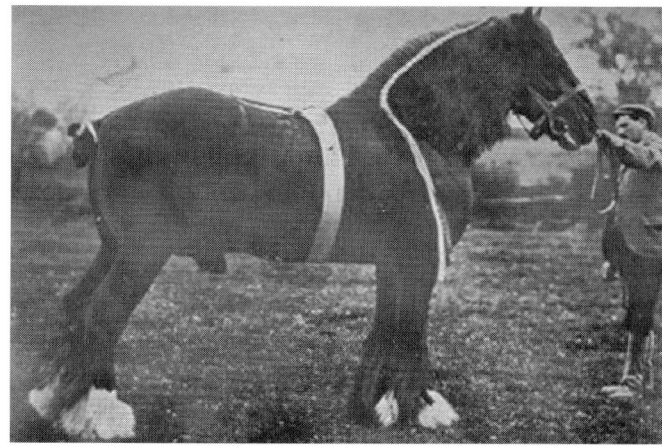

7. Hendre Baronet, eiddo W. F. S. Humphreys, Y Gaer, Ffordun, Sir Drefaldwyn.

blynyddoedd hyn yn Aberystwyth oedd W. F. S. Humphreys o'r Gaer, Ffordun, Sir Drefaldwyn, a'i geffyl enwog Hendre Baronet gwerth mil gini, yn ennill y wobr am y stalwyn gwedd gorau yn 1905, 1906 a 1907. Yn yr un modd hefyd, oherwydd eu lletchwithdod a'r nifer fechan a arddangosid, roedd moch, fel y 'Gintleman who pays the rint', yn nodwedd bwysig o'r sioeau. Roedd ffermwyr Cymru yn cael cyfle na chawsant mohono erioed o'r blaen i weld y fath safon o ragoriaeth a gyrhaeddid gan y moch a arddangoswyd o ganlyniad i roddi sylw i'r brîd a bwydo call gan rai fel duges Devonshire. Yn wir, fe ddenodd sioe 1907 bron y cyfan o bencampwyr gorau moch Lloegr.

Roedd datblygiadau newydd yn awr, fel erioed, yn dynodi sioe flynyddol ddatblygol a dynamig. Felly, yn gynnar yn 1907, gwelwyd Cyngor y Gymdeithas yn cymeradwyo i gyfarfod cyffredinol yr aelodau y dylid cynnal arwerthiant o'r stoc yn iard y sioe ar yr ail ddiwrnod o'r sioe oedd ar ddod, gydag amodau'r arwerthiant i fod yn fras yn debyg i rai y Sioe Amaethyddol

Frenhinol yn Lloegr. Er i'r arwerthiant ar 24 Gorffennaf ddenu nifer dda o gystadleuwyr, roedd prinder prynwyr. Os oedd yr arwerthiant yn sioe 1908 yn dyst i welliannau mewn ceffylau, unwaith eto, at ei gilydd, nid oedd yn llwyddiant.

Roedd adran y peiriannau hefyd yn nodwedd amlwg yn ystod y chwe blynedd cyntaf hyn, gyda rhai o brif weithgynhyrchwyr y deyrnas a'u stondinau arddangos. Stondin boblogaidd yn arddangos y peiriannau fferm diweddaraf, megis hunanrwymwr Osborne a oedd mor addas i amodau ffermio mynydd, oedd un y Meistri M. H. Davis a'i Feibion, Heol y Bont, Aberystwyth. Ymysg y stondinau offer hyn, hefyd, ceid arddangosiadau o fwydydd gwartheg, blawd, hadau a gwrtaith megis slag basig. Roedd y ffaith fod llawer mwy o stondinau masnach yn sioe 1906 nag a fu'n flaenorol yn profi'n ddiamheuol i olygydd y *Cylchgrawn* bwysigrwydd cynyddol y sioe.

Roedd yr ymwelwyr i'r sioe gyntaf yn 1904 yn gadael yn siomedig am nad oedd yno adran gaws a menyn, ond fe wnaethpwyd mwy nag iawn am hyn yn sioe y flwyddyn ganlynol drwy ychwanegu nid yn unig adran laethydda ond hefyd arddangosfeydd gwneud menyn. Yn sioeau Aberystwyth roedd 30 yn cystadlu'n flynyddol yng nghystadleuaeth y cynnyrch llaeth, ac ar ôl eu cyflwyno yn 1906, rhyw 25 yn y cystadlaethau cynhyrchu menyn. Fel

8. Y sioe gyntaf yn Aberystwyth yn 1904.

tystiolaeth o gyfraniad pwysig Coleg Prifysgol Cymru, Aberystwyth i'r gymdeithas ifanc, cyflwynwyd arddangosfa gwneud menyn yn 1905, er enghraifft, gan Miss Brown o Adran Laethydda'r coleg a bu i'r adran drefnu cystadlaethau ar faes y sioe o 1906 ymlaen gan ddenu nifer o ymwelwyr i'r babell. Dyma agwedd bwysig addysgol y sioe yn dod yn weithredol o ddifrif.

Parodd sioe ddeuddydd Aberystwyth – a gyhaliwyd gyntaf ar gae'r Ficerdy, Ffordd Llanbadarn, ac yna, o 1908, ar Ddolydd Plas-crug gerllaw – gyda'i siediau ar gyfer y da byw, pebyll mawr a bach, a chylch mawr ar gyfer arddangos a neidio, gyda phrif stand y gwylwyr yn edrych drosto, i ohebydd y *Western Mail* ysgrifennu am sioe 1905 fel hyn: 'Mae golwg iard brysur, gyfleus y sioe, gyda'i rhesi o siediau a chanfas, yn amlwg yn wahanol i un y sioeau sirol llai, a cheir awyrgylch o hyder yn treiddio trwy'r cyfan.' Trefnwyd rhaglenni pendant ar gyfer pob diwrnod. Tra oedd y diwrnod agor yn bennaf ar gyfer beirniadu'r da byw, roedd yr ail – y 'diwrnod poblogaidd' – ar gyfer gorymdaith yr anifeiliaid buddugol, cynnyrch y ffermwyr a'r masnachwyr, cystadlaethau gwneud menyn, arddangosfa gwneud menyn a, bob amser uchafbwynt y prynhawn, y cystadlaethau harnais a neidio, i gyd i gyfeiliant band lleol. Er cymaint gweithgarwch a pharatoadau y trefnyddion, ni ellir

fodd bynnag warchod unrhyw sioe rhag i rywbeth fynd o'i le. Yn ystod y gystadleuaeth neidio ar brynhawn Mercher sioe 1905, syrthiodd yn farw geffyl gwerthfawr o eiddo Mr Wheeler o Studley, yr un cyntaf i berfformio dros y neidiau, yn syth ar ôl gadael y cylch.

Fel arfer roedd atyniadau amrywiol ar yr ail ddiwrnod yn sicrhau bod mwy o bobl yn mynychu'r sioe y diwrnod hwnnw nag ar y diwrnod cyntaf. Yn 1908, ar yr ail ddiwrnod cafwyd tua 10,000 o bobl ar faes y sioe, dwbl y nifer ar y diwrnod cyntaf. Yn wir, amcangyfrifwyd bod 15,000 o bobl wedi ymweld â sioe 1908 a dyma'r record am y chwe sioe yn Aberystwyth, gyda rhai 1904 a 1905 (y sioeau eraill y mae ffigurau ar gael iddynt) ym mhob achos wedi denu tua 9,500 i 10,000 o bobl. Hwyluswyd llawer ar y teithio i Aberystwyth i'r nifer fawr o amaethwyr ac eraill gan wibdeithiau rhad undydd a drefnwyd gan y cwmnïau rheilffordd o holl ganolfannau poblog gogledd a de Cymru. Yn ystod sioe 1908 cyrhaeddodd 33 o drenau arbennig Aberystwyth, yn cynnwys 224 o dryciau gwartheg a wagenni ceffylau a 100 o goetsys teithwyr, yn ychwanegol at y drafnidiaeth 'arferol'. Ceir awgrym o'r hyn sydd i ddod yn y ceisiadau a wnaed i'r ysgrifennydd, Loveden Pryse, yn y misoedd cyn sioe 1908 gan berchnogion ceir modur yn ceisio cael caniatâd i gael mynediad i faes y sioe. Fe roddwyd caniatâd a daeth y ceir i mewn drwy giât arbennig i gyrraedd eu safle ger ochr y cylch mawr yn ddigon pell o'r brif stand.

Bu'r tywydd bob amser yn ffactor o bwys i benderfynu llwyddiant sioe ond roedd hyn gymaint yn fwy hanfodol yn y dyddiau cynnar yn Aberystwyth ac, mewn gwirionedd, am flynyddoedd i ddod, gan fod bodolaeth y sioe yn dibynnu'n drwm ar arian mynediad yn absenoldeb aelodaeth gref. Ar wahân i fore cyntaf sioe 1905 pan effeithiodd cymylau glaw yn anffafriol ar nifer yr ymwelwyr, ar y cyfan roedd y tywydd yn ystod y chwe sioe yn Aberystwyth yn garedig i'r trefnyddion. Fodd bynnag, fe effeithiodd anwadalwch y tywydd yn ddrwg ar y nifer a ddaeth i'r sioe yn 1909 oherwydd, er bod union ddyddiau'r sioe ei hun yn rhai heulog, roedd y tywydd wedi bod yn wael am wythnosau cyn hynny fel bod llawer iawn o ffermwyr wedi gorfod aberthu'r pleser o fynychu'r sioe er mwyn gorffen y cynhaeaf gwair.

Effeithiwyd ar y nifer a ddaeth i'r sioe hefyd gan union ddyddiadau'r sioe. Felly daeth llai i sioe 1907 oherwydd bod y digwyddiad yn gynharach nag arfer, a'r dyddiad wedi symud yn ôl o ddechrau Awst i 23 a 24 Gorffennaf gan mai dyna ddymuniad preswylwyr tref Aberystwyth. O ganlyniad, roedd ffermwyr yn brysur gyda'r gwair, er na fyddai'r dyddiad cynharach hwn ddim wedi effeithio cymaint ar y nifer o ymwelwyr petai'r tymor heb fod yn anghyffredin o araf; golygai hyn fod llawer yn brysur gyda'r gwair ar adeg pan fyddent fel arfer wedi gorffen beth amser cyn y sioe. Serch hynny, roedd y tymor gwyliau ar ei anterth yn Aberystwyth yn Awst, ac yn anorfod roedd rhai ymwelwyr wedi ymlwybro i'r sioe. Gallai gwrthdaro gyda sioeau eraill hefyd effeithio'n ddifrifol ar nifer y cystadleuwyr. Dyna fel y bu hi yn 1904, pan oedd y nifer o gystadleuwyr o'r tu allan yn llai am fod Sioe Fawr Swydd Efrog yn cael ei chynnal yr un pryd, ac roedd yn rhy agos i Sioe Frenhinol Sir Gaerhirfryn. O ganlyniad, gwnaed ymdrechion i osgoi'r fath wrthdrawiadau, fel y gwelir pan benderfynodd y Cyngor gynnal sioe 1908 ar 12 a 13 Awst, ar yr amod na fyddai'r dyddiad yna'n gwrthdaro â sioe Cymdeithas Amaethyddol y Siroedd Unedig, a phe digwyddai hynny, y dyddiadau fyddai 4 a 5 Awst.

O ystyried y chwe sioe gyntaf yn Aberystwyth o safbwynt bodloni disgwyliadau'r sylfaenwyr, rhaid dod i'r casgliad fod y Gymdeithas a'i phrif weithgarwch, sef y sioe, wedi cychwyn yn llwyddiannus, ond fod rhai problemau go-iawn yn dal i'w goresgyn. O safbwynt cadarnhaol roedd y genfigen leol ddofn ar y dechrau wedi gwanhau cryn dipyn. Nid y ffactor lleiaf wrth ennill cefnogaeth amaethwyr Cymru i'r syniad o gymdeithas a sioe genedlaethol oedd gweledigaeth, dycnwch, trylwyredd, cwrteisi a pharodrwydd Lewes Loveden Pryse i gwrdd â dymuniadau'r rhai yr oedd a wnelont â'r sefyllfa. Dangoswyd fel yr oedd wedi amgyffred mewn modd dymunol yr angen am gynnwys y cyfan, yn y ffordd y rhifodd ymysg ei restr o stiwardiaid cylch, ysgrifenyddion a swyddogion amryw o sioeau amaethyddol ar hyd a lled y Dywysogaeth – trefniant doeth i feithrin ym-deimlad da ar ran y cymdeithasau llai tuag at y corff newydd cenedlaethol. Hefyd, fel y dangoswyd, roedd nifer y cystadleuwyr ar gynnydd, a ffermwyr-denantiaid yn ymddangos yn amlwg ymysg yr arddangoswyr; dangoswyd rhai o dda byw gorau Cymru a Lloegr, ac roedd yn galonogol fod mwy o bobl yn mynychu'r sioe. Er nad anrhydeddwyd swyddogion, aelodau nac ymwelwyr gan ymweliad brenhinol i faes y sioe yn Aberystwyth, gwnaeth cefnogaeth gyson y brenin i'r Gymdeithas a pharodrwydd tywysog Cymru i fod yn noddwr yn 1907, lawer i hybu statws y sioe. Mewn gwirionedd, yng nghyfarfod y Cyngor ar 9 Mawrth 1908 fe ofynnwyd a allai'r Gymdeithas gyfiawnhau ei galw ei hun yn Gymdeithas Amaethyddol Frenhinol Cymru, gan fod Ei Uchelder Brenhinol Tywysog Cymru wedi cytuno'n ddiweddar i ddod yn noddwr. Cydiwyd ymhellach yn y syniad gan AS Sir Aberteifi a ffrind agos i'r Gymdeithas, Vaughan Davies, a ddywedodd wrth gyfarfod nesaf y Cyngor ganol Mai, ei fod, wrth gysylltu â thywysog Cymru ynghylch dod yn noddwr, wedi gwneud ei orau i geisio cael ychwanegu 'Brenhinol', ond fe ddarganfu fod y pŵer i ganiatáu hyn yn nwylo'r Swyddfa Gartref, a oedd yn amharod i gefnogi hyn hyd nes bod y Gymdeithas mewn sefyllfa well yn ariannol.

A'r sylfaen ariannol simsan hon, a barhaodd drwy gydol blynyddoedd Aberystwyth, oedd y fwyaf o'r problemau y cyfeiriwyd atynt yn gynharach. Achosodd hyn gryn bryder a chynyddu rhwystredigaeth mor gynnar â chyfarfod cyffredinol blynyddol y Gymdeithas ar 17 Chwefror 1906, lle y dadlennwyd mor fach oedd incwm y Gymdeithas, serch holl ymdrechion llawn egni Loveden Pryse i chwyddo'r aelodaeth. Roedd yr adroddiad cyllid am y flwyddyn yn diweddu 31 Rhagfyr 1905 yn ddigalon i'w ddarllen. Er bod incwm, yn cynnwys tanysgrifiadau aelodau (£365 10s. 6d.), cyfraniadau (£309 17s. 6d.), derbyniadau'r sioe (£1,078 19s. 5d.), a llog banc (£9 14s.2d.) yn gwneud cyfanswm o £1,764 1s. 7d., roedd gwariant, yn cynnwys costau'r sioe (£666 5s. 7d.), gwobrau (£1,113 11s. 9d.), a chostau rhedeg eraill y Gymdeithas a chynhyrchu ei *Cylchgrawn* (£196 11s. 11d.), yn cyrraedd £1,976 9s. 3d., gan adael colled o £212 7s. 8d. Yn ddealladwy, felly, apeliodd cyfarfod y Cyngor y noson flaenorol am gynyddu nifer y tansgrifwyr blynyddol o'r nifer cyfredol o 181 aelod er mwyn cynhyrchu mwy o incwm cyson. Doedd yr apêl hon am aelodau newydd yn ddim ond y gyntaf o nifer a fyddai'n dilyn yn y blynyddoedd i ddod.

Dyn rhwystredig a dig oedd Loveden Pryse pan awgrymodd yn y cyfarfod cyffredinol blynyddol y dylai pob aelod a oedd â diddordeb yn y Gymdeithas geisio casglu tanysgrifiadau a recriwtio aelodau newydd. Yn ei farn ef, roedd rhestr y tanysgrifwyr yn 'warth', ac aeth ymlaen i ddweud wrth y gwrandawyr fod Syr Richard Cooper, bonheddwr o Sais a oedd wedi cyfrannu £700 tuag at y sioe, wedi anfon gair ato y diwrnod blaenorol yn awgrymu pan oedd ef wedi gwneud ei gyfraniad ei fod yn cymryd yn ganiataol y buasai tirfeddianwyr a chyfoethogion Cymru wedi dilyn ei esiampl. Ond roedd y dynion hyn, meddai Loveden Pryse yn dra chwerw, yn ymddangos fel petaent yn rhoi cyn lleied â phosibl i ni, ac fe rygnodd ymlaen i ddweud bod Syr Richard wedi synnu at y difaterwch a ddangoswyd. Meddai Loveden Pryse ymhellach, pe byddai gennym 'amgueddfa i warchod hetiau Cymreig neu rywbeth o'r fath', byddent yn cyfrannu miloedd, ond dim ond £5 yr oeddynt yn ei gyfrannu at y Gymdeithas. Yn ychwanegol, hanner can mlynedd yn ôl roedd tirfeddianwyr yn hapus i dderbyn medalau, ond bellach roeddynt yn cymryd y gwobrau ariannol am eu gwartheg a doedd neb ohonynt, ac eithrio Syr Richard Cooper, yn meddwl rhoi unrhyw beth yn ôl. Pe bai holl dirfeddianwyr a dynion pwysig Cymru yn dilyn yr esiampl, gorffennodd yn sur, byddai'r Gymdeithas yn gwneud llawer gwell cynnydd. Roedd hyn yn ffrwydrad anghymedrol, annodweddiadol o ŵr a oedd wedi dangos amynedd yn wyneb llawer o ffyrnigrwydd. Yn sicr fe achosodd i W. Forrester Addie o Barc Castell Powys, y Trallwng, fynegi ei farn os oedd y Gymdeithas am barhau i gynnig gwobrau hyd at £1,100 yn y sioe, yna roedd yn rhaid i'r aelodaeth gynyddu, ond na fyddai hyn yn digwydd trwy daflu anfri at un dosbarth neu'r llall. Ei gyngor oedd y dylai'r Gymdeithas gyfiawnhau ei sefyllfa ac apelio at y dosbarthiadau hyn. Er yr ymwybyddiaeth awyddus hon o'r angen i wella cyflwr ariannol y Gymdeithas, ni lwyddwyd i wneud unrhyw gynnydd sylweddol yn ystod gweddill yr amser yn Aberystwyth, ac am chwe blynedd cyntaf ei bodolaeth roedd y Gymdeithas, i bob diben, yn byw o'r llaw i'r genau. Yn wir, fel yn y ddadl yn nhrafodaethau'r 1950au ar y doethineb o symud i safle barhaol, ystyriaeth o bwys o 1906 ymlaen yn y ddadl a ddylai'r sioe symud allan o Aberystwyth a mynd yn symudol oedd sgil-effeithiau ariannol y fath gam.

Roedd y Gymdeithas, wrth gwrs, wedi bwriadu o'r cychwyn, y dylid cynnal y sioe yn Aberystwyth am y tair blynedd cyntaf. Gwelwyd arwyddion o'r ysgarmes i ddod yn y drafodaeth ar leoliad sioe 1907 yng nghyfarfod y Cyngor ddechrau Awst 1905; er na ddaethpwyd i benderfyniad, mynegwyd barn gref o blaid cael arddangosfa symudol. Fe wyntyllwyd agweddau croes wedyn mewn cyfarfod yn Aberystwyth ym Medi 1906. Pwysleisiodd cefnogwyr cadw'r sioe yn Aberystwyth y flwyddyn ganlynol gyfleusterau rheilffordd arbennig y dref a'i lleoliad daearyddol delfrydol fel y man mwyaf canolog ar gyfer cyfarfod i gystadleuwyr o ogledd a de Cymru. Ar y llaw arall roedd y dadleuwyr dros sioe symudol yn dadlau, cyn y gallai'r sioe fod yn un wirioneddol genedlaethol, fod rhaid ei symud o le i le, gyda chanolfannau megis Abertawe, Llandrindod a Chaerdydd yn cael eu hystyried. Aeth y bleidlais o blaid Aberystwyth fel lleoliad 1907, a'r cyfarfod yn ymddangos fel petai wedi llyncu'r syniad y dylid cynnal y sioe yno bob blwyddyn nes y byddai rhyw dref arall yn barod i ddod ymlaen gyda chymhelliad sylweddol i'w symud hi.

Yng ngwanwyn 1907 gwelwyd y Cyngor yn penderfynu gwneud ymholiadau i weld a fyddai Abertawe, Caerdydd, Llandrindod, Bangor, Wrecsam neu'r Trallwng yn dymuno cael y sioe yn 1908. Wedi ystyried gwahoddiadau o Fangor, Abertawe, y Trallwng, Llandrindod ac Aberystwyth i gynnal sioe 1908 yn y canolfannau hyn, argymhelliad y Cyngor ar 8 Gorffennaf 1907 i Gyfarfod Cyffredinol Arbennig y Gymdeithas ar gyfer yr aelodau, i'w gynnal ar faes y sioe bythefnos yn ddiweddarach, oedd y dylid derbyn gwahoddiad y Trallwng. Ymddangosai mai'r hyn a berswadiodd y Cyngor o blaid y Trallwng oedd iddi gynnig safle rhad ac am ddim a gwarantu swm o arian, sef £300 (£100 yn fwy nag addewid Aberystwyth). Yn flaenllaw yn gwthio am sioe symudol yng nghyfarfod cyffredinol 23 Gorffennaf yr oedd Syr Richard D. Green-Price, Charles Coltman Rogers o Barc Stanage, Sir Faesyfed, ac W. Forester Addie. Datganodd Coltman Rogers fod yr aelodaeth wedi ei chanoli'n ormodol yng nghanolbarth Cymru. Roedd llawer ardal arall yng Nghymru, atgoffodd y cyfarfod; roedd gogledd Cymru, yn ei farn ef, yn llawn o 'sentiment' a de Cymru yn llawn o 'arian parod' a'i ddymuniad oedd symud y sioe o gwmpas er mwyn croesawu teimladau'r gogledd ac arian y de. Mynnodd mai'r dewis oedd naill ai gwneud y sioe yn un leol o'r radd flaenaf, neu roi ehangder iddi ac ardderchowgrwydd drwy ei gwneud yn un beripatetig, neu o leiaf ei chynnal ar yn ail yn y gogledd a'r de. Tynnodd Forrester Addie sylw at y ffaith fod Sioe Amaethyddol Frenhinol Lloegr yn fethiant pan arhosai mewn un lle, ac mai dim ond trwy symud o le i le yr adenillodd ei sicrwydd ariannol. Ond yn y pen draw y rhai a oedd o blaid cadw'r sioe yn Aberystwyth a enillodd y dydd, gan ddisodli argymhelliad diweddar y Cyngor. Roedd eu dadl yn bennaf yn seiliedig ar ffactorau ariannol: y byddai'n ormod o risg i symud y sioe i'r Trallwng o gofio mai prin £300 oedd cronfa bresennol y Gymdeithas. Dadleuent nad oedd digon o gyfalaf i ymgymryd â'r risg o gynnydd mewn treuliau a fyddai'n deillio o symud i unrhyw leoliad heblaw Aberystwyth. Wedi'r cyfan, roedd y rheolwr cyffredinol, Lewes Loveden Pryse, yn gwneud yr holl waith bron am ddim, yn wir gallai yn hawdd fod ar ei golled. Byddai symud y sioe yn golygu y byddai'n rhaid i'r Gymdeithas dalu am ei rheolwr neu gael rhywun yn ei le, gan na fedrent ddisgwyl i rywun weithio am ddim mewn lleoliad oddi cartref. Gwelwyd bod hyn yn gwneud synnwyr pan ategwyd ef gan ysgrifennydd Cymdeithas Amaethyddol Frenhinol y Siroedd mewn llythyr o'i swyddfa yn Basingstoke at Loveden Pryse yn Awst 1907:

Byddwn yn hynod falch pe bai fy Sioe fy hun yn cael ei chynnal mewn un ganolfan; gan fod rhan fawr o'm hamser yn cael ei dreulio yn teithio o gwmpas, nid yn unig i wneud y trefniadau ar gyfer Sioeau unigol, weithiau 50 milltir i ffwrdd, ond i edrych ymlaen am ddwy neu dair blynedd a gwneud trefniadau ar gyfer cyfarfodydd y dyfodol, a dylid ystyried hyn wrth benderfynu tâl yr ysgrifennydd.

At hyn, dadleuai cefnogwyr Aberystwyth y byddai'r gost o symud y cyfarpar a gosod maes sioe newydd yn fawr. Yn ychwanegol, nid oeddynt yn teimlo y byddai cymeriad cenedlaethol y Gymdeithas, a oedd yn ystyriaeth o bwys, yn cael ei erydu gan y ffaith fod y sioe yn parhau i aros yn Aberystwyth. Yn wir, byddai'n elwa; roedd Aberystwyth yn fan lle y gallai gogledd a de gyfarfod, ond pe symudid y sioe i ogledd Cymru ni fyddai'r sioe yn ddim ond sioe y gogledd, a'r un modd, yn sioe de Cymru pe cynhelid hi yn y rhanbarth hwnnw. (I ryw raddau, fel y gwelwn yn nes ymlaen, roedd y math hwn o ddarogan yn gywir.) Roedd y bleidlais yn dri i un o blaid cynnal y sioe yn Aberystwyth yn 1908.

Roedd mater lleoliad y sioe yn destun sgwrs mor aml o fewn Cymru, ac roedd y Cyngor yn pryderu cymaint am gyrraedd y penderfyniad iawn, fel y perswadiwyd aelodau'r Gymdeithas i bleidleisio ar leoliad sioe 1909. Ac Aberystwyth oedd y ffefryn amlwg, gyda 145 aelod o blaid a 49 am weld y lleoliad yn rhywle arall. Fodd bynnag, o edrych ar bleidleisiau'r aelodau yn preswylio y tu allan i Undeb Aberystwyth roedd y nifer o blaid Aberystwyth yn sylweddol lai, 61 dros y dref honno a 44 dros ganolfannau eraill. Yn y cyfarfod cyffredinol blynyddol nesaf yn Chwefror 1909, roedd y rhai dros

Aberystwyth, pobl megis Vaughan Davies, AS, A. J. Hughes, clerc y dref, a Lewes Loveden Pryse, unwaith eto yn gwthio'r syniad nad oedd cyflwr ariannol y Gymdeithas ddim yn ddigon cryf i gyfiawnhau newid yn lleoliad y sioe. Fodd bynnag, pwysleisient y byddent yn hapus i gefnogi newid pe byddai unrhyw un o'r trefi a ddymunai wahodd y sioe yn dod ymlaen â gwarant sylweddol yn erbyn unrhyw golled bosibl a allai ddigwydd wrth symud y sioe o Aberystwyth. Ac yma fe wnaethpwyd y pwynt os oedd angen gwarantu £1,000 neu fwy ar gyfer yr Eisteddfod Genedlaethol roedd yr un mor bwysig cael cronfa debyg ar gyfer y sioe. Yn sensitif i'r ymdeimlad cynyddol fod y Cyngor yn rhagfarnllyd o blaid Aberystwyth, a bod rhywfaint o hunanoldeb ynghylch Aberystwyth yn cefnogi cadw'r sioe yno, argymhellodd yr Athro Bryner Jones o Aberystwyth y dylai'r Cyngor fynegi'n eglur nad hyn oedd yr achos ond, yn hytrach, bod y Cyngor yn fodlon symud pe gallai'r mannau eraill gynnig y gwarant angenrheidiol. Bu chwerthin yn y cyfarfod o ganlyniad i sylw bachog gan gefnogwr i Aberystwyth a Loveden Pryse, gŵr o'r enw C. M. Williams, pan ddywedodd hyd yn oed pe lleolid y sioe ym mharadwys, byddai rhai yn cwyno ac yn gweld beiau. Unwaith eto, Aberystwyth a enillodd y dydd, penderfyniad digon annerbyniol i feirniad croyw Aberystwyth, George R. Pryse, fel iddo gynnig ymddiswyddo o'r Cyngor yn y fan a'r lle, fel cynrychiolydd Sir Aberteifi.

Yn sioe olaf Aberystwyth – yn 1909 – bu cryn drafodaeth ar leoliad y sioe yn y dyfodol. Yng ngolygyddol y *Cambrian News* ar 6 Awst 1909, mewn llais mwy cadarnhaol, dangoswyd bod cyfluniad Cymru yn cymhlethu'r mater, oherwydd ni ddisgwylid i sioe a gynhelid yn Sir Faesyfed, Môn, Sir Benfro, Sir Ddinbych, Morgannwg, Sir y Fflint neu Sir Gaernarfon, sicrhau denu ymwelwyr o weddill Cymru, ac felly ni fyddai'n genedlaethol ond mewn enw yn unig. Dadleuwyd bod Aberystwyth mewn lleoliad ffafriol, yn ganolog i weddill Cymru. Yn ogystal roedd digon o dir gwastad ar gael yno. Roedd yn bwysig hefyd fod y rheolwr newydd, yr Athro Bryner Jones, pennaeth Adran Amaethyddiaeth y Coleg yn Aberystwyth a oedd wedi cymryd drosodd yn 1909 ar ôl i Lewes Loveden Pryse ymddiswyddo oherwydd afiechyd, yn berchen ar yr wybodaeth, y sgiliau a'r amser angenrheidiol. Yn wir, roedd y golygydd i awgrymu: 'Mewn ffordd, gellir edrych ar Sioe Amaethyddol Genedlaethol Cymru fel rhyw fath o sefydliad y gellir ei uniaethu â thri Choleg Prifysgol Cymru.' Heb wasanaeth Bryner Jones, fe fyfyriodd gydag ond awgrym o flacmel, y byddai'n rhaid apwyntio ysgrifennydd parhaol.

Newidiodd y Gymdeithas ei meddwl o safbwynt lleoliad y sioe yn y dyfodol, yn y misoedd yn dilyn arddangosfa 1909. Y ffactor ymddangosiadol hanfodol yn y perswâd ar i'r Cyngor ddadwreiddio'r sioe o Aberystwyth oedd y fantolen am y flwyddyn 1909: er bod cyfanswm yr incwm yn £1,886 13s. 3d.

(£727 17s. 1d. o danysgrifiadau a chyfranddaliadau, yn ogystal â £1,158 16s. 2d., drwy dderbyniadau'r sioe), roedd cyfanswm gwariant yn £2,158 11s. 4d. (£1,161 6s. 2d. ar wobrau, £696 10s. 5d. ar gyfer threuliau'r sioe a £299 14s. 9d. ar dreuliau amrywiol), gan adael colled ar weithgarwch y flwyddyn o bron £272. Yma gwelwyd effaith gostyngiad o £205 yn nerbyniadau'r fynedfa a £235 mewn tanysgrifiadau. Mynegodd cadeirydd y Cyngor, Syr Edward Pryse o Gogerddan, y credai fod y penderfyniad yn y cyfarfod diweddar i beidio â gwneud y sioe yn un symudol, wedi symbylu nifer o wŷr bonheddig i ganslo eu tansgrifiadau. Felly, galwodd cyfarfod y Cyngor ar 23 Tachwedd 1909 am i geisiadau fynd at awdurdodau trefol Abertawe, Casnewydd, Wrecsam a Bangor gyda'r posibilrwydd o gynnal y sioe yn un o'r canolfannau hynny. Ond yr hyn a ddigwyddodd yn y pen draw, fodd bynnag, oedd fod y Cyngor yn ei gyfarfod yn Chwefror 1910 yn argymell derbyn gwahoddiad Cymdeithas Amaethyddol Sir Gaerfyrddin i gynnal sioe 1910 yn Llanelli. Ymgymerodd Cymdeithas Sir Gaerfyrddin â darparu maes addas o ryw 25 o aceri gyda chylch parhaol a chylch ceffylau, yn ogystal â thanysgrifiad o £200. Cydnabuwyd bod cynnig Sir Gaerfyrddin yn un hael iawn, o safbwynt ei pharodrwydd i ganslo ei sioe leol ei hun ac i gael ei swyddogion i gwblhau'r trefniadau lleol, ac aeth y Cyngor ymlaen i fynnu y dylid trosgwlyddo unrhyw elw a ddeuai o'r sioe ar ôl clirio y diffygion cyfredol, i Gymdeithas Sir Gaerfyrddin. O'r diwedd roedd y Cyngor wedi cydnabod y fantais o gynnal sioe mewn canolfan boblog fel Llanelli, a phe symudid y sioe o Aberystwyth byddai mwy o aelodau yn ymuno â'r Gymdeithas. Croesawyd y penderfyniad i symud gan y *Western Mail*, gan gloi ei olygyddol fel hyn: 'Nid oes unrhyw reswm pam na ellir adeiladu Cymdeithas Amaethyddol Gymreig lewyrchus, ond mae'n rhaid iddi apelio at gylch llawer ehangach nag sydd iddi ar hyn o bryd.' Roedd y Gymdeithas wedi cychwyn ar un o'i mentrau mawr niferus; dim ond amser a ddangosai ddoethineb hyn.

PENNOD TRI
Llawer Mwy na Sioe

Roedd sylfaenwyr y Gymdeithas yn pryderu'n arw fod y cyhoedd yn gyffredinol yn meddwl mai unig bwrpas sefydlu eu cymdeithas newydd oedd er mwyn cynnal un sioe fawr flynyddol. Felly, mor gynnar ag ail rifyn eu *Cylchgrawn*, a ymddangosodd yn Ionawr 1905, fe gyhoeddwyd erthygl yn egluro prif amcan y Gymdeithas. A'r amcan hwnnw, yn fyr, oedd 'i gynorthwyo amaethyddiaeth yn gyffredinol yn y Dywysogaeth drwyddi draw ym mhob ffordd o fewn ei gallu'. Cyfaddefwyd ar unwaith mai'r sioe oedd un o weithgareddau allweddol y Gymdeithas, yn darparu fel y gwnâi wers ymarferol mewn safonau bridio yn ogystal ag arddangos offer newydd i'r ffermwyr hynny nad oedd modd iddynt fynd i sioeau mawr ymhellach i ffwrdd. Ond mynnai'r awdur (naill ai Lewes Loveden Pryse neu D. D. Williams, bron yn sicr) fod yna lawer iawn o ffyrdd eraill y gallai'r Gymdeithas fod o gymorth i'r ffermwr ac i'r diwydiant amaethyddol yng Nghymru.

Un achos roedd y Gymdeithas eisoes wedi ei daclo oedd y pla dychrynllyd o gŵn a boenai ddefaid yng Nghymru, gyda thros 4,000 o ddefaid ac ŵyn wedi cael eu poeni yn Sir Gaernarfon yn unig yn 1904. Yng nghyfarfod y Cyngor ar 17 Ionawr 1905 yn Llandrindod, penderfynwyd ysgrifennu at lywydd y Bwrdd Amaeth, yn tynnu ei sylw at yr angen i bob ci a oedd wedi ei eithrio wisgo coler gyda thâp metal amlwg arni, a fyddai'n hwyluso gwaith yr awdurdodau yn dal cŵn heb eu trwyddedu. Mater arall a oedd eisoes wedi cael sylw'r Cyngor yn ôl yr un awdur oedd un yn gysylltiedig â Deddf Gwrteithiau a Phorthiant 1893, gan fod yr un cyfarfod yn Llandrindod wedi penderfynu anfon at yr amrywiol gynghorau sir yng Nghymru yn gofyn iddynt rymuso'r Ddeddf hon ymhellach trwy apwyntio swyddogion i gymryd samplau. Roedd angen gwneud hyn ar fyrder, oherwydd fel yr oedd y sefyllfa, roedd yn rhaid i ffermwr er mwyn ei fodloni ei hun fod y gwrtaith cemegol neu borthiant dwysfwyd yr oedd yn ei brynu yn cyrraedd y safon briodol, fynd drwy lawer o helbul a ffurfioldeb cyn y gallai eu cael wedi eu dadansoddi.

Cafodd hyn oll gydnabyddiaeth gohebydd arbennig y *Western Mail* ar 2 Awst 1905:

Mae'r Gymdeithas nid yn unig yn amcanu i wneud gwaith da o safbwynt sioeau, ond mae'n anelu at feysydd llafur mwy manteisiol fyth. Mae'n gyfryngwr ardderchog rhwng ffermwyr Cymru a'r Bwrdd Amaeth, ac mae'r apeliadau a wnaethpwyd yn barod at y Bwrdd parthed cŵn yn poeni defaid, a'r orfodaeth i ddipio defaid, wedi cael effaith dda. Mae hefyd wedi cyfathrebu â chynghorau sir Cymru a Mynwy gan dynnu eu sylw at yr angen i weithredu Deddf Gwrteithiau a Phorthiant 1893, yn fwy effeithiol, ac mewn llawer o ffyrdd mae wedi'i uniaethu ei hun â mudiadau amaethyddol y dydd. Cyhoeddir hefyd gylchgrawn chwarterol, a gobeithir hefyd y bydd ffermwyr yn raddol yn gallu gweithredu'n unedig trwy ddefnyddio'r Gymdeithas fel lladmerydd drostynt.

Cafodd cyfarfod cyffredinol blynyddol y Gymdeithas ar 17 Chwefror 1906 wybod gan ei gadeirydd fod y Cyngor wedi cael trafodaeth â'r Bwrdd Amaeth ar fater dipio defaid. Mewn rhai achosion roeddynt eisoes wedi llwyddo i gael newid y ffiniau er budd perchnogion diadelloedd mawr, ac o haf 1906 byddai Gorchymyn Gorfodol Dipio Defaid newydd yn dod i rym ar gyfer Cymru gyfan a Mynwy. Fel y nodwyd yn *Cylchgrawn* Ebrill 1906, er bod y mesur yn annerbyniol i nifer o ffermwyr ac yn cael ei gydnabod fel achos caledi mawr i'r rhai heb y clafr ar eu defaid, roedd yn cael ei groesawu gan fwyafrif ffermwyr Cymru gan ei bod yn llawer gwell cael un dip cyffredinol a gweld i sicrwydd a oedd hwnnw'n cael unrhyw effaith sylweddol ar ddifa neu leihau'r clafr, na rhoi cynnig arno mewn un neu ddwy ardal fechan, fel y gwnaethpwyd y flwyddyn flaenorol, pan aeth y defaid a gafodd eu dipio allan o'r ardal yn nes ymlaen a chymysgu â defaid eraill yn dioddef o'r clafr. O ganlyniad, nid oedd unrhyw ffordd o wybod a oedd y dipio wedi bod yn aneffeithiol neu ai'r defaid a oedd wedi eu hailheintio.

Yn ychwanegol at adrodd ymhellach ar yr ymdrechion o safbwynt y clafr, manylodd cyfarfod y Cyngor ar 21 Chwefror 1907 hefyd ar ei ymdrechion i gael newid yn y ddeddf bresennol yn ymwneud â threthu troliau ffermwyr. Fel y digwyddai, roedd y ffaith fod swyddogion y Cyllid Gwladol yn gwneud i ffermwyr gael trwydded ar gyfer certi cŵn ysgafn wedi bod dan ystyriaeth am gryn amser, a'r safiad a gymerodd y Gymdeithas wrth amddiffyn tri o'i haelodau y Rhagfyr blaenorol oedd fod cert ci ysgafn yn hanfodol i'r ffermwr a ganolbwyntiai ar fagu ceffylau ysgafn, ac nad oedd yn agored i dreth os na ddefnyddiai'r cert ar gyfer dibenion eraill ar wahân i'w fasnach. Dadleuai'r Gymdeithas hefyd fod ffermwr a yrrai gert ci ysgafn o gwmpas y cylch arddangos (ac roedd llawer wedi cael gwŷs neu wedi gorfod talu am drwydded iddynt), yn golygu defnyddio'r cert ar gyfer ei fasnach gan fod y ffermwr wedi mynd â'r cert yno i ddangos ei geffyl yn well, gyda'r gobaith o'i werthu. Penderfynodd yr ynadon y tro hwnnw, os oedd enw'r ffermwr wedi ei beintio mewn llythrennau digon mawr ar ochr y cert, nad oedd angen iddo gael trwydded. Fodd bynnag, gan fod cymaint o ffermwyr yn ofni cael gwŷs, roeddynt wedi cael trwyddedau eisoes; felly roedd y Gymdeithas wedi cyfathrebu â'r Trysorlys, ac roedd y Cyngor yn dal i obeithio y byddai'r ffermwyr ymhen amser yn cael eu rhyddhau o'r broblem.

Yn ystod blynyddoedd Aberystwyth, cefnogodd y Gymdeithas ymgyrchoedd eraill a oedd o fudd i ffermwyr Cymru. Yn ei gyfarfod ar 16 Chwefror 1906 penderfynodd y Cyngor gefnogi gweithred Cymdeithas y Merlod a'r Cobiau Cymreig yn ymdrechu i gael deddfwriaeth ar y mater o gael gwared â stalwyni annerbyniol oddi ar fryniau a thiroedd comin Cymru. Bu dirprwyaeth at y gweinidog amaeth yng Ngorffennaf 1906 gyda'r Gymdeithas Amaethyddol Genedlaethol Gymreig yn cael ei chynrychioli gan yr Arglwydd Carrington, Loveden Pryse a Vaughan Davies. Mewn cyfarfod diweddarach o'r Cyngor ar 22 Mehefin 1907, cymeradwywyd yr agweddau a leisiwyd gan y ddirprwyaeth honno ar nifer o faterion, gan gynnwys:

1) y ddeddfwriaeth yr oedd ei hangen i ganiatáu clirio'r bryniau o stalwyni annerbyniol a fyddai yn gwarchod y mwyafrif o'r Cominwyr a ymdrechai i gynnal eu bridiau pur o Ferlod Mynydd yn erbyn lleiafrif o'r Cominwyr a rwystrai yr ymdrechion hynny drwy esgeuluso ymarfer unrhyw oruchwyliaeth dros eu greoedd o ferlod magu ar y bryniau a'r tiroedd comin;
2) y byddai'n tueddu i hwyluso yr ymdrechion a wneid i annog yr awdurdodau yn Washington (UDA) i ddileu tollau mewnforio trwm yn eu porthladdoedd ar Ferlod Cymreig, ac i roi iddynt yr un breintiau ag a estynnid i fridiau cofrestredig eraill, megis, er enghraifft, y Ceffylau Thoroughbred, Cleveland Bays, Merlod Polo, Ceffylau Hacnai, Ceffylau Gwedd a Merlod Shetland;
3) y byddai gwerth Bridiau Mynydd Cymreig yn tueddu i gynyddu'n fawr o dan warchodaeth y math hwn o gyfraith; a
4) oherwydd natur oddefgar y ddeddfwriaeth hon a argymhellid, ni ellid ond ei gweithredu ar y tiroedd comin hyn pan fynegai mwyafrif y Cominwyr yn eglur mai dyma eu dymuniad.

Roedd canlyniadau gwirioneddol i'w gweld yn fuan yn natganiad ysgrifennydd Cymdeithas y Merlod a'r Cobiau Cymreig yn ei chyfarfod ar 16 Medi 1907 sef ei fod wedi derbyn newyddion fod llywodraeth yr Unol Daleithiau bellach wedi cytuno i gydnabod Cymdeithas y Merlod a'r Cobiau Cymreig ac felly, os oedd yr wybodaeth yn gywir, y byddai eu merlod o hyn ymlaen yn gallu cael mynediad i'r wlad yn rhad ac am ddim. Ymhellach, yng nghyfarfod cyffredinol blynyddol y Gymdeithas Amaethyddol Genedlaethol Gymreig ar 10 Chwefror 1909, adroddwyd i fesur gael ei gyflwyno i'r Senedd yn ymwneud â chlirio'r bryniau a'r tiroedd comin.

Yng nghyfarfod y Cyngor ar 16 Chwefror 1906 apwyntiwyd Vaughan

Davies i gynrychioli'r Gymdeithas Amaethyddol Genedlaethol Gymreig ar y cyd â dirprwyaeth o Gymdeithas y Gwartheg Duon Cymreig, a oedd yn cynnwys bridiwr amlwg o ogledd Cymru, R. M. Greaves, at lywydd y Bwrdd Amaeth gyda'r bwriad o wrthwynebu caniatáu i wartheg Canada gael mynediad i'r wlad. Gan adlewyrchu'r clymau rhyngbersonol agos rhwng y ddwy gymdeithas, roedd Greaves i gynrychioli hefyd y Gymdeithas Amaethyddol Genedlaethol Gymreig. Yn ddiweddarach, mewn cyfarfod o'r Cyngor ar 6 Hydref 1908, penderfynwyd y dylid annog y llywodraeth i beidio â llacio'r gwaharddiad ar fewnforio da byw stôr o dramor, ac y dylid anfon copi o'r penderfyniad at lywydd y Bwrdd Amaeth ac at bob Aelod Seneddol o Gymru.

Arwydd arall o ymrwymiad cynnar y Gymdeithas mewn meysydd y tu hwnt i'r sioe ei hun yw'r penderfyniad canlynol a basiwyd i ddechrau gan Glwb Ffermwyr Sir Benfro a chael ei ystyried yn ddiweddarach a'i gymeradwyo gan y Cyngor ar 22 Mehefin 1907, gyda chyfarwyddiadau i'r ysgrifennydd anfon copi ymlaen at lywydd y Bwrdd Amaeth ac i bob Aelod Seneddol sirol Cymru: 'Barn y cyfarfod hwn yw fod y caniatâd a roddwyd gan y Llywodraeth i Gontractwyr y Fyddin a'r Llynges i gyflenwi'r Llu Arfog â Chigoedd Tramor, wedi'u Rhewi, ac mewn Tuniau yn niweidiol i Gynnyrch a Dyfir Gartref, ac yn dreth drom ar y gymuned ffermio.' Adlewyrchir dylanwad y Gymdeithas ym myd ffermio y Deyrnas Unedig gan ei chynrychiolaeth ar gyrff allanol; er enghraifft, yn 1907 anfonwyd cynrychiolwyr i Bwyllgor Cymdeithas Amaethyddol Frenhinol Lloegr ar y Ddarfodedigaeth mewn Gwartheg ac i Gynhadledd Genedlaethol Dofednod, er i salwch rwystro cynrychiolydd rhag mynychu'r gynhadledd yn Chwefror o gynrychiolwyr y cymdeithasau amaethyddol a brîd.

Gweithgarwch y bu'r gymdeithas yn ymwneud ag ef o'r cychwyn cyntaf ac a oedd i barhau drwy gydol y can mlynedd cyntaf, er gwaethaf sawl ymyrraeth, oedd cyhoeddi ei *Cylchgrawn*. Wrth gyflwyno'r rhifyn cyntaf yn Hydref 1904, ysgrifennodd y golygydd fod y Gymdeithas yn teimlo'n hyderus y byddai'n ateb angen a oedd wedi bodoli ers tro yng Nghymru: 'Nodau ac amcanion y Cyfnodolyn yw yn bennaf gofnodi gwaith y Gymdeithas, a hefyd i gyhoeddi erthyglau yn Gymraeg, yn ogystal ag yn Saesneg, yn trafod bridio a gwella da byw, ac eraill ar amaethyddiaeth yn ei hagweddau gwyddonol, etc.' Yn optimistaidd, anogodd y golygydd yr aelodau i rannu'r rhifyn cyntaf â ffrind neu gymydog, ac ar yr un pryd eu hannog i ymuno â'r Gymdeithas. Atgoffwyd y gallai ffermwyr-denantiaid ymuno â'r Gymdeithas drwy dalu 10s 6d, fel tanysgrifiad blynyddol a chael mwynhau holl freintiau'r aelodaeth, yn cynnwys copi rhad ac am ddim o'r *Cylchgrawn*. Pwysleisiwyd y ffaith na chyhoeddwyd unrhyw beth tebyg o'r blaen yng Nghymru, a bod yr holl lenyddiaeth amaethyddol ar gael i ffermwyr Cymreig hyd yma wedi dod o'r ochr draw i Glawdd Offa.

Roedd rhyw 18 rhifyn i'w cyhoeddi rhwng Hydref 1904 ac Ionawr 1910, camp drawiadol, ond wedi hynny daeth y cyhoeddiad i ben – bron yn sicr oherwydd ei fod yn wynebu anawsterau ariannol. Mewn gwirionedd, ni chyhoeddwyd rhifynnau wedyn tan 1923. Mae'r 18 rhifyn hyn yn ddeunydd darllen hynod ddiddorol, yn arbennig y rhai cynharaf, gydag erthyglau ar bynciau amrywiol fel 'Welsh Cobs and Ponies' gan Richard Green-Price, 'Welsh Mountain Sheep' gan Marshall Dugdale, 'Shire Horses' gan Edward Green, 'Kerry Hill Sheep' gan T. Halford, 'Fowls on the Farm' gan Bessie Brown, a 'The Welsh Black Cattle Society and its future work' gan J. B. Owen. Roedd yr erthyglau a ysgrifennwyd yn Gymraeg yn cynnwys 'Gwartheg Cymreig' gan Thomas Roberts o Aber ger Bangor, 'Gwrtaith a Gwrteithio Calch' gan D. D. Williams, 'Porthiant a Phorthi Anifeiliaid' gan John Roberts o Dowyn, a dwy erthygl ddienw, un ar silwair, 'Y Modd i Drin Gwair Glas' a'r llall ar wrteithiau ar gyfer tatws, 'Gwrtaith Celfyddydol i Bytatws'.

Mae'r *Cylchgrawn* ym mlynyddoedd Aberystwyth yn haeddu rhywfaint o feirniadaeth. Er ei bod yn wir fod addysg ac ymchwil amaethyddol yn eu babandod, mae'n syndod cyn lleied o arbrofion a wnaethpwyd ar ffermydd y Coleg a gyhoeddwyd er bod gan adrannau'r Coleg bob amser gynrychiolaeth ar Gyngor y Gymdeithas. Roedd y rhifynnau cynnar yn cynnwys gwybodaeth werthfawr ar ffermio, ond mae'n ymddangos bod yr ansawdd yn dirywio yn nes ymlaen. Eto, dylid talu teyrnged i'r pwyllgor a apwyntiwyd yn 1905 am arolygu'r *Cylchgrawn* sef D. D. Williams, y golygydd tebygol, Coltman Rogers a John Roberts.

RHAN DAU
Chwilio am Wir Hunaniaeth Genedlaethol
Y CYFNOD SYMUDOL CYNTAF, 1910–1939

PENNOD PEDWAR
Blynyddoedd o Bryder

Rydym yn barod wedi gweld fel y teimlwyd yn fuan nad oedd yr arfer o gynnal y sioe mewn un man sefydlog ddim yn gyfan gwbl yn cyd-fynd â'r cymeriad 'cenedlaethol' a ragwelai'r sylfaenwyr ar gyfer y Gymdeithas, a bod tuedd i beri mai diddordeb lleol a ddangosid yn ei gweithgareddau. O ganlyniad, daeth y sioe yn un symudol o 1910 ymlaen, gan gyfarfod mewn canolfannau yng ngogledd a de Cymru bob yn ail os yn bosibl. Yn y blynyddoedd cynnar o 1910 hyd 1913 parhaodd y sioe fel digwyddiad deuddydd, ond o 1914 ymlaen fe'i cynhelid dros dri diwrnod.

Ar ddechrau ei chyfnod symudol, daeth newidiadau i ran cyfansoddiad y Gymdeithas ei hun. O hyn ymlaen, roedd y Cyngor i gynnwys 42 aelod etholedig, 36 yn gynrychiolwyr y 12 sir Gymreig, pob un â 3 yr un, a 3 arall i gynrychioli Sir Fynwy. Roedd pob sir yn ethol ei 3 aelod. Yn ogystal, gan adlewyrchu pwysigrwydd Colegau Prifysgol Cymru yng ngweithgareddau'r Gymdeithas, roedd pob un o'r tri choleg i gael un cynrychiolydd, gan wneud cyfanswm o 42. Roedd yr aelodau i ymddeol bob tair blynedd, ond yn agored i'w hailethol. Roedd y Cyngor i ethol llywydd yn flynyddol – o'r sir a gynhaliai y sioe y flwyddyn honno mewn gwirionedd – ymddiriedolwyr, is-lywyddion ac unrhyw swyddog arall angenrheidiol, a oedd i fod yn rhinwedd eu swyddi yn aelodau o'r Cyngor yn ystod eu tymor. Pwysig oedd i'r Cyngor gael pwerau llawn i ddewis lleoliad y sioe a lleoliad pencadlys y Gymdeithas. O safbwynt lleoliad – gan anwybyddu'r saith mlynedd o 1915 hyd 1921 pan fethwyd â chynnal sioe oherwydd y Rhyfel Byd Cyntaf a'i ganlyniadau, ac yna 1938 pan ymunodd Sioe Frenhinol Cymru â Sioe Frenhinol Lloegr yng Nghaerdydd – rhwng 1910 a 1939 cynhaliwyd rhyw ddeg sioe yn y gogledd, deg yn y de, a dwy yng nghanolbarth Cymru. Drwy gydol y blynyddoedd hyn gweinyddwyd busnes y Gymdeithas o swyddfeydd yn Wrecsam, tra oedd cyfarfodydd y Cyngor a chyfarfodydd y pwyllgor sefydlog, yn cael eu cynnal yn Amwythig – ar wahân i'r rhai a gynhelid ar y maes yn ystod wythnos y sioe ei hun.

Bu diddordeb pellach gan y teulu brenhinol yng ngweithgareddau'r sioe yn y blynyddoedd yn syth ar ôl ei gwneud yn sioe symudol. Daeth tywysog Cymru yn noddwr yn 1907 a chyflwynodd her-gwpan arian i'w ddyfarnu'n flynddol i'r cob Cymreig gorau. Yn gynnar yn 1911, fe glywodd y Gymdeithas fod y brenin newydd, Siôr V, wedi cytuno i ddod yn noddwr y Gymdeithas, tywysog Cymru yn is-noddwr, ac y byddai'r tywysog yn cyflwyno her-gwpan. O hyn ymlaen fe elwid y cwpan a gyflwynwyd yn 1907 yn Her-gwpan Siôr Tywysog Cymru. Gan geisio hybu da byw brodorol yn gyson, argymhellodd y Gymdeithas y dylid cynnig y cwpan newydd, a elwid yn Her-gwpan Edward Tywysog Cymru, i'r grŵp gorau o bedwar o wartheg Duon Cymreig (yn eiddo i'r un arddangoswr), gydag o leiaf un gwryw ac un fenyw ymhob grŵp.

Dylasai'r nawdd brenhinol gwerthfawr hwn fod yn help i ddileu rhai o'r problemau a boenai'r Gymdeithas ar ôl symud o Aberystwyth. Serch hynny, ar ôl y sioeau olynol yn Llanelli (1910), Y Trallwng (1911), Abertawe (1912), Porthmadog (1913) a Chasnewydd (1914), ni fu unrhyw newid trawiadol yn ei ffawd. Roedd problem aelodaeth isel yn parhau yn fater o bryder i swyddogion y Gymdeithas. Serch honiad hyderus y swyddogion yn sioe Abertawe yn 1912 mai canlyniad y sioe oedd 'gosod y gymdeithas ar ei thraed a rhoi iddi safle sicr ar gyfer y dyfodol', aeth y llywydd ymlaen i ddweud bod angen mwy o aelodau. Golygai prinder aelodau yn y cyfnod pan ohiriwyd gweithgarwch drwy gydol y Rhyfel Byd Cyntaf ac wedyn fod cyllid y Gymdeithas yn simsan. Doedd dim ond rhaid cael un sioe a fethai â denu nifer boddhaol i ymweld â hi i greu problemau. Yn sicr, roedd canlyniad ariannol siomedig sioe Casnewydd 1914 yn ddigon i gymell y trysorydd, Arthur Jones, i ofyn i'r Cyngor yn Chwefror 1915 baratoi ar gyfer gorddrafft o £450 yn y banc i gyfarfod ag ymrwymiadau'r Gymdeithas. Pan wirfoddolodd y Cyrnol David Davies o Landinam, AS, a dau arall i weithredu fel gwarantwyr y Gymdeithas, gofynnwyd i'r holl aelodau fynd yn feichiau am y swm o £5 i'r prif warantwyr hyn. Yn yr argyfwng hwn, dangosodd y Cyrnol Davies unwaith eto ei ymlyniad diflino wrth les y Gymdeithas, er bod ei fodlonrwydd i ddod yn warantwr yn amodol ar benodi ysgrifennydd yng nghyfarfod cyntaf y Cyngor ar ôl 29 Medi 1915 ac y byddai pwy bynnag a ddewisid yn cael ei gymeradwyaeth bersonol.

Mae'r ffaith fod cyllid ac aelodaeth y Gymdeithas wedi disgyn i'r fath raddau yn egluro'r oedi cyn cynnal ei sioe gyntaf ar ôl y rhyfel tan 1922, gohiriad a oedd mor wahanol i'r modd yr ailgychwynnwyd sioeau eraill megis rhai Cymdeithas Amaethyddol Frenhinol Lloegr a Chymdeithas Caerfaddon a Gorllewin Lloegr. Fe hysbyswyd y Gymdeithas Amaethyddol Genedlaethol Gymreig gan ei thrysorydd yng nghyfarfod y Cyngor yn Amwythig ar 30 Mawrth 1921 fod dyled o £70 i'r banc, fod rhai cyfrifon heb eu setlo a bod nifer o sieciau am bethau heb gael eu clirio. Mor gyfyng oedd hi ar y Gymdeithas fel y penderfynwyd y dylai David Davies, AS, a etholwyd yn gadeirydd yn y cyfarfod hwnnw, ysgrifennu at yr enillwyr yn eu gwahodd, yng ngoleuni'r sefyllfa ariannol, i ymwrthod â'r gwobrau ariannol a oedd yn ddyledus iddynt.

Roedd aelodaeth siomedig o isel yn dal yn fan gwan i'r Gymdeithas ac fe sbardunodd hyn y cadeirydd i wneud apêl am gefnogaeth ar ddechrau 1921. Yng ngoleuni'r sefylla ariannol sigledig hon, fe benderfynwyd na chynhelid sioc yn 1921, ac yn wir, fe benderfynwyd y byddai cyfarfod nesaf y Cyngor yn cael ei gynnal mor gynnar â phosibl yn Hydref neu Dachwedd 1921 pryd y gobeithid y byddai gwybodaeth ac amcangyfrifon ar gael a fyddai'n ei alluogi i benderfynu a fyddai'n bosibl cynnal sioe yn 1922. Penderfynodd cyfarfod y Cyngor ar 25 Tachwedd 1921, dan gadeiryddiaeth David Davies, AS, i fwrw ymlaen. Yn yr un cyfarfod, adroddodd y cadeirydd fod aelodaeth gyfredol y Gymdeithas yn 450, a bod £480 6s. 6d. eisoes wedi'u derbyn mewn tan-ysgrifiadau, gyda £303 i ddod oddi wrth y rheini a oedd wedi addo ymuno. Gobeithiai y byddai gan y Gymdeithas cyn yr haf canlynol gredyd yn y banc o £1,000. Bu penodiad David Davies fel cadeirydd y Cyngor o arwyddocâd anferth, a pharhaodd yn y swydd honno hyd ei farwolaeth yn 1944. Cofiodd ei olynydd fel cadeirydd, Syr C. Bryner Jones, bwysigrwydd yr adeg hon yn hanes y Gymdeithas mewn darlith a draddododd ef i'r Gymdeithas ar 12 Gorffennaf 1954: 'Ond yn 1921 – yn bennaf trwy ddiddordeb a sêl Mr David Davies (Yr Arglwydd Davies o Landinam yn ddiweddarach) – penderfynwyd ail-gychwyn y Gymdeithas ac yn 1922, cynhaliwyd sioe lwyddiannus yng Ngwrecsam, gan ddechrau cyfnod newydd yn hanes y Gymdeithas.'

Mor drychinebus oedd y tywydd ar ddiwrnod cyntaf sioe Wrecsam ar ddiwedd Gorffennaf 1922 fel yr awgrymodd David Davies wrth y Cyngor, a gyfarfu ar faes y sioe, oherwydd fod cyflwr ariannol y Gymdeithas mor wael ar ddiwedd y sioe, y byddai'n well gohirio unrhyw drefniant pellach ar gyfer sioeau'r dyfodol hyd nes y gellid cyflwyno i'r Cyngor ddatganiad ariannol pendant ar y sioe honno, a dyna a wnaethpwyd. Fodd bynnag, wrth lwc, fe chwalwyd ei ddisgwyliadau diobaith gan y newyddion fod y Gymdeithas wedi dod allan o sioe Wrecsam gyda'r fantolen fwyaf a gafodd erioed. Daeth mwy o newyddion da i godi ysbryd y trefnwyr a'r aelodau fel ei gilydd tua diwedd 1922 pan gawsant wybod bod y brenin wedi caniatáu i'r Gymdeithas ddefnyddio'r rhagddodiad 'Brenhinol' yn ei theitl ac wedi cymeradwyo y dylid ei hadnabod o hyn ymlaen fel 'Cymdeithas Amaethyddol Frenhinol Cymru'.

Ar yr adeg honno, gallai'r Gymdeithas yn haeddiannol fod wedi teimlo'n fodlon yn dawel bach. Roedd sioe Wrecsam 1922 wedi ei gosod ar sylfaen ariannol gadarn drwy wneud elw o dros £2,150, ac yn y mis dilynol gwelwyd cynnydd amlwg mewn aelodaeth. Fel arwydd pellach o nawdd brenhinol, pan adfywiwyd y sioe yn 1922, anrhyddeddodd tywysog Cymru hi trwy gytuno i fod yn llywydd, swydd a ddaliodd ef am ddwy flynedd yn olynol. Yna, yn 1924 daeth yn llywydd anrhydeddus parhaol y Gymdeithas. Ei ysbrydoliaeth ef, ac nid yn lleiaf ei lythyr apêl am gefnogaeth, a achosodd i aelodaeth y Gymdeithas, nad oedd erioed wedi bod yn uwch na 300 yn y dyddiau cyn y

9. Sioe Wrecsam, 1922.

rhyfel ac wedi cyrraedd y ffigur uchaf o 576 yn sioe Wrecsam, gyrraedd 1,040 erbyn sioe'r Trallwng ddiwedd Gorffennaf 1923. Pryd hynny, hefyd, cafodd y gymdeithas swyddogion newydd o galibr neilltuol. Yn 1921, daeth Arthur Evans o Fronwylfa, Wrecsam, a oedd wedi cael blynyddoedd o brofiad fel bridiwr ceffylau hacnai ac a oedd yn gefnogwr y merlod a'r cobiau Cymreig, yn gyfarwyddwr anrhydeddus. Parhaodd yn y swydd hyd ei farwolaeth gynamserol o lid y pendics yn Awst 1926, lai na phythefnos ar ôl llywio'n llwyddiannus sioe Bangor yng Ngorffennaf. Ei egni a'i sgiliau rheoli ef oedd yn gyfrifol am i'r sioe dri diwrnod a gynhaliwyd yn Wrecsam gyrraedd maint na welwyd ei debyg o'r blaen, o safbwynt yr arddangosfeydd a'r cyllid, gan osod y Gymdeithas ar sail ariannol a addawai sefydlogrwydd ar gyfer y dyfodol, a gobaith am ehangu amrywiaeth y gweithgarwch. O dan ei gyfarwyddyd ef, gyda'i brofiad eang o sioeau, ei graffter busnes, ei enw o fod yn ddeliwr gonest, gyda'i gwrteisi a'i dact, y gwelwyd llwyddiant neilltuol mewn sioeau wedyn yn y Trallwng (1923), Pen-y-bont ar Ogwr (1924), Caerfyrddin (1925) a Bangor (1926), a'r cyfan wedi'u harwain yn rhagorol ganddo.

Pwysicach fyth o safbwynt llwyddiant tymor-hir y Gymdeithas oedd y modd y datblygodd dylanwad y Cyrnol David Davies Llandinam, AS, un o fridwyr stoc mwyaf dylanwadol y wlad. Ef a ysgogodd yr adfywiad yn 1921 mewn ymateb i'r ceisiadau a ddaeth iddo ar ddiwedd 1921 – ar adeg pan nad oedd gan y Gymdeithas ddim swyddogion na chronfa ariannol – oddi wrth y rhai a oedd yn awyddus i adfywio'r Gymdeithas, gan gynnwys C. Bryner Jones a'r bridiwr merlod a chobiau Cymreig, Tom Jones Evans. Gwelsom David Davies yn cael ei ethol yn gadeirydd y Cyngor yn 1921. Am ei wasanaeth i'r Gymdeithas ac i nifer o gyrff cyhoeddus eraill yng Nghymru cafodd ei urddo'n arglwydd yn 1932. Nid oedd neb mor ddylanwadol ag ef wrth ffurfio datblygiad y Gymdeithas yn ystod y 1920au a'r 1930au. Prin y collai gyfarfod o'r Cyngor, ac er ei fod ar adegau yn tueddu i fod braidd yn fyrbwyll a phigog, roedd ei farn gadarn, yn enwedig ym meysydd cyllid, ei weledigaeth, grym ei benderfynoldeb a'i haelioni i'r Gymdeithas, yn hanfodol i alluogi iddi ddod drwy'r gwaethaf yn ystod y dirwasgiad amaethyddol dwfn a barodd drwy'r rhan fwyaf o'r cyfnod rhwng y ddau ryfel. Mae'r Athro Moore-Colyer yn sôn, er mai'r ffermwyr mynydd a ddioddefai'r trafferthion mwyaf trwy'r 1920au a'r 1930au, yng nghanol y dirwasgiad rhwng 1929 a 1932 bu llawer o ffermwyr Cymru, gan gynnwys y rheini o'r iseldiroedd mwy ffyniannus a ganolbwyntiai ar gynhyrchu llaeth, yn profi colledion ariannol sylweddol. Daeth Syr C. Bryner Jones â'i ddarlith yn 1954, y soniwyd amdani uchod, i ben fel hyn: 'Amhosibl mesur gwasanaeth y diweddar Arglwydd Davies i'r Gymdeithas ac i'r Sioe. Iddo ef yn fwy nag i neb arall y mae eu llwyddiant a'u tyfiant yn y blynyddoedd ar ôl y Rhyfel cyntaf i'w briodoli, nid yn unig oherwydd ei haelioni ond oherwydd ei ddiddordeb personol yn holl weithrediadau'r Gymdeithas.'

10. Yr Arglwydd Davies, cadeirydd y Cyngor o 1921 i 1944.

Roedd David Davies yn argyhoeddedig fod yn rhaid i'r Gymdeithas, os oedd i oroesi, gael seiliau ariannol cadarn, ac arweiniodd hynny at newidiadau yn y ffordd y cyflwynai'r Gymdeithas ei chyfrifon. Erbyn Medi 1923 roedd ef wedi rhannu'r cyfrifon yn ddau – y cyfrif rheoli, yn ymwneud ag incwm a gwariant y Gymdeithas, a'r cyfrif sioeau, a oedd yn delio'n bennaf â chanlyniadau ariannol y sioe flynyddol. Er mwyn sicrhau sail ariannol gadarn roedd yn angenrheidiol adeiladu cronfa wrth gefn, a'r ffordd orau i wneud hyn oedd buddsoddi'r elw o'r cyfrif rheoli bob blwyddyn. Mor gynnar â chyfarfod y Cyngor yn Nhachwedd 1926 tynnodd y trysorydd anrhydeddus sylw arbennig at y cynnydd boddhaol a welwyd yng nghyllid y Gymdeithas gyda sefydlu cronfa wrth gefn; roedd cyfanswm y buddsoddiadau ar y pryd bron yn £5,000.

Daeth y newid nesaf yn nhrefniant y Gymdeithas yn 1924 fel ymateb i gŵyn C. Bryner Jones nad oedd gan y Cyngor fawr o lais yn rheolaeth y Gymdeithas, gan mai dim ond unwaith y flwyddyn yr oedd yn cyfarfod. Gan fod llawer wedi tynnu sylw at hyn, ac nad oedd o fudd i'r Gymdeithas, fe benderfynwyd cynnal cyfarfodydd y Cyngor bob chwarter. Nid yn unig yr oedd hyn yn annog aelodau'r Cyngor i ddangos mwy o ddiddordeb yn y Gymdeithas, ond hefyd fe geisiwyd yn hwyr yn 1926 ysgogi diddordeb yn ei gweithgareddau drwy gyhoeddi adroddiadau diddorol am gyfarfodydd y Cyngor a'r pwyllgorau yn y wasg. Fe ddemocrateiddiwyd y Gymdeithas ymhellach o 1924 ymlaen pan wahoddwyd cyfarfodydd sirol i gyflwyno argymhellion ac awgrymiadau gwerthfawr ar redeg y Gymdeithas a'r sioe. Roedd y Cyngor a'i gadeirydd, David Davies, yn gwerthfawrogi'r cyfarfodydd sirol hyn yn fawr, fel y gwelwyd wrth iddynt gyfarwyddo'r ysgrifennydd yng Ngorffennaf 1927 i fynychu am y tro cyntaf bob un o'r cyfarfodydd er mwyn ceisio sefydlu a chynnal cysylltiad personol rhwng yr amrywiol siroedd a phencadlys y Gymdeithas. Dadleuai'r Cyrnol Davies fod y 'cyffyrddiad personol' hwn wedi bod hyd yn hyn yn 'anffodus o ddiffygiol', a theimlai fod ymweliadau'r ysgrifennydd yn ddiweddarach y flwyddyn honno wedi gwneud llawer o ddaioni. Gwelwyd bod yr ardaloedd lleol yr un mor frwdfrydig dros gyfarfodydd sirol: galwodd cyfarfod sirol Sir Frycheiniog yn 1937 ar drefnyddion y Gymdeithas i roi lle i fwy nag un cyfarfod y flwyddyn er mwyn meithrin diddordeb parhaol yn y Gymdeithas ac yn ei gwaith.

Daeth gwelliant hefyd gydag aildrefnu staff swyddfa'r Gymdeithas yn 1927, a fu'n angenrheidiol oherwydd marwolaeth Arthur Evans, a'r golled fawr ar ei ôl. Roedd ysgrifennydd cyffredinol i'w apwyntio i'r Gymdeithas ar gyflog blynyddol o £500, ynghyd â threuliau teithio a threuliau parod rhesymol; roedd swydd arall o gyfrifydd ac ysgrifennydd cynorthwyol i'w chynnig i Walter Williams, a oedd wedi gwasanaethu fel ysgrifennydd yn ddiflino hyd yma. Wrth ysgwyddo'r baich o weinyddu holl weithgareddau'r Gymdeithas fel prif swyddog gweithredol, roedd yr ysgrifennydd cyffredinol newydd i fod yn atebol i'r Cyngor yn unig. Allan o 160 o ymgeiswyr, penderfynodd y pwyllgor dewis ar ddechrau 1927 benodi'r Capten T. A. Howson.

Daeth Howson i mewn ar adeg anodd. Roedd y Gymdeithas yn teimlo'n arw sgil-effeithiau'r dirwasgiad amaethyddol ac roedd yn chwilio'n daer am ddulliau i arbed gwario. Rhan o'r broblem a blagiai'r Gymdeithas oedd canran uchel yr aelodau nad oeddynt yn talu eu tanysgrifiadau; erbyn Ebrill 1929, allan o gyfanswm aelodaeth o 1,062, dim ond 488 aelod a oedd wedi talu, gyda'r gweddill o 574 mewn ôl-ddyled. Yr un mor ddifrifol oedd lefel isel yr aelodaeth ei hun. Ar ddiwedd Mai 1929 bu dadl ym Mhwyllgor Gwaith a Chyllid ar y cynnig y dylai un aelod o staff y swyddfa ganolbwyntio'n gyfan gwbl ar gasglu aelodau, ond fe'i gwrthodwyd ar y tir fod pob ymgais bosibl i'r cyfeiriad hwn yn cael ei gwneud eisoes. Wrth gwrs, nid Cymdeithas Amaethyddol Frenhinol Cymru oedd yr unig un a wynebai anawsterau aelodaeth yn ystod y dirwasgiad; roedd cymdeithasau amaethyddol yn gyffredinol yn profi anawsterau wrth geisio cynnal eu haelodaeth a chasglu tanysgrifiadau yn ystod 1932. Yn ystod 1930 roedd David Davies wedi annog ei gyd-aelodau ar y Cyngor y dylid lleihau'r gwariant ar y cyfrif sioeau ar gyfer 1931 lle bynnag yr oedd modd tocio, cyn belled â bod y sioe ddim yn dioddef yn faterol fel atyniad i'r cyhoedd ac na chyfyngid ar ei gwerth fel arddangosfa addysgol. Un ffordd y gellid gwneud hyn oedd drwy gyfyngu ar y gwariant ar wobrau ariannol ac ar ffioedd a threuliau'r beirniaid. I'r un perwyl, yn Rhagfyr 1931 anogodd y cadeirydd y dylid hepgor naill ai'r adran goedwig-aeth neu'r adran ddofednod – collwyr arian mewn sioeau blaenorol – o sioe 1932. O ganlyniad, diflannodd yr adran goedwigaeth, a hynny am nifer o flynyddoedd i ddod. Rhoddwyd ystyriaeth yn gynnar yn 1932 i ddileu o'r sioe y flwyddyn honno Gystadlaethau Rhyng-sirol Grŵp a Brîd, er ei fod yn un o hoff brosiectau David Davies, ac wedi dod i fod yn 1924; tra cadwyd y cystadlaethau brîd Cymreig penodol o dan Gynllun A yn rhannol oherwydd haelioni personol David Davies, gollyngwyd Cynllun B. O ganlyniad i'r cynilion hyn aeth yr Athro R. G. White o Adran Amaethyddiaeth Coleg Prifysgol Gogledd Cymru, Bangor, ymlaen i ddatgan bod y Gymdeithas wedi cyrraedd, os nad wedi mynd heibio, y nifer leiaf o weithgareddau y dylai sioe genedlaethol ymgymryd â hwy ac i alw am bolisi cadarnach ar gyfer sioe Aberystwyth yn 1933. Ond ni thyciodd hyn, fodd bynnag, ac nid ailsefydlwyd Cynllun B Cystadleuaeth Sirol Grŵp a Brid yn sioeau 1933 na 1934, a dim ond yn sioe Abergele yn 1936 yr adfywiwyd yr arddangosfa goedwigaeth.

Cafodd y fath gwtogi llym yr effaith a ddymunid, sef cadw'r Gymdeithas mewn cyflwr ariannol eithaf da yn ystod blynyddoedd allweddol dechrau'r 1930au. Cyrhaeddwyd gwargedau clir yn y cyfrif rheoli a'r cyfrif sioeau yn 1931, 1933 a 1934, ac nad oedd y wir golled o £241 a gafwyd yn 1932 yn drych-ineb fawr. Golygai hyn fod cronfa wrth-gefn y gymdeithas yn parhau i dyfu, gan gyrraedd y cyfanswm seicolegol foddhaol o £10,000 erbyn diwedd 1934. Roedd yr Arglwydd Davies mewn hwyliau gorfoleddus wrth adrodd i'r aelodau yn ei *Adroddiad ar Weithredu'r Gymdeithas* ar gyfer 1934: 'Pan gofiwn nad oedd holl eiddo'r gymdeithas ar ddiwedd 1920 ond £163 16s. 9d., ein bod wedi hynny wedi gwynebu blynyddoedd y dirwasgiad, a'n bod wedi colli £2,000 ar arddangosfa 1927, credaf y gallwn ymfalchio yn nghynydd y gronfa.' Yn wir, oherwydd y sefyllfa foddhaol hon mynegodd y cadeirydd pwyllog yn sioe 1934 y byddai'r gronfa yn fuan yn ddigon sylweddol i alluogi iddynt ostwng rhywfaint ar symiau'r rhoddion neu'r gwarantau o ganolfannau llai – trefi megis Corwen, Llanbedr Pont Steffan a Llandeilo – a oedd yn awyddus i gynnal y Sioe Frenhinol. Daeth ceisiadau am y fath ostyngiad o gyfarfodydd sirol amrywiol ar gyfer 1934, ond yn ôl corff rheoli'r Gymdeithas nid oedd yr amser eto'n addas ar gyfer y llacio hwn. Fe'u profwyd yn gywir.

Er gwaethaf sylwadau'r Arglwydd Davies yn sioe Trefynwy 1937 eu bod wedi adeiladu cronfa wrth gefn a fyddai'n eu galluogi i oresgyn unrhyw storm, daeth diffygion ariannol sioeau Abergele a Threfynwy 1936 a 1937 fel rhybudd sydyn mor fregus yn ariannol oedd y Gymdeithas. Roedd y tywydd affwysol yn chwarae rhan fawr yn y sefyllfa anhapus hon. Er mwyn diddymu'r holl ddiffygion o £1,748 dros ddwy flynedd, roedd yn rhaid ymosod ar y gronfa wrth gefn, ac roedd hyn yn dangos yn glir mor gyflym y gallai cyfres o flynyddoedd anffafriol erydu adnoddau'r Gymdeithas. Mewn cywair digalon, roedd yr Arglwydd Davies yn ymdrechu i atgoffa'r aelodau yn hwyr yn 1937 fod y Gymdeithas yn barhaus mewn perygl o gael ei dileu os na chryfheid ei chyflwr ariannol ymhellach. Yn ddigon teg fe hawliodd ers yr ail-lansiad yn 1922 fod pob ymdrech bosibl wedi ei gwneud i adeiladu adnoddau'r Gymdeithas, ond roedd aflwyddiannau difrifol y ddwy flynedd flaenorol yn golygu nad oedd dim dewis ond defnyddio'r gronfa wrth gefn. Fel y rhagwelid, roedd mwy fyth o golledion yn anorfod yn 1938 pan ohiriwyd sioe y Gymdeithas ar achlysur ymweliad Sioe Cymdeithas Amaethyddol Frenhinol Lloegr â Chaerdydd yn haf y flwyddyn honno. Dywedodd E. Verley Merchant yn chwerw ei bod yn ddigon hawdd i bobl ganmol Cymdeithas Amaethyddol Frenhinol Cymru am ei chymwynas, ond roedd yn golygu cario baich ariannol trwm. Oherwydd yr holl anffodion hyn gwnaed colled glir o gyfanswm o £2,085 0s. 5d. dros y tair blynedd 1936–8, ac o ganlyniad gwelwyd asedau'r Gymdeithas, a oedd yn werth £11,319 11s. 2d. ar ddiwedd y flwyddyn ariannol 1935 yn disgyn i £9,234 10s. 9d. erbyn hydref 1938. Roedd y sefyllfa yn wirioneddol enbyd, ac yn deillio'n bennaf o'r ffaith nad oedd yr incwm a ddeuai o danysgrifiadau aelodaeth yn ddigonol i gwrdd â threuliau gweinyddol a threuliau gorbenion yn ystod blwyddyn arferol. Felly, roedd y Gymdeithas mewn sefyllfa sigledig o orfod dibynnu'n gyfan gwbl ar lwyddiannau ei sioeau – nid yn unig i atgyfnerthu ei chronfa wrth gefn, ond hefyd i fantoli ei chyllideb flynyddol.

Prin bod angen atgoffa'r darllenwyr bod llwyddiant neu fethiant sioe amaethyddol – waeth faint o baratoi gofalus a gwaith caled a wneir ymlaen llaw – yn dibynnu i raddau helaeth ar ffactor na ellir ei reoli, sef y tywydd. Os ceid tywydd anffafriol yn ystod sioeau olynol, buan iawn y diflannai'r adnoddau. Yn amlwg roedd ar y Gymdeithas angen incwm cyson a sicr i'w galluogi i barhau i reoli ei materion cyfredol ac adeiladu cronfa wrth gefn sylweddol a fyddai yn ei gosod ar sail gadarn, a dim ond drwy danysgrifiadau blynyddol y gellid cael yr incwm hwn.

Yn wynebu'r argyfwng a oedd wedi ffrwydro ym mlynyddoedd 1936–8, fe apwyntiodd y Gymdeithas yn Rhagfyr 1937 is-bwyllgor i ystyried ffyrdd i gynyddu'r gronfa wrth gefn a'r rhestr aelodaeth. Yn ei gyfarfod ar 1 Chwefror 1938, deallodd fod aelodaeth gyfredol y Gymdeithas yn 1,057 a'r gronfa wrth gefn yn gyfanswm o £9,603. Mewn cymhariaeth, roedd aelodaeth a chronfeydd wrth gefn y prif gymdeithasau amaethyddol eraill yn fras fel a ganlyn:

CYMDEITHAS	AELODAETH	CRONFA WRTH GEFN
Cymdeithas Amaethyddol Frenhinol Lloegr	9,000	£231,700
Cymdeithas Amaethyddol ac Ucheldirol yr Alban	10,000	£184,300
Cymdeithas Amaethyddol Swydd Efrog	2,949	£41,800
Cymdeithas Amaethyddol Frenhinol Sir Gaerhirfryn	2,986	£22,450
Cymdeithas Caerfaddon a Gorllewin Lloegr a'r Siroedd Deheuol	1,072	£18,579
Cymdeithas Amaethyddol y Tair Sir	1,295	£10,124

Mae'n eglur mai chwaraewr bychan oedd Cymdeithas Amaethyddol Frenhinol Cymru, ac o ran adnoddau ariannol – er y pwysleisir nad o ran ansawdd ei sioe flynyddol – roedd ganddi lawer o ffordd i fynd i ddal i fyny â'i chystadleuwyr, ond wrth gwrs doedd hyn ddim yn syndod o gofio mai'n hwyr yn y dydd y daeth ar y llwyfan. Eto does dim dwywaith nad oedd amaethwyr Cymru yn araf yn ymateb i'r apeliadau niferus am fwy o aelodau. Mewn ymgais i newid y sefyllfa, gwnaed yr argymhellion dilynol i'r Cyngor yn 1938: (1) y dylai'r aelodau presennol wneud eu gorau i ricriwtio mwy; (2) y dylid hybu cysylltiad agosach rhwng y Gymdeithas, Undeb Cenedlaethol y Ffermwyr, Cyngor Amaeth Cymru, yr amrywiol gymdeithasau amaethyddol sirol a lleol, Cymdeithas Tirfeddianwyr Cefn Gwlad a chyrff tebyg – pob un yn gweithio fwy neu lai yn annibynnol i hybu'r un achos; (3) y dylid gofyn i aelodau'r Cyngor ym mhob sir gyfarfod a dyfeisio dull o gynyddu aelodaeth o fewn eu sir; (4) y dylid manteisio ar gynnig David Davies i gysylltu ag unigolion amlwg yn ne Cymru a Mynwy i'w hannog i ddod yn aelodau neu i danysgrifio i gronfa wrth-gefn y gymdeithas, ac y dylid gofyn i'r Arglwydd Mostyn wneud yr un modd yng ngogledd Cymru ac i J. Morgan gymryd yr un camau yn Llundain; a (5) y gwneid ymdrech i berswadio deg ffrind i'r Gymdeithas i danysgrifio £50 yr un i'r gronfa wrth gefn, ar yr amod fod y Cyngor yn dyblu'r aelodaeth o fewn deuddeg mis o ddyddiad penodol.

Nid oedd yr ymateb uniongyrchol i weithredu'r argymhellion hyn yn galonogol. Roedd yr aelodaeth erbyn diwedd 1938 wedi cynyddu o'r 1,057 yn Chwefror i ddim ond 1,133 (rhyw 237 ohonynt yn byw yn Lloegr), er bod mwy o aelodau nag arfer wedi ymuno yn 1939. Mewn cyferbyniad â'r datblygiad calonogol diwethaf hwn, fodd bynnag, roedd tywydd diflas y ddau ddiwrnod olaf yn sioe Caernarfon y flwyddyn honno wedi lladd unrhyw obaith am wneud iawn am y colledion a gafwyd yn y blynyddoedd blaenorol. Ni ellir osgoi'r gwir plaen fod y Gymdeithas, yn ystod y cyfnod hyd at ddechrau'r Ail Ryfel Byd, yn haeddu mwy o gefnogaeth nag a gafodd gan amaethwyr Cymru. Wrth gwrs, un o'r prif rwystrau i gynyddu aelodaeth barhaol cymdeithas a gynhaliai sioeau symudol oedd y ffaith fod cymaint o'r ffermwyr yn ymuno am flwyddyn yn unig, sef pan oedd y sioe yn cael ei chynnal yn eu hardal hwy, er mwyn medi'r manteision dros dro, ac yna tynnu eu cefnogaeth yn ôl. Roedd angen ar fyrder cael aelodaeth barhaol yn hytrach nag un ysbeidiol.

Ar yr un pryd gellid yn rhannol feio'r Gymdeithas ei hun am ddifrawder y cyhoedd ynglŷn â'r fenter. Roedd nifer wedi teimlo ers tro y dylid symud y pencadlys o Wrecsam i ganolfan nes at rannau poblog Cymru. Yn sicr fe ystyriwyd y posibilrwydd o symud yn 1927 pan awgrymwyd Caerdydd, Aberystwyth, Amwythig a Llandrindod fel lleoliadau addas bob yn ail, ond roedd y cyflwr ariannol ar ddechrau 1929 wedi rhoi taw ar unrhyw ystyriaeth bellach i'r cwestiwn. Ar ben anaddasrwydd Wrecsam fel lle ar gyfer y pencadlys roedd y Gymdeithas yn bancio yn Aberystwyth a oedd yn anghyfleus o bell i ffwrdd.

Er gwaetha'i sylfeini ariannol simsan, llwyddodd y Gymdeithas a'i sioe i ddatblygu ac ehangu yn gyson yn y blynyddoedd rhwng y ddau ryfel, serch hynny. Gellir priodoli hyn yn rhannol i effeithlonrwydd ac ymgysegriad ei swyddogion. Rydym eisoes wedi nodi'r rhan bwysig a chwaraewyd gan David Davies ac Arthur Evans. Soniwyd hefyd wrth fynd heibio am benodiad y Capten T. A. Howson, Gresffordd, yn 1927. Ar ôl gwasanaethu'n anrhydeddus yn yr Artileri Brenhinol yn ystod y Rhyfel Byd Cyntaf, yr oedd Howson wedi ymroi i gefnogi bridiau Cymreig a rhoi cyhoeddusrwydd i'w rhinweddau yng ngholofnau'r *Livestock Journal*. Doedd hi ddim yn syndod mai ef oedd y dewis unfrydol ar gyfer swydd yr ysgrifennydd ym Mai 1927, swydd a gyflawnodd gyda'r fath ymroddiad, dealltwriaeth ac effeithiolrwydd nes iddo'n fuan, er gwaethaf ei bersonoliaeth wylaidd ac ymgilgar, ennill a chadw parch a hoffter y rhai yr oedd yn delio â hwy. Uwchlaw popeth, ei gyswllt agos ef â chymdeithasau'r bridiau Cymreig a'i gyfraniadau cyson i'r wasg a hyrwyddodd ddatblygiad Sioe Frenhinol Cymru a sicrhau ei henw da yn y wlad drwyddi draw. Trefnodd ei sioe olaf, a hynod lwyddiannus, yng Nghaerfyrddin yn 1947, cyn ymddiswyddo y flwyddyn ddilynol ar ôl 21 o flynyddoedd yn y tresi.

Un arall o'r hoelion wyth yn y blynyddoedd hyn oedd Reuben Haigh of Neuadd Gardden, Rhiwabon, a wasanaethodd y Gymdeithas yn ddiarbed fel cyfarwyddwr anrhydeddus am nifer o flynyddoedd. Gan wasanaethu i ddechrau fel cyfarwyddwr cynorthwyol anrhydeddus, dan nawdd David Davies, fe'i hapwyntiwyd yn gyfarwyddwr anrhydeddus parhaol o 1932. Credai'r cadeirydd y byddai penodi rhywun parhaol i'r swydd hon yn gwella trefniant y sioe trwy gyflwyno elfen o barhad yn rheolaeth y sioe, cwrs a fabwysiadwyd gan gymdeithasau amaethyddol blaengar eraill. Dim ond canmoliaeth hael a gafodd gan y cadeirydd, a ddywedodd yn drist – pan glywodd am ei fwriad i ymddiswyddo oherwydd pwysau ymrwymiadau busnes – y byddai ei ymadawiad 'bron yn drychineb',

11. Y Capten T. A. Howson, ysgrifennydd y Gymdeithas, 1927 i 1948.

gan obeithio y gallai ailystyried ei benderfyniad. Fe ufuddhaodd yntau ac aros yn ei swydd hyd 1950, ond yn anffodus bu farw yn fuan wedyn ym Mawrth 1951. Roedd ei brofiad mewn busnes, a hefyd ei ymdeimlad o ddyletswydd, ei natur ddiymhongar, gyfeillgar, siriol ac agos-atoch, ei gwrteisi a'i ddoethineb di-ball, a chadernid pan fo'i angen, i gyd yn sicrhau bod y sioeau y bu'n gyfrifol amdanynt wedi mynd rhagddynt yn ddidramgwydd. Fel y dywedodd yr Arglwydd Davies yn 1939: 'Yr ym ôll wedi dod i ystyried ein cyfaill a'n Cyfarwyddwr Anrhydeddus, Mr Reuben Haigh, megis conglfaen ein hadeilad, ac heb ei ddylanwad mwyn, anodd fuasai amgyffred ein horganyddiaeth yn gweithio yn llwyddianus.' Ni ddylid chwaith anghofio gwasanaeth ymroddedig Arthur Jones i'r gymdeithas yn rhinwedd ei swydd fel trysorydd anrhydeddus o gychwyniad y Gymdeithas yn 1904 hyd ei farw yn 1930. Bu unwaith yn rheolwr Banc y Midland yn Aberystwyth, ac fe'i dilynwyd fel trysorydd anrhydeddus gan R. H. Thomas, a oedd ar y pryd yn rheolwr ar yr un banc. Felly fe sicrhawyd cysondeb.

Cymaint oedd twf y Gymdeithas fel bod yr ysgrifennydd cyffredinol a'i staff yn y swyddfa erbyn hydref 1936 yn teimlo'r straen, a chyda cholli aelod profiadol a dibynadwy y Chwefror blaenorol, roedd cael cymorth ychwanegol yn fater o frys. Amlinellwyd manylion y dyletswyddau yr oedd ef a'i staff swyddfa i'w cyflawni gan y Capten Howson yn Hydref 1936: yn ychwanegol at waith swyddfa arferol y Gymdeithas a'r tair cymdeithas frîd a pharatoi y sioe ei hun, disgwylid iddynt hefyd olygu'r *Cylchgrawn* blynyddol ac, fel arfer, lyfr buches a gre, ac i weinyddu premiymau'r Swyddfa Ryfel a grantiau Bwrdd Rheoli Betio ar y Cae Rasio mewn cysylltiad â stalwyni o ferlod a chobiau Cymreig, i drefnu teithiau arolygu stalwyni, ac i gasglu a thablu cofnodion cyplu a bwrw ebolion. Roedd Howson yn bersonol wedi mynychu 47 o gyfarfodydd y Cyngor, pwyllgorau ac is-bwyllgorau yn ystod y flwyddyn, ac roedd hyn yn golygu drafftio, stensilio, coladu ac anfon llawer o adroddiadau a setiau o gofnodion perthnasol i gyfarfodydd y cymdeithasau brîd. Yn ychwanegol, fe gyfrifodd fod swm y gwaith a wnaeth yn gysylltiedig â sioe Abergele ar nosweithiau Sadwrn a Sul ac wedi 6.00 yr hwyr ar nosweithiau gwaith rhwng 30 Mai a 24 Mehefin 1936, yn naw wythnos o leiaf, ar sail wyth awr o waith y dydd.

Tra oedd y Gymdeithas yn gytûn y dylid cael apwyntiad newydd parhaol, bu trafodaeth faith yng nghyfarfod y Pwyllgor Cyllid yn Nhachwedd 1936 a ddylid penodi'r person a argymhellwyd gan yr ysgrifennydd a'r cyfarwyddwr anrhydeddus, oherwydd yr oedd yn ddi-Gymraeg. Yn y pen draw, cymeradwyodd y cyfarfod gynnig gan Moses Griffith a eiliwyd gan T. J. Jones y

12. Reuben Haigh, Rhiwabon, cyfarwyddwr anrhydeddus o 1930 i 1950.

dylai'r hysbyseb am y swydd nodi bod gwybodaeth o'r Gymraeg yn gymhwyster dymunol. Ac felly, ychydig yn ddiweddarach, penododd y Gymdeithas Eryl Glyn Roberts, 24 oed, a oedd yn siaradwr Cymraeg o Gaer, i'r swydd.

Oherwydd ei hunion natur fel cymdeithas genedlaethol, roedd yn rhaid i Gymdeithas Amaethyddol Frenhinol Cymru benderfynu ar y statws cymharol a roddai i'r Gymraeg a'r Saesneg yn ei gweithgareddau amrywiol. Er mai Saesneg oedd y brif iaith yng ngweinyddiaeth y Gymdeithas ac yn ei sioe flynyddol o'r cychwyn cyntaf, argraffwyd erthyglau Cymraeg a nodiadau golygyddol dwyieithog yn rhifynnau'r *Cylchgrawn* o 1904 ymlaen. Yn ychwanegol, yng nghyfarfod y Cyngor yn Chwefror 1912, addawodd Thomas Whitfield o Amwythig, wrth gael ei benodi i swydd wag yr ysgrifennydd, ddysgu Cymraeg ac i gyflogi clerc gohebu a phwyllgor a siaradai Gymraeg, yn ogystal â chlerc mesuro a meintiau a fyddai hefyd yn Gymro Cymraeg. Fodd bynnag, ni fu Whitfield yn hir yn ei swydd a bu'n rhaid chwilio am ysgrifennydd newydd yn hydref 1915. Ac er bod David Davies, fel y cadeirydd o 1921 ymlaen, wedi ysgrifennu ei adroddiad blynyddol *Report on the Show and the General Working of the Society* mewn Saesneg hyd at 1929, o 1930 ymlaen cyflwynwyd hwn yn y ddwy iaith. Yn y cyfnod wedi'r Rhyfel Byd Cyntaf, pan oedd gwladgarwyr Cymreig yn ymwybodol fod eu hiaith yn gwanhau ac o dan fygythiad, roedd yn naturiol bod rhai aelodau o'r Gymdeithas yn galw am ddefnyddio'r Gymraeg yn amlach yn eu gweithgareddau. Yn Rhagfyr 1931, awgrymodd Kenneth Davies o Gaerdydd y gallai fod yn fanteisiol i roi mwy o amlygrwydd i'r iaith Gymraeg yn sioeau'r Gymdeithas drwy argraffu'r catalog a chael yr arwyddion wedi eu peintio yn y Gymraeg yn ogystal â'r Saesneg, ond ni wireddwyd hyn. Roedd Moses Griffith, fel y gwelsom, ar y blaen wrth sicrhau siaradwr Cymraeg fel aelod o staff y swyddfa o 1937, ac wedi'r rhyfel yr oedd i wneud safiad cryfach o blaid defnyddio'r Gymraeg yng ngweithgareddau'r Gymdeithas.

Yn y blynyddoedd hyn rhwng y ddau ryfel, daeth Cymdeithas Amaethyddol Frenhinol Cymru, yn bennaf oherwydd ystyriaethau ariannol, yn gynyddol elyniaethus i'r arfer a oedd gan Gymdeithas Caerfaddon a Gorllewin Lloegr a'r Siroedd Deheuol (y 'Bath and West') o gynnal ei sioeau yng Nghymru a Mynwy bob hyn a hyn. Ar dderbyn gwybodaeth yn Rhagfyr 1924 fod y 'Bath and West' wedi cysylltu â chorfforaeth Dinas Caerdydd i geisio cael gwahoddiad i gynnal ei sioe yn y ddinas, gorchmynnodd Cyngor y Gymdeithas ei chadeirydd i ddweud wrth arglwydd faer Caerdydd am ei wrthwynebiad i'r ymweliad. Pa un a gafodd hyn unrhyw effaith neu beidio, y canlyniad hapus oedd fod Caerdydd wedi penderfynu peidio â chroesawu'r 'Bath and West' yn 1927 o gofio bod y Sioe Frenhinol yn ymweld â Chasnewydd yr un flwyddyn. Yn Nhachwedd 1931 cafodd y Gymdeithas ar ddeall eto gan ei chadeirydd fod syniad ar droed i berswadio Cyngor Tref Abertawe i estyn gwahoddiad i'r 'Bath and West' i gynnal ei sioe yno yn 1933; fel y gwnaethai yn flaenorol, aeth David Davies ymlaen i bwysleisio bod cynnal unrhyw un o sioeau mawr Lloegr ar dir Cymru, ar wahân i'r Sioe Frenhinol, yn niweidiol i les Cymdeithas Amaethyddol Frenhinol Cymru ac fe anogodd fod pob ymdrech yn cael ei gwneud i wrthwynebu'r 'Bath and West' rhag tresmasu ar ardal 'na allai a dweud y gwir gael ei chyfrif ond fel talaith y Gymdeithas Genedlaethol yng Nghymru'. Yn dilyn bu penderfyniadau protestgar gan holl gyfarfodydd sirol y Sioe Frenhinol a chan Gyngor Cymdeithas y Gwartheg Duon Cymreig yn erbyn i'r 'Bath and West' ymweld â thiriogaeth y Sioe Frenhinol yn y dyfodol ac fe wyntyllwyd barnau croes y Sioe Frenhinol a'r 'Bath and West' fel ei gilydd yn y wasg. Fe ddygodd yr ymgyrch ffrwyth, gan i Gyngor Tref Abertawe benderfynu yn erbyn gwahodd y 'Bath and West' i'r dref yn 1933.

Ond brwydr golledig a ymladdodd y Gymdeithas yn ei hymdrech i rwystro sioe'r 'Bath and West' rhag ymweld â Chastell-nedd yn 1936. Ar ôl nodi ei phrotest a dadlau ei hachos o flaen ei haelodau a'r cyhoedd yn gyffredinol, ar y sail nad oedd Cymru yn ddigon mawr i letya dwy sioe fawr mewn un flwyddyn – cyfeiriodd yr Arglwydd Davies yng Ngorffennaf 1934 at botsio gan 'gymdeithasau tramor' – penderfynwyd yng nghanol Hydref 1934 na ddylid gweithredu ymhellach. Ond fe benderfynodd Plaid Genedlaethol Cymru brotestio yn sioe Castell-nedd ym Mehefin 1936 ac fe achosodd hyn rywfaint o embaras i'r Gymdeithas, a hithau mor awyddus bob amser i osgoi unrhyw ymwneud â phleidiau gwleidyddol.

Ni fu protest o'r fath yn erbyn ymweliad Sioe Cymdeithas Frenhinol Lloegr â Chymru, ar lefel ffurfiol o leiaf. Eto, cyfeiriodd lleisiau dylanwadol o fewn y Gymdeithas ei hun at y drwg a wnaed i Sioe Frenhinol Cymru gan y fath ymwthiad i drefi diwydiannol mawr de Cymru. Wrth siarad yn sioe Abertawe yn 1927, atgoffodd iarll Dunraven ei wrandawyr fod y digwyddiad wedi cael ei effeithio gan haf gwlyb iawn a chan gystadleuaeth ddifrifol oddi wrth Sioe Frenhinol Lloegr yng Nghasnewydd yn gynnar ym mis Gorffennaf. Clywyd peth beirniadaeth hefyd ar benderfyniad Cymdeithas Amaethyddol Frenhinol Cymru i ohirio'i sioe hi pan ymwelodd Sioe Cymdeithas Frenhinol Lloegr â Chaerdydd yn 1938, heb sôn am y sylweddoliad y byddai hynny'n golled ariannol. Mynegodd gŵr mor uchel ei barch ag W. H. Woodcock, gohebydd sioe y *Western Mail*, mewn print flwyddyn yn ddiweddarach: 'Mae rhywun yn myfyrio a yw'n ddoeth i'r sefydliadau Seisnig a Chymreig hyn gyfuno'u gweithgareddau ar unrhyw adeg, oherwydd mae rhai'n dadlau ei fod yn cael effaith wael ar gefnogaeth ariannol yn nes ymlaen ac ar frwdfrydedd cyffredinol dros y Sioe Gymreig.' Gwelwyd, fodd bynnag, mai'r agwedd swyddogol oedd cynnal perthynas gynnes â Chymdeithas

Amaethyddol Frenhinol Lloegr, fel y gwelwyd yn 1936 pan anwybyddodd y Cyngor y brotest gan Miss Mallt Williams o Bant-y-Saeson, Llandudoch, yn erbyn ei benderfyniad i beidio â chynnal y sioe yn 1938.

Er holl broblemau aelodaeth wan, a hynny'n adlewyrchiad o ddifrawder y cyhoedd, ac er gwaethaf cronfa wrth-gefn ddigon isel (llai na £10,000), eto i gyd adfer ei nerth a wnaeth y Gymdeithas yn y blynyddoedd rhwng 1910 a 1939, yn enwedig o 1922 ymlaen. Cafodd ei threfniadaeth ei chryfhau a'i democrateiddio, yn fwy na dim trwy ddatblygu pwyllgorau sirol. Ar ben hynny, fe warantwyd rhywfaint o ddiogelwch ariannol trwy gychwyn cronfa wrth gefn, er bod rhaid rhoi llaw yn y pwrs ar ddiwedd y 1930au i ddileu dyledion sioeau 1936 a 1937. Yr hyn a bryderai swyddogion y Gymdeithas oedd fod popeth yn y blynyddoedd hyn yn dibynnu ar yr incwm a gynhyrchwyd gan y sioeau, ac at y sioe y mae'n rhaid i ni yn awr droi'n golygon.

PENNOD PUMP

'Cystal ag Unrhyw Sioe yn y Deyrnas'

Er gwaethaf gwendid sylfaenol cyflwr ariannol y Gymdeithas, roedd twf y sioe rhwng 1910 a 1939 gymaint fel yr oedd cystal â ac mewn rhai agweddau yn well nag arddangosfeydd mawr eraill o fewn y Deyrnas Unedig. Ymateb sylwebydd y *Western Mail*, Charles E. Lloyd, wrth fod yn frwdfrydig am sioe Abertawe yn 1927 oedd: 'Fy marn i yw bod y Sioe Genedlaethol Gymreig cystal sioe ag unrhyw un arall yn y Deyrnas. Gallaf ddweud hyn ar ôl ymweld â'r holl sioeau pwysicaf.' Yr un modd fe hawliai'r cadeirydd David Davies yn ei *Adroddiad* am 1927 fod Sioe Frenhinol Cymru yn gallu cymryd ei lle haeddiannol ymysg y sioeau pwysicaf ym Mhrydain a'i bod yn cael ei chydnabod gan bawb fel un o bedwar cyfarfod cenedlaethol y deyrnas. Yn sicr, roedd y gefnogaeth gynyddol a fwynhâi yn ystod y 1920au a'r 1930au, nid yn unig o fewn Cymru a siroedd agosaf y Gororau ond hefyd gan amaethwyr, bridwyr stoc a masnachwyr blaenaf y Deyrnas Unedig yn gyffredinol, yn brawf o'i statws uwch a'r gydnabyddiaeth well a gâi fel un o ddigwyddiadau pwysicaf o'i fath yn yr Ynysoedd Prydeinig. Yng Nghaerfyrddin yn 1925 daeth cystadleuwyr o bob rhan o'r Deyrnas Unedig – o Sussex ac Essex yn y de-ddwyrain i Ucheldiroedd yr Alban yn y gogledd – a ddeng mlynedd yn ddiweddarach daethant o siroedd mor bell â Sir Gaerhirfryn, Swydd Stafford, Surrey, Dorset a Chernyw i gystadlu yn sioe Hwlffordd.

Roedd balchder lleol a'r awydd cystadleuol i wneud eu sioe hwy y fwyaf a'r orau eto yn sicrhau bod sioeau yn cynyddu mewn maint dros amser. Roedd yr ysfa i ragori nid yn unig yn fater o'r gogledd yn erbyn y de, fel, er enghraifft, y sefyllfa yn 1924 pan oedd y ffyddloniaid yn ne Cymru yn gobeithio y byddai eu sioe ym Mhen-y-bont ar Ogwr yn torri record derbyniadau a osodwyd yn Wrecsam ddwy flynedd yn gynharach; ond roedd yn parhau ar lefel ryng-ranbarthol hefyd, er enghraifft, pan wnaeth swyddogion lleol y sioe a oedd ar ddod i Abergele yn 1936 ei gwneud yn eglur i bawb a phobun fod nifer y cystadleuwyr gymaint yn fwy nag yn Llandudno yn 1934 fel bod cymhariaeth yn wrthun!

Fodd bynnag, ni welwyd cynnydd sylweddol yn yr arddangosfeydd yn Aberystwyth ar yr un raddfa ag a welwyd yn y sioeau symudol a gynhaliwyd rhwng 1910 a 1914 os cymharwn gyfanswm y ceisiadau yn adran y da byw. Tra oedd y rhain ar gyfartaledd yn 563 yn y chwe sioe yn Aberystwyth, roedd ceisiadau da byw yn Llanelli, y Trallwng, Abertawe, Porthmadog a Chasnewydd dros flynyddoedd 1910–14 ar gyfartaledd yn ddim ond 597. Ar y llaw arall, cynyddodd nifer yr ymwelwyr yn sylweddol, er y dylem gofio mai amcangyfrifon yn aml oedd y ffigurau. Mynychodd 15,000 o bobl pan gyrhaeddwyd y brig yn 1908 yn Aberystwyth, amcanfyfrifwyd bod 25,000 wedi mynychu sioe Llanelli yn 1910, ond dywedwyd bod 35,000 wedi ymweld â Phorthmadog yn 1913.

O ystyried popeth, fodd bynnag, dim ond ar ôl ei hadfywio yn Wrecsam yn 1922, y daeth y sioe symudol flynyddol yn ddigwyddiad llawer mwy a mwy clodfawr hefyd. Roedd y sioe honno, o dan drefniadaeth fedrus Arthur Evans ac a barhaodd yn ddigwyddiad tri diwrnod fel y dechreuodd yng Nghasnewydd yn 1914, yn llwyddiant ysgubol o'i chymharu â'r sioeau cyn y rhyfel. Ni welwyd unrhyw beth yn debyg i'r 1,140 o geisiadau da byw a gafwyd yn Wrecsam erioed ar faes sioe'r Gymdeithas Amaethyddol Genedlaethol Gymreig o'r blaen, ac roedd yn amlwg fod ansawdd cyson uchel yn llawer gwell na safon da byw mewn unrhyw Sioe Genedlaethol Gymreig flaenorol, tystiolaeth o'r gwelliant mawr o ran bridio a gyflawnwyd gan ffermwyr Cymru yn ystod y rhyfel. Roedd stondinau'r masnachwyr, neu 'lleoedd' y masnachwyr fel y'u gelwid, yn llinyn mesur arferol dibynadwy ers y dechrau i farnu ehangiad neu ddirywiad y sioe: yn cyrraedd cyfanswm o 127, roedd nifer stondinau'r masnachwyr yn Wrecsam yn curo'n rhwydd rai'r blynyddoedd cyn y rhyfel, a oedd yn 84, 64 a 78 yn Abertawe, Porthmadog a Chasnewydd yn eu tro yn y blynyddoedd yn syth cyn y rhyfel.

Gellir gweld oddi wrth Dabl 2 ac Atodiad 1 fod safon yr arddangosfa gyfan gwbl fwy aruchel a gynhaliwyd yn Wrecsam wedi cael ei chadw yn y blynyddoedd a ddilynodd hyd at 1939, a hyd yn oed ei rhagori weithiau (er nad o safbwynt cyfanswm ceisiadau). Ar gyfartaledd dros y blynyddoedd hyn roedd nifer yr ymwelwyr tua 35,000. Ni wnaeth unrhyw sioe fynd dros 40,000 o ymwelwyr, ac eithrio'r nifer ryfeddol o bron 53,000 yng Nghaerfyrddin yn 1925. Ar ben arall y raddfa, y rheswm pennaf dros y nifer siomedig a ddaeth i sioe Trefynwy yn 1937, sef 22,575, oedd y tywydd garw, ffactor a oedd yn gyfrifol am y nifer ddigalon a fynychodd sioe Abertawe (digwyddiad pedwar diwrnod am yr unig dro) yn 1927, Llanelli yn 1931, Abergele yn 1936 a Chaernarfon yn 1939. Yn dilyn y safon newydd a sefydlwyd yn 1922 arhosodd nifer stondinau'r masnachwyr yr un peth. Ond does dim dwywaith, fodd bynnag, fod anawsterau yn wynebu masnach o ddiwedd y 1920au hyd y 1930au cynnar ac, felly, gyda gwell hinsawdd busnes o ganol 1933, fe welwyd cynnydd sylweddol yn y nifer o arddangosfeydd masnachol yn y sioeau a gynhaliwyd rhwng 1934 a 1937. Yr un modd, arhosodd nifer y ceisiadau da byw a'r ceisiadau mewn cystadlaethau eraill yn eithaf uchel ar ôl 1922. Mewn gwirionedd, arddangosfa o dda byw oedd Sioe Frenhinol Cymru, a dyna a fu

Tabl 2: Datganiad cymharol o gystadleuwyr, stondinau masnachwyr a phresenoldeb 1922–39

BLWYDDYN	SIOE	CEISIADAU DA BYW	CYFANSWM CEISIADAU (YN CYNNWYS DA BYW A STONDINAU'R MASNACHWYR)	STONDINAU'R MASNACHWYR	NIFER YR YMWELWYR
1922	Wrecsam	1,140	4,189	127	(tua) 30,000
1923	Y Trallwng	1,103	3,123	118	30,032
1924	Pen-y-bont ar Ogwr	1,111	4,105	130	28,316
1925	Caerfyrddin	1,343	3,321	128	52,731
1926	Bangor	1,050	3,360	137	38,573
1927	Abertawe**	972	3,777	115	38,387
1928	Wrecsam	1,271	3,490	164	29,867
1929	Caerdydd	1,077	2,524*	172	36,917
1930	Caernarfon	1,101	2,651*	124	37,506
1931	Llanelli	967	2,588*	141	39,930
1932	Llandrindod	1,053	2,179	139	26,519
1933	Aberystwyth	1,166	2,829	131	39,837
1934	Llandudno	1,323	3,226	160	39,037
1935	Hwlffordd	1,422	3,480	154	38,847
1936	Abergele	1,501	3,620	161	34,105
1937	Trefynwy	1,192	2,783	161	22,575
1939	Caernarfon	1,079	2,610	142	30,068

* Dim sioe gŵn   ** 4 diwrnod

ers hynny, ac fe welwyd y ceisiadau yn yr amrywiol ddosbarthiadau ac adrannau da byw, ar ôl codi'n sylweddol yng Nghaerfyrddin yn 1925, yn brigo eto yn y tair sioe yn Llandudno, Hwlffordd ac Abergele yng nghanol y 1930au (gweler Atodiad 1). Roedd gan bob un o'r sioeau rhwng 1910 a 1939, wrth gwrs, ei chymeriad a'i chryfderau arbennig ei hunan, ond roedd rhai yn sefyll allan yng ngolwg cyfoeswyr ac yn ennill clod arbennig: cymeradwywyd Caerfyrddin, er gwaetha'r tywydd anffafriol, gan y *Western Mail* am y ffigurau a dorrodd bob record – dathliad cymwys, yn wir, a'r Gymdeithas yn cyrraedd llawn oed; disgrifiwyd sioe Llandudno yn 1934 gan yr un papur newydd fel yr orau ers y Rhyfel Byd Cyntaf; a chanmolwyd sioe Hwlffordd flwyddyn yn ddiweddarach fel yr orau mewn degawd.

Pan ddaeth y sioe yn un symudol bu'n rhaid i'r Gymdeithas wynebu set newydd o sialensiau. Yr un bennaf oedd dewis lleoliadau ar gyfer sioeau'r dyfodol. Yn dilyn derbyn dirprwyiaethau o nifer fechan o drefi yn dymuno cynnal y sioe, arferiad y Cyngor oedd penderfynu ar ôl pwyso a mesur atyniadau cymharol y telerau a gynigid gan y trefi cystadleuol. Yr ystyriaethau amrywiol fel arfer oedd addasrwydd cyffredinol yr ardal, maint y safle arfaethedig, agosrwydd at reilffordd ac at gyflenwad dŵr, a pharodrwydd yr ymgeisydd i gyd-fynd â gofynion cyllidol y Gymdeithas. O safbwynt y ffactor olaf, roedd yn rheol y dylai'r pwyllgor lleol a ffurfiwyd i drafod trefniadau'r sioe lunio cytundeb lleol a fyddai'n addo gwarant o £1,000 neu, pe byddai'n well ganddo, gyfrannu £500 (a gynyddodd i £1,000 o 1927 ymlaen) at goffrau'r Gymdeithas. Ymhellach, roedd cyfran o unrhyw weddill – a bennwyd fel 75 y cant ar ddechrau 1927 – a ddeuai o'r cyfrifon lleol ar ôl talu holl gostau cysylltiedig â'r sioe, i'w dalu i gyfrif sioeau'r Gymdeithas. Weithiau codai anawsterau ynglŷn â'r ddau ofyn hyn. Er enghraifft, o ganlyniad i sioe 1928 yn Wrecsam bu'n rhaid i'r Gymdeithas orchymyn ei hysgrifennydd i gysylltu â chlerc tref Wrecsam gyda'r bwriad o gael y warant wedi ei thalu ac os na lwyddid, y dylai gymryd camau cyfreithiol parthed safle'r Gymdeithas yn y mater. Lai na deufis yn ddiweddarach, mynegodd pwyllgor lleol Caerdydd, a oedd yn gyfrifol am y sioe a ddeuai i'r ddinas yng Ngorffennaf, wrth y Cyngor y dylai unrhyw arian a oedd yn weddill o'r gronfa leol gael ei gadw gan y pwyllgor lleol i'w ddefnyddio at unrhyw bwrpas addas yn ei olwg. Er mwyn cefnogi hyn, cyfeiriodd y pwyllgor at y ffaith fod hyn yn drefniant arferol yn achos sioe Cymdeithas Frenhinol Lloegr a sioe Caerfaddon a Gorllewin Lloegr a'r Siroedd Deheuol. Yn ei ymateb yn amddiffyn sefyllfa'r sioe, pwysleisiodd y cadeirydd mai cymdeithas ifanc oedd Cymdeithas Amaethyddol Frenhinol Cymru nad oedd eto wedi mwynhau sicrwydd cronfeydd sylweddol wrth gefn ac, os oedd y sioe i'w sefydlu ar sail barhaol, roedd yn hanfodol fod y Gymdeithas yn creu cronfa wrth gefn a oedd yn ddigonol i gwrdd ag unrhyw angen annisgwyl a allai ddigwydd. Fel y cyfeiriwyd yn y bennod flaenorol, yr union ddiffyg arian wrth-gefn hwn a rwystrai'r Gymdeithas rhag gostwng maint y cyfraniad neu'r warant a ddisgwylid gan yr ardaloedd yr ymwelai Sioe Frenhinol Cymru â hwy, ac felly yn rhwystro trefi llai rhag estyn gwahoddiad. Roedd Corwen am groesawu sioe 1932, ond oherwydd ei hanallu i gwrdd â gofynion cyllidol y Gymdeithas fe'i gwrthodwyd oherwydd pryder ar ran y cadeirydd y gellid creu cynsail anffodus. Wrth i'r gronfa wrth gefn gynyddu i fwy na £10,000, galwodd rhai pwyllgorau sirol yn 1934 am ostyngiad yn y cyfraniad neu'r warant a ddisgwylid, ond fe'u gwrthodwyd ar y sail nad oedd hi eto'n amser addas.

O bwys hanfodol i sicrhau ymweliad llwyddiannus Sioe Frenhinol Cymru i unrhyw dref neu ardal oedd parodrwydd cymdeithasau amaethyddol lleol yr ardaloedd hynny i atal cynnal eu sioeau eu hunain. Er gwaetha'r ffaith fod rhai breintiau'n cael eu cynnig i aelodau'r cymdeithasau lleol hyn yn sgil cynnal y Sioe Frenhinol – megis mynediad am ddim a ffioedd cystadlu is – roedd peidio â chynnal eu sioeau eu hunain yn golygu colled ariannol; weithiau nid mater bach oedd atgyfodi sioe a oedd wedi cael ei hesgeuluso am ddim ond blwyddyn, ac yn ddi-ffael anodd i gymdeithas leol oedd casglu tanysgrifiadau am unrhyw flwyddyn na chafodd ei sioe ei chynnal. O gofio'r colledion gwirioneddol a ddioddefai'r cymdeithasau lleol, nid yw'n fawr syndod fod rhyfaint o gynnen wedi codi yn dilyn sioe Abergele yn 1936, oherwydd roedd Cymdeithas Amaethyddol Siroedd Dinbych a Fflint mewn gwirionedd wedi atal eu sioe ar ddau achlysur o fewn amser byr iawn er mwyn hyrwyddo'r sioe yn Llandudno yn 1934 yn ogystal ag un Abergele.

Mewn cyfarfod o'r Cyngor ar faes sioe Abertawe, yn hwyr yng Ngorffennaf 1927, trafodwyd beth oedd y polisi gorau i'w ddilyn o safbwynt lleoli'r sioe wrth i C. Bryner Jones godi'r cwestiwn o fannau addas ar gyfer 1930 a'r sioeau i ddilyn. Gan awgrymu bod eraill ar y Cyngor yn cytuno â'i farn, mynegodd ei amheuon ai canolfannau diwydiannol mawr oedd y mannau gorau i gynnal sioeau amaethyddol yn y dyfodol, a meddyliai tybed a oedd yr adeg wedi dod i'r Sioe Frenhinol ystyried cynnal rhai sioeau mewn canolfannau cyfan gwbl amaethyddol yng Nghymru. Gan ystyried Corwen fel lleoliad posibl ar gyfer y sioe oherwydd y cyfleusterau rheilffordd yno a'r ffaith y cynhaliwyd Eisteddfod Genedlaethol lwyddiannus yno, fe awgrymodd y gallai ymweld ag ardaloedd gwir amaethyddol ddeffro diddordeb ehangach yn y Gymdeithas ac arwain at gynnydd mewn aelodaeth. Fel y sylwyd yn gynharach, roedd ei chadeirydd gochelgar, David Davies, er ei fod yn cydymdeimlo â'r egwyddor o gynnal sioe yn yr ardaloedd mwy gwledig, yn credu y gallai hyn fod yn fenter ry beryglus i ymgymryd â hi, o gofio cyn lleied oedd cronfa wrth-gefn y Gymdeithas. Er i'r Gymdeithas wrthod gostwng maint y cyfraniad neu'r warant a ddisgwylid gan y mannau yr ymwelai'r sioe â hwy, o 1930 ymlaen dechreuodd gymryd risg wrth ymweld ag ambell ardal. Ac felly, fe gymeradwywyd y Gymdeithas yng Ngorffennaf 1932 gan W. H. Woodcock, colofnydd amaeth y *Western Mail*, am ei 'hysbryd arloesol' yn dewis mynd i Landrindod yr haf hwnnw. O gofio sefyllfa gymharol anhygyrch y lle a phoblogaeth denau'r ardal, fe gyfiawnhawyd agor maes newydd, fe ddadleuai, am fod dros 16,300 wedi mynychu'r sioe ar yr ail ddiwrnod. Hwyrach ei fod yn orhyderus gan fod y cyfanswm o 26,519 a fynychodd y sioe dros y tri diwrnod yn isel o'i gymharu â'r niferoedd a ddaeth i'r sioeau cyn ac ar ôl hynny. Eglurodd yr Arglwydd Davies fod y Cyngor yn teimlo, wrth dderbyn gwahoddiad Llandrindod, ei bod yn ddyletswydd ar y Gymdeithas, er bod y tebygrwydd o wneud elw mawr yn denau iawn, i ymweld ag ardal wledig fechan ei phoblogaeth nad oedd wedi croesawu'r sioe o'r blaen. Yn wyneb colled ariannol drom y sioe, ceisiodd edrych ar yr ochr orau trwy fynnu y cydnabyddid yn gyffredinol na ellid gorbrisio gwerth cenhadol a phropagandaidd cynnal y sioe yn Sir Faesyfed. Roedd y Gymdeithas yr un mor bryderus am ragolygon ariannol sioe Hwlffordd i'w chynnal yn 1935, gan ofni y byddai pellter lleoliad y sioe o'r Gororau yn amddifadu'r arddangosfa o nifer o gystadleuwyr ac ymwelwyr o bell a oedd wedi bod yn bwysig i lwyddiant y Sioe Frenhinol yn y gorffennol. Fel y digwyddodd, roedd y pryder yn ddiangen, er y gellid tybio mai hyd y siwrnai oedd yn egluro'r nifer isel o gystadleuwyr o ogledd Cymru yn yr adran wartheg.

RHAN II: 1910–1939

Tanlinellwyd y ffactor olaf hwn o'r pellter rhwng gogledd a de gan y *Western Mail* yn 1936 fel anfantais ddifrifol. Wrth dynnu sylw at y gynrychiolaeth wael iawn o dde Cymru yng nghylchau a chorlannau arddangos Abergele yr haf hwnnw, mynegodd: 'Dim ond un anfantais sydd o gynnal sioe bob yn ail yn y Gogledd a'r De, a hynny yw cost cludiant a mân dreuliau'r sioe sy'n rhwystr i fridwyr yn yr ardal bellaf i ffwrdd o'r man y cynhelir y sioe.' Yn ddi-os profodd sioeau eraill y diffyg hwn: ym Mhorthmadog yn 1913 prin fod unrhyw gystadleuydd o dde Cymru yn nosbarthiadau'r gwartheg a dim ond ychydig yn nosbarth y defaid; siomedig oedd nifer y cystadleuwyr yn sioe Caerfyrddin yn 1925 yng Nghystadlaethau Grŵp y Siroedd ar gyfer bridiau brodorol Cymreig a oedd fwyaf niferus yn y siroedd gogleddol; a chafwyd cynrychiolaeth wael eto o'r de yn nosbarthiadau'r gwartheg yn sioe Caernarfon yn 1930. I raddau o leiaf, gwireddwyd y rhagofnau cynharach ar ran rhai fel Loveden Pryse y byddai'r ysgariad rhwng gogledd a de yn digwydd pe gadawai'r sioe Aberystwyth.

Golygai'r anhawster neilltuol hwn, a chostau teithio yng Nghymru – yn y blynyddoedd pan oedd cludiant modur yn dal yn gyfyngedig – fod cael cyfleusterau teithio'n rhad ar y rheilffordd yn ystyriaeth o bwys gan y Gymdeithas, yn fwy felly nag i'r cymdeithasau amaethyddol mawr eraill. Roedd yn golygu dadlau'n aml â'r cwmnïau rheilffyrdd dros docio prisiau tocynnau teithwyr a chostau cludo da byw. Adlewyrchwyd y pryder ymysg yr aelodau yn nymuniad cyffredinol cyfarfodydd y siroedd yn 1928, sef y dylai'r Cyngor drafod unwaith eto â'r cwmnïau rheilffordd a'u hannog yn gryf y dylai'r un cyfleusterau gael eu cynnig i aelodau Cymdeithas Amaethyddol Frenhinol Cymru wrth fynychu eu sioe hwy â'r rhai a gynigiwyd i aelodau Cymdeithas Amaethyddol Frenhinol Lloegr ac i rai Clwb Smithfield wrth iddynt ymweld â'u sioeau hwythau. Dyfal donc a dyr y garreg, a thrwy ddyfalbarhad yr ysgrifennydd llwyddwyd i estyn y cyfleusterau teithio rhad a fwynhâi'r aelodau i'r arddangoswyr hefyd yn sioe Caerdydd yn 1929. Fodd bynnag, oherwydd mai dim ond 121 person a fanteisiodd ar y consesiwn hwnnw, fe ddileodd y cwmni rheilffordd y cyfleusterau teithio rhad ar gyfer aelodau ac arddangoswyr yn mynychu sioe Caernarfon yn 1930. Ond, trwy ddyfalbarhad pellach y Gymdeithas, llwyddwyd i gael gostyngiad yng nghyfleusterau teithio tymor ar gyfer aelodau ac arddangoswyr a ymwelai â sioe Llanelli yn 1931, ar y ddealltwriaeth y dylai'r Gymdeithas wneud pob ymdrech i sicrhau bod cymaint â phosibl o ymwelwyr yn manteisio ar y consesiwn hwn. Yn ychwanegol, ar yr achlysur hwn, cytunodd y cwmni rheilffordd i ostwng yr hyn a ystyrid gan yr aelodau yn brisiau afresymol a godai'r cwmnïau rheilffyrdd am gludo'r da byw o'r orsaf i faes y sioe.

Fel y bu yn ystod blynyddoedd Aberystwyth, roedd union ddyddiad y sioe yn dal yn ystyriaeth o bwys i'r swyddogion. Hyd at ddiwedd y 1920au, ac

'CYSTAL AG UNRHYW SIOE YN Y DEYRNAS'

13. Tywysog Cymru yn sioe y Trallwng, 1923.

eithrio sioeau Porthmadog (1913) a Chasnewydd (1914), roedd y sioeau wedi cael eu cynnal yn ystod wythnos Gŵyl Banc mis Awst ar y sail fod hyn yn sicrhau nifer dda o ymwelwyr. O 1930 ymlaen, fodd bynnag, ni fyddai'r sioe bellach yn cael ei chynnal ar ddechrau Awst, gan fod y Cyngor yn ymwybodol o'r anhawster o sicrhau ymweliadau gan aelodau o'r teulu brenhinol i'r sioeau a gynhelid ar ôl diwedd Gorffennaf, a hefyd yn dymuno osgoi cynnal y sioe yn ystod yr un wythnos â'r Eisteddfod Genedlaethol. Daeth osgoi cyd-daro â sioeau amaethyddol pwysig eraill yn ystyriaeth o bwys wrth benderfynu union ddyddiad y sioe o ddechrau'r 1930au. Mor gynnar â 1927 roedd Capten Howson wedi cyfeirio at deimladau cas ledled y Deyrnas Unedig parthed dyddiadau sioeau'n gwrthdaro. Nid yw'n syndod, felly, i'r Cyngor gael ei ddarbwyllo o 1932 ymlaen, wrth ddewis dyddiadau sioeau'r dyfodol, gan ei ddymuniad i osgoi cyd-daro â sioe Cymdeithas Amaethyddol Sir Efrog, a gynhelid yn gynnar yng Ngorffennaf, yn ogystal â sioe Cymdeithas Amaethyddol Frenhinol Sir Gaerhirfryn, a gynhelid ar ddechrau Awst. Felly, yr adegau a oedd 'ar gael' i Gymdeithas Amaethyddol Frenhinol Cymru ar

65

gyfer cynnal ei sioe oedd y drydedd a'r bedwaredd wythnos yng Ngorffennaf ac, yn ddieithriad, dewis y Cyngor oedd yr wythnos olaf.

Roedd yr awydd i ddewis dyddiad a fyddai'n gyfleus ar gyfer ymweliad brenhinol yn cydnabod mor aruthrol atyniadol oedd presenoldeb brenhinol ar faes y sioe. Ar ôl marwolaeth y Brenin Siôr V yn 1936, parhaodd y nawdd gan ei olynydd y Brenin Edward VIII, a oedd, fel tywysog Cymru, wedi derbyn y llywyddiaeth yn gynharach yn 1922 a 1923, ac a weithredai ar ôl hynny fel llywydd anrhydeddus. Yn ogystal â bod yn arddangoswr aml yn y Sioe Frenhinol, roedd Edward wedi mynychu y sioeau yn y Trallwng a Llanelli yn 1922 a 1923 yn eu tro. Ymwelodd dug Caint â sioe Aberystwyth yn 1933, ac yn 1936 dywedodd ei fod yn derbyn swydd llywydd anrhydeddus gan olynu dug Windsor. Ychwanegwyd at atyniad sioe Caerfyrddin hefyd yn 1925 gan ymweliad y Tywysog Harri.

Wrth gwrs gallai'r cynlluniau gorau o safbwynt dyddiadau'r sioeau a'r dewis o safle addas – gan gynnig sawl enghraifft o safle naturiol hyfryd fel yr un ym Mharc y Penrhyn, Bangor yn 1926 a Pharc Singleton, Abertawe y flwyddyn ddilynol – gael eu drysu gan dywydd drwg a ffactorau eraill anrhagweladwy. Roedd yr ail a'r trydydd dydd yn sioe Caernarfon 1939 yn wirioneddol ddychrynllyd, gyda nifer o ymwelwyr cyson â'r sioeau yn datgan

14. Mynedfa hardd, wedi'i hadeiladu ar ffurf porth castell canoloesol, i Barc Penrhyn, Bangor, cartref sioe 1926.

bod diwrnod olaf y sioe, gyda'i niwl, gwynt uchel a'r cawodydd glaw cyson, yn un o'r dyddiau gwaethaf yr oeddynt erioed wedi eu profi. Effeithiodd clwy'r traed a'r genau, hefyd, yn anffafriol ar sawl sioe yn y cyfnod 1910–39. Bu'n rhaid i sioe 1912 yn Abertawe wynebu gorchmynion clwy'r traed a'r genau a thwymyn y moch, a olygai, er nad effeithiwyd ormod ar ddosbarthiadau'r gwartheg, fod y nifer yn nosbarthiadau'r defaid wedi gostwng yn eithafol ac ni chafwyd yr un mochyn ar faes y sioe. Drwy ryw ffawd wrthnysig, fe welodd sioe Abertawe yn 1927 hefyd ostyngiad bychan yn nifer y cystadleuwyr oherwydd bod clwy'r traed a'r genau mewn rhannau o'r Deyrnas Unedig, gyda chanslo ceisiadau nifer fawr o wartheg o ardal Tunbridge Wells, a effeithiwyd gan y clwy, yn enghraifft o'i effaith anffodus ar y sioe. Ar yr achlysur hwn, bu i gyfuniad o dywydd didrugaredd a dirwasgiad mewn masnach niweidio'r achlysur. Ar y noson cyn sioe Wrecsam y flwyddyn ddilynol ymddangosodd clwy'r traed a'r genau yn Sir Gaerfyrddin, er, yn ffodus, dim ond ar ddosbarthiadau'r Ffrisiaid yn y sioe yr effeithiwyd yn anffafriol. Er i law trwm ddifetha sioe Llanelli yn 1931 ar yr ail a'r trydydd diwrnod, fe lwyddwyd yn ffodus i osgoi'r bygythiad i ddileu adrannau'r carnfforchog yn sgil clwy'r traed a'r genau a ymledodd yn eang ychydig cyn y sioe, drwy i'r gwaharddiad ar symudiadau da byw ledled y wlad gael ei godi yn union cyn y sioe. Mor gyson yr ymddangosai clwy'r traed a'r genau ar anterth tymhorau y gwahanol sioeau fel bod Capten Howson wedi mentro holi yn 1928 a oedd ymddangosiad y clwy yn wir yn ddigymell ac yn ddim mwy na chyd-ddigwyddiad, neu a oedd gan symudiadau da byw ar draws y wlad rywbeth i'w wneud â'r peth. Gydag ymweliadau gan aelod o'r teulu brenhinol yn gymorth i ddenu'r dyrfa, does dim amheuaeth am ddigalondid ymwelwyr â sioe Caernarfon yn 1930 oherwydd methiant anochel tywysog Cymru i ddod i'r sioe. Roedd tywydd garw wedi rhwystro'r tywysog rhag hedfan ei awyren ei hun i Gaernarfon ar gyfer y diwrnod cyntaf, ac er y sicrhawyd y byddai'n ymweld â maes y sioe ar y dydd Gwener, unwaith eto fe lwyddodd y tywydd drwg i'w rwystro, gan i'w awyren orfod troi'n ôl yn Birmingham yn wyneb amodau hedfan peryglus. Bu siom hefyd pan fu'n rhaid canslo ymweliad dug Caint ag Abergele yn 1936 oherwydd amgylchiadau anorfod.

Yr oedd gwella ansawdd y da byw brodorol yn brif flaenoriaeth gan Gymdeithas Amaethyddol Frenhinol Cymru – cobiau a merlod Cymreig, gwartheg Duon Cymreig, defaid Mynydd Cymreig a defaid Ceri, a moch Cymreig – a chymerwyd cam pwysig tuag at wireddu hyn yn 1924 fel y soniwyd yn gynharach. Nid syndod fod Cystadlaethau Brîd Rhyng-sirol a gychwynnwyd fel cystadleuaeth flynyddol o'r flwyddyn honno ymlaen, yn gynnyrch syniad y cadeirydd, David Davies, cefnogwr brwd y bridiau brodorol. Roedd eu cyflwyno o bwysigrwydd enfawr oherwydd dyma un o nodweddion unigryw y Sioe Frenhinol; roedd yn cynrychioli gwyriad oddi wrth drefn arferol sioeau o fewn y deyrnas gyfan. Doedd y cystadlaethau hyn ddim yn bosibl ond oherwydd fod Cymru yn unigryw o fewn yr Ynysoedd Prydeinig yn y ffaith ei bod yn berchen ar ei bridiau cenedlaethol arbennig o'r holl brif fathau o dda byw – yn geffylau, gwartheg, defaid a moch. Roedd y 'Cystadlaethau Sirol', drwy feithrin y fath ymgiprys brwd, yn fodd i wella ansawdd y bridiau brodorol ac i hysbysebu eu rhinweddau. Hyd at 1930, cyfyngwyd y cystadlaethau rhwng y siroedd i'r bridiau brodorol, a phob sir (gan gynnwys Sir Fynwy) yn anfon grwpiau cynrychioliadol o fridiau brodorol mewn chwe grŵp – gwartheg Duon Cymreig, cobiau Cymreig, merlod Cymreig, moch Cymreig, defaid Mynydd Cymreig a defaid Ceri – ac yn casglu pwyntiau ym mhob is-adran. Roedd y wobr, a achosai gymaint o falchder cenfigennus yn y siroedd, yn mynd i'r sir gyda'r cyfanswm uchaf o bwyntiau yn yr holl ddosbarthiadau. Gan adlewyrchu pwysigrwydd teimladau'r cyfarfodydd sirol wrth lywio datblygiadau, ymatebodd y Gymdeithas i'r dymuniadau a fynegwyd ar eu rhan drwy ad-drefnu Cystadlaethau Grŵp y Siroedd yn sioe 1930. Yr oedd awydd cyfarfodydd pump o'r siroedd i newid y rheolau ynghylch Cystadlaethau Grŵp y Siroedd yn deillio o'r teimlad fod diffyg cystadleuaeth dan y rheolau cyfredol gan fod y rhan fwyaf o fridiau yn cael eu gwahardd rhag cystadlu. Galwai'r pump

15. Y Grŵp Buddugol o Wartheg Duon Cymreig, Grŵp Sir Ddinbych, 1927.

am ehangu sgôp y cystadlaethau er mwyn galluogi pob sir i ddangos grŵp cynrychioliadol. Aeth Sir Gaerfyrddin mor bell â chwyno, fel yr oedd y cystadlaethau wedi'u trefnu ar hyn o bryd, fod y rhan fwyaf o fridiau wedi'u gwahardd rhag cystadlu a bod yna deimlad fod cydymdeimlad yn cael ei golli a bod hynny'n gwneud mwy o ddrwg nag o les. Gan ymdrechu i ofalu bod cystadlaethau bridiau brodorol yn cael eu cadw, penderfynodd y Gymdeithas hollti Cystadlaethau Grŵp y Siroedd yn ddwy adran wahanol. Roedd y gyntaf yn gyfyngedig i fridiau Cymreig a pharhaodd y gystadleuaeth yn union fel o'r blaen. Yn yr ail adran, dyfarnwyd y wobr i'r sir a enillai'r pwyntiau cyfansawdd uchaf yn y dosbarthiadau agored arferol ar gyfer ceffylau, da byw, defaid a moch, waeth bynnag beth oedd brîd yr anifeiliaid buddugol.

Fel y nodwyd yn gynharach, mae'n arwyddocaol fod y Gymdeithas, wrth gael ei hwynebu gan bwysedd i gynilo ar raglen y sioe yn ystod blynyddoedd llwm y 1930au cynnar, wedi penderfynu cadw Cynllun A ar gyfer bridiau cenedlaethol Cymreig yn y sioeau dilynol o 1932 hyd 1935, ac i adael allan Gynllun B ar gyfer yr holl fridiau Prydeinig y tu fewn i Gymru. Fel nodwedd gwbl unigryw o Sioe Frenhinol Cymru, gwnaed pob ymdrech i sicrhau Cynllun A: gwirfoddolodd David Davies i gyfrannu £50 o'i boced ei hun tuag at yr arian gwobrau yr oedd ei angen i gynnwys y cynllun yn rhaglen sioe Llandrindod 1932, ar yr amod fod yr un faint o arian yn cael ei godi yn rhywle arall. Hefyd yn frwdfrydig iawn dros hybu gwella'r bridiau brodorol oedd D. D. Williams, a chwaraeodd ran hanfodol yn trefnu Cystadlaethau Grŵp y Siroedd ar gyfer bridiau brodorol Cymru mewn sioeau olynol. Er mor ddiamheuol bwysig oedd Cynllun A i hybu gwelliannau yn y bridiau brodorol yn gyffredinol, yn y gogledd – cadarnle daearyddol y bridiau brodorol – yr oedd yr ysfa gystadleuol ryng-sirol, a oedd yn gysylltiedig â'r dosbarthiadau cenedlaethol yn unig, yn arbennig y gwartheg Duon Cymreig, i'w chael ar ei mwyaf brwdfrydig. Yn naturiol felly, yn sioeau'r gogledd yr oedd yr ymgodymu ar ei galetaf. Doedd syndod yn y byd felly bod pedwar allan o'r pum cyfarfod sirol yn 1929 a alwodd am newid yn rheolau Cystadlaethau Grŵp y Siroedd wedi eu lleoli yn y de.

Yn y *Western Mail* yng Ngorffennaf 1931, sylwodd W. H. Woodcock fod Cymdeithas Amaethyddol Frenhinol Cymru wedi mabwysiadu polisi doeth iawn yn darparu dosbarthiadau ardal, yn ychwanegol at rai agored, ar gyfer yr amrywiol fridiau o dda byw yn ei sioeau blynyddol, ac yna yn 1937, roedd yn tynnu sylw at y ffaith fod y dosbarthiadau ardal yn ogystal â Chystadlaethau Grŵp Rhyng-sirol yn 'nodweddion arbennig' o Sioe Frenhinol Cymru. Cyfyngid y dosbarthiadau ardal i gystadleuwyr yn byw o fewn y sir arbennig lle y lleolid y sioe a'r rhai cyfagos, a'u diben oedd gwneud iawn i'r amaethwyr lleol am beidio â chynnal sioeau eu cymdeithasau amaethyddol eu hunain pan ymwelai'r Sioe Frenhinol â'u hardal. Roedd y math hwn o sioe leol neu sioe ardal yn bodoli ers dyddiau cynnar y sioe symudol ac, yn ystod y cyfnod rhwng y ddau ryfel byd, er gwaetha'r gefnogaeth siomedig rhwng 1922 a 1926, roeddynt i ddod yn nodwedd bwysig o ail ddiwrnod y sioe. Er nad oedd iddynt urddas nac ansawdd yr anifeiliaid aristocrataidd yn nosbarthiadau agored y diwrnod cyntaf, roedd y dosbarthiadau ardal hyn o dda byw o fwy o ddiddordeb i'r ffermwyr lleol ac i'r ymwelwyr gan fod yma rywfaint o gystadleuaeth leol yn perthyn iddynt. At hynny, roeddynt yn rhoi gwir gyfle i'r 'dechreuwyr' ennill y cardiau-gwobr uchel eu parch yn ogystal â gwobrau ariannol, sefyllfa a fyddai'n llawer llai tebygol mewn cystadleuaeth agored ymysg arbenigwyr y byd arddangos.

Roedd y dosbarthiadau agored yn denu bridwyr o bob cwr o'r deyrnas, a daeth bridiau newydd i'r amlwg ar faes y sioe ar wahanol adegau yn ystod y cyfnod rhwng y ddau ryfel; ac felly cyflwynwyd Ffrisiaid Prydeinig yn adrannau'r gwartheg yn 1922, Aberdeen Angus yn 1924 a 1934 a gwartheg Guernsey yn 1935; yr un modd, cyflwynwyd defaid Suffolk yn 1924 a defaid Southdown a Wiltshire yn 1926. Ymddangosodd geifr am y tro cyntaf yn rhaglen Sioe Frenhinol Cymru yn 1928. Hyd yn oed wedyn, flwyddyn ar ôl blwyddyn, prif nodweddion y sioe oedd y gwartheg Duon Cymreig, gwartheg Henffordd a Byrgorn – y ddau frîd Seisnig olaf yn boblogaidd yng Nghymru yn enwedig yn rhanbarthau'r gorllewin a chanol y de – defaid Mynydd Cymreig a defaid Ceri, moch brodorol Cymreig, a merlod a chobiau Cymreig. Er bod ceisiadau'r cobiau mewn-llaw yn sioeau'r 1920au – yn amrywio rhwng 20 a 30 – yn llai nag yn y blynyddoedd cynt oherwydd y penderfyniad i wahardd ceffylau hacnai, roedd y gostyngiad sydyn yn nifer y cystadleuwyr yn ystod canol y 1930au yn achos pryder. Doedd dim amheuaeth nad oedd y lleihad hwn yn adlewyrchu'r dirywiad yn niferoedd cobiau Cymreig da a achosid gan gynnydd mewn dulliau teithio eraill ac, i ryw raddau hefyd, o'r gostyngiad a fu yn ystod y degawd hwn yn y grantiau premiwm ar gyfer cobiau Cymreig a merlod Mynydd gan y Swyddfa Ryfel a'r Trysorlys fel rhan o'u hymgyrch gynilo. Yn dilyn y nifer siomedig o gobiau Cymreig a arddangoswyd yn 1934 a 1935, aeth pethau'n amlwg o ddrwg i waeth yn 1936 pan nad oedd rhwng popeth ond deg ohonynt! Yn dilyn cwtogi graddol ar y dosbarthiadau ar gyfer y bridiau mewn sioeau diweddar, gostyngwyd y dosbarthiadau yn Nhrefynwy yn 1937 i ddim ond dau ac, unwaith eto, roedd nifer y cystadleuwyr yn y catalog yn eithriadol o siomedig, gan mai dim ond tair caseg (ac un yn absennol hyd yn oed), a phum stalwyn (un o'r rhain hefyd yn absennol), a restrwyd. Roedd yr un nifer isel o geisiadau cob o ganol y 1930au i'w gweld hefyd yn nosbarthiadau'r merlod Mynydd Cymreig a'r merlod Cymreig, gyda dim ond 31 yn cael eu dwyn ymlaen i'r ddwy adran yn 1937, a dau o'r dosbarthiadau merlod Cymreig yn cael eu canslo oherwydd diffyg cystadleuwyr.

Does dim amheuaeth am y cynnydd cyson yn ansawdd arddangosfeydd y da byw yn gyffredinol yn Sioeau Brenhinol Cymru dros y cyfnod 1910–39. Ac ni ddylem ryfeddu at hyn, o gofio bod safon bridio o fewn yr Ynysoedd Prydeinig yn gwella yn y 1920au a 1930au o dan gyd-ysgogiad y cymdeithasau brîd, cynllun gwella da byw y Weinyddiaeth Amaeth, y farchnad barod ar gyfer anifeiliaid a fridiwyd yn dda gartref a thramor, a'r sioeau amaethyddol eu hunain. Roedd y mochyn Cymreig, yn arbennig, i wneud camau breision yn ystod y blynydoedd rhwng y ddau ryfel i gael ei sefydlu fel un o'r goreuon am gig moch yn y Deyrnas Unedig, ac yn y broses yn elwa'n fawr ar anogaeth

16. Wern Sentry, enillydd Her-Gwpan Coffa y Cyrnol Harry Platt yn sioe 1928.

17. Tarw Du Cymreig, Egryn Buddugol, yn sioe 1932.

David Davies, Llandinam. Yr hyn a ddeuai â'r enillwyr – arglwyddi balch y cylch – i gyd at ei gilydd yn Sioeau Brenhinol Cymru oedd yr Orymdaith Fawr, a oedd ym marn Charles E. Lloyd yn y *Western Mail* yn 1926, bron heb ei fath mewn unrhyw sioe arall.

Mae rhai arddangoswyr a'u henghreifftiau ardderchog o dda byw yn sefyll allan yn y blynyddoedd hyn, rhai ohonynt, yn wir, yn cyrraedd statws chwedlonol fel gwir aristocratiaid. Bu Wern Sentry, tarw Du Cymreig R. M. Greaves Porthmadog yn bencampwr yn y Sioe Frenhinol yn ogystal ag yn yr holl brif sioeau am nifer o flynyddoedd, ac yn ennill y bencampwriaeth am ddim llai na phum mlynedd yn olynol yn y Sioe Frenhinol rhwng 1924 a 1928. Yr un mor drawiadol, yn ennill yr un Her-gwpan Coffa y Cyrnol Harry Platt, oedd Egryn Buddugol, a oedd yn eiddo i Moses Griffith, y pencampwr yn 1932, 1933, 1934 a 1935. Ar ôl cael ei guro yn 1936 gan darw o Sir Fôn, dychwelodd yn fuddugoliaethus yn 1937 yn naw mlwydd oed. Enillwyr amlwg eraill yn nosbarthiadau'r Duon Cymreig oedd yr Arglwydd Penrhyn, David Davies Llandinam, y Capten Bennet Evans o Bow Street, yr Anrhydeddus Foneddiges Shelley-Rolls o Drefynwy, Mrs Williams-Owen o Dreveilyr, Bodorgan, Sir Fôn ac, fel ffermwyr go-iawn, J. M. Jenkins o Dal-y-bont, D. W. Morris o Dal-y-bont, David Jenkins o Daliesin, Sir Aberteifi a Richard Rees o Bennal, Machynlleth. Buddugoliaeth go-iawn oedd yr un a gafodd J. M. Jenkins yn sioe Abergele yn 1936 yn ennill Her-gwpan Mathias, pencampwriaeth y gwryw a phencampwriaeth y prif frîd gyda'i darw blwydd oed Caran Penda, pencampwriaeth y fenyw a'r gil-wobr am bencampwriaeth frîd gyda'i heffer Caran Jano, a Her-gwpan Edward Tywysog Cymru am y grŵp gorau. Gwerth sylw hefyd, oedd Penywern Hester, a oedd yn eiddo i D. W. Morris, a enillodd bencampwriaeth y fenyw yn 1933, 1934 a 1935. Ac yntau'n adnabyddus fel bridiwr llwyddiannus gwartheg Duon Cymreig a defaid Mynydd Cymreig, roedd marwolaeth gynnar Morris yn 44 blwydd oed yn 1937 yn ergyd i ffermio yng Nghymru.

Erbyn y 1930au roedd mwy o wartheg Byrgorn nag unrhyw frîd arall yng Nghymru. Arddangoswyr amlwg oedd yr Arglwydd Merthyr, a oedd yn ddall, o Gastell Hean, Saundersfoot, Sir Benfro, cyn ei farwolaeth yn 1932; G. E. FitzHugh o Blas Power, Wrecsam; Richard Stratton o'r Dyffryn, Casnewydd; y Cyrnol Syr Edward Curre o Gwrt Llanddinol, Cas-gwent; Daniel Beynon o Fferm Ynyshafren, Pont-henri, Llanelli, yr oedd eu teirw y tu hwnt o lwyddiannus yn y sioeau rhwng 1929 a 1932; yr iarll Cawdor o Stackpole, Sir Benfro; y Capten N. Milne Harrop o Ruthun; Sefydliad Fferm Llysfasi, Rhuthun; yr Uwchgapten G. Miller Mundy o Andover; G. H. Willis o Birdlip, Sir Gaerloyw; yr Is-gyrnol E. C. Atkins o Hinckley, Sir Gaerlŷr; E. Uwins Gillate o Surrey; a Miss R. M. Harrison o Swydd Stafford, yr oedd ei tharw Byrgorn Godro, Townend Supreme, yn arbennig o lwyddiannus yn sioeau 1936 a 1937. Anfonwyd gwartheg Byrgorn llwyddiannus hefyd gan y brenin, gan dywysog Cymru o'i fuches yng Nghernyw, a chan ddug Westminster, Eaton Hall, Caer.

Arddangoswr llwyddiannus yn adran gwartheg Hennfordd yn y 1920au oedd D. P. Barnett o Lancarfan, Morgannwg, yr oedd ei bencampwr gwych yn Sioe Frenhinol Lloegr, Apsam, yn enillydd rhwydd yn nosbarth cyntaf y teirw yn sioe 1924. Arddangoswyr llwyddiannus Cymreig eraill o wartheg Henffordd y blynyddoedd hyn oedd: Syr David Llewellyn o Sain Ffagan gyda theirw fel yr enfawr a'r mawreddog Paxolute Sain Ffagan yn 1928 a Pandarus Sain Ffagan yn 1930; ac yn y 1930au: James Price a'i Fab, Glantywi, Llanymddyfri; J. L. M. Sinnett o Dal-y-bont ar Wysg, Sir Frycheiniog; T. E. Gwillim o Dalgarth; D. G. P. Jeffreys o Drecastell, Aberhonddu; ac o Sir Benfro, Alan Colley o Corston a T. H. Scurlock o Tiers Cross, Hwlffordd. Wrth gwrs, roedd llawer o arddangoswyr mawr y gwartheg Henffordd yn dod o siroedd y ffin, yn nodedig: Percy Bradstock o Tarrington, Sir Henffordd; W. H. Brown Cave o Lanllieni; Henry Dent o Perton Court, Henffordd;

18. Free Town Admiral, yr hen darw Henffordd buddugol yn sioe 1932, eiddo Percy Bradstock.

John Parr o'r Rhosan ar Wy; F. J. Newman o Lanllieni; Craig Tanner o Wroxeter; ac H. R. Griffiths o Little Tarrington, Sir Henffordd. Yn sefyll allan ymysg anifeiliaid Griffiths oedd yr ardderchog Britannia, pencampwr y brîd yn Sioe Frenhinol Cymru yn 1933 a 1934, yn ogystal â Phencampwraig y Gwartheg yn Sioe Frenhinol Lloegr yn 1933 a 1934, ac yn ôl yr hyddysg Gapten Howson, 'heb amheuaeth y fuwch sioe orau yn ei chyfnod'. Anifail tra neilltuol arall fel ei fod bron yn enghraifft berffaith o'i fath oedd Free Town Admiral, a oedd yn eiddo i Percy Bradstock; ef oedd yr hen darw Henffordd buddugol yn 1932 yn Sioe Frenhinol Cymru, ac roedd wedi ennill y bencampwriaeth yn Sioe Cymdeithas Frenhinol Lloegr y flwyddyn honno am y trydydd tro. Daeth ceisiadau o safon uchel hefyd, o fuches fyd-enwog Windsor y brenin, megis Sultan, tarw trwm, byrgoes, a enillodd gystadleuaeth y tarw hŷn yn Nhrefynwy yn 1937.

Yn ddealladwy, y defaid Mynydd Cymreig a ddenodd y ceisiadau mwyaf yn adran y defaid. Arddangoswyr amlwg yn y 1920au a'r 1930au oedd David Price o Nantyrharn, Crai, Sir Frycheiniog; yr Uwchgapten Eric Platt, Fferm Madryn, Aber, Sir Gaerfyrddin; Fferm Coleg Prifysgol Gogledd Cymru;

Sefydliad Fferm Llysfasi; y D. W. Morris o Dal-y-bont a grybwyllwyd eisoes; yr Is-gyrnol E. W. Griffith, Plasnewydd, Trefnant; Johnny Morris o Bontsenni; David Lloyd o Dremeirchion, Llanelwy; a G. J. Thomas o Garregcegin, Llandeilo. Yn ennill pencampwriaeth y brîd yn 1931 a 1932 yn ddwy ac yn dair blwydd oed, roedd hwrdd buddugol David Price, Nantyrharn B3 3596, o deilyngdod eithriadol. Hyrddod neilltuol hefyd oedd Snowdon D57, enillydd y brif bencampwriaeth yn 1934, a Snowdon G5, enillydd yn y Sioe Frenhinol, a oedd yn fuddugol o blith yr hen hyrddod yn Abergele yn 1936 ac yn enillydd y brif bencampwriaeth yn 1937, y ddau yn eiddo i Goleg Prifysgol Gogledd Cymru; a Cegin M14, yn eiddo i G. J. Thomas o Landeilo, a enillodd bencampwriaeth y brîd yn 1939. Enillodd Thomas hefyd bencampwriaeth y defaid Mynydd Duon Cymreig yn yr un

19. Hwrdd buddugol Bryniau Ceri, Kerry Goalkeeper.

sioe gyda'i Cegin Wonder. Arddangoswyr ac enillwyr amlwg dosbarthiadau defaid Mynydd Duon Cymreig yn ystod y blynyddoedd hyn oedd Mrs B. A. Jervoise o Herriard Park, Basingstoke; yr Uwchfrigadydd Arglwydd Treowen o Lanofer, y Fenni; Ewart Owen o Brestatyn (a oedd yn enillydd amlwg y dosbarthiadau moch Cymreig); a'r Uwchgapten J. A. Herbert o Lanofer. Gwelodd brîd brodorol o bwys arall, defaid Ceri, ei ddosbarthiadau yn cael eu llywodraethu yn niwedd y 1920au a dechrau'r 1930au gan John Beavan o Winsbury, Chirbury, ond bu i oruchafiaeth gynt yr 'Winsbury Wizard' gael ei herio'n llwyddiannus yn nosbarthiadau'r hyrddod o 1934 ymlaen, yn fwyaf arbennig gan yr enfawr a'r gwrywaidd Kerry Goalkeeper a oedd yn eiddo i Thomas Williams o Ffordun, y Trallwng, hwrdd mawr y sioeau a enillodd y gil-bencampwriaeth yn 1934 a phencampwriaeth y brîd yn y ddwy sioe nesaf. Arddangoswyr amlwg a llwyddiannus, hefyd, yn y 1930au hwyr oedd J. W. Owens o Shobdon, Llanllieni, a dug Westminster.

Seren arall, y tro hwn ym maes ceffylau, oedd Cwmcau Lady Jet, caseg fagu yn adran y cobiau Cymreig a oedd yn eiddo i'r Meistri John Jones a'i Fab o Neuadd Dinarth ym Mae Colwyn, a enillodd y wobr gyntaf yn Llandrindod yn 1932, Aberystwyth yn 1933 a Llandudno yn 1934, ac yn ail orau yn

20. Y stalwyn o ferlyn Mynydd Cymreig, Grove Sprightly, eiddo Tom Jones Evans.

21. Y stalwyn o Gob Cymreig, Mathrafal Eiddwen, yn sioe Abertawe 1927.

Hwlffordd yn 1935. Hefyd, fe enillodd y stalwyn o ferlyn Mynydd Cymreig, Grove Sprightly (eiddo'r bridiwr enwog Tom Jones Evans o Lower Dinchope, Craven Arms) yn ei ddosbarth ymhob un o Sioeau Brenhinol Cymru – ar wahân i un 1937 pan oedd ef ei hun yn feirniad – yn ymestyn o 1930 hyd 1939! Enillodd Grove Sprightly hefyd ei holl ddosbarthiadau harnais yn Sioe Frenhinol Cymru o 1931 hyd 1935. Gymaint oedd ei gyfnod di-dor o lwyddiant a'i apêl at dyrfa y seddau blaen fel ei fod yn 'Eilun yr Eilunod' ym marn yr hen law o ymwelydd i'r sioe William Evans pan ysgrifennai yn 1961, a oedd yn wir yn teimlo nad oedd yr un arall yn cymharu ag ef ar wahân i Pentre Eiddwen Comet mewn adran arall ac ar ddyddiad diweddarach. Disgrifiwyd Mathrafal Eiddwen, o eiddo bridiwr o Sir Drefaldwyn, H. Meyrick Jones, fel 'aristocrat go-iawn' gan sylwebydd yn y *Western Mail* pan enillodd Hergwpan Siôr Tywysog Cymru am y cob gorau o'r hen fath Cymreig yn sioe 1929, cwpan arian yr oedd wedi ei ennill yn gynharach yn 1926 a 1927 ac a enillodd eto y flwyddyn ddilynol, 1930.

Drwy gydol ei hanes mae Sioe Frenhinol Cymru wedi elwa ar gefnogaeth a nawdd y teulu brenhinol a'r teuluoedd tirfeddiannol da eu byd. O'u rhengoedd hwy y daeth nifer o arddangoswyr y sioeau ac enillwyr gwobrau, fel y dangoswyd yn y tudalennau blaenorol. Ond roedd ffermwyr llai hefyd,

22. Leen Generosity, pencampwr y gwartheg Henffordd yn sioe 1936.

yn cynnwys ffermwyr-denantiaid, weithiau yn arddangoswyr llwyddiannus yn y dosbarthiadau agored. Yn sioe 1923 yn y Trallwng, roedd yn amlwg yn y dosbarthiadau defaid Mynydd Cymreig a'r gwartheg Duon Cymreig fod llawer o'r arddangoswyr llwyddiannus yn ffermwyr-denantiaid cymharol fychain. Yn fwy arwyddocaol fyth, roedd diwrnod agoriadol sioe 1930 yng Nghaernarfon yn ei hanfod yn eiddo i'r ffermwyr, a'u llwyddiannau yn plesio'r ffermwyr a'r bridwyr fel ei gilydd, ond neb yn fwy na David Lloyd George, a arhosodd ar y maes am ddwy awr – ac, yn nodweddiadol ohono ef, fe fwynhaodd weld yr arddangoswyr mawr yn cael eu trechu gan y ffermwyr lleol. Gwelwyd y cynllun teirw premiwm ar ei orau yn sioe Abergele yn 1936 – y cynllun a olygai fod anifeiliaid a ddetholwyd gan swyddogion da byw y llywodraeth yn cael eu prynu er mwyn gwella stoc ffermwyr ar incwm bychan yng Nghymru. Yno, yn adran y gwartheg Henffordd, y pencampwr oedd neb llai na tharw premiwm Sir Frycheiniog Leen Generosity, yng ngofal T. E. Gwillim o Ffostill, Talgarth. Yr un modd, rydym wedi sylwi bod y ffermwyr llai yn fwy tebygol o arddangos yn y dosbarthiadau lleol neu ardal.

Yn ddiamau gyda chefnogaeth David Davies, o 1922 ymlaen ceisiodd y Gymdeithas feithrin gwelliannau ym mrîd y cŵn hela Cymreig. Gwelwyd

23. Cŵn hela Cymreig yn yr orymdaith yn sioe Abertawe, 1927.

ymroddiad Davies wrth iddo gychwyn Llyfr Llinach y Cnudiau Cenedlaethol yn sioe Wrecsam yn 1922, menter yr oedd ei gwir angen o weld dirywiad y brîd yn ystod blynyddoedd y rhyfel pan oedd yn anodd bwydo'r cnudau oherwydd cyfyngiadau ar fwyd a phan oedd yr helwyr oddi cartref. Yn ystod diwrnod olaf sioe Wrecsam, 28 Gorffennaf 1922, gwelwyd cystadleuaeth newydd ar gyfer cŵn hela, y rhai Cymreig, y rhai croesfrid a'r rhai Seisnig, gyda chant o gyplau yn cael eu harddangos yn lliwgar gan yr helwyr ac yn cael eu gwylio gan dyrfa eang. Dyma ddechrau nodwedd o bwys ar y sioe yn ystod y blynyddoedd rhwng y ddau ryfel, ac fe lwyddodd i ddenu'r tyrfaoedd, gan gynnwys yn arbennig merched ffasiwn hen deuluoedd adnabyddus y sir; fe ddangosodd yn ogystal y gwelliant anhygoel a ddigwyddodd yn gyflym mewn cŵn Cymreig a'r rhai croesfrid o dan ysgogiad Llyfr Llinach Cŵn Hela Cymreig. Fodd bynnag, hwyrach oherwydd argyfwng ariannol, dim ond tair sioe gŵn hela a gynhaliwyd rhwng 1929 a 1936, un ohonynt yn ystod sioe 1931. Ar yr achlysur olaf hwn, roedd David Davies yn siomedig pan ganslwyd ei hoff gystadlaethau rhyng-sirol ar gyfer bridiau brodorol Cymreig yn sioe Llanelli oherwydd bod rhy ychydig o gystadleuwyr, ond fe'i cysurwyd gan y nifer orau o gŵn hela erioed a welwyd mewn Sioe Frenhinol a chan i Verity, o'i gnud ef ei hun, ennill y wobr am yr ast Gymreig orau, gwobr a chwenychid yn fawr. O 1936, nid oedd y berthynas gystal rhwng Cymdeithas Amaethyddol Frenhinol Cymru a Chymdeithas Cŵn Hela Cymreig, a ffurfiwyd yn 1922, ac wedi hynny – yn wahanol i'r cydweithrediad blaenorol – roedd unrhyw sioe gŵn hela a gynhelid ar faes Sioe Frenhinol Cymru i'w threfnu a'i rheoli'n unig gan Gymdeithas Cŵn Hela Cymreig.

Un o ddigwyddiadau Sioe Frenhinol Cymru a gychwynnodd yn y dyddiau cyn y rhyfel oedd adran y cŵn ac, er iddi gael ei chyfyngu i un diwrnod, daeth yn nodwedd gynyddol boblogaidd o'r sioe, yn arbennig pan gynhelid y sioe mewn ardal drefol ddiwydiannol. Felly fe ddenodd yr adran gŵn yn sioe Cymdeithas Amaethyddol Frenhinol Cymru yng Nghasnewydd yn 1914 ddim llai na 1,200 o gystadleuwyr. Y dosbarthiadau cŵn yn 1924 ym Mhen-y-bont ar Ogwr oedd yr uchaf eto, gan ddangos y cynnydd ym mhoblogrwydd cŵn yn ne-ddwyrain Cymru. Adlewyrchwyd yr hyn a ddisgrifiwyd fel 'cwlt y cŵn Alsás' – a oedd wedi bod yn cynyddu am rai blynyddoedd yn y de-ddwyrain ond a sbardunwyd yn fawr gan ymweliad diweddar cŵn enwog yr heddlu o Ffrainc a Gwlad Belg â Chaerdydd – yn y diddordeb brwd a ddangoswyd mewn cŵn ymysg y dyrfa ym Mhen-y-bont ar Ogwr. Yr un modd bu sioe gŵn agored yn sioe Wrecsam yn 1928 yn llwyddiannus iawn oherwydd iddi ddenu tyrfaoedd mawr o'r ardaloedd diwydiannol i wylio rhai o'r cŵn blaenllaw a ddaeth o bob cwr o'r Ynysoedd Prydeinig i gystadlu yn eu dosbarthiadau gwahanol. Yn eironig, fodd bynnag, pan wnaeth sioe gŵn 1928 golled, penderfynodd y Gymdeithas, wrth wynebu'r angen i gynilo, ddileu adran y cŵn o'i rhaglen am 1929. Mewn ymateb i bwyllgor lleol Hwlffordd yn pwyso am i'r adran gŵn gael ei hailsefydlu yn y sioe i ddod, cynhaliwyd yr hyn a ymddangosai yn sioe gŵn lwyddiannus yno yn 1935. Fodd bynnag, rhoddwyd y gorau i'w cynnal ar ôl hyn a thrwy'r 1930au hwyr.

Digwyddiadau eraill oedd sioeau coedwigaeth, da pluog a garddwriaeth ond, fel yr adran gŵn, daeth y rhain o dan fygythiad ar ôl y 1920au, pan welwyd bod angen cynilo ar wariant y sioe. Bu colledion yn adrannau coedwigaeth a da pluog o 1928 ymlaen. Cyrhaeddwyd pwynt o argyfwng erbyn 1931 pan orfodwyd y Cyngor i benderfynu a ddylid dileu adrannau coedwigaeth a da pluog o raglen 1932. Fel y gwelwyd yn gynharach, coedwigaeth a ddioddefodd, ac ni chafodd yr adran hon ei hadfer tan 1936. Ni ddylai hyn ar unrhyw gyfrif awgrymu, fodd bynnag, fod yr adran hon wedi bod yn isel ei safon. I'r gwrthwyneb yn hollol, oherwydd, ar ôl cychwyn mewn ffordd gymharol fechan yn 1923, gwnaethpwyd camau breision yn ei hansawdd yn nghanol y 1920au pan gymerodd Osmond Smith, stiward tir sirol Morgannwg, at yr awenau; gwelwyd ei ddylanwad yn y gwelliannau amlwg yn sioe Pen-y-bont ar Ogwr yn 1924 ac mewn arddangosfa a oedd hyd yn oed yn well yng Nghaerfyrddin y flwyddyn ddilynol pan ddangoswyd ffilmiau ar goedwigaeth yn y sinema a godwyd ar y safle coedwigaeth. Pwysig nodi ein bod yn gweld yma Gymdeithas Amaethyddol Frenhinol Cymru yn ymateb i ddatblygiadau diweddar mewn coedwigaeth yng Nghymru – yn union fel ag yr oedd i wneud mewn perthynas â rhai mewn llaethydda – drwy roi sylw digonol iddi yn nhrefniadau a rhaglen ei sioe. Yn ôl pob tebyg, pan ailsefydlwyd yr arddangosfa goedwigaeth yn sioe Abergele yn 1936 bu diffyg cyngor a chymorth gan y diweddar Osmond Smith yn gyfrifol am arddangosfa ddiddrwg-ddidda. Er hynny, dywedwyd bod coedwigaeth yn sioe Caernarfon yn 1939 wedi apelio'n fawr; un o'i harddangoswyr oedd James Walters, 76 mlwydd oed o Lwynfedwyn, Ffarmers, ger Llanbedr Pont Steffan, a enillodd ddwy fedal bencampwriaeth arian am grefftwaith a basgedwaith. Yn ffermwr ar hyd ei oes, roedd wedi bod yn creu y pethau hyn o ran pleser ers pan oedd yn 14 oed.

Dywedodd un o sylwebyddion y wasg yn 1926 fod sioe'r da pluog yn chwarae ei rhan i wella ffermio da pluog – yn ogystal â bridio colomennod – yng Nghymru, a pharhaodd heb ei chwtogi o'i dyddiau cyn y rhyfel hyd at 1939. Fel y bu cynnydd mawr yn adran gynnyrch y sioe ar ôl i E. P. Norton ddod yn rheolwr arni o 1930 ymlaen, roedd adran y da pluog i elwa ar ymroddiad H. H. Perry o Landogo, ger Cas-gwent, a daeth yntau yn yr un modd yn rheolwr anrhydeddus sioe'r da pluog o 1930 ymlaen. Yn nodweddiadol o gymaint o gefnogwyr y dydd, fe gyfrannodd yn anhunanol o'i egni i'r fath raddau, fel y mynnodd barhau i wneud ei ddyletswyddau yn Llandudno yn 1934 pan oedd ei iechyd ymhell o fod yn foddhaol, a bu farw o fewn pythefnos.

Gwnaeth yr adran arddwriaethol hefyd golled yn sioe 1928, er mor boblogaidd ydoedd y tro hwn fel yn y sioeau cynharach. Golygai hyn y codwyd tâl ychwanegol am fynediad i'r babell y flwyddyn ganlynol ac roedd ei goroesiad fel adran yn y sioe yn y fantol. Felly, gyda gofid yr edrychai cyfarfod sirol Sir Gaernarfon ar gyfer 1933 ar y posibilrwydd o weld yr adran arddwriaeth yn cael ei dileu o raglen sioe 1934. Ar yr un pryd, lleisiwyd beirniadaeth ar safon yr adran arddwriaeth yng nghyfarfodydd sirol 1933 Siroedd Aberteifi a Brycheiniog, y cyntaf yn nodi'n swta fod y dosbarthiadau cystadleuol yn annheilwng o arddangosfa o statws cenedlaethol ac yn annog y Cyngor i sefydlu is-bwyllgor garddwriaeth parhaol fel modd i wella'r dosbarthiadau. Nid yw'n syndod, felly, y bu adolygiad o'r adran arddwriaeth yn sioe 1937 ac ar sawl cyfrif roedd hi'n hen bryd cael un. Hyd yma, gan fod tâl bychan wedi galluogi arddangoswr arfaethedig i gael mynediad i'r lliaws o ddosbarthiadau trwy'r rhaglen gyfan, byddai anhrefn ar y funud olaf o ran gosod allan rhan sylweddol o'r babell arddwriaeth oherwydd i ymwelwyr drefnu arddangosfeydd o fewn nifer fechan o ddosbarthiadau yn unig, heb roi gwybod i'r trefnyddion am hyn. Adolygwyd y cyfan o raglen sioe 1937, o safbwynt yr adran agored. Er i ddosbarth arbennig ar gyfer arddangosfeydd masnach gael ei gadw, dilëwyd y dosbarthiadau ar gyfer arddangosiadau bychain er mwyn cadw arddangosiadau sylweddol yn cynnwys grwpiau o blanhigion amrywiol a chasgliadau o blanhigion parhaol caled a blodau toredig a hefyd pys pêr, rhosod toredig a llysiau.

Nid oedd yr adrannau coedwydd a garddwriaeth yn ddim ond rhan o raglen lawer mwy a lwyfannid yn y sioe flynyddol gyda'r nod o addysgu amaethwyr Cymru a thrigolion gwledig am y technegau ffermio a'r offer mwyaf diweddar. Drwy roi blaenoriaeth uchel i'r agwedd addysgol hon ar y sioe roedd y Gymdeithas, wrth gwrs, yn parhau yr arweiniad a roddwyd yn y cyfeiriad hwn yn Aberystwyth. Serch hynny, gwelodd y sioeau symudol rhwng 1910 a 1939 gynnydd yng ngraddfa ac amseriad yr arddangosfeydd addysgol yn gysylltiedig â dulliau ffermio blaengar, ac roedd hyn ynddo'i hun yn adlewyrchu sut yr oedd cymhwyso gwyddoniaeth — mecanyddol a chemegol — at broblemau ffermydd a bywyd gwledig yn cyflymu'n gynyddol ar yr adeg hon. I ohebydd y *Western Mail* yn sioe 1927 gallai'r arddangosiadau ger y stondinau masnach a'r cyrff addysgol yn sioeau olynol y Gymdeithas fod gystal â rhai unrhyw sioe o faint tebyg yn y Deyrnas Unedig. Yn wir, pwysleisiodd y Capten Howson yn y 1930au cynnar fod y Gymdeithas yn ystyried bod agwedd addysgol y sioe flynyddol o'r pwysigrwydd mwyaf, a bod Sioe Frenhinol Cymru wedi bod yn un addysgol erioed. Ymysg yr amrywiol gyrff a sefydliadau cyhoeddus — y tu hwnt i'r cwmnïau preifat — a arddangosodd mewn un ffordd neu'r llall yn amryw Sioeau Brenhinol Cymru yr oedd adrannau Lloegr a Chymru y Weinyddiaeth Amaeth a Physgodfeydd, Pwyllgorau Amaethyddol ac Awdurdodau Addysg cynghorau sir Cymru, amrywiol ffederasiynau sirol Sefydliad y Merched, Comisiwn Coedwigaeth Ei Fawrhydi, Cymdeithas Sefydliadau Amaethyddol Cymru, Swyddfa Diwydiannau Gwledig — ac, yn bwysig, amrywiol adrannau o Golegau'r Brifysgol ym Mangor ac Aberystwyth.

Dylid crybwyll rhai o'r arddangosion pwysicaf yn ystod y cyfnod hwn yn hanes y sioe. Yn sioeau'r 1920au hwyr a'r 1930au ac, yn wir, yn yr holl sioeau cenedlaethol a sirol o fewn y Deyrnas Unedig, cafodd ymwelwyr gyfle i weld arddangosiadau marchnata y Weinyddiaeth Amaeth a geisiai gyflwyno dulliau gwell o farchnata i gynhyrchwyr a dosbarthwyr cynnyrch cartref; trwy'r cyfan, roedd y pwyslais ar bwysigrwydd safoni ac ar werth y marc cenedlaethol a oedd yn cael ei roi ar amrywiol nwyddau yn eu tro. Felly, gwelodd sioe Aberystwyth yn 1933 y Weinyddiaeth Amaeth yn llwyfannu arddangosiadau ar raddio wyau mewn cydweithrediad â gorsaf bacio wyau Clunderwen, gyda'r bwriad o ennyn mwy fyth o ddiddordeb ymysg ffermwyr i werthu wyau o dan raddau'r marc cenedlaethol. Erbyn Ionawr 1939 roedd y Cyngor yn teimlo bod yr arddangosiadau marchnata hyn wedi cyrraedd eu nod, ac felly fe'u disodlwyd yn sioe Caernarfon yr haf dilynol gan arddangosfa gyffredinol ar addysg a marchnata amaethyddol, a drefnwyd gan y Weinyddiaeth Amaeth gyda chymorth yr Ysgol Amaethyddiaeth yng Ngholeg Prifysgol Gogledd

Cymru, Bangor, a chyrff cyhoeddus eraill â diddordeb. Yr un modd, lluniodd y Weinyddiaeth Amaeth arddangosiadau blynyddol o sioe 1923 ymlaen, a ddangosai'r dulliau a'r offer ar gyfer cynhyrchu llaeth glân, pwnc a oedd, yn arwyddocaol, yn derbyn sylw arbennig yng Nghymru ar y pryd ac a oedd yn adlewyrchu'r duedd tuag at gynhyrchu bridiau Cymreig o wartheg ar gyfer dibenion godro. Yn wahanol i gymaint o gynhyrchion bwyd eraill a oedd yn cael eu marchnata gan ffermwyr Prydain yn y blynyddoedd hyn rhwng y ddau ryfel, doedd cynhyrchu llaeth hylifol ddim yn cael eu heffeithio gan gystadleuaeth lem o dramor. Fel rhan o 'Ymgyrch Yfwch Fwy o Laeth' a hyrwyddwyd yn y 1930au gan y Bwrdd Marchnata Llaeth a oedd newydd ei sefydlu (1933) a'r Cyngor Cyhoeddusrwydd Llaeth Cenedlaethol, yn 1935 cyflwynodd y Gymdeithas dafarn laeth ar faes ei sioe yn Hwlffordd. Llaeth a ddefnyddiwyd ar gyfer llwncdestun yng nghinio'r sioe y flwyddyn honno, a olygai, meddai golygyddol y *Western Mail*, fod y 'rhethreg wyllt ac arw' honno, a glywid weithiau mewn ciniawau amaethyddol ac eraill wrth gynnig y llwncdestun gyda'r ddiod gadarn, yn amlwg yn ei habsenoldeb. Erbyn Ionawr 1937, credai swyddogion y Gymdeithas, o gofio'r gwelliant cyffredinol yn yr amodau cynhyrchu llaeth, nad oedd yn ddymunol mwyach i barhau'r arddangosiadau cynhyrchu llaeth glân yn ei sioeau. Disodlwyd y rhain gan gystadlaethau ar gyfer cynhyrchu llaeth yn lleol yn sioe Trefynwy yn ddiweddarach y flwyddyn honno.

Ar wahân i arddangosiadau'r Weinyddiaeth Amaeth, roedd llu o arddangosfeydd eraill, megis: arddangos sychu cnydau yng Nghaerfyrddin yn 1925, lle y sychid cnydau gwlyb wedi'u cynaeafu drwy aer gwthiol; arddangosiadau dipio defaid gan y Meistri Cooper, McDougall a Robertson Cyf., yn sioe Llandudno yn 1934; arddangosiadau rheolaidd ar wneud menyn; arddangosiadau, o sioe 1929 ymlaen, o ddiwydiannau gwledig Cymru, gan gynnwys y flwyddyn honno arddangosiad o nyddu gyda gwlân angora, y tro cyntaf i nyddu gael ei ddangos yn y sioe; arddangosfeydd cyson gan Ffederasiwn Cenedlaethol Sefydliadau'r Merched, a oedd yn chwarae rhan gynyddol bwysig a gwerthfawr yn sioeau y cyfnod rhwng y ddau ryfel, gan gynnwys amrywiaeth o gynnyrch fferm, cegin a gardd ac enghreifftiau o waith gwnïo, gweu, crefft ffwr, rygiau, cwiltio a chrychwaith; ac, fel enghraifft derfynol, nifer o arddangosiadau dros y blynyddoedd gan yr amrywiol adrannau o Golegau Prifysgol Cymru, fel yr un a welwyd yn Abergele yn 1936 gan yr Ysgol Amaethyddiaeth yng Ngholeg y Brifysgol, Bangor a gwmpasai fagu anifeiliaid, afiechydon anifeiliaid, bacterioleg llaethydda, patholeg planhigion, söoleg amaethyddol, Cynllun Tatws Had Gogledd Cymru, arolwg priddoedd Cymru, a phynciau eraill.

Nodwedd gynyddol drawiadol a helaeth o'r sioeau rhwng 1910 a 1939 oedd yr adran fasnach, yr oedd ei stondinau a'u safleoedd nid yn unig yn cynnig cyfle ar gyfer cryn dipyn o werthu ond hefyd yn gweithredu fel addysg a hyfforddiant. Yn eu pererindod flynyddol i'r sioe, roedd preswylwyr y Gymru wledig yn cael y cyfle – na fuasent wedi'i gael fel arall mae'n debyg – i gadw mewn cysylltiad agos â'r datblygiadau cyson hynny a welid mewn peiriannau ac offer, gwrteithiau, hadau ac eitemau eraill a ddefnyddid yn eu bywyd beunyddiol. Uwchlaw'r cyfan, dyma'r blynyddoedd pan ddaeth yr injan fodur i fri yn y Brydain wledig – proses, gwaetha'r modd, a fyddai'n seinio cnul ar ddefnyddio'r ceffyl. Yn y sioeau yn ystod y blynyddoedd hynny gwelwyd arddangosfeydd gan gwmnïau amrywiol, Cymreig a Seisnig, o wrteithiau, porthiant anifeiliaid a da pluog, peiriannau torri gwair, cribiniau ceffyl, gwasgarwyr gwrtaith, tractorau Austin a Fordson, tryciau da byw, fel y cerbydau Chevrolet a ddangoswyd yng Nghaerdydd yn 1929, lorïau a faniau megis faniau dosbarthu Austin a cherbydau masnach Commer a ddangoswyd yn Hwlffordd yn 1935. Roeddynt i gyd yn symbolau o'r esblygiad a geid ym mecaneiddio'r fferm Gymreig – a oedd yn digwydd ar raddfa gyflym yn y 1920au hwyr. Eto, cymaint oedd teyrnasiad parhaus y ceffyl ar ffermydd Cymru fel mor ddiweddar â 1939 nid oedd ond 1,932 o dractorau yng Nghymru.

Ers ei dyddiau yn Aberystwyth mae'r sioe wedi rhedeg digwyddiadau megis cystadlaethau harnais a neidio ac ymddangosiadau ffermwyr a masnachwyr i ddenu'r tyrfaoedd. Yn ystod y cyfnod rhwng 1910 a 1939 roedd y

24. John Jones gyda'i gi defaid Blackie a'r Her-Gwpan, wedi'i gyflwyno gan yr Arglwydd Davies; enillodd Jones y cwpan unwaith ac am byth yn y 'Royal Welsh Stakes' yn Hwlffordd, 1935.

digwyddiadau difyr hyn, a oedd ar ffurf cystadlaethau ac arddangosfeydd yn y cylch, i barhau mewn dulliau mwy amrywiol a drudfawr fyth. Daeth sioeau'r blynyddoedd hyn i gynnwys atyniadau megis dosbarthiadau neidio â cheffylau a marchogaeth, gyrru, handicapiau trotian, a dosbarthiadau merlod reidio ar gyfer plant – adran gyson boblogaidd ymysg mynychwyr y sioe. Yn y dosbarthiadau hynny, mae'n siŵr mai'r peth mwyaf unigryw mewn unrhyw

Sioe Frenhinol Cymru oedd y pum chwaer rhwng 7 a 14 oed, sef merched H. Meyrick Jones, y gŵr o Sir Drefaldwyn a oedd yn farchogwr mor frwdfrydig ei hun, a gystadlodd yn erbyn ei gilydd yn sioe Trefynwy yn 1937! Arddangosai'r milwyr hefyd allu rhyfeddol i farchogaeth, fel yn sioe Casnewydd yn 1914, pan oedd y reid gerddorol a'r rhuthr gan Warchodlu Dragŵn Ei Fawrhydi yn eitem ddeniadol iawn. Yn sgil eithrio sioeau a ddefnyddiai wasanaeth cerddorion rhag talu'r treth adloniant – consesiwn a enillwyd i raddau helaeth oherwydd ymgyrchu ar ran y Gymdeithas Amaethyddol Frenhinol Cymru – fe fywiogwyd Sioe Frenhinol Cymru gan bresenoldeb band milwrol, y cyntaf yn y Trallwng yn 1923, lle roedd band 2il Fataliwn y Gatrawd Gymreig. Ychwanegwyd lliw a denwyd mwy o ymwelwyr, hefyd, gan feistri'r paciau lleol a arddangosai eu cŵn hela yn y cylch. Digwyddodd hyn yn annibynnol ar sioe Cymdeithas Cŵn Hela Cymreig, a ddigwyddai, fel y gwelsom, mewn rhai Sioeau Brenhinol Cymru. Un atyniad newydd pwysig ar faes y sioe o 1925 ymlaen oedd y treialon cŵn defaid. Bu iddynt, ar unwaith, chwyddo'r nifer o ymwelwyr yn ystod diwrnod olaf y sioe yng Nghaerfyrddin (1925) ac ym Mangor (1926). Wrth gystadlu am yr her-gwpan arian 50-gini a gyflwynwyd yn y 'Royal Welsh Stakes' gan y cadeirydd a'r noddwr hael, David Davies, roedd y cystadleuwyr yn y treialon hyn yn frwd dros ben i ennill. Roedd y dyrfa'n ymgolli'n llwyr ac yn llawn cyffro, os nad wedi'i chyfareddu weithiau, wrth wylio gorchestion rhai o gŵn defaid gorau'r wlad. Ysgogwyd cystadleuaeth rhwng rhannau gogleddol a deheuol Cymru, ac yna yn Hwlffordd yn 1935 enillwyd y cwpan am y trydydd tro gan John Jones Trawsfynydd a daeth y cwpan yn eiddo iddo o hynny ymlaen. Roedd cynnwys y treialon hyn yn nodwedd werthfawr a thrawiadol, a chwynai ymwelwyr o Gymry â Sioe Cymdeithas Frenhinol Lloegr a gynhaliwyd yng Nghaerdydd yn 1938 am y ffaith nad oedd cyfle i'r bugail Cymreig arddangos ei sgiliau gyda'i gi defaid ffyddlon.

Yn gynnar yn y 1930au galwai gwahanol gyfarfodydd sirol am ddod â digwyddiadau mwy ysblennydd i raglen y sioe er mwyn denu ymwelwyr, ac yn arbennig am i'r digwyddiadau yn y cylch ar brynhawn a hwyr dau ddiwrnod cyntaf y sioe ac ar fore'r trydydd dydd fod yn fwy diddorol a deniadol i'r ymwelydd cyffredin. Gan blygu i'r pwysau hyn, fe gafodd y Cyngor wared â gwasanaeth band yn sioe Hwlffordd yn 1935, a rhoi yn ei le ddigwyddiadau cylch ysblennydd eu natur, ar ffurf arddangosfeydd dyddiol o farchogaeth gan swyddogion anghomisiynedig o'r Ysgol Farchogaeth yn Weedon. Gan gymeradwyo hyn, argymhellodd cyfarfodydd sirol Morgannwg, Dinbych a Flint fod digwyddiadau cylch tebyg i'w cynnwys yn Abergele yr haf dilynol ac yn yr holl sioeau yn y dyfodol. Felly, cafodd yr ymwelwyr yn Abergele eu diddanu gan arddangosfeydd cyfun ceffylau a beiciau modur gan swyddogion anghomisiynedig a dynion Corfflu Brenhinol y Signalau. Er iddo gydnabod yn 1935 fod nodweddion trawiadol yn golygu gwariant trwm, barn David Davies oedd eu bod yr adeg hon yn ffurfio eitem gyson yn rhaglen pob sioe amaethyddol o bwys, a bod y rhan fwyaf o swyddogion sioeau yn edrych arnynt fel pethau angenrheidiol i ddenu'r cyhoedd. Fodd bynnag, daeth nodyn o rybudd o bwyllgor sirol Sir Benfro yn 1936 yn ei ddymuniad y dylai'r Cyngor ystyried a fyddai'r duedd hon tuag at gynyddu atyniadau o'r tu allan, gan arwain nifer o'r ymwelwyr i dreulio llawer o'u hamser yng nghyffiniau'r cylch mawr, yn golygu yn y pen draw leihad yn y gefnogaeth a roddid gan gwmnïau masnachol i sioeau amaethyddol. Y flwyddyn ganlynol, roedd y math o deimlad a fynegwyd yng nghri Sir Drefaldwyn i wneud rhaglen y prynhawn yn y cylch mawr yn fwy o adloniant nag o arddangosfa yn achosi pryder i C. Bryner Jones, a oedd yn credu'n gadarn yn y ddelfryd mai cyflwyno arddangosiadau y dylai'r sioe ei wneud.

Yn sicr roedd nifer o deuluoedd bonheddig y siroedd, yn ogystal ag edrych ar y sioe fel ffenest siop amaethyddol, yn ei hystyried hefyd fel digwyddiad cymdeithasol lle y gallent dynnu sylw atynt eu hunain a chymysgu â boneddigion enwocaf a theuluoedd aristocratig o'r siroedd cyfagos ac ymhellach i ffwrdd. Byddai teuluoedd lleol amlwg yn gwahodd partïon i aros yn eu plastai yn ystod wythnos y sioe ac yn cynnal partïon ciniawa bychain ar faes y sioe. Nid y lleiaf amlwg yn y cylchoedd bonheddig hyn oedd meistri'r cŵn hela a'u gwragedd. Gwisgai merched propor y ffasiynau diweddaraf, a'u dull o ymbincio yn cael ei ddisgrifio'n fanwl yng ngholofnau'r *Western Mail* ac, mae'n siŵr, yn y papurau lleol. Ar ben cael eu denu i wylio sioe'r cŵn hela, roedd rhai o'r merched hyn yn marchogaeth yn nosbarthiadau'r ceffylau hela ac yn arbennig yn y dosbarthiadau pwysau ysgafn. Yn sioe Caerfyrddin yn 1925, er enghraifft, roedd tair o ferched mewn oed y Foneddiges Kylsant, gwraig llywydd y Gymdeithas, yn cymryd rhan yn y cylch marchogaeth; ac, mewn sioe wleb yn Abertawe ddwy flynedd yn ddiweddarach, marchoges amlwg oedd yr Anrhydeddus Anne Lewis o Gastell Hean, Sir Benfro, merch yr Arglwydd Merthyr a enillodd yn nosbarth y teirw Byrgorn a anwyd cyn 1924, gyda Hean Arthur a oedd wedi ennill yr ail wobr yn ddiweddar yn Sioe Cymdeithas Frenhinol Lloegr.

Fe ddaw yn amlwg fod y sioe yn ystod y blynyddoedd hyn yn sefydliad datblygol, gyda nifer o newidiadau yn rhoi iddi naws fwy cynhwysfawr, gwerthfawr a diddorol. Roedd nodweddion newydd megis cystadlaethau ambiwlans (1912), adran cŵn hela (1922), arddangosiadau llaeth glân a dosbarthiadau coedwigaeth (y ddau yn 1923), Cystadlaethau Rhyng-sirol Grŵp a Brîd (1924), y sinema a'r treialon cŵn defaid (y ddau yn 1925), arddangosiadau Diwydiannau a Chrefftau Gwledig Cymru (1929), arddangosfa raddio a marchnata y Weinyddiaeth Amaeth (o ddiwedd y

1920au), y dosbarth gwlân (1932), ac arddangosfa addysg a marchnata amaethyddol (1939), i gyd yn dwyn tystiolaeth i gonsýrn y gymdeithas i gyflwyno gwybodaeth wyddonol, dechnegol a masnachol i gefn gwlad Cymru. Wrth gwrs, rhyw ddelfryd addysgol oedd hyn ac roedd yn amhosibl mesur yn union faint o ffermwyr a oedd yn moderneiddio o ganlyniad i'w hymweliadau (nid llawer ohonynt, efallai, os derbyniwn honiad Moore-Colyer fod ffermwyr Cymru yn y cyfnod rhwng y ddau ryfel 'yn ymddangos yn gyndyn i fuddsoddi mewn mesurau mentrus'). Elfen bwysig oedd fod y Gymdeithas wedi dechrau targedu ffermwyr ifainc er mwyn symud ymlaen. Ym Mangor yn 1926 cyflwynwyd digwyddiad arall eto pan osodwyd cystadleuaeth feirniadu amatur yn agored i feibion ffermwyr dan 25 oed, a'u tasg oedd beirniadu da byw. Erbyn sioe 1937, cafwyd y nifer fwyaf o gystadleuwyr a gofnodwyd yn y gystadleuaeth honno hyd yna. Roedd cyfarfodydd sirol Meirionnydd a Brycheiniog yn 1931 yn fyw iawn i bwysigrwydd denu ffermwyr ifainc yn aelodau o'r Gymdeithas. Arweiniodd hyn at y rheol newydd, yn hwyr yn 1932, y gellid derbyn fel aelodau o'r Gymdeithas aelodau o Glybiau'r Ffermwyr Ifanc cydnabyddedig a myfyrwyr sefydliadau a cholegau amaethyddol, pa un a oeddynt yn ffermio eu hunain neu beidio, a chaent dalu tanysgrifiad blynyddol gostyngedig o 10s. 6d. Nid oedd hyn, fodd bynnag, ond yn rhagflas o'u proffil uchel yn sioeau'r Gymdeithas yn nes ymlaen yn y blynyddoedd wedi'r Ail Ryfel Byd.

Heblaw cyflwyno nodweddion newydd i'w sioeau, ymdrechai Cymdeithas Amaethyddol Frenhinol Cymru i wella'r cyfleusterau ar faes y sioe. Does dim amheuaeth na wnaeth y Cyngor ymgais i wrando ar alwadau'r cyfarfodydd sirol yn 1931 a 1935 am safonau stiwardio uwch. Yn sioe Hwlffordd yn 1935, darparwyd bwyd rhatach ar gyfer y cyhoedd, a fyddai efallai wedi ei chael yn anodd fforddio prisiau uchel y pebyll lluniaeth dosbarth-cyntaf ac ail-ddosbarth. Roedd brys hefyd i wella cyflwr y rheini a ddisgrifiwyd gan E. Verley Merchant yn 1936 fel 'y fyddin anweledig' o stocmyn. Bu'r cyfleusterau anfoddhaol ar eu cyfer o ran cyfforddusrwydd ac adloniant yn destun siarad hyd y 1930au hwyr. Fel cydnabyddiaeth o'r angen i'w trin yn dda, penderfynodd y Cyngor, gan ddilyn arfer nifer o gymdeithasau blaengar eraill, wahodd stocmyn a gweithwyr eraill yn sioe Caernarfon 1939 i swper a chyngerdd ysmygu ar yr ail noson. Daeth 280 o bobl ynghyd yr adeg honno, a bu'r noson yn llwyddiant mawr, gan helpu yn ddiau i greu teimlad hollbwysig o ewyllys da rhwng y swyddogion a'r stocmyn.

Gwnaed ymdrech i roi cyhoeddusrwydd ehangach i'r sioe yn ystod y blynyddoedd hyn, hefyd, trwy gymysgedd o ddulliau traddodiadol a newydd o gyfathrebu. Yr oedd y *Daily Mail* yn arbennig o gryf ei gefnogaeth i Sioe Frenhinol Cymru, ac fe benododd, er enghraifft, I. D. W. Izzard yn ohebydd arbennig i adrodd am sioe Caerdydd yn 1929, a hefyd anfonodd ei faniau uchelseinydd i sioeau yn y 1930au yn rhad ac am ddim. Roedd y *Western Mail*, hefyd, yn ffyddlon iawn yn ei sylw o'r dechrau, gyda gohebwyr fel Walford Lloyd a Charles E. Lloyd yn y 1920au, yn cael eu dilyn gan W. H. Woodcock yn y 1930au, yn rhoi sylwadau gwerthfawr a gwybodus am y sioe. Oherwydd ei fod yn rhoi y fath gefnogaeth, gofynnodd y papur, flwyddyn ar ôl blwyddyn, am gael gosod stondin yn rhad ac am ddim yn y sioe, ond heb unrhyw lwyddiant, gan fod y Gymdeithas yn dadlau y byddai rhoi ffafr felly i un papur yn annheg ag eraill. Roedd y *Liverpool Post* hefyd yn rhoi adroddiadau llawn, a rhoddid sylw i'r sioeau yn ogystal gan gylchgronau amaethyddol, megis y *Livestock Journal* a'r *Farmer and Stockbreeder*. Gwnaed y ffilm gyntaf o Sioe Frenhinol Cymru yn Llanelli yn 1931 gan Universal Pictures Ltd, a phrynodd y Gymdeithas y ffilm honno yn ddiweddarach am £12 10s. Caniatawyd i Movietone News, wedyn, yr unig hawl i wneud ffilm sain o sioe Llandrindod y flwyddyn ddilynol; ni chodwyd tâl am wneud y ffilm, ac fe'i dosbarthwyd i 75 y cant o sinemâu'r wlad. Gwelir sut y defnyddid y fath ffilmiau ar gyfer cyhoeddusrwydd pan sylwir bod y Gymdeithas wedi derbyn cynnig yn 1933 oddi wrth y Meistri Cooper, McDougall a Robertson Cyf. i arddangos ffilm sioe'r Gymdeithas, ochr yn ochr ag un o'u rhai eu hunain, yn ystod teithiau trwy Sir Frycheiniog ac ardal Llanrwst yn Sir Ddinbych, wedi'u trefnu ganddynt mewn cysylltiad ag Undeb Cenedlaethol y Ffermwyr. Nodwedd newydd, hefyd, oedd y darllediadau radio o 1929 ymlaen (os nad cyn hynny), ond ymddengys fod adroddiadau'r BBC o hyd wedi'u cyfyngu i 'sgwrs' hanner awr ar un o'r nosweithiau cyn neu yn ystod y sioe.

Yn ystod y cyfnod hwn hefyd gwelwyd cychwyn croesawu ymwelwyr o dramor i'r sioe, a daeth hyn yn nodwedd bwysig dros y blynyddoedd. Hysbyswyd y Cyngor, felly, gan ysgrifennydd y sioe yn 1927 fod camau wedi'u cymryd i sicrhau ymweliadau gan dramorwyr mewn sioeau yn y dyfodol trwy ofalu bod Cymru'n cael ei chynnwys yn nheithiau'r fath ymwelwyr yn y dyfodol. Felly, yn sioe Wrecsam y flwyddyn ganlynol cafwyd ymweliad gan ffermwyr yr Ymerodraeth a oedd ar daith trwy'r Ynysoedd Prydeinig. Nid yn unig bod goreuon da byw Cymreig felly yn cael eu harddangos i ffermwyr tramor, ond hefyd gwnaed ffilm liw o sioe Caernarfon yn 1939 ar gyfer Cwmni Rheilffordd Canada a'r Môr Tawel ar archiad swyddfa Montreal, ac fel y tybiodd Verley Merchant, gallai hyn sbarduno'r galw am dda byw Cymreig.

PENNOD CHWECH

Buchesau Di-dwbercwl a Chwningod Gwyllt

Yn ychwanegol at gynnal ei sioe flynyddol, fe barhaodd y Gymdeithas yn y blynyddoedd hyn i hyrwyddo ei gweithgareddau a'i hymgyrchoedd a wasanaethai, yn ei barn hi, ddiddordebau ffermwyr Cymru. Yn nechrau 1933 sefydlwyd cyd-bwyllgor – yn cynnwys cynrychiolwyr o Gymdeithas Goffa Genedlaethol Gymreig y Brenin Edward VII a Chymdeithas Amaethyddol Frenhinol Cymru – gyda'r diben o hyrwyddo sefydlu gyrroedd o wartheg di-dwrbercwl. Yn cynrychioli'r Gymdeithas roedd yr Is-Gyrnol G. E. FitzHugh o Blas Power, Wrecsam, aelod o'r Cyngor, Moses Griffith o Bontarfynach, Sir Aberteifi, ar y pryd yn gyfarwyddwr tiroedd o dan Gynllun Gwella Cahn Hill ac aelod o Bwyllgor Gwaith a Chyllid y Gymdeithas, a T. A. Howson, yr ysgrifennydd. Roeddynt i gymryd rhan yng nghyfarfod cyntaf y cyd-bwyllgor a gynhaliwyd yn Amwythig ar 2 Chwefror 1933. Aelodau ychwanegol a enwebwyd yn ddiweddarach gan y Gymdeithas i'r cyd-bwyllgor oedd tri academydd o Golegau'r Brifysgol yng Nghaerdydd a Bangor a G. Herbert Llewellin, o'r teulu yn Hwlffordd a oedd yn enwog am gynhyrchu caniau llaeth ac aelod o'r Cyngor. Ymhen tipyn, cyflwynodd y cyd-bwyllgor adroddiad hynod o bellgyrhaeddol i Gynghorau'r ddwy Gymdeithas, ac ar ôl ei dderbyn fe ymatebodd Cyngor Cymdeithas Amaethyddol Frenhinol Cymru trwy benodi is-bwyllgor i'w ystyried ac i gynnig argymhellion ynglŷn â pha gamau y gallai'r Gymdeithas yn ddefnyddiol eu cymryd. Ar yr is-bwyllgor roedd cynrychiolwyr y Gymdeithas ar y cyd-bwyllgor ac, yn ychwanegol, Thomas Evans, ymddiriedolwr ac aelod o'r Cyngor, a'r Athro R. G. White o Goleg Prifysgol Gogledd Cymru, hefyd yn aelod o'r Cyngor. Fe gyfarfu yn Amwythig ar 21 Tachwedd 1934 a gwnaeth argymhellion. Wynebent y dasg anodd o gadw cydbwysedd; ar y naill law ceisiasant gefnogi unrhyw argymhellion gan y cyd-bwyllgor a allai hybu darparu cyflenwad digonol o laeth pur a chryfhau hyder y cyhoedd ynddo, ond ar y llaw arall roeddynt yn ofalus i osgoi ffafrio argymhellion o natur hynod o ddadleuol, neu unrhyw rai a allai drechu prif swyddogaeth y Gymdeithas, sef hybu lles y gymuned amaethyddol. Felly, fe benderfynasant na fedrent gynghori'r Cyngor i gefnogi rhai o'r argymhellion a gynigiwyd gan y cyd-bwyllgor.

Mabwysiadodd yr is-bwyllgor argymhelliad y cyd-bwyllgor i ymgymryd ag ymgyrch bropaganda i addysgu'r cyhoedd am werth llaeth hylifol fel bwyd, ac i hybu'r galw amdano drwy ddarlithio i sefydliadau merched ac ysgolion a thrwy gynnal cyd-arddangosfeydd y Gymdeithas Goffa a Chymdeithas Amaethyddol Frenhinol Cymru yn Sioe Frenhinol Cymru ac mewn sioeau amaethyddol eraill. Gan eu bod yn awyddus i amddiffyn elw'r ffermwyr, fodd bynnag, gwnaeth yr is-bwyllgor amod – pe gwneid ymdrech i lwyfannu arddangosiad yn y dyfodol yn y Sioeau Amaethyddol Frenhinol, y dylid bod yn ofalus i osgoi llwyfannu unrhyw beth a allai arwain at greu 'braw llaeth'. Aeth ymlaen i fabwysiadu rhai – er nad y cyfan – o argymhellion y cyd-bwyllgor tuag at sicrhau y dylai'r llaeth a ddosberthid fod o ansawdd glanwaith da ac yn cydymffurfio â safon bendant o ran bod yn rhydd o fasili twbercwl. Roedd y rhain yn cynnwys, yn y lle cyntaf, y dylai awdurdodau lleol benodi swyddogion milfeddygol llawn-amser i archwilio a rhoi cynghorion am ddim i ffermwyr ar eu dull o atal a dileu y twbercwlosis, ac y dylai'r llaeth o'r holl fuchesau ar gyfer cyflenwi'r cyhoedd gael ei archwilio'n fiolegol ar gyfer basili twbercwl o leiaf ddwywaith y flwyddyn, a, lle roedd y canlyniadau yn anfoddhaol, y dylid cymryd camau effeithiol i olrhain ac i ddileu ffynhonnell yr haint. Hefyd, fe fabwysiadodd yr is-bwyllgor yr argymhelliad y dylai Cymdeithas Amaethyddol Frenhinol Cymru a phwyllgorau addysg amaethyddol y cynghorau sir yng Nghymru a Mynwy dynnu sylw ffermwyr Cymru at y posibilrwydd o ddefnyddio'r dull 'Bang' o ddileu y twbercwlosis o fuchesau (hynny yw, drwy wahanu da byw twbercwl-negyddol a da byw twbercwl-positif), ac y dylai'r cynghorau sir archwilio'r ymarferoldeb o gynorthwyo ffermwyr i gadw ar wahân anifeiliaid a adweithiai'n bositif. Yr argymhelliad olaf a fabwysiadwyd oedd y dylid cael cynllun i greu ardal wartheg godro ddi-dwbercwl yng Nghymru, efallai yn Sir Fôn, er mwyn gweld pa mor ymarferol ydoedd a sut y gellid ei ymestyn, ac awgrymodd yr is-bwyllgor y dylid perswadio'r Gweinyddiaethau Iechyd ac Amaeth i archwilio'r posibilrwydd o gychwyn cynllun fel hyn yng Nghymru. Roedd aelodau'r is-bwyllgor yn cydnabod y byddai mabwysiadu nifer o'r argymhellion hyn yn gosod baich trwm iawn ar y siroedd lle y cynhyrchid llaeth yn bennaf ar gyfer cael ei ddefnyddio mewn ardaloedd eraill, ac felly roeddynt yn argymell y dylai'r llywodraeth cynnig grantiau i annog y siroedd hynny i fabwysiadu a gweithredu'r argymhellion.

Wedi cryn ystyriaeth mabwysiadodd cyfarfod arbennig o'r Cyngor ar 18 Mawrth 1935 argymhellion yr is-bwyllgor. Dadleuodd yr Arglwydd Davies yn frwdfrydig y byddai cyflwyno'r mesurau hyn yn haearnaidd 'yn dangos cam cyntaf pendant iawn tuag at, i bob pwrpas ymarferol, ddiddymu'n llwyr y pla dychrynllyd yn ein gwartheg ac felly leihau yn sylweddol iawn, achosion y diciâu yn gyffredinol mewn pobl'. O ran yr argymhelliad i greu ardaloedd magu di-dwbercwl yng Nghymru, daeth ateb cyflym mewn arolwg o wartheg mewn rhai ardaloedd magu yn yr uwchdiroedd yng ngogledd Cymru a wnaed gan Dr R. F. Montgomerie, cynghorwr milfeddygol i Ysgol Amaethyddiaeth Coleg Prifysgol Gogledd Cymru, Bangor, a'i gyd-weithiwr W. T. Rowlands. Hynod galonogol oedd eu casgliad ei bod yn bosibl sefydlu ardaloedd eang yn rhydd o'r afiechyd.

Aeth y Gymdeithas ymlaen i ymgymryd â nifer o fentrau mewn ymgais i sefydlu buchesau di-dwbercwl. Yng nghyfarfod arbennig 18 Mawrth fe ofynnwyd i'r ysgrifennydd gyfleu wrth y Weinyddiaeth Amaeth a Physgodfeydd fod y Cyngor yn dymuno'i gysylltu ei hun â'r neges a drosglwyddwyd i'r gweinidog ar 6 Chwefror gan Gyngor Cymdeithas Amaethyddol Frenhinol Lloegr, yn tynnu ei sylw at ddiffygion y Cynllun Twbercwlosis (Buchesau Ardystiedig). Yn ychwanegol, rhoddodd y cyfarfod wahoddiad i G. H. Llewellin i baratoi papur yn awgrymu gwelliannau i Gynllun Buchesau Ardystiedig y Weinyddiaeth a allai, pe'u mabwysiedid, ei wneud yn gynllun ymarferol a defnyddiol. Gofynnodd y cyfarfod hefyd i'r cadeirydd (yr Arglwydd Davies), Baron de Rutzen o Barc Slebets, Sir Benfro, G. H. Llewellin a'r ysgrifennydd baratoi ac anfon at y gweinidog amaeth a physgodfeydd benderfyniad yn tynnu ei sylw at yr ymdrechion cynyddol a gâi eu gwneud ledled y Deyrnas Unedig i glirio buchesau o dwbercwlosis ac i sicrhau cyflenwad diogel o laeth, gan ei gymell i weithredu er mwyn sicrhau y dylai'r holl wartheg a fewnforiwyd yn y dyfodol o Iwerddon neu o wledydd tramor eraill 'ar gyfer bridio neu laethydda' gael eu hardystio eu bod yn dwbercwl-negyddol cyn eu hanfon ar y llongau. Ymhen amser fe anfonwyd y penderfyniad hwn at y gweinidog.

Fel yr awgrymwyd bu rhywfaint o wrthwynebiad i'r Cynllun Twbercwlosis (Buchesau Ardystiedig) a ddaeth yn weithredol yn Chwefror 1935. Mewn ymateb i'r newyddion fod y Weinyddiaeth yn ystyried gwneud gwelliannau i'r cynllun, gofynnodd G. H. Llewellin i gyfarfod Cyngor y Gymdeithas ar 24 Gorffennaf 1935 ohirio ystyried ei femorandwm ar y cynllun (roedd copïau wedi'u cylchredeg) tra'n aros am gyhoeddi'r gwelliannau a oedd gan y Weinyddiaeth mewn golwg. A'i ddymuniad wedi'i wireddu, cyfarfu is-bwyllgor ym Medi i ystyried y Cynllun Twbercwlosis (Buchesau Ardystiedig) diwygiedig, a oedd wedi cael ei gyflwyno yn Awst i'r amrywiol gyrff amaethyddol yn y deyrnas. Yna, anfonwyd argymhellion i gael eu hystyried gan y Weinyddiaeth. O gofio'r fath ddadlau a beirniadu a fu ynglŷn â'r cynllun, nid yw'n syndod yn y byd na ddangoswyd unrhyw frwdfrydedd amlwg yn Lloegr erbyn diwedd 1936 a'i fod i bob diben wedi'i anwybyddu yng ngogledd Cymru. Ar y llaw arall, roedd yn braf gweld fod cymaint â 42 allan o'r 117 o fuchesau Lloegr a Chymru a ardystiwyd hyd at 31 Gorffennaf 1936 i'w cael yn Sir Gaerfyrddin a Sir Benfro. Gan sylwi mai dim ond tair o'r buchesau ardystiedig a ddeuai o ogledd Cymru, anogodd yr Arglwydd Davies y ffermwyr yno i gael eu buchesau eu hardystio y flwyddyn ganlynol.

Problem arall a flinai'r gymuned wledig, ac a gafodd sylw gan Gymdeithas Amaethyddol Frenhinol Cymru yn y 1930au hwyr, oedd bygythiad cwningod gwyllt. Mor eang oedd y niwsans fel bod Pwyllgor Dethol Tŷ'r Arglwyddi ar Amaethyddiaeth (Difrod gan Gwningod) wedi gwrando tystiolaeth yn 1936–7, yn cynnwys i ba raddau yr oedd Ynys Sgogwm, oddi ar arfordir Sir Benfro, wedi'i heffeithio. Daeth yn glir y byddai'r Gymdeithas yn chwarae rôl bwysig wrth geisio datrys y broblem yn ei hymateb i lythyr a dderbyniwyd ar 30 Mehefin 1938 oddi wrth R. Williams-Ellis, Glasfryn, Chwilog, Sir Gaernarfon, cadeirydd Cyngor Cymdeithas Sefydliadau Amaethyddol Cymru, lle y mynegodd y farn mai Cymdeithas Amaethyddol Frenhinol Cymru fyddai'r corff gorau a mwyaf effeithiol i weithredu ar hyn yng Nghymru, gan ei bod yn fwy cynrychiadol o les y tirfeddianwyr a'r tenantiaid yn y mater arbennig hwn nag unrhyw gorff arall. Yn sgil hynny, ar 6 Gorffennaf 1938 fe benododd cyfarfod y Cyngor is-bwyllgor – yn cynnwys C. Bryner Jones a D. D. Williams – i ystyried y camau y gallai'r Gymdeithas eu cymryd er mwyn lliniaru neu gael gwared â bygythiad y cwningod gwyllt, oherwydd y difrod enfawr a achosid yn flynyddol ganddynt a chan gydnabod mor angenrheidiol oedd lleihau eu niferoedd yn sylweddol ac ar unwaith. Fe benderfynwyd ymhellach y dylai'r ysgrifennydd, cyn cyfarfod yr is-bwyllgor, gysylltu ag Undeb Cenedlaethol y Ffermwyr, Cymdeithas Tirfeddianwyr Cefn Gwlad a chyrff tebyg i ganfod yr hyn roeddynt wedi'i wneud – os unrhyw beth – mewn perthynas â'r broblem.

Clywodd cyfarfod o'r is-bwyllgor ar 7 Hydref 1938 dystiolaeth o ddifrifoldeb y sefyllfa, yn arbennig yn Sir Benfro, Sir Aberteifi a Sir Gaernarfon. Yn ôl y Capten W. H. Buckley o Gastell Gorfod, Sanclêr, roedd y broblem yn ne-orllewin Cymru yn rhannol yn ganlyniad y 'diwydiant cwningod', a oedd yn nwylo'r maglwyr a'r gwerthwyr ac a oedd wedi tyfu i'r fath raddau fel bod 'yn awr loriau ysgafn yn orlawn o gwningod ar gyfer y trefi mawr yn rhuo heibio drwy gefn gwlad yn y nos'. Pris cwningen ar y fferm oedd tua chwe cheiniog yr un, tair ceiniog ohonynt i'r ffermwr a thair ceiniog i'r maglwr. Mewn ymateb i'r argymhellion a wnaeth yr is-bwyllgor, argymhellodd y Pwyllgor Gwaith a Chyllid yn ddiweddarach y mis Hydref hwnnw y dylai'r Cyngor fabwysiadu'r argymhellion sy'n dilyn:

i) y dylai'r Gweinidog Amaeth a Physgodfeydd gymryd camau'n syth i hybu deddfwriaeth gyda'r bwriad o (a) roi'r cyfrifoldeb ar ysgwyddau y tirfeddiannwr a'r sawl sy'n dal y tir o gadw'r gwningod o fewn terfynau o safbwynt eu niferoedd neu o dan y fath reolaeth, fel na fyddent yn beryglus i'w cymdogion a (b) galluogi person sydd wedi gweld ei eiddo yn cael ei ddifrodi gan gwningod gwyllt i ofyn am iawndal oddi wrth unrhyw gymydog cyfagos a deiliad sy'n methu â chydymffurfio ag unrhyw drefn a allai fod wedi ei llunio'n iawn ar gyfer gostwng neu reoli nifer y cwningod ar y tir y maent yn ei ddal neu yn berchen arno.

ii) ym marn yr Is-bwyllgor, y dylai'r Gweinidog gael ei awdurdodi i ddirprwyo i'r Awdurdodau Lleol i weithredu, drwy eu Pwyllgorau Amaethyddol, unrhyw bwerau i frwydro yn erbyn bygythiad y cwningod gwyllt y gallai ef fod wedi eu cael drwy ddeddfwriaeth.

Mabwysiadwyd yr argymhellion hyn gan y Cyngor yn ei gyfarfod ar 1 Rhagfyr 1938.

Yn y 1930au hwyr, pwyswyd hefyd ar y gweinidog amaeth i gyrraedd amcanion eraill. Daeth un cais o'r fath pan benderfynodd y Gymdeithas ar ddiwedd 1938 gefnogi'r cyflwyniad a osodwyd gan Undeb Cenedlaethol y Ffermwyr ar sefyllfa bresennol echrydus y diwydiant defaid yn y wlad ac i annog y llywodraeth i gymryd camau ar unwaith i leddfu'r broblem. Daeth pwysau pellach tua diwedd 1939, pan brotestiodd y Gymdeithas yn erbyn y polisi 'diwelediad a gwrthredol' o dynnu'n ôl y grantiau a oedd hyd yn hyn wedi cael eu cynnig o dan Gynllun Gwella Da Byw ar gyfer premiymau i stalwyni, teirw, hyrddod a baeddod ardystiedig a'r grantiau tuag at gofnodion llaeth. Felly, anogwyd y gweinidog i gymryd camau ar y cyfle cyntaf posibl i adfer y grantiau hyn, oherwydd ystyrid eu bod wedi eu dileu yn annoeth yn ystod argyfwng y rhyfel. O dan anogaeth Moses Griffith, penderfynodd cyfarfod o'r Pwyllgor Gwaith a Chyllid yn gynnar yn Hydref 1939 argymell y dylai'r Cyngor gyflwyno achos arall i'r gweinidog amaeth yn gofyn am ddiddymu'r gwaharddiad a fu yn ddiweddar ar Ddeddf Trwyddedu Teirw 1931. Barn y pwyllgor oedd y byddai parhau â'r fath waharddiad yn gwneud drwg difrifol i ddiwydiant bridio gwartheg yng Nghymru, oherwydd, fel gwlad a fagai dda byw, roedd trwyddedu teirw yn hanfodol os oedd y gwelliant diweddar a fu mewn gwartheg stôr masnachol a fagwyd yng Nghymru i gael ei gynnal yn lle dirywio – er mantais gwartheg stôr Iwerddon, a amddiffynnid ers tro byd drwy drwyddedu teirw – gan roi penrhyddid unwaith eto i'r hen 'sterachod' o deirw. Yn ffodus, oherwydd penderfyniad y Weinyddiaeth i dynnu'n ôl y gwaharddiad ar Ddeddf 1931, ni fu'n rhaid i'r Cyngor gyflwyno'r achos.

O ddiwedd y 1920au ehangodd y Gymdeithas ei chyfrifoldebau drwy ysgwyddo gwaith ysgrifenyddol rhai o'r cymdeithasau bridiau Cymreig, y magwyd cysylltiadau agos â hwy ers y dyddiau cynnar. Yn niwedd Tachwedd 1927 dadleuai'r Cyrnol David Davies y byddai er lles Cymdeithas Amaethyddol Frenhinol Cymru yn ogystal â holl gymdeithasau brîd Cymru pe bai staff Cymdeithas Amaethyddol Frenhinol Cymru'n cymryd cyfrifoldeb dros waith ysgrifenyddol a gweinyddol y cymdeithasau brîd. Ac felly, ymhen amser byddai Llyfrau Gre, Buchesau neu Ddiadelloedd a gyhoeddid gan y cymdeithasau brîd yn cael eu llunio gan staff arbenigol, ac at hyn, gellid ffurfio cynlluniau hysbysebu a phropaganda wedi eu trefnu'n iawn a'u gweithredu gyda'r gost leiaf bosibl i'r cymdeithasau hyn drwy iddynt gydweithio i'r diben hwn gan ddefnyddio Cymdeithas Amaethyddol Frenhinol Cymru fel eu hasiant. O safbwynt y Gymdeithas byddai honno ar ei hennill yn uniongyrchol ac yn anuniongyrchol yn gymaint â bod ei llwyddiant parhaus yn dibynnu i raddau helaeth ar ddatblygiad bridiau brodorol Cymru. Canlyniad y cynnig hwn, a hyrwyddwyd wrth gwrs gan ei hysgrifennydd anrhydeddus, y Capten Howson, a oedd yn ymwneud yn agos â materion y cymdeithasau brîd Cymreig, oedd fod gwaith ysgrifenyddol Cymdeithas y Merlod a'r Cobiau Cymreig, Cymdeithas y Moch Cymreig a Chymdeithas Cŵn Hela Cymreig (a ffurfiwyd yn 1922), o 1928 neu 1929 ymlaen, yn cael ei wneud gan staff Cymdeithas Amaethyddol Frenhinol Cymru am dâl y cytunwyd arno, a oedd yn achos y ddwy gymdeithas a enwyd gyntaf wedi ei ostwng i £30 y flwyddyn o 1932 ymlaen fel ystyriaeth o'r amserau anodd yr oeddynt yn eu hwynebu. Arweiniodd anghydfod dros y ffioedd a delid i Gymdeithas Amaethyddol Frenhinol Cymru at ddiwedd y trefniant gyda Chymdeithas Cŵn Hela Cymreig yn 1937. Wrth gwrs, roedd y gwaith ysgrifenyddol ychwanegol hwn yn rhoi mwy o bwysau ar staff y swyddfa; cymaint oedd y baich cynyddol a ysgwyddwyd gan y Capten Howson, fel yr arweiniodd at rywfaint o gynnen rhyngddo ef a chyfarwyddwr anrhydeddus y sioe, Reuben Haigh, a gwynodd yn niwedd 1929 fod mynychu cyfarfodydd y cymdeithasau brîd yn ystod wythnos y sioe yn rhwystro'r ysgrifennydd rhag rhoddi digon o amser i reoli'r sioe ei hun.

Gwelsom ym Mhennod Tri na chyhoeddwyd *Cylchgrawn* y Gymdeithas rhwng 1909 a 1923. Pan gafodd ei ail-lansio roedd yn cael ei gyhoeddi unwaith y flwyddyn, ar ffurf *Adroddiad Blynyddol*, ond o 1928 ymlaen fe ailenwyd hwn *Cylchgrawn Cymdeithas Amaethyddol Frenhinol Cymru*. Roedd i ymddangos yn ddi-fwlch hyd 1939, er i Isaac Jones, o Sefydliad Fferm Llysfasi, Rhuthun, anfon cynnig ar ddiwedd 1932 y dylid atal ei gyhoeddi dros dro yn hytrach na gorfod dileu adrannau o'r sioe oherwydd yr amserau anodd. Yn ffodus, ni ddaeth dim o'r cynnig hwn. Daeth un datblygiad o bwys o safbwynt ei gylchrediad tua diwedd 1930 pan benderfynwyd, yn unol ag arfer cymdeithasau tebyg eraill, y dylai'r *Cylchgrawn* o hyn ymlaen gael ei werthu i'r cyhoedd am bum swllt y copi.

Yn ogystal â chynnwys adolygiad maith o sioe y Gymdeithas a chyflwyno manylion am ei sefyllfa ariannol ac enwau'r swyddogion a'r aelodau, roedd y rhifynnau a ddilynodd yn cynnwys erthyglau ar ddatblygiad amaethyddiaeth Cymru, ac felly'n trosglwyddo gwybodaeth i'r gymuned wledig am ddatblygiadau gwyddonol a marchnata yn y diwydiant. Yn unol â'u cyfrifoldeb fel ymchwilwyr o fewn meysydd gwyddoniaeth ac economeg amaethyddiaeth Cymru, roedd aelodau'r staff yng Ngholegau'r Brifysgol yn

Aberystwyth a Bangor yn gyfranwyr amlwg o ran nodiadau neu erthyglau i'r *Cylchgrawn*: yr Athro R. G. Stapledon, fel ei chyfarwyddwr ac, yn 1937 ac 1938, Dr T. J. Jenkin, yn cyflwyno'r diweddaraf ar waith y Fridfa Blanhigion Gymreig yn Aberystwyth; ysgrifennodd yr Athro R. G. White o Fangor (yn 1929) ar 'Control of the Warble Fly' ac (yn 1931) ar 'The Importance of Hardiness in Welsh Mountain Sheep'; cyfrannwyd amryiol erthyglau ar y tri chynllun marchnata – llaeth, moch a thatws – a gyflwynwyd gan y llywodraeth yn 1933, yn cynnwys un (yn 1933) o dan y teitl 'The Birth of a New Agriculture' gan Isaac Jones o Sefydliad Fferm Llysfasi, ac un arall y flwyddyn ganlynol gan A. W. Ashby, W. H. Jones a J. R. E. Phillips, o Adran Economeg Amaethyddol yn Aberystwyth, lle roeddynt yn dadlau mai'r Cynllun Marchnata Llaeth oedd yr un mwyaf tebygol o wneud gwahaniath i ffermio Cymru, yn wir 'yr unig un sydd ar y funud yn ymddangos yn debygol o gael unrhyw ddylanwad o bwys ar ddatblygiad amaethyddiaeth newydd'. Roedd erthyglau eraill yn gadael i'r aelodau a'r cyhoedd wybod am achosion twbercwlosis mewn ardaloedd bridio gwartheg ac am yr ymdrechion a wneid yn y 1930au i annog sefydlu buchesau o wartheg di-dwbercwl.

Roedd yr Arglwydd Davies i egluro yn ei *Report of the Show and the General Working of the Society* am y flwyddyn 1939 ar sut, gyda'r rhyfel ymlaen, y penderfynwyd cyhoeddi'r *Cylchgrawn* am y flwyddyn honno dim ond ar ôl trafodaeth hir gan y Cyngor. Yr hyn a ddylanwadodd o blaid cyhoeddi oedd yr ystyriaeth o bwysigrwydd gwarchod parhad cofnodion hanfodol mewn ffurf a oedd bellach wedi dod yn gyfarwydd i'r aelodau. Er hynny, er mwyn cynilo, penderfynwyd hepgor yr adolygiad llawn arferol o'r sioe haf ac i adael allan yr erthyglau arferol. Cynhyrchwyd 1,500 copi o'r *Cylchgrawn* yn 1939.

O ganlyniad i'r gwelliannau yn y modd yr oedd y Gymdeithas yn cael ei rhedeg, megis sefydlu'r pwyllgorau sirol, twf y sioe a'r cynnydd yn ymwneud y Gymdeithas â thiriogaeth ehangach amaethyddiaeth, gallai'r Arglwydd Davies fyfyrio fel hyn ar ddiwedd 1939:

Gallem, mi gredwn, edrych yn ôl gyda balchter ar gynnydd cyson y Gymdeithas ar ei adfywiad yn 1922 . . . Yn raddol ond yn sicr yr ŷm wedi ehangu cylch ein dylanwad hyd nes y mae'r Gymdeithas wedi ennill safle gwir bwysig ym myd amaeth, tra y mae'r enwau adnabyddus a ymddangosodd yn y rhestr yng Nghaernarfon yr haf diwethaf yn brawf digonol o'r bri sydd ar ein harddangosfeydd.

Wedi bwlch yn ei gweithgarwch drwy gydol yr Ail Ryfel Byd, byddai'r newidiadau yn y diwydiant ffermio a'r costau cynyddol o gynnal y sioe flynyddol yn cyflwyno sialensiau newydd.

RHAN TRI
Diffygion a Mwd
YR AIL GYFNOD SYMUDOL, 1947–1962

PENNOD SAITH

Cur Pen Newydd
COSTAU'N CYNYDDU YMHOBMAN

Yn fuan wedi cychwyn y rhyfel yn 1939, penderfynodd y Cyngor ar 20 Tachwedd y dylid lleihau gweithgareddau a gwariant y Gymdeithas i'r lefel leiaf a fyddai'n cyd-fynd â chadw'r gymdeithas mewn bodolaeth, rhedeg busnes arferol a allai godi o dro i dro ac osgoi cymaint â phosibl unrhyw galedi di-alw-amdano i aelodau'r staff. Penodwyd Pwyllgor Brys, yn cynnwys y cadeirydd a chwech arall a rhoddwyd grym iddo redeg materion tan y byddai'r rhyfel yn dod i ben, neu yn ystod unrhyw gyfnod arall a benderfynid gan y Cyngor. Penderfynwyd yn ogystal y dylid rhoi terfyn ar y sioe flynyddol tan y byddai'r Cyngor, ar argymhelliad y Pwyllgor Brys, yn rhoi gorchymyn ac na fyddai unrhyw gyfarfodydd pellach o'r Cyngor na'r pwyllgorau sefydlog yn cael eu cynnal nes y byddai'r Pwyllgor Brys yn penderfynu felly. O gofio y byddai'r argymhellion hyn yn llyncu mwy na'r incwm cyfredol o'r cyllid a fuddsoddwyd, anogwyd yr aelodau i barhau i dalu eu tanysgrifiadau fel y gallai'r Gymdeithas fod mewn sefyllfa mor ffafriol â phosibl pan ddeuai'r amser iddi ailafael yn ei gweithgareddau. Wrth ailddechrau, byddai aelodau cyfredol y staff i'w hadfer i'w swyddi hyd y gellid. Yn olaf, byddai'r Pwyllgor Brys yn adolygu sefyllfa'r Gymdeithas o fewn deuddeng mis. Terfynwyd tenantiaeth y swyddfeydd yn Heol y Frenhines, Wrecsam a symudodd y Gymdeithas i swyddfa a man storio di-rent yn Rhiwabon, diolch i haelioni Reuben Haigh a roddodd ei eiddo busnes yno at ddefnydd y Gymdeithas drwy gydol y rhyfel.

Roedd yn hollol amlwg fod ystyriaeth yn cael ei rhoi i ddyfodol y Gymdeithas ar ôl y rhyfel yng nghyfarfod y Pwyllgor Brys yn Awst 1944. Gan siarad o'r gadair, gan fod yr Arglwydd Davies wedi marw yn gynnar yn y flwyddyn honno, awgrymodd C. Bryner Jones y dylid datblygu sioeau'r dyfodol yn fwy ar linellau arddangosiadau nag fel chwaraeon. Anogodd Moses Griffith mai gorau po gyntaf y byddai'r Cyngor yn cael barn yr amrywiol ddiddordebau cysylltiedig a llunio rhaglenni ar gyfer gweithgareddau'r dyfodol, fel ei fod mewn safle gwell i ailgychwyn wedi'r rhyfel. O safbwynt y sioeau, meddai, doedd dim amheuaeth na ddylid mabwysiadu syniadau newydd. Yn ei farn ef roedd digonedd o le i syniadau newydd wrth drefnu sioeau, yn arbennig yng Nghymru. Er enghraifft, roedd angen ystyried pa mor ddymunol oedd parhau i drefnu dosbarthiadau ar gyfer gwartheg ifanc,

Blynyddoedd y Rhyfel

a ddylid gwneud darpariaeth ar gyfer profion epilion, a pha mor ddymunol oedd darparu ar gyfer mudiadau newydd fel Clybiau'r Ffermwyr Ifanc. Yn ei farn ef da o beth fyddai i'r Pwyllgor Brys benodi is-bwyllgor bychan i wyntyllu'r materion hyn a ffurfio cynnig penodol i'w ystyried gan y Cyngor. Gan adlewyrchu rhywfaint o deimladau'r aelodau, awgrymodd y cyfarwyddwr anrhydeddus, Reuben Haigh, pe bai is-bwyllgor yn cael ei ffurfio, y gallai fod yn ddoeth cyflwyno 'ychydig o waed newydd ifanc yn ei gyfansoddiad'.

Roedd llawer o feddwl, mae'n amlwg, wedi cael ei roi i'r dyfodol gan aelodau'r Cyngor a chan y rhai oedd yn bresennol yn y cyfarfodydd sirol. Mewn cyfarfod o'r Cyngor a gynhaliwyd yn Morris's Café, yn Amwythig, ar 20 Tachwedd 1945 fe benodwyd is-bwyllgor o'r diwedd i ystyried trefniadaeth a rheolaeth y sioe flynyddol yn y dyfodol, a chytunodd yr ysgrifennydd i fynychu cyfarfod o Bwyllgor Cyhoeddusrwydd Taleithiol yn Aberystwyth ar 25 Ebrill 1946 gyda'r bwriad o drafod dulliau o wella sioeau'r dyfodol. Anniddig fu'r cyfarfodydd sirol a gynhaliwyd yn 1946, ac anfonwyd cynigion ymlaen i'r Cyngor ar amrywiaeth o faterion. Gwnaeth Sir Gaernarfon gais am i gofnodion presenoldeb yng nghyfarfodydd y Cyngor gael eu cadw yn y dyfodol ac y dylai'r rhai a fethodd â mynychu nifer resymol o'r cyfarfodydd yn ystod y flwyddyn golli eu swyddi; dymuniad Siroedd Dinbych a Fflint, gan adleisio Reuben Haigh, oedd y dylid ymdrechu i arllwys mwy o 'waed ifanc' i'r Cyngor; a daeth cais arall o Sir Gaernarfon yn gofyn am i gamau gael eu cymryd i ddyfeisio dulliau eraill, ar wahân i gynnal sioe flynyddol a chyfarfod sirol blynyddol, ar gyfer cadw aelodau gyda'i gilydd a hybu ymhellach y diwydiant amaethyddol – awgrym aelodau Sir Gaernarfon oedd y gellid cyflawni hyn drwy drefnu arddangosiadau a darlithoedd yn gysylltiedig â da byw o safbwynt bridio mewn amrywiol rannau o'r wlad, a thrwy ymdrechu i ddod â sioeau sirol yng Nghymru yn fwy uniongyrchol o dan ddylanwad ac arweiniad y Gymdeithas genedlaethol nag yn y gorffennol. I grynhoi'r sefyllfa, awgrymodd aelodau Sir Gaernarfon 'y dylai'r Gymdeithas weithredu fel Cymdeithas Amaethyddol yn ystyr ehangach y term ac nid yn unig fel corff yn hybu sioe'. O ran Sir Aberteifi, awgrymwyd y gellid cyflwyno gweithgarwch newydd, ar sail y profiad a gafodd Pwyllgorau Gwaith Amaethyddol y Siroedd adeg y rhyfel, i adran beiriannau Sioe Frenhinol Cymru. Fel arwydd hyfryd o werth traddodiad, cynigiodd cyfarfod sirol Sir Aberteifi, er y gallai tractorau a lorïau, i ryw raddau, ddisodli ceffylau trymion, y byddai bob amser alw am gobiau Cymreig – yn arbennig i weithio ar ffermydd mynydd – ac felly fe argymhellwyd i'r Cyngor y dylid cynnig darpariaeth ddigonol ar gyfer y brîd yn sioeau'r dyfodol. Gwelwyd un arwydd o bwys o'r hyn a oedd i ddod yn argymhellion Siroedd Dinbych, Fflint a Phenfro, sef y dylai Clybiau'r Ffermwyr Ifanc gael mwy o ran yn nyfodol y Gymdeithas, yn ogystal â mwy o ddarpariaeth yn y sioe ar gyfer cystadlaethau a noddid ganddynt.

Roedd y math hwn o gynigion o'r cyfarfodydd sirol – seiadau anffurfiol doethion y Gymdeithas – bob amser yn cael eu gwyntyllu yng nghyfarfodydd y Cyngor. Bu cryn drafod yn arbennig ar alwad Sir Gaernarfon i'r Gymdeithas drefnu arddangosiadau yn yr amrywiol siroedd Cymreig. Barn C. Bryner Jones, y cadeirydd newydd, oedd fod y staff cyfyngedig a oedd ar gael at wasanaeth y Gymdeithas yn ogystal â diffyg swyddog technegol yn peri ei bod yn anodd iawn gweithredu'r fath gynnig. Beth bynnag, roedd y ffaith y byddai, yn y dyfodol, staff swyddogol yn gyfrifol am addysg amaethyddol ym mhob sir yn ei arwain i gredu y byddent mewn llawer gwell sefyllfa na'r Gymdeithas i drefnu a gweithredu arddangosiadau effeithiol ar y llinellau a awgrymwyd gan aelodau Sir Gaernarfon. Serch hynny, gwelai'r angen i Gymdeithas Amaethyddol Frenhinol Cymru, fel cymdeithasau amaethyddol eraill, roi mwy o sylw eto i drefnu arddangosiadau amaethyddol addysgol mewn sioeau yn y dyfodol. Cyn belled ag yr oedd Clybiau'r Ffermwyr Ifanc i chwarae rhan, penderfynodd y Cyngor y byddai cynhadledd nesaf mudiad Clybiau'r Ffermwyr Ifanc yn Aberystwyth yn gynnar yn Ebrill 1946 yn cael ei gwahodd i ystyried sut y gall y mudiad gydweithredu orau â Chymdeithas Amaethyddol Frenhinol Cymru mewn cysylltiad â sioe Caerfyrddin yn 1947, ac i adrodd ar hynny i gyfarfod nesaf y Cyngor.

Aeth llawer o feddwl hefyd i benderfynu pryd fyddai'r adeg addas i gynnal sioeau mawr ar ôl i'r heddwch ddod. Yr hyn a effeithiai ar benderfyniadau holl gymdeithasau amaethyddol mawr Prydain oedd penderfyniad gweinidog amaeth y llywodraeth lafur, Tom Williams, y gellid cynnal sioeau yn 1946 ond am gyfnod byrrach yn unig. Ar ôl methu â chytuno ar fore 20 Tachwedd 1945 a ddylid cynnal sioe ddeuddydd yn 1946 neu beidio, gadawodd y Pwyllgor Brys i'r Cyngor benderfynu yn ddiweddarach y diwrnod hwnnw. Roedd rhai aelodau o'r pwyllgor wedi cefnogi bwrw ymlaen ar y sail ei bod yn ddymunol cadw'r Gymdeithas yn wyneb y cyhoedd er gwaetha'r holl anawsterau gyda hysbysebu, argraffu, arlwyo, trafnidiaeth a chwmnïau masnachol yn llwyfannu arddangosfeydd agos at fod yn gynrychioliadol; ond roedd eraill fel Moses Griffith, Reuben Haigh ac C. Bryner Jones yn teimlo y byddai digwyddiad mor fyr â dau ddiwrnod yn tynnu oddi wrth fri'r Gymdeithas. Yn y diwedd penderfynodd aelodau'r Cyngor beidio â chynnal sioe ar y sail y byddai'n amhosib cynnal dim tebyg i sioe gynrychioliadol yn 1946.

Yn ystod blynyddoedd y rhyfel roedd hi'n fater o gynnal y Gymdeithas fel rhyw fath o sgerbwd yn unig. Roedd y sefyllfa ariannol wedi gwella dros y cyfnod, mewn gwirionedd, gan fod rhywfaint o incwm wedi cronni a bod gwariant yn isel. Derbyniwyd rhyw £500 mewn tanysgrifiadau gan aelodau yn ystod blwyddyn gyntaf y rhyfel, ac er i'r lefel yna ostwng wedyn, roedd incwm blynyddol yn dal i ddod o'r llog ar fuddsoddiadau. Prin fod unrhyw orbenion; roedd yr atal gweithredu i bob pwrpas yn golygu mai dim ond o 1 Ionawr 1944 yr ailgyflogwyd yr ysgrifennydd yn llawn amser, gan ailgyflogi yn ddiweddarach yn y flwyddyn Walter Williams fel ysgrifennydd cynorthwyol; ac fel y gwelwyd, diolch i haelioni Reuben Haigh, ni fu'n rhaid gwario ar logi swyddfeydd. Dim ond yn hwyr yn 1945 yr ailafaelwyd mewn swyddfeydd yn Wrecsam, y tro hwn mewn ystafelloedd yn Regent Street. Roedd asedau'r Gymdeithas yn Hydref 1945 bron yn £10,000, a £1,763 ohonynt yn arian parod ym Manc y Midland, Aberystwyth. Yn wir roedd y sefyllfa ariannol yn well na'r disgwyl wedi'r rhyfel, fel y cyfaddefodd C. Bryner Jones.

1947–1963 Er y gefnogaeth gyhoeddus enfawr i sioeau'r Gymdeithas yng Nghaerfyrddin yn 1947 ac yn Abertawe yn 1949 (canslwyd digwyddiad 1948 oherwydd ailgyflwyno dogni petrol), roedd trefnwyr y Gymdeithas yn ymwybodol fod y cyfnod o ffyniant, rhyw fath o ymlacio ar ôl cyni cyfnod y rhyfel, yn annhebyg o barhau. Yn wir, ar ddiwedd y 1940au roeddynt yn ddigalon am ragolygon y Gymdeithas, gan wybod y byddai'n rhaid iddynt yn y dyfodol wynebu gwariant gweinyddol a chostau llawer uwch nag o'r blaen wrth lwyfannu sioeau. Gwireddwyd eu proffwydoliaethau digalon; fe gododd costau cynnal y sioe yn flynyddol o £15,271 yn 1947 i £57,832 yn 1962. Yn wyneb y sefyllfa newydd hon roeddynt yn llwyr ymwybodol mai eu hunig incwm blynyddol *cwbl sicr* oedd yr hyn a ddeilliai o'r llog ar fuddsoddiadau cyfalaf y Gymdeithas ac oddi wrth danysgrifiadau'r aelodau. Er i dair sioe hynod lwyddiannus 1947 (Caerfyrddin), 1949 (Abertawe) a 1950 (Abergele) chwyddo cronfa'r gymdeithas yn sylweddol, roedd y swyddogion, gan gofio am eu profiadau yn y gorffennol, yn gwerthfawrogi na fedrent ddibynnu ar eu sioeau fel ffynhonnell barod o incwm; yn hwyr neu'n hwyrach byddent yn dioddef colledion gan rai ohonynt a byddai rhes o fethiannau ariannol fel a ddigwyddodd yn sioeau 1936, 1937 a 1939 yn golygu gwario llawer o'u cyfalaf ac o bosib rhoi dyfodol y Gymdeithas mewn perygl. Yr unig ffordd i unioni'r sefyllfa ansicr oedd drwy gael cynnydd sylweddol mewn aelodaeth, a oedd yn 2,188 ar ddiwedd 1950 – nifer druenus ac annheilwng o gymdeithas amaethyddol genedlaethol. Rhagorwyd ar y cyfanswm hwn hyd yn oed gan gymdeithasau rhanbarthol Lloegr, gydag aelodaeth un Amwythig a Gorllewin y Canolbarth yn 4,500 ac un Swydd Efrog yn 8,528 aelod.

Gwireddwyd rhagofnau'r swyddogion yn aml yn ystod dechrau a chanol y 1950au, gan i'r Gymdeithas ddioddef blynyddoedd main ac anodd a arweiniodd yn gynyddol at erydiad difrifol ar ei hadnoddau ariannol. Roedd diffyg cysondeb yn nerbyniadau'r Gymdeithas o'r naill flwyddyn i'r llall yn peri pryder. Er iddi gael ei chanmol fel y sioe orau a mwyaf uchelgeisiol ers y rhyfel, roedd canlyniadau ariannol sioe Llandrindod a gynhaliwyd yn Llanelwedd yn 1951 yn siomedig oherwydd, er y tywydd da, disgynnodd cyfanswm yr incwm ymhell islaw cyfanswm y treuliau, yn bennaf oherwydd lleihad yn y derbyniadau wrth y fynedfa a ddwysawyd gan y cynnydd aruthrol yng nghostau llafur a gyflogwyd i godi maes y sioe, cost y defnyddiau a chost eu llogi, a chostau cynyddol argraffu. Arweiniodd achosion clwy'r traed a'r genau at ganslo'r adrannau carn-fforchog yng Nghaernarfon yn 1952, gan achosi unwaith eto ddiffyg yn y cyfrifon am y flwyddyn honno, diffyg a waethygwyd gan gynnydd mewn costau rheolaidd. Roedd yn boenus o amlwg fod y canlyniadau ariannol wedi newid yn sylweddol rhwng 1947 a 1952. Ar ôl gwneud elw o £12,680, £11,173 a £3,814 ar gyfrifon blynyddol 1947, 1949 a 1950 yn eu tro, yn y ddwy flynedd ganlynol cafwyd colledion o £2,435 a £2,552. Mor frawychus oedd y sefyllfa erbyn diwedd 1952 yn wyneb incwm annigonol a chostau cynyddol o bob cyfeiriad – codi maes y sioe, arian gwobrau, argraffu a phapur ysgrifennu, hysbysebu a glynu posteri, a gwasanaeth yr heddlu – fel y cytunodd Cyngor Rhagfyr, yn awyddus i gael ffynonellau ychwanegol o incwm, i godi tâl tanysgrifio aelodaeth o gini yn 1953, y tâl a bennwyd yn 1904, i £2, ac i godi costau mynediad i faes y sioe a chost gosod stondinau masnach. Parhau a wnaeth y duedd i wariant gynyddu'n gyflymach nag incwm, a hyd yn oed pan gynhelid y sioe mewn ardal mor boblog â Chaerdydd yn 1953 nid oedd y warged ar gyfrifon y flwyddyn yn ddim mwy na £728, ac felly'n lladd unrhyw obaith y byddai canlyniad 1953 yn gwneud iawn am y colledion o bron £5,000 yn 1951 a 1952. O ganlyniad, ar ddiwedd 1953, cytunodd y Cyngor mai'r nod yn y dyfodol fyddai ceisio cydbwyso'r gyllideb bob blwyddyn lle bynnag y cynhelid y sioe yn hytrach na dibynnu ar warged fawr o ardal drefol boblog. Cafwyd tro anffodus yng nghyllid y Gymdeithas yn 1954 o ganlyniad i sioe wleb iawn a mwdlyd Machynlleth a effeithiodd yn ddifrifol ar y derbyniadau wrth y fynedfa. Golygai hyn, er i'r Gymdeithas leihau'r gwariant dros y flwyddyn flaenorol o fwy na £4,000, iddi ddioddef colled o £5,605 ar waith y flwyddyn, y golled fwyaf yn ei holl hanes. Yn naturiol roedd yr Is-gyrnol G. E. FitzHugh, cyfarwyddwr a chadeirydd y Pwyllgor Cyllid a Materion Cyffredinol, yn ystyried hyn yn fater o gryn bryder ac anogodd y Cyngor fod angen ymchwiliad manylach fyth i wariant y Gymdeithas er mwyn ceisio ei leihau. Rhoddwyd y gorau hyd yn oed i gyhoeddi llyfryn jiwbili arbennig i ddathlu hanner can mlynedd cyntaf y Gymdeithas. Yn ffodus, fe sicrhaodd tywydd da, ynghyd â chronfa apêl leol yn cyrraedd record o £11,325, fod sioe Hwlffordd yn 1955 yn hynod o lwyddiannus. O ganlyniad roedd y warged anrhydeddus o £4,644 ar gyfrifon y flwyddyn yn galluogi'r Gymdeithas i adennill rhyw bedair rhan o bump o'r golled a fu yn 1954. Eto, er yr holl ymdrech i fod yn ofalus, roedd y Gymdeithas yn dal i wynebu costau cynyddol, ac yn 1955 cyrhaeddodd y gwariant gyfanswm o £40,874 o'i gymharu â £38,093 yn y flwyddyn flaenorol. Fel arfer, gwelwyd y codiadau mwyaf yn yr arian ar gyfer gwobrau, yng nghost codi maes y sioe ac yn nhreuliau'r sioe.

RHAN III: 1947–1962

Amlygwyd yn gïaidd ddylanwad niweidiol y costau cynyddol ar ffyniant y Gymdeithas yn 1956. Er i'r sioe yn y Rhyl fwynhau'r nifer uchaf erioed o geisiadau, tywydd perffaith a chyfanswm da o ymwelwyr (64,000), arweiniodd gweithgarwch y flwyddyn at golled sylweddol iawn. Yn baradocsaidd, union faint a llwyddiant y sioe, a arweiniodd yn anorfod at gostau llawer uwch, oedd yn bennaf cyfrifol am golled flynyddol o £6,880, y swm uchaf erioed i'r Gymdeithas. O safbwynt gwariant ar y sioe yn 1956, roedd costau codi maes y sioe wedi cyrraedd crocbris – rhyw £2,965 yn fwy nag yn y flwyddyn flaenorol – tra oedd treuliau'r sioe hefyd wedi cynyddu o £1,477. Prociodd yr argyfwng ddatganiad diflas ond gonest gan gadeirydd y Cyngor, y Brigadydd Syr Michael D. Venables-Llywelyn, wrth ystyried y trafferthion ariannol mawr yr oedd y Gymdeithas yn awr ynddynt. Er i gyfalaf y Gymdeithas ar ddiwedd y rhyfel gyrraedd £10,666, swm yr oedd cyfnod byr ffyniannus y sioeau wedi'r rhyfel wedi ei gynyddu i bron £40,000, rhwng 1950 a diwedd 1956 roedd yn gyson wedi ei erydu i swm peryglus o isel o £22,000. Ffaith hanfodol i egluro hyn oedd fod incwm 'cyffredin' y Gymdeithas, a gynrychiolai incwm nad oedd yn uniongyrchol yn gysylltiedig â'r sioe, bob amser yn disgyn yn fyr o'r gwariant a oedd yn angenrheidiol i ariannu costau rhedeg beunyddiol y sioe o fwy na £3,000 y flwyddyn. Os nad oedd y sioe yn gallu gwneud elw i gwrdd â'r golled, byddai'n rhaid realeiddio cyfalaf. Ers 1950 (ac eithrio 1955) ni fu'r elw yn ddigonol ar gyfer hyn, ac yn waeth fyth, os oedd y sioe yn golled ariannol, yna roedd yn rhaid defnyddio cyfalaf i gwrdd â'r ddau ddiffyg hyn. Mor fregus oedd y sefyllfa yn niwedd 1956 fel bod rhyw deimlad tyngedfennol yn treiddio trwy leisiau'r prif swyddogion, rhyw wangalondid o feddwl os na ddeuai gwelliant y byddai arian wrth-gefn y Gymdeithas yn prysur ddod i ben o fewn ychydig flynyddoedd. Yr unig ffordd allan o'r dagfa ariannol hon oedd i incwm gyfateb i wariant, drwy i swyddogion wneud dim ond yr hyn y gallent ei fforddio a thrwy osgoi defnyddio'r gronfa wrth-gefn annigonol, ac a oedd yn cyflym ddiflannu, i gynnal chwaeth a safonau'r Gymdeithas. Yn syml, roedd yn rhaid i'r Gymdeithas beidio â byw yn uwch na'i stâd. Roedd costau yn codi'n ddidrugaredd – yn arbennig costau adeiladu maes y sioe – yn fwy nag £8,000 yn 1955 a 1956. Nid yn unig roedd yn rhaid lleihau treuliau, ond roedd yn rhaid cynyddu'n sylweddol yr aelodaeth druenus o isel o 2,500 ar 1 Ionawr 1957. Amcangyfrifid y byddai'n rhaid codi'r aelodaeth arferol i o leiaf 7,500 cyn y gellid ystyried bod dyfodol y Gymdeithas yn ddiogel. Yn olaf, o 1957 ymlaen, mynnwyd o safbwynt y gronfa leol na ddylai'r gweddill ar ôl holl wariant y pwyllgor lleol fod yn llai na £3,500; byddai'r swm hwn yn ei bryd yn cael ei drosglwyddo i'r Gymdeithas fel y gellid cwrdd â'r golled yn y costau rhedeg arferol y soniwyd amdani uchod.

Ar ddiwedd 1956 ac yn Ionawr 1957 ystyriwyd yn ddwys faint a math y sioeau y gallai'r Gymdeithas eu hystyried ar gyfer y dyfodol. Roedd yn amlwg fod sioe y Rhyl, er enghraifft, yn rhy fawr i'r treuliau gael eu talu gan y math o dderbyniadau y gellid yn rhesymol eu disgwyl mewn ardal lai poblog. Byddai'n rhaid derbyn bod rhywfaint o leihad ym maint y sioe yn mynd i ddigwydd yn barhaus. Yn wir, unwaith i'r penderfyniad anodd o fynd ymlaen â sioe Aberystwyth gael ei dderbyn yn niwedd Ionawr 1957, adeg dogni petrol, gwnaed ymdrech galed i docio i'r bôn wariant y sioe a chreu cyllideb gytbwys ac estyn rhywfaint o obaith am elw cymedrol. Gan ddilyn polisi o gadw'n dynn at y ffigurau yn y gyllideb a baratowyd, a thrwy hynny bennu y dylid cynilo ar wariant hyd at £10,000, llwyddodd sioe Aberystwyth, er gwaetha'r llifogydd syfrdanol ar y maes y diwrnod olaf, i gael canlyniad ariannol ffafriol iawn, a sicrhau i'r Gymdeithas warged yn y cyfrifon blynyddol o £7,800, a olygai fod colled ac elw yn gyfartal ers 1953. O gofio sioe fawr y Rhyl, canlyniad gwario trwm, a'r nifer cyfyngedig o ymwelwyr y gellid ei ddisgwyl yng Nghymru, amcanwyd at gadw'r gwariant a gyllidwyd ar gyfer sioe 1958 ar lefel un 1957, ac ym marn yr Is-gyrnol FitzHugh, yr unig ffordd ffisegol o gyfyngu ar gost y sioe oedd trwy gyfyngu ar faint y maes. Fodd bynnag, bu'r flwyddyn honno eto yn siomedig, gyda'r cyfrifon blynyddol yn dangos diffyg o £3,700. Er bod incwm y Gymdeithas am y flwyddyn wedi disgyn yn sylweddol, a rhywfaint o'r gostyngiad yn deillio o'r tywydd anffafriol yn ystod y sioe, cynyddodd y gwariant, yn bennaf o ganlyniad i gynnydd yng nghostau'r sioe wrth godi'r maes, yn y gwobrau ac yn nhreuliau'r sioe. Dyma'r hen Adda yn dod i'r amlwg eto, ac roedd y pwyllgorau wedi mynd dros ben y lwfansau a gyllidwyd ar eu cyfer. O safbwynt y dyfodol, gofynnwyd i'r Meistri Woodhouse o Nottingham, contractwyr y maes a oedd yn gefnogol ac wedi rhoi hir wasanaeth, am droi'n ôl at system 1957 a oedd wedi caniatáu iddynt gadw llygad barcud ar wariant o ddydd i ddydd.

Erbyn hyn, roedd yr amrywiadau ariannol mawr a ddigwyddai o flwyddyn i flwyddyn yn nodwedd gyson ac yn ôl y disgwyl roedd 1959 yn flwyddyn ariannol lwyddiannus. Bu prif ffynhonnell incwm y Gymdeithas, y sioe flynyddol – a gynhaliwyd ym Margam am bedwar diwrnod – yn ddigwyddiad llwyddiannus iawn. Roedd derbyniadau'r sioe yn fwy na disgwyliadau cyllido o £4,000, tra oedd gwariant yn uwch o £1,100 na'r swm a fwriadwyd. Dangosodd cyfrifon y Gymdeithas am y flwyddyn hyd at 30 Medi 1959 warged o £6,855. Felly, o'r deuddeg sioe a gynhaliwyd ers 1947, roedd rhyw saith wedi cynhyrchu gwarged a phump golledion, a'r saith mlynedd olaf o 1953 i 1959 yn cynhyrchu gwarged a diffyg bob yn ail. Er mwyn esmwytho'r symud i'r safle barhaol yn Llanelwedd yn 1963 roedd yn bwysig dod â'r cylchdro amrywiadau blynyddol blaenorol i ben yn y blynyddoedd wedi 1959. Erbyn 1961 braf oedd gweld bod y dilyniant 'bob yn ail flwyddyn' wedi ei dorri, gan fod y Gymdeithas wedi sicrhau gwargedau da yn 1959 (ym Margam, bron

£7,000), 1960 (yn y Trallwng, £11,000) ac yn 1961 (yng Ngelli-aur, tua £15,000). Yn wir, golygodd y warged o £15,000 fod 1961 yn flwyddyn o record ariannol, canlyniad sioe ardderchog a gynhaliwyd yng Ngelli-aur, ger Llandeilo. Roedd gwariant blynyddol yn dal i godi, fodd bynnag, a dyma'r drwg yn y caws; yn 1961 roedd yn £6,000 yn fwy nag yn 1960, gyda'r cynnydd uchaf yn digwydd yng nghostau adeiladu maes y sioe. Ffodus, felly, oedd fod incwm am y flwyddyn wedi cynyddu bron £10,000. Yn 1962, cafodd y Gymdeithas afael ar ei safle presennol yn Llanelwedd am gyfanswm o tua £39,000. Yn ffodus, diolch i'r swm anrhydeddus o £22,000 a gasglwyd gan Bwyllgor Safle Parhaol Llanfair-ym-Muallt, ynghyd â gwarged 1961, gallodd y Gymdeithas brynu'r safle newydd heb orfod cyffwrdd â'i chronfa arian wrthgefn. Heb amheuaeth roedd y golled o ychydig dros £7,000 am y flwyddyn ariannol yn diweddu 30 Medi 1962 yn creu cryn rwystredigaeth; roedd cyfanswm yr incwm yn dangos lleihad o £16,562 dros un 1961, yn bennaf oherwydd gostyngiad sylweddol yn y nifer a fynychodd sioe Wrecsam o gymharu ag un Llandeilo, ac roedd cyfanswm y gwariant blynyddol yn uwch na'r ffigur o £4,731 ar gyfer 1961, yn bennaf oherwydd cynnydd mewn costau llafur ac adeiladu'r sioe flodau a'r costau a gafwyd drwy gyflwyno cystadlaethau newydd. Roedd y duedd i gyfanswm gwariant blynyddol godi hyd at 1962 yn achosi pryder, ac roedd swyddogion y Gymdeithas yn gobeithio y byddai'r duedd drwy drugaredd yn dod i ben unwaith y byddai'r safle parhaol yn Llanelwedd yn cael ei ddatblygu'n llawn.

Bu blynyddoedd y sioe symudol o 1947 hyd 1962 yn dyst i nifer o dreialon ym materion ariannol y Gymdeithas, yn arbennig yn 1956. Roedd yn amlwg fod y canlyniadau gorau yn digwydd pan gynhelid y sioeau yng nghanolbarth Cymru, yn y de a'r gorllewin – yng Nghaerfyrddin, Abertawe, Hwlffordd, Margam, Llandeilo a'r Trallwng. Er gwaethaf holl anawsterau a rhwystrau'r blynyddoedd hyn, gallai'r trysorydd anrhydeddus, J. E. Rees, wrth edrych yn ôl dros gyfnod ei stiwardiaeth ers 1946, dynnu sylw gyda boddhad at y ffaith fod adnoddau main y Gymdeithas yn 1945 wedi cynyddu ddengwaith erbyn 1962. O gronfa wrth gefn o ddim mwy na £8,627 yn 1947, roedd yr asedau clir (gan cynnwys y safle parhaol newydd) wedi cyrraedd mwy na £84,000 erbyn 1962. Roedd asedau hylifol, heb gynnwys eiddo'r Gymdeithas yn ei phencadlys yn Aberystwyth ac yn Llanelwedd, yn fwy na £40,000.

Wrth gwrs, roedd gwendidau sylfaenol yn parhau hyd at 1962 a thu hwnt. Ar wahân i'r rhwystredigaeth a'r diymadferthedd yn wyneb codiadau cynyddol mewn costau, yn ystod y cyfnod symudol diwethaf hwn ni chafwyd ateb i broblem yr aelodaeth araf, a wanhaodd gymaint ar y Gymdeithas. Fel yn y blynyddoedd symudol cyn y rhyfel, un o'r prif anawsterau ar lwybr cynyddu'r aelodaeth barhaol oedd nad oedd y sioe, drwy symud bob yn ail o'r gogledd i'r de, o fewn cyrraedd rhwydd i fwyafrif y ffermwyr ond bob dwy flynedd, ac roedd hyn yn peri bod nifer ohonynt yn osgoi talu eu tanysgrifiadau blynyddol. Er gwaethaf ymdrechion y trefnwyr i sicrhau bod y sioe yn cael ei hystyried ledled Cymru fel sioe genedlaethol, roedd tirwedd Cymru a phroblemau trafnidiaeth anodd yn rhwystro hyn. Yn hytrach, roedd llawer gormod yn dal i'w hystyried hi fel sioe gogledd Cymru un flwyddyn a sioe de Cymru y flwyddyn nesaf. Erbyn Mawrth 1960, barn y Cyngor oedd y byddai cael safle parhaol yn ffordd bwysig i gynyddu aelodaeth y gymdeithas. Ond byddai'n hollbwysig dewis lleoliad y safle hwnnw yn ofalus.

Gan fod amryw o strategaethau eraill i recriwtio aelodau wedi bod yn aneffeithiol, daeth yr ymdrechion i chwyddo aelodaeth yn fwy taer fyth yn wyneb problemau ariannol cynyddol o ddechrau'r 1950au ymlaen. Yn ychwanegol at y traddodiad hir o apelio at yr aelodau drwy dudalennau'r *Cylchgrawn* blynyddol a llythyrau apêl a anfonwyd gan y cadeirydd a'r ysgrifennydd, ceisiwyd ffyrdd eraill: yn 1954 gofynnwyd i nifer o bobl weithredu fel asiantwyr ar sail comisiwn; yn 1955 ffurfiwyd is-bwyllgorau ymhob un o siroedd Cymru; a gwnaethpwyd apeliadau yn ystod y blynyddoedd drwy sefydliadau megis Undeb Cenedlaethol y Ffermwyr, Clybiau'r Ffermwyr Ifanc a'r Bwrdd Marchnata Llaeth. Ni ddaeth unrhyw wahaniaeth sylweddol yn sgil yr un o'r rhain. Yn wir, yn ôl R. P. Thomas mewn memorandwm ar aelodaeth a baratowyd yn 1962, yr unig ddull a oedd wedi dwyn unrhyw ffrwyth oedd y dylanwad personol a gafwyd ar rai nad oeddynt yn aelodau gan Josiah George o'r Garn, Sir Benfro, a recriwtiodd ddim llai na 102 o aelodau yn ystod 1951, a'r un modd ddylanwad T. H. Jones a Dan James yn Sir Gaerfyrddin yn 1957. Wrth gyflwyno'i femorandwm, pwysleisiodd Thomas, gan fod safle parhaol wedi'i brynu a bod yr aelodaeth yn aros ar 3,649, ei bod yn hollbwysig fod y nifer hon yn cael ei chodi i o leiaf 10,000 os oedd y Gymdeithas i oroesi ar sail economaidd, yn enwedig gan y byddai heb gyllid lleol yn y dyfodol. Mewn ymateb i lawer o drafod ynglŷn â'r hyn y dylid ei wneud, penderfynodd y Cyngor yn Hydref 1962 y dylai cyfleusterau parcio gael eu hymestyn i'r holl aelodau yn hytrach na rhoi'r *Cylchgrawn* blynyddol yn rhad ac am ddim iddynt; y dylid cael disgyblaeth fanylach wrth ganiatáu mynediad i Bafiliwn y Cyngor a'r Aelodau; ac y dylid caniatáu gostyngiad ym mhris cystadlu ym mhob adran o'r sioe. Yn ôl Moses Griffith, y rheswm dros amharodrwydd ffermwyr Cymru i ddod yn aelodau oedd analluâ'r Gymdeithas i ymdrin â'r problemau dwys a'u hwynebai, er enghraifft, eu colledion trwm o ran da byw, a'i methiant i ddefnyddio'r iaith Gymraeg fel cyfrwng ei gweithgareddau.

Rydym wedi nodi'n gynharach fod gwahanol farnau wedi cael eu mynegi o 1944 ymlaen ynglŷn â dyfodol y Gymdeithas a'i sioe flynyddol. Gan ymateb i alwad oddi wrth yr Uwchgapten John Francis o Gaerfyrddin yn Ionawr 1948 y dylai'r Cyngor gymryd sylw o'r sefyllfa newydd a chymryd camau a fyddai'n galluogi'r Gymdeithas i gyflawni ei swyddogaeth a'i hamcanion, fe sefydlodd y Cyngor yn y flwyddyn honno Is-bwyllgor Trefniadaeth dan gadeiryddiaeth C. Bryner Jones. Ar ôl dau gyfarfod, cyflwynwyd argymhellion i'r Cyngor, ac fe'u derbyniwyd ym Mehefin 1948. Cymerwyd camau pwysig a chyflym i geisio cyflawni rhai o'r argymhellion hyn. Er enghraifft, yn haf 1948 fe benodwyd dau ddyn ifanc – Arthur George fel ysgrifennydd a John Wigley fel ysgrifennydd cynorthwyol – y ddau'n ymgymryd â'u swyddi yn sgil ymddeoliadau'r Capten Howson, a fu'n ysgrifennydd am 21 blynedd, a Walter Williams, ysgrifennydd cynorthwyol am 38 blynedd. Hefyd, gan fod yn falch fod y pencadlys yn cael ei ddychwelyd i'w sir ef, Ceredigion, prynodd y Dr Alban Davies o Lan-non adeilad newydd, sef Tŷ Edleston yn Ffordd y Frenhines, Aberystwyth, ar ran y Gymdeithas yn Ionawr 1949 am £5,000, a bu'n ddigon hael i gynnig benthyca'r swm hwnnw'n rhydd o log i'r Gymdeithas am ddwy flynedd. Gan ei fod yn awyddus i'r pencadlys gael ei drosglwyddo yno yn y pen draw, byddai'r diweddar Arglwydd Davies wedi bod wrth ei fodd gyda'r datblygiad hwn. Mewn cyfarfod pellach o'r Is-bwyllgor Trefniadaeth ar 30 Medi 1949 gwnaed argymhellion pellach tuag at wella trefniadaeth sioeau'r Gymdeithas, megis darparu gwell cyfleusterau parcio, llogi stiwardiaid cyflogedig i weithio wrth y giatiau yn arwain i'r cylch mawr, gan gynnig gwell gwybodaeth ac arwyddion ar gyfer ymwelwyr, a chael cyflwynwyr i ailadrodd canlyniadau'r cystadlaethau.

Deilliodd datblygiad pwysig arall o femorandwm a gyflwynwyd gan yr Is-gyrnol G. E. FitzHugh yn Ebrill 1950 yn trafod y gwendidau yn nhrefniadaeth y Cyngor a'i bwyllgorau ac yn gwneud awgrymiadau pendant o ran swyddogaethau a dull gweithredu. Mabwysiadodd y Cyngor yn ei gyfarfod y Mehefin dilynol rai o egwyddorion y dull gweithredu; y prif un oedd na ddylai materion hanfodol yn gysylltiedig â gweinyddiaeth a pholisi'r Gymdeithas gychwyn yn y Cyngor ond yn y pwyllgor priodol, er bod rhai o'r materion hyn yn addas i'w hystyried gan y Cyngor ei hun. Gyda'i gilydd, roeddynt yn gam pwysig ymlaen mewn symleiddio gweinyddiaeth, osgoi gorgyffwrdd, gwastraffu amser, oedi a dryswch, a delio'n fwy effeithiol â threfniadaeth y sioe.

Erbyn 1955 roedd nifer y pwyllgorau sefydlog wedi cynyddu o chwech i wyth, gydag ychwanegiad ers 1950 o Bwyllgor Golygyddol a Phwyllgor Garddwriaeth a Mêl. Bu newidiadau pellach i ddull gweithredu'r Cyngor ac i gyfansoddiad y pwyllgorau yn 1956 mewn ymateb i feirniadaeth yn 1955 gan D. O. Morgan fod rhy ychydig o amser yn cael ei roi i drafod materion yn codi o adroddiadau pwyllgorau yn y Cyngor a bod rhy ychydig o aelodau etholedig y Cyngor yn cael cyfle i wasanaethu ar o leiaf un o'r pwyllgorau, ac felly yn eu hatal rhag bod mewn cysylltiad digonol â materion y Gymdeithas. Anfonwyd rhai argymhellion at y Cyngor gan Bwyllgor Cyllid a Materion Cyffredinol, a gadeiriwyd gan yr Uwch-gyrnol FitzHugh, i unioni ei wendidau honedig: yn bennaf, y dylid caniatáu cynrychiolaeth etholedig ychwanegol ar y Cyngor o'r siroedd lle roedd yr aelodaeth yn gryf; y dylai siroedd y ffin a'r siroedd ymhellach i ffwrdd gael cynrychiolaeth etholedig ar y Cyngor; ac y dylid cyfyngu i 25 yr aelodaeth gyfetholedig. Ar sail aelodaeth 1955, byddai'r rheolau newydd a awgrymwyd ar gyfer cynrychiolaeth ar y Cyngor yn rhoi yn agos at gyfanswm o 110 aelod, gyda dwy ran o dair ohonynt yn etholedig, yn groes i'r sefyllfa flaenorol. Derbyniodd y Cyngor y penderfyniadau radicalaidd hyn ym Mawrth 1956. O safbwynt nifer a chynnwys y pwyllgorau, penderfynodd y Pwyllgor Cyllid gymeradwyo y dylai'r wyth pwyllgor sefydlog cyfredol ar y Cyngor barhau – roeddynt yn cynnwys Cyllid a Materion Cyffredinol, Dewis Gwobrau Da Byw a'r Beirniaid, Pwyllor y Cyfarwyddwr Anrhydeddus, Protestiadau, Peiriannau, Coedwigaeth, Golygyddol, a Garddwriaeth a Mêl – ac y dylid ychwanegu Pwyllor Cynnyrch Fferm. Argymhelliad arall oedd y dylid cyfyngu ar bwerau pwyllgor lle nad oedd mwyafrif yr aelodau yn aelodau o'r Cyngor hefyd. Yr un modd fe gytunodd y Cyngor ar yr argymhellion hyn ym Mawrth 1956.

Daeth syniad pellach am y dull o weithredu etholiad ar gyfer aelodau'r Cyngor unwaith eto mewn ymateb i feirniadaeth. Ac felly, fe bennwyd yn Hydref 1962, nad oedd unigolyn yn gymwys i'w enwebu ar gyfer ei ethol ar y Cyngor ond ar ôl cyfnod o dair blynedd fel aelod o'r Gymdeithas. Erbyn 1964, llwyddwyd i raddau helaeth i sicrhau wrth ethol pwyllgorau y byddai pob aelod yn cael y cyfle i wasanaethu ar o leiaf un pwyllgor, er bod y rhelyw o aelodau'r Cyngor – gan adlewyrchu cynrychiolaeth lethol, anghytbwys nas gellid ei hosgoi o fysg cynhyrchwyr da byw ar y Cyngor – yn dymuno gwasanaethu ar y Pwyllgor Dewis Gwobrau Da Byw a Beirniaid. Yn wir, annigonol oedd y nifer o aelodau'r Cyngor a oedd yn fodlon, heb sôn am fod yn awyddus, i wasanaethu ar rai o'r pwyllgorau eraill a oedd angen cefnogaeth. Mae'n amlwg, fodd bynnag, fod y Gymdeithas, yn ei hymgais i fod yn fwy effeithlon ac i gael y cyhoedd i gymryd mwy o ran yn ei gweithgarwch, wedi ymgymryd yn ystod y blynyddoedd hyn ag aildrefnu radicalaidd ar ei Chyngor a'i phwyllgorau sefydlog.

Dros y blynyddoedd, beirniadwyd absenoliaeth yn y Cyngor a'r pwyllgorau gan aelodau'r Gymdeithas. Roedd rhan o'r broblem yn deillio o'r man cyfarfod. Ar wahân i gyfarfod y Cyngor a gynhelid yn ystod wythnos y sioe, roedd cynnal y cyfarfodydd eraill yn Amwythig, efallai'r ganolfan fwyaf gyfleus i'r rhan fwyaf o'r Cymry, wedi bod ers tro byd yn amhoblogaidd gyda'r aelodau a ddeuai o'r siroedd pell. Ac felly, mewn ymateb i argymhelliad Sir Gaerfyrddin yn 1955 'y dylid cynnal holl gyfarfodydd y Cyngor yng Nghymru ac y dylai'r man cyfarfod fod yn Aberystwyth', penderfynodd y Cyngor yn Hydref 1955 gynnal ei gyfarfodydd yn y gwanwyn a'r haf yn Aberystwyth, er y byddai'n parhau i gynnal ei gyfarfodydd yn yr hydref a'i gyfarfod blynyddol yn Amwythig. Eto nid oedd hyn yn llwyr ateb y broblem, gan i aelodau'r Gymdeithas ym Môn ac Arfon, drwy eu cyfarfod sirol yn 1956, ofyn am i gyfarfodydd y Cyngor gael eu cynnal bob yn ail yng ngogledd a de Cymru.

Problem arall a wynebai arweinwyr y Gymdeithas oedd cyn lleied o aelodau a fynychodd y cyfarfodydd sirol yn y 1950au. Roedd Meirionnydd wedi awgrymu yn 1952 y gallai cynnal sioe ffilmiau neu gael siaradwr gwadd fod yn fodd i ddenu'r aelodau, er na wnaeth y Gymdeithas ddim â'r syniad. Dangosodd ffigurau 1957 mor ddifrifol oedd y broblem: o holl aelodaeth y cyfarfodydd sirol, sef cyfanswm o 2,214, dim ond 151 aelod a fynychodd y cyfarfodydd y flwyddyn honno! Mor ddigalon oedd y Cyngor o weld y fath ddifaterwch fel y gwahoddodd ei Bwyllgor Cyllid, yn 1958, i ystyried yr egwyddor o barhau gyda'r cyfarfodydd sirol. Heb amheuaeth, y rheswm na chawsant eu dirwyn i ben y pryd hynny oedd dymuniad cyffredinol yr holl siroedd, fel y mynegwyd yn 1959, y dylid parhau i gynnal y cyfarfodydd sirol fel ag yr oeddynt. Fodd bynnag, roedd y cyfarfodydd sirol a oedd wedi cael eu rhedeg felly ers 1924, i gael eu disodli o 1961 ymlaen gan bwyllgorau sirol ymgynghorol er mwyn rhoi mwy o gyfrifoldeb i'r siroedd ac i annog yr aelodau drwy Gymru i fod yn fwy ymrwymedig. Fel y cawn weld ym Mhennod Naw, roedd llawer yn digwydd ym maes gweithgarwch addysgol y Gymdeithas, a theimlid bod angen i'r Gymdeithas hybu gwell perthynas â'r aelodau unigol fel bod y gweithgareddau hyn yn dod yn fwy amlwg ymysg trwch yr aelodaeth. Gofynnwyd i aelodau'r Cyngor ym mhob sir ymffurfio'n graidd o 'bwyllgor sirol' fel y gellid cynnal cyfarfodydd achlysurol a chynnal arddangosiadau, un ai gyda chydweithrediad cyrff eraill neu hebddynt. Roedd y rhain yn ychwanegiad at gyfansoddiad y Gymdeithas, ac yr un pryd penodwyd ysgrifenyddion anrhydeddus y siroedd. Ar adeg mor heriol, y gobaith oedd y byddai'r sefydliadau sirol newydd yn cryfhau'r Gymdeithas gyfan. Ymhellach, gan fod y Gymdeithas yn awr wedi cael safle parhaol, roedd mwy o angen fyth am adeiladu cysylltiadau cryf â chymunedau gwledig ledled Cymru, a hynny ar frys.

Bu peth newid yn y berthynas rhwng y Gymdeithas a Phwyllgor Gwaith Lleol y sioe yn y cyfnod wedi'r Ail Ryfel Byd. Cyn 1939, fel y gwelsom, roedd y Gymdeithas yn disgwyl i'r pwyllgor lleol ddarparu maes a meysydd parcio, rhai gwasanaethau, arian at y gwobrau yn y dosbarthiadau lleol, banc (pe dymunid) a sicrwydd o hyd at £1,000 yn erbyn colled ar gyfrif sioeau'r Gymdeithas – swm a gedwid wedyn ar wahân i'r cyfrif rheoli. Ers 1947 ni cheisiodd y Gymdeithas sicrwydd yn erbyn colledion ac, o 1956 ymlaen, ni chafwyd dosbarthiadau lleol na rhanbarthol. Fel arall, doedd dim newid yn y gofynion. Eto, hyd at 1948 roedd bob amser gytundeb wedi ei arwyddo rhwng y pwyllgor lleol a'r Gymdeithas yn gosod allan yr ymrwymiadau. Ond wedyn fe esgeluswyd hyn, a phopeth yn awr yn dibynnu ar ewyllys da heb ymrwymiad cyfreithiol. Erbyn canol y 1950au, fel roedd costau yn cynyddu, daeth y Gymdeithas i ddisgwyl gwarged ar y gronfa leol o rhwng £3,000 a £3,500 ar gyfartaledd. Dim ond yn 1955 y cyrhaeddwyd hyn (£3,700). Roedd profiad erbyn hyn wedi dangos, yn absenoldeb unrhyw gytundeb a gymhellwyd yn gyfreithiol, y byddai'n rhaid cymryd gofal arbennig, cyn derbyn gwahoddiad, i sicrhau bod y gefnogaeth leol angenrheidiol yn siŵr o ddod ac wedi'i threfnu yn ddigonol. Erbyn 1956 teimlid nad oedd trefniadau'r Gymdeithas wedi gwarchod ei sefyllfa'n ddigonol. Gyda chymaint yn y fantol, roedd angen agwedd systematig a fyddai'n sicrhau, erbyn y byddai gwahoddiad wedi ei dderbyn, y gellid asesu'n gywir gefnogaeth i'r prosiect a bod y safleoedd allweddol yn nhrefniadaeth y gefnogaeth honno wedi eu rhoi mewn dwylo dibynadwy. Gyda'r pryderon hyn yn y cof ym Medi 1956, anogodd y Pwyllgor Cyllid a Materion Cyffredinol i'r Cyngor fabwysiadu dull gweithredu penodol a olygai fod y Gymdeithas yn ymchwilio'n answyddogol o fewn rhanbarth arbennig i asesu rhinwedd safle gyda swyddogion allweddol yr awdurdod lleol yn eu cynghori. Ar ôl derbyn arwyddion ffafriol i fynd ymlaen, yn y dyfodol dylai'r Cyngor sicrhau y gofynnid i'r pwyllgor lleol gwrdd â'r gost o ddarparu: maes y sioe a mannau parcio ynghyd â'u paratoi a'u hadfer; y gwasanaethau angenrheidiol, megis trydan, dŵr a ffyrdd mynediad; a rhai gwasanaethau lleol angenrheidiol megis yr heddlu, a gwasanaethau tân ac ambiwlans. Ymhellach, fe ddylai gynnig cyfraniad sylweddol tuag at gostau rhedeg y sioe. Yn olaf, awgrymwyd wrth y Cyngor y dylai fabwysiadu dulliau gweithredu gofalus o safbwynt breintiau yn gyfnewid am gyfraniadau i'r gronfa leol. Cymeradwyodd y Cyngor y cyfan o'r argymhellion hyn.

Bu'r blynyddoedd wedi'r rhyfel hyd at 1962 yn dyst i'r defnydd cynyddol o'r iaith Gymraeg yng ngweithgareddau'r Gymdeithas, er y byddai'n well gan rai, yn arbennig Moses Griffith, weld y Gymdeithas yn mynd llawer ymhellach yn hyn o beth. Wedi apwyntio siaradwr Cymraeg fel ysgrifennydd yn 1948, fe benderfynodd y Gymdeithas yn 1950 gynnwys 'Cymdeithas Amaethyddol Frenhinol Cymru' o dan deitl Saesneg y Gymdeithas ar ei holl benawdau llythyrau a chyhoeddiadau. Yn fuan wedyn, yn 1952, gan roi sylw i'r ffaith fod sioe'r flwyddyn honno'n cael ei chynnal mewn ardal Gymraeg ei hiaith (Caernarfon), penderfynodd y Cyngor y dylai'r sylwebaeth yn ystod y gorymdeithiau fod yn Gymraeg yn ogystal ag yn Saesneg – a dyma'r tro cyntaf i'r famiaith gael ei defnyddio yn hanes y Gymdeithas. Fe apwyntiwyd Moses Griffith i sylwebu yn y ddwy iaith. Er i'r sylwebaethau fod mewn Saesneg yng Nghaerdydd y flwyddyn ddilynol, clywyd rhai dwyieithog eto ym Machynlleth yn 1954, pan fu Moses Griffith yn gyfrifol am orymdaith y ceffylau, R. L. Jones am orymdaith y gwartheg ac E. J. Roberts am orymdaith y defaid. Er na fu unrhyw sylwebaethau gorymdaith yn Hwlffordd yn 1955 oherwydd yr anawsterau ffisegol yno, yn sioe Aberystwyth yn 1957 rhoddodd

25. Moses Griffith (ar y chwith) yn sioe Port Talbot yn 1959.

dau sylwebydd y sylwebaeth ar y brif orymdaith, J. E. Nichols yn Saesneg a Llywelyn Phillips yn Gymraeg, a'r un rhai a roddodd sylwebaeth yn y ddwy iaith eto yn sioe Bangor y flwyddyn ddilynol. Tro Margam oedd croesawu'r sioe yn 1959, ac yma yr Athro Nichols oedd prif sylwebydd gorymdaith y cylch mawr, gydag I. M. Yeomans yn adran y ceffylau a W. J. Constable yn adran y gwartheg, a Llywelyn Phillips yn gweithredu mewn Cymraeg yn ôl y galw. Er bod mwy o sylwebaeth yn cael ei rhoi mewn Cymraeg nag yn y cyfnod cyn y rhyfel, roedd cael y cydbwysedd i blesio pawb yn broblem anodd fel y gellid disgwyl; ar y naill law, bu sylwebaeth Gymraeg annigonol yn Aberystwyth yn 1957 yn achos cwynion, ond, ar y llaw arall, derbyniodd cyfarfod Medi 1961 o Bwyllgor y Cyfarwyddwr Anrhydeddus feirniadaeth ar sylwebaeth yr orymdaith, yn arbennig y newid sydyn o Saesneg i Gymraeg.

Cododd trafodaethau hefyd yn 1957 ar bwnc cyfieithu erthyglau yn *Cylchgrawn* y Gymdeithas o'r Saesneg i'r Gymraeg ac fel arall. Fodd bynnag, ni chynigiwyd unrhyw gonsesiynau yma, hyd yn oed i gais Moses Griffith am ddim ond crynodeb yn yr iaith arall. Yr hyn a ddylanwadodd ar benderfyniad y Gymdeithas oedd y teimlad ei bod yn annheg gofyn i awduron gynnwys crynodeb wedi'i gyfieithu i'r iaith arall. Mewn cyfarfod a gynhaliwyd ar 4 Mawrth 1960, atgoffodd Moses Griffith y Gymdeithas y gellid hybu ei pherthynas â'r gymuned ffermio pe gwnâi fwy o ddefnydd o'r iaith frodorol. Er mwyn arddangos esgeulustod amlwg ar ran y Gymdeithas, fe ddangosodd y dylai'r 'Brains Trust', a oedd i'w chynnal yng Nghynhadledd y 'Royal Welsh' yn y fro Gymraeg yng Nghorwen ym Mai'r un flwyddyn, gynnwys elfen lawer cryfach o siaradwyr Cymraeg. Yn y drafodaeth a ddilynodd dywedodd R. W. Griffith fod yr iaith Gymraeg yn bwysig, ond gofynnodd ar yr un gwynt a fyddai'r Cymry yn cyrraedd gwell safon byw drwy ddibynnu ar yr iaith. O'i safbwynt ef dylid cael gweledigaeth ehangach. Fodd bynnag, galwodd yr Is-gyrnol Beaumont am i fwy o sylw gael ei roi i'r iaith Gymraeg.

Yr oedd y staff a'r swyddogion allweddol yn hollbwysig, wrth gwrs, i greu polisi a chynllunio a rhedeg busnes y Gymdeithas yn y blynyddoedd hyn. Rhoddodd yr ehangu yn y gweithgareddau yn y cyfnod yn dilyn 1947 fwy o faich ar ysgwyddau'r staff, er bod y nifer wedi cynyddu o 5 yn 1949 i 11 erbyn 1959. Roedd staff hŷn y cyfnod hwn o sioeau symudol yn treulio rhan sylweddol o'u hamser 'ar y ffordd', cymaint felly yn achos yr ysgrifennydd, Arthur George (a fu'n teithio am 165 o ddyddiau rhwng Gorffennaf 1959 a Mehefin 1960, er enghraifft), fel y cytunodd y Gymdeithas yn 1956 i brynu uned yn costio £22 ar gyfer addasu ei dâp-recordydd i'w ddefnyddio o fatri'r car, mewn ymgais i arbed amser! O ran adnoddau dynol, cyflogwyd 6½ o bobl yng ngwaith Sioe Frenhinol Cymru rhwng Gorffennaf 1959 a Mehefin 1960, pedwar yn gweinyddu Cymdeithas y Cobiau a'r Merlod Cymreig ac un am hanner y flwyddyn ar waith Cymdeithas y Defaid Mynydd Cymreig a Chymdeithas Bridwyr Defaid Hanner-ach Gymreig.

Magwyd Arthur George, Cymro Cymraeg, ar fferm yng ngogledd Sir Benfro a daeth i Sioe Frenhinol Cymru ar ôl cyfnod fel swyddog cyswllt i Gymru ar ran Ffederasiwn Cenedlaethol Clybiau'r Ffermwyr Ifanc. Dilynodd ef y Capten Howson fel ysgrifennydd ym Medi 1948. Gyda'r ysgrifennydd cynorthwyol, John Wigley, a gafodd swydd yr un pryd ar ôl gwasanaethu'r Gymdeithas eisoes am ddwy flynedd yn edrych ar ôl cymdeithasau'r bridiau, daeth â bywyd ac asbri i'r Gymdeithas. Fel llawer o rai eraill a ddaliodd swydd o fewn y Gymdeithas – er enghraifft Walter Williams, a roddodd 38 mlynedd o wasanaeth fel ysgrifennydd cynorthwyol cyn ymddeol yn 1948, gan lyncu bron y cyfan o'i amser a'i feddyliau – roedd Arthur George yn ystod ei gyfnod yn gweithio i'r Gymdeithas hyd at 1973 yn gaeth i'w waith, fel y cyfaddefodd ei hun. Er nad oedd yn ysgrifennwr dawnus na chynhyrchiol (yn wahanol i'r Capten Howson), roedd yn weinyddwr a threfnydd tan gamp, a meddai ar ddawn yr un mor hanfodol, sef gallu cyd-dynnu'n dda â phobl. Felly, roedd yn effeithiol yn bennaf oherwydd y modd y sefydlodd berthynas adeiladol, dwymgalon â'i gadeiryddion, yn arbennig yn y blynyddoedd cynnar hynny â C. Bryner Jones a'r Is-gyrnol G. E. FitzHugh. Yn ogystal â'i gyfraniad enfawr yn hyrwyddo'r trawsnewid o sioe symudol i safle parhaol, nodweddid ei

26. Arthur George (yr ail o'r dde), ysgrifennydd o 1948, gyda'r Cadlywydd Montgomery yn sioe Abertawe yn 1949.

gyfnod yn y swydd gan ei asesiad o holl weithgaredd y Gymdeithas o safbwynt addysgol. Roedd gan Arthur George allu dihafal i wneud hwyl am ei ben ei hun, ac yn ei bapurau preifat mae'n adrodd am un llithriad digrif yn ei yrfa yn y Sioe Frenhinol. Fel rhan o'r paratoi ar gyfer y sioe a oedd i'w chynnal yn Abergele yn 1950, archebodd le mewn gwesty arbennig 'ar y ffrynt' yn y Rhyl, a oedd yn ei dyb ef – ar sail yr enw da oedd iddo am fwyd a chyfforddus-rwydd – yn addas fel man aros i stiwardiaid y cylch mawr, gan gynnwys yr Uwchgapten Jack Rees, Percy Thomas a Ben W. Rees ymysg eraill yn y 'tîm'. Aeth George yn ei flaen: 'Gall rhai o gydnabod y boneddigion hyn ddychmygu'r "rhegi a'r fflamio" a ddioddefais pan ddarganfuasant wrth gyrraedd mai gwesty dirwestol oedd hwn. Ni chefais fyth gyfle i anghofio fy nghamgymeriad.'

Rhoddwyd gwasanaeth ymroddedig hefyd gan y trysorydd anrhydeddus, J. E. Rees, rheolwr Banc y Midland, Aberystwyth, a barhaodd rhwng 1946 a 1961 y gwaith da yr oedd cyn-reolwr y banc, R. H. Thomas, wedi ei wneud o'i flaen ers 1927. Mor gryf oedd teyrngarwch yr olaf i les y Gymdeithas, fel ei fod wedi mynnu, er ei fod yn wael iawn ei iechyd, hebrwng J. E. Rees i Gaerfyrddin yn 1947 i'w roi ar ben y ffordd yn ei sioe gyntaf. Roedd gwaeledd Thomas yn wir yn golygu ei fod yn gorfod dychwelyd adref ar brynhawn y diwrnod cyntaf, a bu farw yn fuan wedyn yn Nhachwedd. Bu J. E. Rees yn drysorydd anrhydeddus yn ystod blynyddoedd ariannol main iawn, ac mae'n siŵr ei fod wedi teimlo'n fodlon wrth roi'r gorau i'w swydd yn 1961 ar adeg pan oedd y Gymdeithas wedi mwynhau tair gwarged dda yn olynol. Adlewyrchwyd ymroddiad tawel y dyn hwn yn ei ddewis i letya yn ystod wythnos y sioe mewn tŷ preifat lle y câi heddwch i astudio ffigurau, nifer yr ymwelwyr, rhaglenni ac yn y blaen ar gyfer eu cyflwyno fel ystadegau manwl i'r swyddogion a'r staff y diwrnod canlynol. Byddai, yn ddiau, yn ymwybodol o'r yfed trwm a'r rhialtwch yn y gwestai ymysg stiwardiaid y sioe. Mae Graham Rees, stiward a fu am gyfnod hir yn gofalu am y cobiau Cymreig yn y sioe, yn cofio bod 'gwelyau soldiwr' yn un o'r pranciau yn ystod cyfnod y sioeau symudol; mae'n adrodd hefyd fel yr arferai'r Capten Bill Williams, un o'r stiwardiaid a oedd wedi gwasanaethu'r fyddin yn India, dynnu llenni lolfa'r gwesty i lawr, a phrysuro i ymwisgo, gan roi tyrban am ei ben, ac ymroi i berfformio'r tric rhaff Indiaidd!

Trwy gydol yr hanner can mlynedd cyntaf yn hanes y Gymdeithas yr oedd C. Bryner Jones o bwysigrwydd eithriadol wrth roi iddi gyfeiriad. Fe'i hurddwyd yn farchog yn 1947, ac ar ôl bod yn Athro Amaethyddiaeth yn Aberystwyth o 1907, daeth yn gomisiynydd amaeth Cymru yn 1912. Wedi hynny, hyd ei ymddeoliad o'i swydd fel ysgrifennydd Cymru yn y Weinyddiaeth Amaeth yn 1944, roedd mewn sefyllfa unigryw yn rheng flaen datblygiad amaethyddiaeth Cymru. Yng ngeiriau Syr George Stapledon, ef oedd 'tad ymchwil ac addysg amaethyddiaeth yn y Dywysogaeth'. Yr oedd yn ŵr gonest, urddasol, a chwrtais bob tro, a bu'n ymwneud â'r Gymdeithas o'r cychwyn cyntaf pan, fel darlithydd yn Newcastle, y'i gwahoddwyd i feirniadu cystadlaethau adran y peiriannau yn y sioe gyntaf. Yn naturiol, fe gryfhaodd y cysylltiad wrth iddo symud i Goleg Prifysgol Cymru, Aberystwyth yn 1907, ac ymuno â'r Gymdeithas y flwyddyn honno gan gael ei ethol yn aelod o'r Cyngor yn 1908, corff a wasanaethodd yn ffyddlon tan ei ddyddiau olaf yn 1954. Oherwydd gwaeledd Lewes Loveden Pryse yn 1909, fe'i penodwyd yn gyfarwyddwr anrhydeddus y sioe ac yn ysgrifennydd (*pro tem*) y Gymdeithas. Soniwyd hefyd am y brif ran a chwaraeodd yn perswadio David Davies Llandinam yn 1921 i adfywio'r Gymdeithas yn dilyn ei dirywiad ers 1914. Yn absenoldeb anorfod y cadeirydd David Davies o nifer o gyfarfodydd, fe lenwodd y bwlch, ac yn 1931 fe'i hapwyntiwyd yn haeddiannol yn uwch is-gadeirydd y Cyngor. Bellach roedd rhyw deimlad anochel mai ef fyddai'n dilyn yr Arglwydd Davies fel cadeirydd pan fu ef farw yn 1944, ac fe barhaodd i wasanaethu yn y swydd bwysig, feichus honno yn anrhydeddus hyd 1953 pan – fel coron ar yrfa ddisglair – fe'i hetholwyd yn llywydd y Gymdeithas yn 1954,

27. Syr C. Bryner Jones, llywydd, yn sioe Machynlleth, 1954.

RHAN III: 1947–1962

28. Syr Michael D. Venables-Llewelyn, cadeirydd y Cyngor o 1954 i 1969.

ei blwyddyn jiwbili. Gwaetha'r modd bu farw yn ystod y flwyddyn honno. Mae'r ffaith na fu'n absennol o'r Cyngor ond unwaith ac na chollodd ond un sioe flynyddol yn dystiolaeth wych i'w ymroddiad. Iddo ef, roedd y sioe yn bwysig fel ffenest siop y diwydiant amaethyddol yng Nghymru yn ogystal â bod yn gyfrwng addysgu. Yn fwyaf arbennig, canolbwyntiai ef ar yr adran beiriannau gan ei hystyried yn ddull hanfodol o wella offer a pheiriannau fferm wedi eu haddasu orau ar gyfer gofynion arbennig ffermwyr a gweithwyr fferm Cymru. Efallai mai am ei waith y tu allan i siambr y Cyngor y mae'r Gymdeithas fwyaf yn ei ddyled, ac eto roedd yn fodel hefyd o gadeirydd, a'r swydd hon yn manteisio ar ei feddwl clir, ei ddawn i werthfawrogi'n feirniadol a'i farn gadarn. Fel y dywedodd Arthur George, a oedd wrth ei ochr fel ysgrifennydd trwy'r amser, 'nid yn unig yr oedd Syr Bryner yn berffaith ar fater trefniadaeth, roedd yr un mor ardderchog yn gweithredu'r drefniadaeth honno ac yn dilyn y penderfyniadau, boed hynny ar ffurf adroddiad neu lythyr neu drwy gysylltiad personol'.

Daeth dau enw arall i'r amlwg yn y 1950au wrth i hoelion wyth y Gymdeithas ddiflannu oddi ar y llwyfan. Olynydd Syr Bryner Jones fel cadeirydd y Cyngor yn 1954 oedd y Brigadydd Syr Michael D. Venables-Llewelyn o Neuadd Llysdinam, y Bontnewydd ar Wy; roedd tad Syr Michael, y Cyrnol Syr Charles Venables-Llewelyn, yntau yn llywydd y Gymdeithas yn 1932, ac wedi cyflwyno i'w fab ifanc aelodaeth fywyd y Gymdeithas fel anrheg Nadolig. Profwyd cyrhaeddiadau Syr Michael yn 1951 fel llywydd y Gymdeithas a chadeirydd Pwyllgor Lleol Llandrindod fel ei gilydd pan gynhaliwyd y sioe yn Llanelwedd. Daliodd ei swydd am 15 mlynedd hyd at 1969, ac yn ystod y cyfnod hwn yr oedd – yng ngeiriau'r Is-Gyrnol FitzHugh – yn gadeirydd 'delfrydol'. Yn fwyaf arbennig, roedd Syr Michael yn arbenigwr ar lunio rhaglen a thaith ar adegau pan ymwelai un o'r teulu brenhinol â'r sioe. Bydd y darllenwyr yn cofio hefyd y gwasanaeth di-feth a roddwyd i'r Gymdeithas gan Reuben Haigh fel cyfarwyddwr anrhydeddus dros gyfnod o 23 blynedd. Ar ei ymddiswyddiad yn 1950 oherwydd afiechyd, fe'i dilynwyd fel cyfarwyddwr anrhydeddus gan yr Is-gyrnol G. E. FitzHugh o Blas Power, Wrecsam, a chwaraeodd ran anfesuradwy ym musnes y Gymdeithas cyn ac ar ôl y symud i Lanelwedd yn 1963. Mae'n ddigon yma gofnodi unwaith eto mai ef – yn rhinwedd ei swydd fel cadeirydd y Pwyllgor Cyllid a Materion Cyffredinol a Phwyllgor y Cyfarwyddwr Anrhydeddus yn y 1950au hyd at 1962 – oedd y ffigur allweddol y tu ôl i ad-drefniant y Cyngor a'i bwyllgorau, a'r un modd roedd yn amlwg yn llywio'r Gymdeithas drwy'r dyfroedd geirwon a arweiniodd at y safle parhaol. Byddwn yn adolygu'r cam mawr hwn ymlaen ym Mhennod Deg.

PENNOD WYTH

Y Sioe, 1947–1962
EHANGU A NEWID

Nid rhywbeth i ffermwyr yn unig oedd y sioe, wrth gwrs, ac o sylweddoli bod ynddi rywbeth at ddant pob rhan o gymdeithas, fe ddenwyd y cyhoedd i ddod, yn aml yn eu moduron preifat, a gwelwyd cynnydd yn eu niferoedd ar ôl y rhyfel. Er y cydweithrediad gwych a gafwyd gan heddlu'r amrywiol siroedd, daeth cynffon hir o drafnidiaeth yn rhan o olygfa'r Sioe Frenhinol yn ystod y blynyddoedd hyn. Yn ddiarwybod cafodd ymwelwyr eu dal yn y drafnidiaeth a ymlusgai am bedair i bum milltir i sioe Hwlffordd yn 1955 a Gelli-aur yn 1961. Roedd y dyrfa mewn sioe dri diwrnod yn amrywio rhwng isafswm o 50,000–60,000 (gan ddisgyn i 45,375 yn sioe wleb Machynlleth yn 1954) ac uchafswm o 80,000–90,000. Yn 1961 denodd Gelli-aur, Llandeilo, y nifer uchaf o ymwelwyr dros dri diwrnod, sef 90,000 a throsodd, ond roedd cyfanswm y rhai a fynychodd Aberystwyth yn 1957 ychydig dros 83,000, a oedd yn syndod mawr o gofio'r llifogydd eithriadol ar y trydydd diwrnod. Heb amheuath fe chwyddodd y dyrfa oherwydd ymweliad y Dywysoges Alexandra â'r sioe arbennig hon. Denodd sioe bedwar diwrnod Abertawe yn 1949 dyrfa o dros 102,000. Ac eithrio'r ffigurau am y digwyddiadau pedwar diwrnod yn Abertawe (1949) a Margam (1959), cyfartaledd y nifer a fynychodd y sioeau tri diwrnod rhwng 1947 a 1962 oedd tua 65,000. Felly, roedd derbyniadau wrth y giatiau yn sylweddol uwch nag yn y dyddiau cyn y rhyfel, pan oedd y tyrfaoedd ar gyfartaledd tua 35,000 a heb fod fel arfer yn fwy na 40,000, ar wahân i'r record yn nifer yr ymwelwyr o bron 53,000 yng Nghaerfyrddin yn 1925.

Golygai'r tyrfaoedd mawr – yn arbennig ar yr ail ddiwrnod pan fyddai mwy na 30,000 o bobl yn gorlenwi'r rhodfeydd fel arfer – fod meysydd y sioeau, er y cynnydd yn eu maint i tua 50–60 acer, yn aml yn gyfyng ac yn rhy lawn, gyda'r gwasanaethau a'r cyfleusterau yn cael eu gorestyn. Fe welwn mai un o'r rhesymau dros benderfynu cael safle parhaol oedd yr ymateb i'r feirniadaeth gynyddol gan arddangoswyr anifeiliaid ac ymwelwyr fel ei gilydd ar y cyfleusterau gwael, yn arbennig y rhai yn ymwneud â glanweithdra a darpariaeth bwyd. Cafodd trefniadau trafnidiaeth yn sioe Gelli-aur yn 1961, yn enwedig y dagfa ger y mynedfeydd, eu beirniadu gan aelodau'r Cyngor, a ddangosodd fod yr anghyfleuster hwn yn datblygu'n gyhuddiad difrifol yn erbyn y Gymdeithas a'i bod yn broblem y dylid rhoi blaenoriaeth iddi. Yn

29. Sioe Machynlleth, 1954: Valerie Thomas a Norton Jones a fentrodd i'r mwd i daro golwg dros y cerbydau a oedd yno'n sownd.

naturiol, roedd cyflwr popeth yn gwaethygu adeg glaw a llifogydd. Roedd cyflwr y maes ym Machynlleth yn 1954 mor dlawd fel y rhagwelodd 'Landsman' o'r *Western Mail* y byddai'r sioe'n cael ei chofnodi ym mlwyddnodion y Gymdeithas fel 'sioe fwtsias', ac fe'i galwyd yn ddiflewyn-ar-dafod gan ohebydd amaethyddol y *Daily Express* yn 'Royal "Squelch" Show'. Yn fwy cadarnhaol, disgrifiad pennawd *Y Cymro* oedd 'Sioe Fawr er Glaw a Mwd'. Roedd y glaw trwm di-dor yn ystod y deng wythnos cyn y sioe wedi troi'r ddaear yn gors ac, er yr ymdrechion dewr i osod cledrau rheilffordd ar y maes a thaenu gwellt a gro, ni fu gwella ar gyflwr echrydus y tir dan draed drwy gydol y tri diwrnod. Bu pedwar tractor treigl yn brysur yn tynnu allan y cerbydau a oedd wedi suddo i'r môr o fwd. Yn wir, i 'Landsman', y diwrnod olaf, sef 23 Gorffennaf, oedd y diwrnod gwaethaf iddo ef erioed ei brofi yn hanes hir mynychu'r Sioe Frenhinol. Roedd y glaw trwm drwy gydol y dydd wedi troi'r rhodfeydd yn gors o fwd, a dagai'r holl drafnidiaeth a rhwystro cyflenwad bwydydd i'r gwahanol gantinau bwyd. Roedd y siomedigaeth hon yn llawer gwaeth o gofio bod 1954 yn flwyddyn arbennig i'r gymdeithas. Fel y nododd Syr C. Bryner Jones yn gynharach yn y flwyddyn: 'Y mae Royal

Y SIOE, 1947–1962

30. Sioe Bangor, 1958, yn dangos mor wael yr oedd hi dan draed.

Welsh, fel Cymdeithas, eleni yn dathlu ei Hanner-Canmlwyddiant, a gwneir pob ymdrech i wneud y Sioe ym Machynlleth yn un deilwng o'r amgylchiad ac yn Sioe deilwng o Gymru.' Rhan o broblem y corddi a ddigwyddai i feysydd y sioeau yn ystod tywydd gwlyb oedd defnyddio cerbydau cludiant trwm, fel yr oedd yn amlwg yn achos Bangor yn 1958 lle roedd y ddaear ar y maes mewn cyflwr truenus dros y ddau ddiwrnod cyntaf. Roedd cyfnod glawog o Fehefin ymlaen wedi gwneud y safle yn wlyb socian, cyflwr a newidiodd yn fwd gludiog – diolch i'r holl lorïau trymion a fu yno cyn i'r sioe agor ar ei diwrnod cyntaf.

Er na fyddai'r broblem yn cael ei llwyr unioni heb gael arwynebau caled i'r ffyrdd, fe welwyd rhywfaint o welliant pendant i amodau dan draed i'r cyhoedd o 1959 ymlaen drwy gyflwyno rhodfeydd ar wahân i gerddwyr a cherbydau. Ym Margam yn 1959, am y tro cyntaf, cyfyngwyd trafnidiaeth lorïau cyn ac yn ystod y sioe i'r lonydd cefn, fel bod y ffyrdd ffrynt bob amser yn rhydd i'r ymwelwyr crwydrol. Mor llwyddiannus oedd yr arbrawf hwn fel y gwnaethpwyd yr un peth yn y Trallwng y flwyddyn ganlynol. Yn wir gwelwyd nifer o fentrau newydd yn sioe y Trallwng o safbwynt adeiladau a gosod allan y maes a fwriadwyd i wella cysur y cyhoedd a fynychai'r sioe.

RHAN III: 1947–1962

Mae'r cynnydd yn niferoedd stondinau'r masnachwyr yn rhoi syniad da o dwf y sioe a'i phoblogrwydd yn ystod y blynyddoedd hyn. Cyfartaledd y stondinau oedd 151 i bob un o'r chwe sioe a gynhaliwyd hyd at ac yn cynnwys 1939, ond cynyddodd y cyfartaledd i 260 am y blynyddoedd o 1947 hyd at 1962. Fe welwyd twf hefyd dros y blynyddoedd hyn wedi'r rhyfel: cyfartaledd nifer y stondinau masnach yn y pum sioe a gynhaliwyd rhwng 1947 a 1952 oedd 210 a chynyddodd hon i 306 dros y pump a gynhaliwyd rhwng 1958 a 1962. Yma yn yr amrywiol arddangosfeydd masnach yr adlewyrchwyd yn llawn y cynnydd syfrdanol yn y mecaneiddio a fu ar ffermydd. Erbyn canol y 1950au roedd y ceffyl bron wedi llwyr ddiflannu ac roedd bron bob ffermwr yn berchen ar o leiaf un tractor yn ogystal â pheiriannau pweredig. Mor awyddus oedd y Gymdeithas i gytuno â dymuniadau'r grŵp llafar hwn o fasnachwyr stondinau fel y newidiwyd dyddiau traddodiadol y sioe o 1961 ymlaen o Fercher, Iau a Gwener i Fawrth, Mercher ac Iau er mwyn iddynt allu gadael mewn pryd ar gyfer y penwythnos canlynol, neu i gyrraedd Sioe Frenhinol Sir Gaerhirfryn. Fel y nodwyd uchod, roedd mwy o dyrfaoedd a chynnydd yn nifer yr arddangosfeydd masnach yn golygu safleoedd mwy. Tra oedd arwynebedd maes y sioe yn y Trallwng yn 1923 yn ddim ond 23 acer, roedd y safle yn 1961 wedi ehangu i ddim llai na 62 o aceri.

Er gwaethaf y problemau ariannol a wynebai'r Gymdeithas yn y 1950au, roedd y sioe yn amlwg yn cynyddu o ran maint ac amrywiaeth. Roedd hyn, yn ei dro, yn gofyn am reolaeth fwy effro fyth. Yn sicr, fe gafwyd arolygaeth gliriach ac agosach yn sgil sefydlu Pwyllgor y Cyfarwyddwr Anrhydeddus yn 1950, o dan gadeiryddiaeth abl a deheuig yr Is-gyrnol FitzHugh, i ddelio â manylion trefniadaeth y sioe. O ganol y 1950au, yn arbennig, cymerwyd camau i gael gwell trefn ar faes y sioe. Felly, o Fachynlleth (1954) ymlaen, mabwysiadwyd yr arfer o gael ysgrifennydd y Gymdeithas yn gweithredu hefyd fel ysgrifennydd Pwyllgor Maes y Sioe, ac roedd hyn yn enghraifft o gyd-drefnu gwell. Yn Rhagfyr 1955 cymeradwyodd y Cyngor yr argymhellion a ddaeth o Bwyllgor y Cyfarwyddwr Anrhydeddus ynghylch yr angen am rai addasiadau yn y sioe ac yn nhrefniadaeth stiwardio, er mwyn gwella effeithiolrwydd a chael rheolaeth drwyadl dros holl adrannau'r sioe. O hyn ymlaen, roedd saith cyfarwyddwr anrhydeddus cynorthwyol i'w penodi ar gyfer y sioeau yn hytrach na'r tri a fu hyd yma'n gyfrifol am geffylau; gwartheg, defaid a moch; a maes y sioe. Byddai un ohonynt yn gyfrifol am un o'r adrannau canlynol: ceffylau; gwartheg, defaid a moch; maes y sioe (paratoi a chynnal a chadw); maes y sioe (gweinyddiaeth); masnachwyr; cystadlaethau; a garddwriaeth a mêl; a byddent yn gyfrifol i gyfarwyddwr anrhydeddus y sioe. Y grŵp nesaf yn y gadwyn o gyfrifoldeb oedd y 35 uwch-stiward adran, a fyddai'n atebol i'w cyfarwyddwyr anrhydeddus cynorthwyol priodol hwy. Hefyd fe fyddai stiwardiaid cynorthwyol parhaol. Ystyrid y rhain yn swyddi mor allweddol fel ei bod yn bwysig er lles rhediad llyfn y sioe eu bod yn cael eu hymddiried i'r un person bob blwyddyn. Roeddynt hwythau yn yr un modd i fod yn atebol i'w stiwardiaid adrannol yn eu tro. Gan iddynt feddwl mai anrhydedd ynddi'i hun oedd stiwardio yn Sioe Frenhinol Cymru, nid oedd pob aelod o'r Cyngor yn cytuno pan benderfynwyd – er mwyn dal gafael ar ddynion gwerthfawr a hefyd gyflwyno gwaed newydd i redeg y gymdeithas – y dylai'r siwardiaid cynorthwyol parhaol gael cymorth at eu treuliau parod, gan y disgwylid iddynt fod ar faes y sioe am bron wythnos gyfan. Gwelwyd mentrau newydd hefyd, yng nghanol y 1950au, er mwyn gwella'r cyhoeddusrwydd a roddid i sioeau'r dyfodol; roedd yr wybodaeth i fod mewn Saesneg a Chymraeg ac roedd y Gymraeg i'w defnyddio yn y wasg ar gyfer ardaloedd lle roedd hi'n iaith bob dydd.

O'i dyddiau cynharaf fe ymatebodd y sioe i ddatblygiadau newydd yn amaethyddiaeth Cymru mewn ymgais benderfynol i symud gyda'r amserau. Dangoswyd y gallu hwn i addasu ac i fentro ar ei orau yn y blynyddoedd ar ôl 1947. Daeth datblygiad newydd yn sioe 1951 ar ffurf cystadlaethau ar gyfer offer a gynlluniwyd yn arbennig i weithio o dan yr amodau a geid yn ardaloedd bryniog Cymru. Ar yr adeg hon, roedd y galw ar ffermwyr i gynyddu'r cynnyrch a gaent o'u tir yn creu rhwystredigaeth mewn llawer man yng nghefn gwlad oherwydd prinder offer ar gyfer y fath amodau. Roedd y Gymdeithas wedi dechrau ystyried y broblem hon ers 1948 drwy sefydlu isbwyllgor arbennig i ystyried y camau angenrheidiol i hybu gweithgynhyrchu peiriannau a'r offer mwyaf addas ar gyfer ardaloedd uwchdir Cymru. Ffrwyth y fenter hon oedd y Pwyllgor Peiriannau a sefydlwyd yn 1951. Ac felly yn 1951 cynigiwyd gwobrau mewn cystadleuaeth agored am offer neu beiriant newydd neu un a addaswyd yn sylweddol i'w ddefnyddio at ddraenio tir neu ar gyfer adennill a thrin tir ymylol a bryniog. Yr enillydd oedd Brockhouse Engineering Co., Southport, gyda thractor ysgafn yr ystyrid y byddai'n ddefnyddiol ar ffermydd mynydd neu ymylol bychain. Dim ond un cystadleuydd a gafwyd yn yr ail gystadleuaeth am newid neu addasu offer neu beiriant presennol, cystadleuaeth a gyfyngwyd i rai yn ffermio neu yn gysylltiedig ag amaethyddiaeth yng Nghymru, ac er iddi gael ei chanslo yn 1952 a 1953 oherwydd prinder ymgeiswyr, fe adfywiwyd y gystadleuaeth hon ar gyfer dyfeiswyr amaturaidd cartref yn sioe 1954. Yn sioe 1956 – lle yr atgyfodwyd y Cynllun Gwobr Medal a fodolai cyn y rhyfel am beiriannau ac offer newydd, cynllun a drefnwyd gan y gweithgynhyrchwyr ar y stondinau masnach yn y sioe – cyflwynwyd medal arian i ddaliwr stondin fasnach a arddangosai beiriant neu offer newydd neu addasedig a fyddai'n debyg o fod y cyfraniad mwyaf defnyddiol i wynebu amodau ffermio ar uwchdir Cymru. Roedd y saith ymgeisydd am Gystadleuaeth y Fedal Arian yn y Rhyl yn ddechreuad calonogol, ac yn fuan bu'r ddau enillydd, y Salopian Trailer a'r

RHAN III: 1947–1962

Wolseley 'Swipe', o fantais i ffermwyr mynydd, yn ôl y Cyrnol J. J. Davis, beirniad y gystadleuaeth. Tro Massey-Harris-Ferguson gyda Thractor Ferguson 35 oedd i ennill y fedal arian yn sioe 1957. Yn y flwyddyn hon hefyd, fe welwyd dyfarnu am y tro cyntaf Dlws D. Alban Davies, gwobr arbennig am y cais mwyaf addas ar gyfer amodau gwaith yn yr uwchdir. Yr enillydd oedd y Meistri R. A. Lister, Cwmni Cyf., am Fwrdd Cneifio Defaid Lister. Gwelwyd bod gweithgarwch y Pwyllgor Peiriannau ers 1951, yn hybu peiriannau yn arbennig ar gyfer amodau ffermio mynydd yng Nghymru, yn dwyn ffrwyth gyda record o 15 cystadleuydd yn sioe Bangor yn 1958 am Wobrau'r Fedal Arian. Dangosodd hyn fod y gweithgynhyrchwyr yn gwerthfawrogi'r gwasanaeth a roddwyd gan y Gymdeithas i wella bywoliaeth ffermwyr mynydd Cymru. Enillydd Tlws D. Alban Davies oedd y Meistri Massey-Harris-Ferguson o Coventry am Forager 725. Ar yr un pryd, rhaid bod yn ofalus rhag hawlio bod gormod wedi'i gyflawni; mor ddiweddar â 1961 cydnabu swyddog o'r Gymdeithas 'nad oedd y sioe eto wedi llwyddo i gael peiriannau wedi eu cynllunio'n arbennig ar gyfer amodau ffermio uwchdir Cymru, ond eto rydym ni [y Gymdeithas] yn arloesi mewn llawer ffordd i gyrraedd y ddelfryd hon'. Cydnabuwyd bod y cynllun yn ei ffurf gyfredol yn methu â chynnig cyfle i ddyfeisgarwch y ffermwr.

Efallai y gellid dadlau mai'r cystadlaethau hyn ar gyfer peiriannau ac offer oedd prif newyddbethau'r sioeau yn y blynyddoedd wedi'r rhyfel, ond roedd yna hefyd fentrau newydd eraill. Gwelodd yr ymwelwyr a aeth i'r Rhyl yn 1956 am y tro cyntaf arddangosfa gan Ysgrifenyddiaeth Wlân Ryngwladol ar ffurf sioe ffasiwn o dan y teitl 'From Fleece to Fashion' gan fodelau o Lundain. Roeddynt yn arddangos bob dydd ac yn rhoi rhagolwg o ffasiynau gwlân yr hydref, a'r holl ddillad a ddangoswyd i'w cael mewn siopau ledled Cymru. Gymaint oedd llwyddiant hyn fel y llwyfannodd yr Ysgrifenyddiaeth Wlân Ryngwladol arddangosfa arall yn Aberystwyth yn 1957, yn cynnwys modelau'n arddangos y defnydd amrywiol y gellid ei wneud o frethyn gwlân.

Yn sioe 1959 ym Margam, llwyfannwyd cystadlaethau cneifio defaid y drws nesaf i'r Ysgrifenyddiaeth Wlân Ryngwladol. Roedd y Gymdeithas wedi trafod cyflwyno'r fenter newydd hon ers 1957 gyda thechneg Seland Newydd mewn golwg – techneg a gâi ei harddangos yn Sioe Frenhinol Cymru ar y pryd gan Godfrey Bowen. Roedd cystadlaethau 1959 yn cynnwys dau ddosbarth, y cyntaf yn 'agored' a'r ail wedi ei gyfyngu i aelodau Clybiau'r Ffermwyr Ifanc. Yn dilyn cystadlaethau ac arddangosfeydd 1959, gwaethpwyd gwelliannau drwy godi llwyfan ar gyfer y cystadleuwyr a seddau ar gyfer y gwylwyr. O 1960, hefyd, byddai'r cystadlaethau yn cael eu hadnabod fel Cystadlaethau Pencampwriaeth Cneifio Defaid Cymru Gyfan. Y prif gneifiwr yn sioe 1960 oedd Isa Lloyd, Sais 24 oed o Sir Henffordd, a oedd wedi symud i'r Eglwys Newydd ger Ceintun yn Sir Faesyfed, yn Ionawr y flwyddyn honno ac a oedd wedi dechrau cystadlu ar gneifio pan oedd yn 15 oed. Er iddo fod yn bedwerydd yn y gystadleuaeth honno yn 1960, roedd ei frawd bach Sam i rannu'r wobr am bencampwr cneifio Cymru yng Ngelli-aur yn 1961 gydag Eifion Evans o Lansannan, Sir Ddinbych. Roedd Eifion, a oedd yn 30 oed, wedi bod yn cneifio gyda dau gneifiwr arall o Seland Newydd ar gontract i ffermwyr gogledd Cymru ac roedd wedi treulio saith mis yn Seland Newydd ddwy flynedd ynghynt yn dysgu arddull Godfrey Bowen, pencampwr y byd am gneifio. Fe'i gwthiwyd i'r ail safle yn Wrecsam y flwyddyn ganlynol gan Sam Lloyd, a oedd yn ddiweddar wedi dod i ddefnyddio techneg Godfrey Brown ar ôl darllen ei lyfr a hefyd dysgu llawer amdani, gan ei gystadleuydd Eifion.

Gwelwyd sawl newyddbeth yng Ngelli-aur yn 1961, yn arbennig yr ymdrechion arbennig i gynnal cystadlaethau carcasau ar gyfer ŵyn mewn cysylltiad â Chymdeithas Genedlaethol Bridwyr Defaid. Deilliodd y fenter hon o drafodaethau ym Mhwyllgor Dewis Gwobrau Da Byw a Beirniaid yn Nhachwedd 1960 ar femorandwm a baratowyd gan Austin Jenkins ynglŷn â phatrwm dosbarthiadau da byw y dyfodol yn Sioe Frenhinol Cymru. Dangosodd y ddogfen hon yr anghysondebau helaeth rhwng gwerthuso anifeiliaid byw a nodweddion eu carcasau o safbwynt cig, a hefyd rhwng golwg yr anifail a chynhyrchu llaeth. Cytunodd y pwyllgor, er na ddylid anghofio am werthuso golwg o anghenraid, y dylai serch hynny gael ei roi mewn persbectif iawn mewn perthynas â nodweddion perfformio a chynhyrchu. Os oedd graddfa'r arddangosiadau yn gymedrol a'r cyfleusterau yn brin yng Ngelli-aur, roedd er hynny yn dangos tueddiadau'r dyfodol ac yn nodi dechrau cyfnod newydd o bwys mewn cystadlaethau da byw yn y Sioe Frenhinol yn ogystal ag mewn sioeau pwysig eraill. Ar sail adroddiadau calonogol am gystadleuaeth 1961, penderfynodd y Gymdeithas gynnal un arall yn 1962 yn Wrecsam, lle yr enillwyd y wobr gyntaf a'r ail gan y brodyr George a David Hughes o'r Rhyl, a oedd hefyd yn enillwyr cystadleuaeth newydd y flwyddyn honno ar gyfer defaid hanner-ach Gymreig. Yr un modd, cynhaliwyd cystadleuaeth carcas mochyn yn sioe 1962. Hefyd, fe welwyd yn sioe Gelli-aur 1961 gystadleuaeth wlân newydd ar yr un llinellau â'r un a gynhaliwyd yn Sioe Cymdeithas Amaethyddol Frenhinol Lloegr. Roedd y newid hwn yn y gystadleuaeth wlân yn boblogaidd oherwydd nid oedd yr hen gystadleuaeth wedi denu fawr o gystadleuwyr.

Cyflwynwyd cystadlaethau newydd ar gyfer bridiau da byw mewn sioeau dros y blynyddoedd hyn. Arddangoswyd gwartheg Ayrshire am y tro cyntaf yn sioe Caerfyrddin yn 1947. Ymddangosodd gwartheg Jersey am y tro cyntaf mewn dosbarthiadau agored yn Sioe Frenhinol Cymru yn Abergele yn 1950 a chyflwynwyd Red Polls yn sioe Llandrindod (a gynhaliwyd yn Llanelwedd) y flwyddyn ddilynol. Yn sioe 1956 yn y Rhyl, fe ddenodd cystadleuaeth moch

Landrace fwy na 40 o gystadleuwyr. Gwelodd sioe Aberystwyth y flwyddyn ddilynol gyflwyno dosbarthiadau ar gyfer defaid Border Leicester, ac yn sioe Gelli-aur yn 1961 roedd dau ddosbarth newydd ar gyfer defaid, sef Llanwenog a Phenfrith Beulah, a sefydlwyd cystadleuaeth newydd ar gyfer defaid hanner-ach Gymreig yn sioe Wrecsam yn 1962, fel y gwelsom eisoes.

Daeth newid sylweddol i'r drefn yn 1954 gyda'r penderfyniad i adael allan ddosbarthiadau lleol neu ranbarthol o raglen sioeau'r dyfodol. Un o'r pwyntiau a wnaethpwyd mewn pwyllgor *ad hoc* ym Medi 1954 oedd na ddylai Sioe Frenhinol Cymru, fel un o'r digwyddiadau 'cenedlaethol' cydnabydd-edig, ostwng ei safonau drwy gynnwys dosbarthiadau ardal, gan fod safon y ceisiadau yn y rhain fel arfer yn disgyn islaw un y sioe sirol. Y mis dilynol, penderfynodd y Cyngor y byddai'r dosbarthiadau ardal yn cael eu gadael allan o 1956 ymlaen. Yr un oedd y penderfyniad yn sioe 1961 yng Ngelli-aur, er gwaetha'r 'teimladau cryf' yn lleol yn Sir Gaerfyrddin y dylid darparu ar gyfer dosbarthiadau lleol. Yn eironig, yn dilyn y penderfyniad i roi'r gorau i'r dos-barthiadau lleol, fe ddymchwelwyd trefn ddigynnwrf arferol y dosbarthiadau hyn yn sioe Hwlffordd yn 1955, pan orchfygodd Wychwood Esprit – buwch Jersey wyth mlwydd oed yn eiddo i L. A. Howell o Lechryd – Cowin Rose, enillydd y diwrnod cynt yn y dosbarth agored ar gyfer gwartheg Jersey.

Bu newidiadau a datblygiadau newydd yn y sylwebaeth ar orymdaith y sioe ar ôl yr Ail Ryfel Byd. Nodwyd eisoes fod yr iaith Gymraeg wedi cael ei defnyddio am y tro cyntaf yn 1952, pan ddechreuodd Llywelyn Phillips ar ei waith fel y sylwebydd Cymraeg rheolaidd yn y sioeau symudol yn y blynyddoedd i ddod. Syniad newydd yn y sylwebaeth ar yr orymdaith yn 1953 yng Nghaerdydd – er na ddaeth yn arfer rheolaidd wedyn – oedd ei rhannu'n sgyrsiau byr gan arbenigwr ar bob brîd neilltuol, seminar go-iawn yn y parc. Yn sicr, roedd potensial didactig y sylwebaeth yn cael ei chydnabod ac yn cael ei datblygu. Arweiniodd hyn yr Athro G. E. Nichols o Aberystwyth, aelod amlwg o'r Cyngor, i sylwi yn 1959 fod gorymdaith y Sioe Frenhinol, yn ogystal â'r sylwebaeth, yn awr yn golygu rhywbeth hollol wahanol i unrhyw orymdaith debyg mewn sioeau mawr eraill. Ei gyngor i'w gyd-weithwyr yn y Gymdeithas oedd y dylai'r sylwebaeth ar yr orymdaith fod yn gyfan gwbl wrthrychol ac addysgol, gan osgoi sôn am fridwyr unigol na chrybwyll bod unrhyw frîd arbennig dan straen. Roedd yr Athro Nichols i ddychwelyd at y mater hwn yn ddiweddarach yn 1961 pan fynegodd fel roedd Sioe Frenhinol Cymru wedi mynd yn llawer pellach nag unrhyw Gymdeithas arall drwy wneud y brif orymdaith yn ddiddorol. Cafwyd un perfformiad cofiadwy yn Llanelwedd yn 1951, lle, yn ôl 'Landsman' yn y *Western Mail*, 'cyflawniad eithriadol' yr ail ddiwrnod oedd y sylwebaeth 'wych' ar brif orymdaith yr anifeiliaid arobryn, a hynny gan Alan Turnbull ar funud o rybudd.

Gwelwyd datblygiad arall yn 1960 yn y Trallwng pan ehangwyd y gofod a neilltuwyd ar gyfer arddangosfeydd addysgol. Bellach roedd 8 acer yn cael eu defnyddio nid yn unig at ddiben y ffermwyr ond hefyd i ddangos rhai o uchafbwyntiau newydd datblygiadau gwyddonol ac ymarferol ym maes ffermio. Parhaodd y duedd yng Ngelli-aur yn 1961 lle talwyd mwy o sylw nag o'r blaen i arddangosiadau ymarferol ac arddangosfeydd addysgol. Fel rhan o hyn llwyfannodd Sefydliad Cenedlaethol Peirianneg Amaethyddol arddangosyn ar y cyd â Chymdeithas Amaethyddol Frenhinol Cymru i roi gwybodaeth i'r ffermwyr am y cyfleusterau yr oeddynt yn eu cynnig, yn arbennig mewn gweithgareddau'n codi o dan amodau ffermio yng Nghymru.

Serch datblygiadau newydd a delwedd newydd y sioeau wedi'r rhyfel, roedd llawer o nodweddion cyfarwydd a phoblogaidd y sioeau blaenorol yn parhau i apelio'n gryf. Os oedd y da byw erbyn y 1960au cynnar yn brwydro i ddal eu tir yn y sioe yn wyneb y mewnlifiad mawr o beiriannau, roedd yr adran hon, gyda'i chwe is-adran o geffylau, gwartheg, defaid, moch, cŵn (pan oedd galw), a ffwr a phlu, yn dal yn galon y sioe (gweler Atodiad 2). Roedd y mecaneiddio cyflym ar ffermydd Cymru yn dilyn yr Ail Ryfel Byd, fel y

31. Wishful Select, Prif Bencampwr y Ceffylau Gwedd yn Wrecsam yn 1962, eiddo Trevor Thomas, Fferm Cwm Mawr, Y Crwys, Abertawe.

dangosodd y cynnydd triphlyg yn nifer y tractorau rhwng 1945 a 1954, wedi gweld tranc y ceffyl ar ffermydd Cymru. Er y bu rhywfaint o ostyngiad, er nad un sydyn chwaith, yng nghyfartaledd nifer y cystadleuwyr yn Adran y Ceffylau Gwedd yn Sioeau Brenhinol Cymru wedi'r rhyfel, roedd y cystadlaethau'n dal i fod yn ganolbwynt o ddiddordeb mawr, a heb amheuaeth yn codi cryn hiraeth. Wrth arolygu 61 o geffylau gwedd mawr a oedd yn cystadlu yn y Rhyl yn 1956, i gyd yn cael eu harddangos gyda balchder er gwaetha'r rhesi o dractorau gloyw ac offer fferm ar hyd ochr Rhodfa'r Peiriannau, hawliai Llewellyn Joseph o Borth-cawl eu bod yn 'bleser pur i'w beirniadu ac y byddent wrth law ar y dydd pan fyddai'r tractor heb olew'. I'r rhai a ddadleuai fod lle bob amser i un ceffyl ar y fferm, byddai'r cyfartaledd o 40 o geffylau gwedd ym mhob sioe ym mlynyddoedd 1947–62 (o'i gymharu â chyfartaledd o 55 mewn sioeau cynharach rhwng 1922 a 1939) wedi bod yn olygfa bleserus. Yn wir, i'r neb a'u gwelodd yn y Rhyl yn 1956 roedd prif ddosbarth y cesig a'r ebolion gwedd yn anghofiadwy, gyda Hillmoor Sunset (eiddo y Meistri Richardson o Fferm Frogmore, Moreton-in-Marsh) yn ennill y wobr gyntaf, a dosbarth cryf yr adfeirch yn cael ei arwain gan y pencampwr dilynol yn y dosbarthiadau gwedd, Heaton Gay Lad eiddo i'r Meistri Whewells. Heb os nac oni bai roedd yma brawf pendant nad oedd y ceffyl gwedd modern, bywiog a grymus, ddim eto wedi ei ddisbyddu. Yn yr un modd, er bod pedoli yn grefft a oedd yn diflannu yn y 1950au, roedd y cystadlaethau yn Sioeau Brenhinol Cymru yn denu cystadleuwyr o safon uchel ymhell ymlaen i'r degawd, er y bu'n rhaid canslo'r cystadlaethau yng Nghaerdydd yn 1953 oherwydd prinder cystadleuwyr. Gofaint Sir Gaerfyrddin a enillodd y cwpan yn y tair sioe olynol ar ôl y rhyfel, ac yn hynod drawiadol oedd Trevor Lloyd o Efail Dolgarreg, Llanwrda, a ysgubodd y gwobrau yn Abergele yn 1950 ar ôl ennill pencampwriaeth Prydain Fawr yn Sioe Frenhinol Lloegr yn Rhydychen yn ddiweddar.

Ni fyddai Sioe Frenhinol Cymru ar unrhyw adeg yn sioe heb ei dosbarthiadau ar gyfer y merlod a'r cobiau brodorol. Buont erioed yn uchafbwynt pob Sioe Frenhinol Cymru ond, er i'w niferoedd gynyddu'n sylweddol yn y sioeau wedi'r rhyfel o gymharu â'r niferoedd yn sioeau cyn y rhyfel, roedd nifer y cobiau Cymreig yn siomedig, yn adlewyrchu y modd yr oeddynt yn cael eu disodli gan dresmasiad diedifar tractorau Ferguson bychan llwyd ar ffermydd Cymru. Dim ond 26 o gobiau Cymreig mewn-llaw a welwyd yn sioe 1947 a hyd yn oed yn Aberystwyth yn 1957, yng nghanol gwlad y cobiau, dim ond 29 oedd yn y llinell i'w beirniadu gan I. Osborne Jones. Trwy ymdrechion y teuluoedd traddodiadol a fagai gobiau, a thrwy gymhelliad Cymdeithas y Merlod a'r Cobiau Cymreig, a ymdrechai'n ymwybodol yn y 1950au i adfywio'r brîd, er mawr lawenydd fe ddaeth yr adfywiad mawr o 1960au ymlaen. Er gwaetha'r nifer gyfyngedig o gystadleuwyr rhwng 1947 a 1962, roedd y cystadlaethau yn y Sioe Frenhinol yn dynn ac yn tynnu'r tyrfaoedd. Yn 1950 fe gyflwynwyd tlws newydd o bwys i'r Gymdeithas, sef Her-gwpan Fythol Tom & Sprightly, gan yr hynod ddawnus Tom Jones Evans. Roedd i'w chyflwyno'n flynyddol am y cystadleuydd gorau yn y dosbarthiadau ar gyfer y Cobiau Cymreig, Merlod Cymreig, Merlod Mynydd Cymreig a Cheffylau Hacnai, boed mewn llaw neu mewn harnais, ac, yn unigryw, i gael ei ddethol yn ôl cymeradwyaeth y dorf. Fe'i cyflwynwyd ganddo i gofio ei gysylltiad gyda'r Gymdeithas ers ei dechreuad yn 1904 ac i gofio ei hoff geffyl, Sprightly. Disgrifiwyd y stalwyn o ferlyn mynydd Cymreig rhagorol hwn fel 'Eilun yr Eilunod' gan William Evans yn 1961, ac yn ei farn ef, nid oedd unrhyw un i'w gymharu ag ef tan yn ddiweddarach mewn adran arall, sef yr enwog stalwyn o gob Cymreig Pentre Eiddwen Comet, a fagwyd gan J. O. Davies o Landdewibrefi, ond yn eiddo o 1950 ymlaen i John Hughes Llanrhystud, ger Aberystwyth. Roedd ansawdd Comet mor dda fel yr enillodd Gwpan Tom & Sprightly ddim llai na phum gwaith, pedair ohonynt mewn pedair Sioe Frenhinol Cymru yn olynol.

32. Y stalwyn o gob Cymreig, Pentre Eiddwen Comet.

33. Y gaseg o gob Cymreig, Parc Lady.

Daeth Comet yn seren yn Llanelwedd yn 1951, cartref sioe Llandrindod, lle y cyfareddodd y dyrfa drwy ennill nid yn unig Her-gwpan Fythol Siôr Tywysog Cymru a fawr chwenychid, ond hefyd, i gymeradwyaeth fyddarol, Gwpan Tom & Sprightly pan gynigiwyd hi am y tro cyntaf. Dechreuodd yr ennill olynol anhygoel o'r cwpan hwn yn y Rhyl yn 1956, gan barhau hyd Fargam yn 1959. Roedd y cyfnod hwn o lwyddiannau yn fwy trawiadol o gofio bod yn rhaid i'r Comet tanbaid ei brofi ei hun yn wyneb cystadleuaeth haeddiannol gan rai ardderchog megis Meiarth Welsh Maid, Mathrafal Eiddwen, Mathrafal Brenin, Myrtle Welsh Flyer, Brenin Gwalia a Llwynog-y-Garth. Enillodd y stalwyn o gob olaf, er enghraifft, y cwpan 'cymeradwyaeth' yn y Trallwng yn 1960, ac yn ystod y 12 mlynedd o dan berchnogaeth A. D. Thomas, Grefa Grange, Castell-nedd, fe enillodd ymhell dros 500 gwobr gyntaf ac ymddangos yn y rhan fwyaf o brif sioeau ceffylau Prydain Fawr. Roedd tyrfaoedd Sioe Frenhinol Cymru o ddiwedd y 1950au hyd at ddechrau'r 1960au hefyd wedi eu cyfareddu gan hen fath hyfryd ar gaseg fagu o gob Cymreig, sef Parc Lady, yn eiddo i Daniel Morgan o Goed Parc, Llanbedr Pont Steffan – yng nghalon gwlad y cobiau – ac roedd gallu hon gymaint fel yr enillodd Her-gwpan Fythol Siôr Tywysog Cymru am y cob gorau o'r hen fath Cymreig mewn sioeau olynol o 1958 i 1961. Pan oedd yn 73 mlwydd oed yn 1961, dygodd Morgan i gof fel y defnyddiai ei geffylau cyn yr Ail Ryfel Byd i wneud gwaith cyffredin ar y fferm, ond ers pan ddaeth y tractor yn boblogaidd ar raddfa fawr, roedd wedi eu meithrin ar gyfer marchogaeth.

Arddangoswraig merlod Cymreig amlwg yn y sioeau wedi'r rhyfel oedd Margaret Brodrick o Abergele, a sefydlodd yn 1924, gyda'i ffrind a'i phartner busnes, John Jones, Grefa Merlod Coed Coch. Drwy ganolbwyntio ar y llinach orau ac ar rywfaint o fridio llinell meithrinodd fath sefydlog o brydferthwch trawiadol ac ansawdd rhagorol, fel bod merlod Coed Coch, yn y blynyddoedd wedyn, yn ennill gwobrau lawer yng nghylch y sioe, gan ddod yn enwog drwy'r byd o ganlyniad i'w hymdrechion arloesol i ennill marchnadoedd tramor. Enillodd ei merlen lwyd enwog, Coed Coch Siaradus, Ail Her-gwpan Sprightly am y merlyn Mynydd Cymreig gorau yn llwyr, yn

34. Y gaseg o ferlen Mynydd Cymreig, Coed Coch Siaradus.

rhinwedd y ffaith iddo ei hennill deirgwaith yn olynol yn Sioeau brenhinol Cymru rhwng 1950 a 1952. Yn 1951 aeth Ail Her-gwpan Sprightly, Her-gwpan Kilvrough a phencampwriaeth y brîd i gyd i'r ferlen wych hon, gyda Coed Coch Madog, stalwyn llwyd pedair blwydd oed Miss Brodrick, yn gil-bengampwr! Unwaith eto yn sioe 1955 yn Hwlffordd enillodd Miss Brodrick bum gwobr gyntaf, dau her-dlws a dwy fedal gyda Coed Coch Siaradus a Coed Coch Siwgran. Ddwy flynedd yn ddiweddarach yn Aberystwyth enillodd Coed Coch Madog, stalwyn a oedd erbyn hyn yn ddeg oed, a'i lwyddiannau mewn sioeau yn sicr o fod wedi cyrraedd tri ffigur, fedal y Gymdeithas am y staliwn neu'r ebol gorau unwaith eto, er i'r brif ben-campwriaeth fynd y flwyddyn honno i Revel Spring Song, merlyn hufen deniadol a fagwyd yn Nhalgarth gan ei berchennog Emrys Griffiths.

Roedd y merlod mynydd pedigri hyn a arddangoswyd yn yr amrywiol Sioeau Brenhinol yn y blynyddoedd wedi'r rhyfel yn cael eu rhoi ar werth ac yn cael eu prynu gan brynwyr tramor. Yn Abergele yn 1950 prynodd nifer o brynwyr Americanaidd y merlod hyn, bron i gyd yn enillwyr a'r rhan fwyaf ohonynt yn eiddo i Miss Brodrick. Yn ddiweddarach, yn 1958, aeth 40 o ferlod Cymreig o weundiroedd glawog gogledd Cymru, ar ôl cael eu harddangos yn y sioe soeglyd ym Mangor, yn hapus eu ffawd i dreulio gweddill eu dyddiau yn hinsawdd fwy heulog Califfornia ar ôl cael eu prynu gan Mrs Bonnie Parke o Twin Falls, Idaho, am £7,000. Fodd bynnag, nid felly Shan Cwilt, pencampwr o ferlen ac enillydd Cwpan y Frenhines a gyflwynwyd y flwyddyn hon am y tro cyntaf, a gwrthododd Mrs W. E. Morgan, ei berchennog, o Wellfield, Caerfyrddin, ei gwerthu am £700! Drwy ddal llygad y prynwyr tramor yn y Sioe Frenhinol, cynyddodd enw da'r merlod hyn, fel bod mwy a mwy o ffermwyr Cymreig yn y 1950au yn darganfod ail fusnes hynod broffidiol drwy fagu merlod Mynydd Cymreig i ateb y galw cynyddol o farchnadoedd tramor, yn arbennig yn yr Unol Daleithiau a Chanada. Erbyn 1961 nid gor-ddweud oedd honni bod y merlyn Mynydd Cymreig wedi darganfod ei ail gartref yn yr Unol Daleithiau.

Erbyn diwedd y 1950au, nid oedd angen i geffylau gwedd na cheffylau hela aros drwy gydol y sioe, ac roedd hyn yn arbed cryn wariant i'r Gymdeihas, ond roedd y cobiau, y merlod a'r da byw eraill yn aros drwy gydol y tri diwrnod. Ond roedd y nifer a gystadlai mewn nifer o fridiau gwartheg erbyn diwedd y 1950au yn cymharu'n anffafriol gyda rhai mewn sioe sirol dda ac, yn ôl yr Is-gyrnol FitzHugh, un rheswm honedig dros hyn oedd yr angen i fod oddi cartref am gyfnod hir. Mae'n debyg bod y costau a'r drafferth o arddangos yn golygu bod tuedd i ddod â dim ond yr anifeiliaid gorau i'r sioe. Hefyd, o sioe 1947 yng Nghaerfyrddin ni dderbynnid cystadleuwyr ond o fuchesi ardystiedig; bu'n rhaid i'r Gymdeithas wneud hyn ond y canlyniad oedd annog arddangoswyr i ddangos dim ond yr anifeiliaid gorau. Ffactor arall a eglurai'r gostyngiad yn nifer yr anifeiliaid a ddangosid yn y sioe, fel yn y dyddiau cyn y rhyfel, oedd amharodrwydd ffermwyr gogledd Cymru i deithio ac arddangos yn y de ac i'r gwrthwyneb. Roedd hyn yn amlwg yn sioe 1949 yn Abertawe lle roedd mwyafrif y cystadleuwyr yn nosbarthiadau'r gwartheg Duon Cymreig yn hanu o dde a chanolbarth Cymru a Sir Fynwy. Ym Mangor yn 1958, ar y llaw arall, sylwyd mor wael oedd y gynrychiolaeth o fridwyr o siroedd y de a'r gorllewin. Yn wir, mewn rhai o'r dosbarthiadau ym Mangor, roedd y cystadleuwyr o dros y ffin yn fwy niferus na'r rhai o Gymru! O'r 32 o wartheg Henffordd a feirniadwyd, ni welwyd cynrychiolaeth o'r gyrroedd gwobrwyedig yn siroedd y de ac roedd mwy na hanner y cystadleuwyr yn dod o'r tu hwnt i Glawdd Offa. Ni welwyd chwaith geisiadau gan fridwyr buchod Byrgorn de a gorllewin Cymru, ac er gwaetha'r ffaith mai dyma'r brîd mwyaf poblogaidd yng Nghymru yr adeg honno, roedd cystadlaethau'r Byrgorn bron yn cael eu llywodraethu gan fridwyr o Loegr. Cafodd gynrychiolaeth dda o'r Ffrisiaid Prydeinig gyda 63 yn cystadlu, ond roeddynt yn bennaf o ogledd Cymru.

Tabl 3. Nifer y gwartheg yn cystadlu yn Sioeau Brenhinol Cymru, 1947–1962

BRÎD	1947	1948	1949	1950	1951	1952	1953	1954	1955	1956	1957	1958	1959	1960	1961	1962
Duon Cymreig	71	–	77	65	87	–	48	89	73	86	130	88	49	67	76	75
Byrgorn	99	–	88	60	126	–	73	63	71	72	40	27	33	44	52	63
Henffordd	31	–	41	45	67	–	66	50	52	49	37	32	47	71	53	35
Ffrisiaid Prydeinig	15	–	28	41	71	–	49	72	79	88	50	63	43	86	79	53
Ayrshire	52	–	52	92	90	–	53	79	62	91	55	45	39	69	51	47
Gwartheg eraill	–	–	–	31	63	–	54	76	92	70	57	27	64	–	–	–
Jerseys	–	–	–	–	–	–	–	–	–	–	–	–	–	62	40	36
Guernseys				–	–	–	–	–	–	–	–	–	–	23	23	41
Aberdeen Angus	–	–	–	–	–	–	–	–	–	–	–	–	–	11	12	6

Roedd y gwartheg Duon Cymreig – yn arbennig y rhai yn siroedd y deorllewin – yn y blynyddoedd hyd at y 1930au wedi colli tir i'r Byrgorn, Henffordd a Ffrisiaid, er iddynt yn ffodus adennill rhywfaint o'r tir a gollwyd yn y 1940au. Er mai'r Byrgorn Llaeth oedd y brîd mwyaf poblogaidd yng Nghymru o hyd yn y blynyddoedd ar ôl y rhyfel, roedd bridiau eraill erbyn hyn yn ennill pwysigrwydd, yn arbennig y gwartheg Ayrshire a Jersey. Fel y gellid disgwyl, adlewyrchwyd y newidiadau hyn yng nghydbwysedd y bridiau yn y nifer cynyddol o newydd-ddyfodiaid yn cystadlu yn yr amrywiol adrannau yn Sioeau Brenhinol Cymru. Ac felly roedd y ffermwyr Cymreig yn sioe Abergele yn 1950 yn gresynu wrth weld y fath ansawdd gwael ymysg y gwartheg Duon Cymreig yn y sioe o'u cymharu â'r gynrychiolaeth ardderchog o fwy na chant o Ayrshires o ansawdd rhagorol, ac yn sôn yn deimladol am 'yr Albaniaid yn goresgyn Cymru'. Roedd yn amlwg fod eu nodweddion godro arbennig yn apelio'n gryf at ffermwyr llaeth Cymru. Er yr holl 'oresgyniadau' hyn gan fridiau o'r tu allan o ddechrau'r ganrif, roedd gan y gwartheg Duon Cymreig brodorol, er eu bod yn cael eu cyfyngu fwyfwy i ardaloedd yn y gogledd-orllewin, eu dilynwyr mewn siroedd eraill yng Nghymru, a gwelwyd gwelliannau yn y brîd yn gynnar yn y ganrif yn bennaf o ganlyniad i ymdrechion Cymdeithas y Gwartheg Duon Cymreig, y Cynllun Gwella Da Byw ac arweiniad ysbrydoledig Moses Griffith gyda'i fuches ddethol yn Egryn, Meirionnydd. Bydd cyfeirio at Dabl 3 yn datgelu bod y gwartheg Duon Cymreig, yn y sioeau o 1957 hyd at 1962, yn wir wedi adennill eu safle fel yr adran wartheg fwyaf a arddangosid.

Fel roedd yn naturiol bob amser yn y sioe genedlaethol hon, y gwartheg Duon Cymreig a lenwai'r prif safle yn Orymdaith Fawr y gwartheg llwyddiannus yn y cylch mawr yn y blynyddoedd wedi'r rhyfel, ac edrychid ymlaen yn awchus at 'Frwydr y Duon' gan ymwelwyr amaethyddol y sioe. Gan barhau ei gyfnod lwcus yn y sioeau cyn y rhyfel, arddangoswr hynod o lwyddiannus yn y Sioe Frenhinol yn adrannau'r gwartheg Duon Cymreig yng

35. J. M. Jenkins, Taliesin, yn sioe Caerfyrddin, 1947, yn derbyn Her-gwpan Tywysog Cymru gan y Dywysoges Elizabeth am y grŵp gorau o bedwar o wartheg Duon Cymreig.

Nghaerfyrddin yn 1947 ac yn Abertawe yn 1949 fel ei gilydd oedd J. M. Jenkins o Dal-y-bont, 'hynafgwr mawr y brîd', a ddaeth i Abertawe gyda'r pâr o wartheg Duon Cymreig a oedd newydd enill y gwobrau uchaf yn Sioe Frenhinol Lloegr yn Amwythig. Nid yn unig enillodd ei darw hardd Neuadd Idwal bedair gwobr gyntaf ond hefyd Her-gwpan Coffa y Cyrnol Harry Platt am y cystadleuydd gorau yn nosbarthiadau'r gwartheg Duon Cymreig, tra enillodd ei fuwch Caran Tilly, yn ychwanegol at nifer o wobrau cyntaf, wobr y bencampwriaeth a roddwyd gan Gymdeithas y Gwartheg Duon Cymreig am y fuwch neu heffer orau yn y sioe. Yn ysgubo'r cyfan yn y 1950au cynnar, fel enillydd y bencampwriaeth mewn pedair Sioe Frenhinol, yr oedd y tarw Du Cymreig enwog Egryn Garnedd, a fagwyd gan Moses Griffith ac a oedd yn eiddo i Richard Rees o Fferm yr Ynys, Machynlleth. Roedd yn cymharu'n ffafriol o ran ei rinweddau â'r pencampwr o darw yn sioeau Aberystwyth

36. Y tarw Du Cymreig enwog, Egryn Garnedd.

rhwng 1906 a 1908, Duke of Connaught. Wrth gwrs, mae'r gorau yn heneiddio, a daeth yr ysgytiad cyntaf yn Hwlffordd yn 1955 pan gafodd 'brenin digoron' y brîd Cymreig gurfa syfrdanol gan ei ferch ieuengaf Ynys Glenca III, a fagwyd gan yr un Richard Rees. Daeth mwy o warth fyth i ran y tarw 9½ blwydd oed hwn yn y Rhyl y flwyddyn ganlynol pan gurwyd ef gan Ysbyty Ifor, un tair blwydd oed a arddangoswyd gan Gwilym Edwards o'r Bala. Yn wir, am y tro cyntaf mewn Sioe Frenhinol fe'i gorfodwyd i gymryd ei le ar waelod y llinell yng nghylch y beirniaid, ac roedd hon yn ergyd fawr i Rees fel y cyfaddefodd ei hun, gan ei fod yn credu bod yr hen bencampwr yn ddigon da i ennill yr ail neu'r drydedd wobr; gan gwyno, dywedodd, 'roedd y tarw yn trotian fel merlyn y bore 'ma a heb ddangos fawr o arwydd henaint'. Roedd Ysbyty Ifor i sefydlu ei oruchafiaeth drwy ennill y bencampwriaeth yn sioe Aberystwyth yn 1957, ond gan iddo gael ei werthu i'r Bwrdd Marchnata Llaeth, gwag oedd ei orsedd yn sioe Bangor yn 1958. Yn fuddugol allan o 89 o gystadleuwyr yr oedd y tarw teirblwydd, Rhyllech Cymro, eiddo William Owen o Bontfadog, Glyn Ceiriog. Dros y blynyddoedd bu Sioe Frenhinol Cymru yn orlawn o brofiadau dynol dramatig o un math neu'r llall, ac ym 'Mrwydr y Duon' ym Mangor ni fuasai'r tarw buddugol wedi ymddangos o gwbl ar faes y sioe oni bai am ddycnwch David, mab William Owen, yn dod ag ef ei hun o ffermdy anghysbell y teulu yn wyneb anhwylder ei dad a'i benderfyniad oherwydd hyn i dynnu allan o'r gystadleuaeth. Ac ni fuasai ei dad ychwaith wedi clywed y newyddion da nes y buasai wedi derbyn y papur newydd am bump o'r gloch y diwrnood canlynol. Mor wahanol oedd profiad Richard ap Simon Jones, Ysguboriau, Tywyn a oedd yn anochel yn absennol o sioe Gelli-aur yn 1961, wrth i'w gowmon ffonio'n syth i ddatgan y newyddion da fod ei darw Esgob Emrys II wedi ennill prif bencampwriaeth y brîd. Yn sioe Wrecsam yn 1962, fe lwyddodd eto, ond y tro hwn roedd ei berchennog yn sefyll ymysg selogion y gwartheg Duon Cymreig am oriau yn y glaw mân o gwmpas y cylch.

Denodd y dosbarthiadau ar gyfer bridiau eraill arddangoswyr amlwg yn y blynyddoedd wedi'r rhyfel. Yn ddiau roedd y cynnydd yn nifer y cystadleuwyr yn nosbarthiadau'r Ffrisiaid Prydeinig yn rhoi cryn foddhad i drefnwyr y sioe ar ôl y gefnogaeth wan ar ran y bridwyr yn y cyfnod rhwng y ddau ryfel. Bridwyr nodedig a oedd yn llwyddiannus yn yr adran hon oedd John Bennion o Stackpole Court, Sir Benfro – yn arbennig gyda'i darw buddugol Stackpole Engelsham II ym Machynlleth yn 1954 – E. C. E. Griffith o Blasnewydd, Trefnant, Sir Ddinbych, E. M. Corfield a'i Fab, o Great Mote, Sir Drefaldwyn, a C. E. B. Draper a'i Fab, o Acton Burnell, ger Amwythig, ond yr un mwyaf nodedig yn eu mysg oedd y bridiwr o Sir Drefaldwyn, sef R. W. Griffiths o Ffordun. Yr un mwyaf trawiadol o'i holl arddangosion oedd ei darw enwog Holmside Sure a gipiodd wobrau yn Sioe Frenhinol Cymru ac mewn mannau eraill, gan gynnwys Sioe Frenhinol Lloegr, yn y 1950au hwyr. Bu adran y gwartheg Byrgorn Llaeth yn dyst i lwyddiant rhyfeddol gyr Eaton dug Westminster yn sioeau 1950 a 1956, a'r gynulleidfa yn 1956 yn gweld Eaton Wild Eyes III, buwch odro deilwng iawn gyda phwrs hynod ei ffurf yn ennill pencampwriaeth y brîd. Gwnaeth T. Llywelyn Jones o Fferm Ystrad, Caerfyrddin yn dda gyda'i wartheg Byrgorn bîff, yn ennill, er enghraifft, y brif wobr yn sioe Hwlffordd yn 1955 gyda'i darw Barton Silver Ace. Ymysg yr arddangoswyr yn nosbarthiadau'r Henffordd yr oedd y bridiwr neilltuol W. E. Thorne o neuadd Studdolph, Aberdaugleddau, a'i lo hyfryd deng mis oed Studdolph Mabel, a ddangoswyd yn Aberystwyth yn 1957, oedd, yn ôl pob golwg, yr heffer Henffordd gyntaf erioed i ennill y bencampwriaeth mor ifanc. Enillwyr amlwg eraill yn nosbarthiadau'r gwartheg Henffordd oedd W. Milner o Much Wenlock, Sir Amwythig, a chyda'i darw ifanc deuddeng mis oed a fagodd ei hun, Wenlock Gringo, er enghraifft, enillodd brif bencampwriaeth y brîd yn y Rhyl yn 1956; a T. L. Parker o Bishop's Frome, Sir Gaerwrangon, a gafodd yr hawl i gadw Her-gwpan Tarrington ar ôl ei hennill dair gwaith. Denodd dosbarthiadau'r Ayrshires, hefyd, fridwyr amlwg, yn bennaf W. H. Slater o Wellington, Sir Amwythig, W. Craven Llewelyn, Cefn Cethin, Llandeilo, John Bourne, Moreton-in-Marsh a G. H. Dodd a'i Fab, Ellerton Grange, Newport, Sir Amwythig. Yn amlwg ymysg yr arddangoswyr yn nosbarthiadau'r Jerseys yng nghanol y 1950au yr oedd R. F. Wynne o Ruddlan a ddangosodd enghraifft wych o darw yn Jingo's Spoilt

Boy, a enillodd wobr yn y Rhyl yn 1956 yn chwe blwydd oed. Arddangosydd nodedig o'r brîd tua diwedd cyfnod y sioeau symudol oedd Harold Embrey o fferm y Brooks, Rhaglan a enillodd Rosglwm Pencampwriaeth Cymdeithas y Sioe gyda'i darw Abinger Harmonie, am y Jersey gwryw gorau dair blynedd yn olynol hyd at ac yn cynnwys 1962.

37. Hwrdd Clun, Court Llacca F.50.

Fel yr oedd y gwartheg Duon Cymreig yn denu llygad mynychwyr y sioe, felly hefyd y bridiau Cymreig o ddefaid, rhai ohonynt yn ychwanegiadau diweddar yn ymestyn ddim pellach yn ôl na'r Ail Ryfel Byd. Roedd y defaid Mynydd Cymreig (y rhai pwysicaf o ran nifer), defaid Mynydd De Cymru, Llanwenog, Penfrith Beulah a'r defaid Mynydd Duon Cymreig i gyd yn cael hyrwyddo gan eu cymdeithasau eu hunain, ac roedd Cymdeithas Amaethyddol Frenhinol Cymru hefyd yn chwarae rhan allweddol wrth wella'r diadellau mynydd hyn. Defaid eraill poblogaidd yng Nghymru oedd rhai Fforest Clun a Maesyfed, ac roedd eu dosbarthiadau wedi eu llenwi'n dda mewn nifer o sioeau olynol. Yn sioe Aberystwyth yn 1957 dangoswyd yr hwrdd Clun enwog chwe blwydd oed, Court Llacca F.50, gan arddangosydd enwog y brîd dros y blynyddoedd hyn, sef T. R. Eckley o Felin-fach, Sir Frycheiniog, a enillodd iddo bencampwriaeth gwryw y brîd. Cymaint oedd gallu'r hwrdd fel yr enillodd ddim llai na 32 o bencampwriaethau, yn cynnwys dwy yn Sioe Frenhinol Lloegr, dwy yn Sioe Caerfaddon a'r Gorllewin a dwy yn Sioe Frenhinol Cymru! Enillydd amlwg yn Sioe Frenhinol Cymru yn adrannau'r defaid Mynydd Cymreig yn ystod y sioeau symudol hyd 1962 oedd John Ellis Jones o Flaen-y-cwm, Llangynog, ger Croesoswallt, a enillodd y cyfan o'r gwobrau arbennig a dau gyntaf ac un ail yn y gwobrau dosbarth yn Adran Diadell Fynydd y brîd yn y Trallwng yn 1960. Hon oedd ei Sioe Frenhinol orau hyd yn hyn, er iddo ennill pencampwriaeth yr hyrddod ddwywaith yn flaenorol. Yn drawiadol, fe enillodd y wobr am bencampwr hyrddod y ddiadell Fynydd Gymreig eto yng Ngelli-aur y flwyddyn ddilynol, gydag anifail gwahanol i'r un a ddangoswyd yn y Trallwng. Roedd ei ddiadell o bron i 2,000 o ddefaid Mynydd Cymreig gwydn, a gedwid ganddo ef a'i ddau fab ar ei fferm 3,000 erw ym mynyddoedd y Berwyn, wedi'i sefydlu yn

38. Yr hwch Gymreig, 11225 Letton Lunette II.

wreiddiol gan ei daid, a oedd wedi symud i Flaen-y-cwm yn 1883 pan foddwyd dyffryn Efyrnwy.

Er mai ceffylau a da byw oedd yr anifeiliaid a ddaliai sylw yn draddodiadol, mynnai un sylwebydd ar sioe 1954 ym Machynlleth mai'r 'nodwedd fwyaf trawiadol' ar y diwrnod cyntaf efallai oedd y moch Cymreig, ac roedd 140 o gystadleuwyr wedi'u harddangos yng nghylch y sioe. Ar ôl ennill popeth yn Sioe Frenhinol Lloegr yn Windsor, enillwyd y brif gystadleuaeth ar gyfer y brîd ym Machynlleth gan y baedd gwych Musslewick Supreme II, a oedd yn eiddo i Ffermydd Malvern Cyf. a oedd wedi'i brynu am y pris uchaf erioed ym Mhrydain Fawr, sef £525. Er iddo fynd ymlaen i ennill y brif gystadleuaeth yn Sioe Frenhinol Lloegr y flwyddyn ddilynol, fe gafodd ei guro i'r trydydd safle yn nosbarth y Moch Cymreig yn Hwlffordd yn fuan wedyn gan Teilo Solomon IV, baedd a fagwyd gan Laurie Evans o Benally (Sir Benfro), ac a ddangoswyd gan W. Murray o Fferm Eastington, ger Penfro. Ac yntau'n arddangos am y tro cyntaf, cafodd Murray ddiwrnod llwyddiannus iawn wrth ddod â chwe mochyn i'r sioe ac ennill wyth gwobr. Yn sioe 1956 yn y Rhyl, canmolwyd y cystadlaethau Moch Cymreig am y gwelliant mawr yn eu hansawdd, yn enwedig yr hesbinychod. Enillodd hesbinwch ifanc, Letton Lunette II, y brif bencampwriaeth i S. S. Eglington a'i Fab, Thetford, Norfolk. Y baedd gorau oedd Teilo Solomon, tair blwydd oed, a fagwyd gan Laurie Evans allan o Temple Druid Acorn III ac a ddangoswyd gan J. M. Whelan o Bont Fadlen, Hwlffordd. Roedd yn deyrnged hyfryd i boblogrwydd y brîd Cymreig fod y mwyafrif o'r gwobrau yn Adran Moch

Cymreig yn Aberystwyth yn 1957 wedi eu hennill gan fridwyr o Loegr. Aeth Cwpan Eglington am yr arddangosyn gorau yn nosbarthiadau'r Moch Cymreig am yr ail flwyddyn yn olynol i'r rhoddwr, S. S. Eglington, yr oedd ei ymdrechion ymgyrchol ers y rhyfel wedi peri bod y brîd, ar ôl colli llawer o dir yn y 1940au, wedi dod yn nodwedd mor amlwg yn hwsmonaeth anifeiliaid Cymru erbyn y 1950au hwyr. Yn dilyn arwerthiant enwog Peterborough yn 1953, pan werthwyd moch Landrace a fewnforiwyd o Sweden, tynnwyd sylw'r cyhoedd yn sioe Hwlffordd yn 1955 at botensial y brîd Landrace fel mochyn-bacwn perffaith. Enillwyd y tri dosbarth Landrace 'lleol' gan y tri brawd o Sir Benfro, David C., R. G. N. a George G. Llewellin, yn ffermio'n annibynnol ar ei gilydd. Cyflwynwyd dosbarthiadau Landrace agored am y tro cyntaf yn sioe y Rhyl yn 1956.

Er holl gyffro'r cylchoedd da byw, yr Orymdaith Fawr a'r arddangosfeydd eraill yn y cylch mawr – yr olaf wedi ei harddu gan gwychder dilladol y stiwardiaid gyda'u hetiau caled smart, eu siwtiau trwsiadus, ffyn eistedd a theis y clwb neu'r gatrawd – roedd rhodfeydd y peiriannau bob amser dan eu sang gyda phobl yn ymddiddori mewn peiriannau ac offer newydd neu rai wedi'u gwella. Blynyddoedd y rhyfel a roddodd yr ysgogiad cyntaf i fecaneiddio oherwydd yr angen i aredig cymaint o'r tir ag oedd yn bosibl; a'r tractor, yn arbennig, yn dod yn anhepgor i drin y cynnydd yn yr aceri âr. Daeth ei fanteision yn fuan yn wybyddus i'r ffermwr Cymreig. Nid syndod felly oedd gweld bod y 100,000 o droedfeddi sgwâr a neilltuwyd ar gyfer peirianwaith amaethyddol yn sioe Abertawe yn 1949 wedi curo pob record flaenorol o ran gofod. Wrth gwrs, roedd hon yn un o adrannau twf y sioe ac, fel y dywedodd un sylwebydd yn ddiweddarach, roedd sioe y Trallwng yn ymffrostio yn un o arddangosfeydd mwyaf amrywiol a chynhwysfawr o beiriannau fferm a welwyd erioed yn y Sioe Frenhinol. Yn ogystal â thractorau, roedd ystod eang o beirianwaith newydd yn awr yn dod i gynorthwyo'r ffermwyr. Daeth y byrnwr casglu yn boblogaidd iawn drwy Gymru yn nechrau a chanol y 1950au ac, o ran yr archebion a roddwyd yn rhodfa'r peiriannau yn sioe Caerdydd yn 1953, am fyrnwyr yr oedd y galw mwyaf. Dangoswyd y modelau diweddaraf yn y Rhyl yn 1956. Gwelwyd hefyd yn yr un sioe welliannau ac ychwanegiadau i'r dyrnwyr medi niferus, megis yr atodyn gwasgu gwellt i ddyrnwr medi Massey Harris.

Roedd Cymdeithas Amaethyddol Frenhinol Cymru, drwy ei Phwyllgor Peiriannau a ffurfiwyd yn 1951, hefyd yn trefnu cystadlaethau, yn y sioe ei hun yn ogystal ag ar wahân. Rydym yn barod wedi clywed am ddatblygiad newydd Cystadlaethau'r Fedal Arian ar gyfer peiriannau newydd neu offer neu addasiadau a oedd yn debygol o wneud y cyfraniad mwyaf defnyddiol at amodau ffermio uwchdir Cymru. Fe lwyfannwyd hefyd yn y sioe o 1951 ymlaen arddangosfeydd gwaith mewn cysylltiad â'r peiriannau hyn a oedd yn addas at ffermio uwchdir yng Nghymru, ond yn 1955 roedd y Pwyllgor Peiriannau yn gresynu at y diffyg brwdfrydedd ar ran y gweithgynhyrchwyr a mynegodd siomedigaeth am y nifer isel o gystadleuwyr dros yr ychydig flynyddoedd diwethaf. Teimlid bod yr elfen gystadleuol a oedd ynghlwm wrth y cynllun wedi ei wneud yn amhoblogaidd ac felly fe benderfynwyd newid i gynnal arddangosiadau peiriannau ar thema arbennig. Gwahoddwyd yr holl weithgynhyrchwyr i gymryd rhan yn yr arddangosiadau ymarferol ar safle gerllaw maes y sioe gan gydredeg â'r sioe. Felly yn y Rhyl yn 1956 trefnwyd arddangosiadau ar gynnal a chadw ffosydd. Fodd bynnag, cydnabuwyd yn 1961 nad oedd ymdrechion y Pwyllgor Peiriannau i gael cefnogaeth y gweithgynhyrchwyr yn y cyfeiriad hwn wedi dwyn ffrwyth. Y gobaith yn 1962 oedd y byddai Sefydliad Cenedlaethol Peirianneg Amaethyddol yn gallu cynnal arddangosyn ymarferol yn sioe 1963 ac mewn sioeau dilynol.

Mewn gwirionedd, roedd Sioe Frenhinol Cymru yn cynnwys nifer o sioeau o fewn y brif sioe. Roedd hyn yn sicr yn wir o safbwynt yr arddangosion addysgol o'r cychwyn yn 1904 ymlaen, ac fe lwyddwyd i gael proffil hyd yn oed yn uwch o 1947 hyd 1962. Hwyrach mai nodwedd arbennig sioe flynyddol y Gymdeithas yn y blynyddoedd symudol hyn oedd y pwyslais enfawr a roddid ar arddangosion addysgol a drefnwyd ar faes y sioe gan yr amrywiol gyrff niferus ac adrannau addysg. Cyfeiriwyd yn gynharach at 'y fenter newydd' yn 1960 yn y Trallwng trwy gysegru mwy o le ar gyfer

39. Safle'r Weinyddiaeth Amaeth yn sioe Caerdydd yn 1953.

40. Stondin deisennau Sefydliad y Merched ym Machynlleth, 1954.

arddangosion addysgol, rhyw wyth acer i gyd, ac yng Ngelli-aur y flwyddyn ddilynol rhoddwyd mwy o sylw fyth i arddangosiadau ymarferol ac arddangosion addysgol. Buasai Syr C. Bryner Jones (m.1954) wedi bod yn hapus iawn o weld hyn, ac yn ei ddarlith i'r gymdeithas ar 12 Gorffennaf y flwyddyn honno, fe bwysleisiodd: 'Ond nid cynnal Sioe ydyw unig amcan y Gymdeithas ac nid *cystadleuaeth*, fel y cyfryw, yw unig amcan y Sioe. Y mae agwedd addysgol i'r Sioe ac un o amcanion pwysicaf y Gymdeithas yw rhoi cyfle i'r amaethwr – y ffermwr bach fel y ffermwr mawr – i weld beth y mae ymchwiliadau gwyddonol yn ei wneud i roi goleuni iddo ef ynglŷn a thriniaeth tir, bridio a phorthi anifeiliaid, gwella porfa a phob adran arall o waith y fferm.' Amlwg dros y blynyddoedd hyn o 1947 ymlaen oedd yr arddangosion addysgol gan y Weinyddiaeth Amaeth (y Gwasanaeth Cynghori Amaethyddol Cenedlaethol – NAAS), a gyfeiriai at themâu megis llaeth a chynhyrchu llaeth (1949), glaswellt a defaid (1950), cynnydd mewn cynhyrchu cig, yn arbennig gig moch (1953), magu anifeiliaid ifainc (1956) a gwella'r ddafad Fynydd Gymreig (1958). Man poblogaidd bob amser i alw heibio iddo ar y Rhodfa Addysg oedd stondin y Weinyddiaeth ac, yn 1950, dangoswyd i fridwyr defaid – drwy enghreifftiau o ddefaid Cymreig wedi eu croesi â hyrddod Dorset – sut y gallai'r defaid hyn, ar borfeydd wedi'u gwella, gyflenwi digon o laeth i besgi ŵyn o'r ansawdd gorau. Stondinau addysgol ac arddangos eraill oedd rhai yr amrywiol Fyrddau Marchnata – Llaeth (yr honnid mai'r stondin hon yn Hwlffordd yn 1955 oedd yr un brysuraf ar faes y sioe), Wyau, Gwlân a Thatws. Arbennig o ddeniadol oedd stondin yr Ysgrifenyddiaeth Wlân, yn enwedig yn ystod amserau'r sioeau ffasiwn o 1956 ymlaen. Yn ystod y bartneriaeth a dyfai rhwng ffermio a choedwigaeth, partneriaeth braidd yn simsan ar y cychwyn, roedd y stondin Goedwigaeth bob amser yn addysgol wrth ymdrin â nifer o agweddau ar goedwigaeth, gan gynnwys arddangosiadau 'byw'. Gwerthfawr hefyd oedd rhaglenni helaeth cystadleuthau addysgol a drefnid gan fudiad Clybiau'r Ffermwyr Ifanc mewn sioeau dilynol. Roedd y Gymdeithas yn rhoi grant blynyddol o £150, ynghyd â lle am ddim, argraffu am ddim ac offer am ddim, i fod o gymorth i'r mudiad lwyfannu ei arddangosyn cynhwysfawr a chynnal ei gystadlaethau addysgol niferus. Thema ei arddangosyn, er enghraifft, yn sioe y Rhyl yn 1956, oedd 'O'r Tir i'r Bwrdd'. Rhoddwyd hefyd safle am ddim a siediau at wasanaeth Swyddfa Diwydiannau Gwledig a drefnodd raglen eang o gystadlaethau addysgol, a hefyd adran decstilau. Yr un modd, rhoddwyd lle am ddim ar gyfer arddangosfa Sefydliad y Merched, a oedd â chysylltiad agos ag Adran Gynnyrch y sioe, a gymerodd, er enghreifft, fel ei thema yn sioe Bangor yn 1958, 'O Brint i Ymarfer'. Yn ogystal â'r cystadlaethau a gynhelid o fewn yr Adran Gynnyrch yn y sioe, llwyfannwyd arddangosiadau hefyd. Yn dilyn trafodaethau yn is-bwyllgor Arddangosiadau Cynnyrch y Gymdeithas yn 1960, penderfynwyd y dylai arddangosiadau'r sioe yn y dyfodol ganolbwyntio ar un thema, megis gwneud menyn a chaws yn 1961 ac arddangosiad o rewi cartref yn 1962. Gweithgareddau addysgol eraill yn gysylltiedig â'r sioe oedd y sylwebaethau llawn gwybodaeth yng nghylch y sioe, cystadlaethau i hybu sgiliau gwell, fel y rhai cneifio defaid o ddiwedd y 1950au, a llwyfannu cystadlaethau addysgol, er enghraifft – o ddechrau'r 1960au – rhai carcasau cig oen a chig moch. Yn wir, mynegodd Syr Bryner yn 1954 fod ochr addysgol gwaith y Gymdeithas wedi cyfrannu'n sylweddol at y gwelliannau a oedd wedi digwydd yn amaethyddiaeth Cymru ers dechrau'r ganrif: 'Er pan sefydlwyd y Gymdeithas yn y flwyddyn 1904, y mae llawer o gyfnewidiadau wedi cymryd lle yn amaethyddiaeth Cymru a chryn lawer o welliant yn ddiamau mewn cyfeiriadau neilltuol. Gellir dweud fod y gelfyddyd o amaethu o safon uwch heddiw – er nad ymhob man – nag oedd hanner can mlynedd yn ôl, a gall y Royal Welsh hawlio rhywfaint o'r clod am hyn oherwydd y lle amlwg y mae wedi ei roddi ar hyd y blynyddoedd i *agwedd addysgol* ei gwaith.'

Er i Glybiau'r Ffermwyr Ifanc ymuno â gweithrediadau Sioe Frenhinol

Cymru cyn yr Ail Ryfel Byd, cyfyng o anghenraid oedd eu cysylltiad, o gofio nad oedd ond 40 o glybiau yng Nghymru yn 1939. Cododd y rhif hwn i 124 erbyn 1943 a thyfu'n fwy fyth wedyn. Felly nid oedd yn syndod mai ar ôl y rhyfel y daeth y mudiad i chwarae rhan fawr yng ngweithgareddau'r Gymdeithas. Yn ymwybodol o'u pwysigrwydd at y dyfodol, cyflwynodd y Gymdeithas yn awr ddarn o dir caeedig hunangynhaliol iddynt ar y maes, estynnwyd aelodaeth freintiedig i'w haelodau a rhannwyd £200 iddynt yn flynyddol, swm a ostyngwyd i £150 yn 1957. Yn 1946 hefyd, llwyddodd Arthur George i gyflwyno nifer o argymhellion i'r Gymdeithas mewn perthynas â chystadlaethau yn sioe 1947 a thuag at ennill i Glybiau'r Ffermwyr Ifanc aelodaeth gyfetholedig ar y Cyngor ac ar Bwyllgor Dewis Gwobrau Da Byw a Beirniaid. Golygai hyn doedd dim ond rhaid i'r Ffermwyr Ifanc gyfrannu'r arian gwobrau, apwyntio eu beirniaid a'u stiwardiaid eu hunain a gwneud trefniadau ar gyfer trefnu a rheoli eu cystadlaethau, ac y byddai'r cystadlaethau hyn yn cael eu derbyn fel rhan annatod o raglen y sioe yn y blynyddoedd i ddod. Roedd Adran Clybiau'r Ffermwyr Ifanc wedi dod mewn gwirionedd yn 'sioe o fewn sioe'. Roedd y cystadlaethau yn ymwneud ag agweddau ymarferol ar ffermio a bywyd y cartref. O berthynas i'r categori olaf, cyflwynwyd cystadleuaeth ryngwladol yn arddangos gwaith crefft yn sioe y Rhyl yn 1956. Roedd beirniaid a stiwardiaid yr amrywiol gystadlaethau yn ddynion a merched a oedd eu hunain wedi'u meithrin gan Glybiau'r Ffermwyr Ifanc a byddent yn ddiweddarach yn dod yn stiwardiaid a beirniaid yn adran da byw y sioe. Fel y dangoswyd uchod, arddangosyn arbennig yn y sioe oedd cyfraniad gan y Ffermwyr Ifanc eu hunain. At hyn, nid oedd y Ffermwyr Ifanc yn mynd yn syth bin i'w clostir eu hunain ac aros o'i fewn! Roedd nifer o glybiau yn trefnu taith addysgol arbennig i'r sioe i ymweld â'r holl adrannau, y lleiniau ymchwil ac arbrofol yn ogystal â'r arddangosion a lwyfennid ar y Rhodfa Addysg. Gellir gweld y cynnydd trawiadol ym mhresenoldeb y Ffermwyr Ifanc drwy gymharu sioe Caerfyrddin yn 1947 ag un Gelli-aur yn 1961: yng Nghaerfyrddin roedd cornel y Ffermwyr Ifanc yn y sioe yn un ddisylw – dim ond stondin gynfas fechan mewn lle cyfyngedig ac arddangosfa weddol fach o gynnyrch – ond yng Ngelli-aur, roedd eu safle'n fwy nag erioed o'r blaen, ac roedd gwahanol siroedd Cymru'n cystadlu'n frwd yn y cystadlaethau cenedlaethol (Cymru gyfan) amrywiol. Roedd y rhain yng Ngelli-aur yn cynnwys beirniadu a chlymu da pluog, beirniadu gwartheg godro, gwartheg bîff a gwartheg Duon Cymreig, cneifio defaid, a chystadlaethau ar gyfer merched, megis trefnu blodau, addurno teisennau a thrimio hetiau.

Yn y cyfnod hwn wedi'r rhyfel, cryfhaodd mudiad Sefydliad y Merched y berthynas a oedd wedi blaguro rhyngddo a Chymdeithas Amaethyddol Frenhinol Cymru cyn 1939. Yn hwyr yn 1954 fe ddiolchwyd yn gynnes iawn i'r Ffederasiwn Cenedlaethol am ei 'gefnogaeth ragorol' yn sioe Machynlleth yn gynharach yn y flwyddyn, ac yn ddiweddarach, yn 1960, fe gymeradwywyd ei ragoriaethau, yn arbennig mewn materion addysgol. Roeddynt yn ffrindiau mor ffyddlon fel, yn Hydref 1961, cyfetholwyd trefnydd Cymru Ffederasiwn Cenedlaethol Sefydliad y Merched, sef Beti Jones o Gastellnewydd Emlyn, ar Gyngor y Gymdeithas. Pan fu farw Margaret Brodrick, aelod etholedig blaenorol o'r Cyngor dros Sir Ddinbych, yn 1961, ymunodd Mrs Jones â Jane Davies o Felin-fach, Llanbedr Pont Steffan, aelod a gyfetholwyd i gynrychioli Ffederasiwn Cenedlaethol Clybiau'r Ffermwyr Ifanc (ers 1950), a Mrs N. Pennell o Hartpury, Sir Gaerloyw, aelod etholedig dros y Siroedd Allanol, fel unig aelodau benywaidd y Cyngor. Nid yn unig y trefnodd Sefydliad y Merched eu stondin ac arddangosyn eu hunain mewn sioeau olynol, ond gwahoddwyd canghennau lleol i gyflenwi'r nifer angenrheidiol o stiwardiaid yn Adran Gynnyrch y sioe, a byddent hefyd yn cymryd rhan mewn casglu o dŷ i dŷ ar gyfer cronfa leol y sioe.

Roedd yr Adran Arddwriaethol i raddau mawr hefyd yn 'sioe o fewn sioe'. Profwyd rhyfaint o anhawster o dan y system symudol i ddenu cefnogaeth ar raddfa fawr gan fasnachwyr garddwriaethol cenedlaethol pan gynhelid y sioe mewn ardaloedd anghysbell. O ganlyniad roedd Adran y Blodau yn anfoddhaol hyd at ganol y 1950au. Yn gynyddol ymwybodol o hyn fe benderfynodd y Gymdeithas yn hwyr yn 1955, y byddai'n rhaid yn y dyfodol wahodd masnachwyr o statws cenedlaethol i arddangos yn llawer iawn cynharach na'r arfer ac y byddai arian y wobr yn cael ei gynyddu'n sylweddol. Wrth weithredu'r penderfyniadau hyn yn ddi-oed, fe welwyd gwelliannau, gan i nifer ac ansawdd yr arddangosion yn sioe y Rhyl yn 1956 fod yn welliant mawr ar y blynyddoedd blaenorol. Ond daeth sefyllfa'r sioe flodau yn ansicr yn yr argyfwng ariannol a wynebai'r Gymdeithas yn hwyrach yn y flwyddyn, ac oherwydd yr amheuon a fynegwyd (o gofio profiadau'r gorffennol) a fyddai arddangoswyr o fri cenedlaethol yn teithio i'r sioe yn Aberystwyth, rhoddwyd y gorau i'r sioe flodau yn 1957. Tra nad oedd yn bosibl cynnal sioe gŵn y flwyddyn ddilynol ym Mangor, yn ffodus cafodd y Pwyllgor Garddwriaeth rwydd hynt i gynnal sioe flodau yno, ond ei bod i fod ar sail hunangynhaliol neu mor agos â phosibl at hynny. Ar ôl yr holl anawsterau hyn, gallai swyddogion y Gymdeithas fod yn fwy na bodlon gyda llwyddiant eithriadol Adran y Blodau yng Ngelli-aur yn 1961 a hefyd yn Wrecsam y flwyddyn ddilynol.

Roedd rhai agweddau ar y sioe yn denu'r tyrfaoedd ac yn apelio at bobl y wlad a'r dref fel ei gilydd. Roedd treialon cŵn defaid ar gyfer y 'Royal Welsh Stakes' wedi bod yn atyniad mawr yn y blynyddoedd cyn 1939, a sylwodd y Capten Howson, wrth ddisgrifio sioe Abertawe yn 1949 – pan oedd 42 o gystadleuwyr ar gyfer y 'Royal Welsh Stakes' – ei bod yn ymddangos eu bod

41. Heddlu marchogol Lerpwl yn sioe Caernarfon, 1952.

yn cynyddu mewn poblogrwydd flwyddyn ar ôl blwyddyn. Serch eu gallu i ddenu tyrfa, awgrymodd y cyfarwyddwr anrhydeddus, yr Is-gyrnol FitzHugh, yn 1955 y byddai'n synhwyrol cynnal y treialon cŵn defaid ar wahân i'r sioe ac mewn ardal yn bell o ganolfan y sioe, ar y sail y byddai hyn yn caniatáu lleihau maes y sioe flynyddol o ryw 15 i 20 acer. Wrth wneud hyn byddai mwy o safleoedd yn dod ar gael ar gyfer y sioe a byddai'r trefniant hefyd yn fodd i gadw diddordeb aelodau'r Gymdeithas yn y rhannau hynny o Gymru lle cynhelid y treialon, aelodau na fedrent, oherwydd pellter, fynychu'r sioe y flwyddyn honno. Yn sicr, oherwydd diffyg lle addas ar faes sioe 1956 yn y Rhyl, ni chynhaliwyd y treialon cŵn defaid fel rhan o'r sioe y flwyddyn honno. Yr un modd, am fod angen o leiaf 400 llath i'w cynnal, ni chynhaliwyd treialon cŵn defaid ym Mangor yn 1958. Roedd patrwm o ganslo'n dechrau, a phan dderbyniwyd cais ym Medi 1961 gan Gymdeithas Cŵn Defaid De Cymru am adfywio Treialon Cŵn Defaid y Sioe Frenhinol, dangosodd yr Is-gyrnol FitzHugh fod hyn yn amhosibl yn Wrecsam ond y byddai'r mater yn sicr yn cael ei ystyried ar gyfer sioe Llanfair-ym-Muallt yn 1963.

Roedd yr arddangosfeydd yn y cylch mawr yr un mor ddeniadol yn y blynyddoedd hyn ag y buont yn y blynyddoedd cynt. Er gwaethaf polisi'r Gymdeithas yn y cyfnod hwn o gadw cost arddangosfeydd y cylch mawr i lawr, ac felly gwrthod gwario symiau megis £1,000 i £1,500 ar arddangosfeydd arbennig, roedd y digwyddiadau'n amrywiol, yn lliwgar ac yn aml yn drawiadol – fel yr arddangosfa o feiciau modur ym Margam yn 1959 a gyflwynwyd gan dîm arddangos 31fed Catrawd Hyfforddi y Magnelwyr Brenhinol. Rhoddwyd amlygrwydd hefyd i neidio â cheffylau yn y sioe, ac roedd hyn yn gyson yn cyrraedd safon uchel. Daeth nifer o farchogwyr o fri rhyngwladol i lawr o'r White City, Llundain i sioe Margam yn 1959. Ni wnaeth eu medr ond helpu i bwysleisio llwyddiant marchogwyr lleol megis David Broome o Gas-gwent a Pat Price yn ennill eu cystadlaethau hwy. Yn y blynyddoedd yn dilyn diwedd y rhyfel roedd arddangosfeydd milwrol yn boblogaidd, fel yr un a roddwyd gan Heddlu Marchogol Dinas Lerpwl ar ddechrau'r 1950au, ond fe ddisodlwyd arddangosfa arferol yr heddlu hyn ym Machynlleth yn 1954 gan orymdeithiau arbennig o ferlod Mynydd Cymreig, cobiau Cymreig a merlod Cymreig, a drefnwyd yn bennaf ar gyfer prynwyr o dramor a oedd yn ymweld â'r sioe. Yn ogystal â'r 24 o geffylau a marchogwyr o Goleg Tunstall Hall, Market Drayton, a thîm arddangosfa gatrodol beiciau modur o Wersyll Parc Cinmel a ddiddanodd y gwylwyr yng nghylch mawr sioe y Rhyl yn 1956, roedd arddangosfeydd cŵn defaid yno hefyd, yn fwy na thebyg oherwydd i'r treialon cŵn defaid yn y sioe gael eu canslo. Gwelwyd arddangosfeydd tebyg mewn sioeau diweddarach, fel yr un a roddwyd gan Meirion Jones o Landrillo, enillydd Treialon Rhyngwladol Cŵn Defaid 1959, yn y Trallwng yn 1960. Er i ran cŵn hela yn y sioeau fynd yn llai ar ôl y rhyfel, roedd gorymdeithiau ohonynt yn dal i ychwanegu lliw at y cylch mawr fel, hefyd, y gwnaeth seremonïau cyfarwydd y bandiau milwrol.

Yn un o'r sioeau hyn a gynhaliwyd rhwng 1947 a 1962 cafwyd arddangosiad yn y cylch mawr gan hofrennydd yn chwistrellu cnydau o'r awyr. Mae Graham Rees, a ddaeth yn brif stiward y cylch mawr ym mlynyddoedd olaf yr ugeinfed ganrif, yn dwyn i gof sut y trodd yr achlysur yn ffars. Yn ei fynd a dod ar uchder o ryw 30 i 40 o droedfeddi, achosodd peilot yr hofrennydd gynnwrf ar y ddaear drwy wasgaru ar hyd y lle yn y cylch mawr bapurau'r sylwebydd, Percy Thomas, a eisteddai ym mocs y cyhoeddwr – sef llwyfan bychan pum troedfedd sgwâr yng nghanol y cylch mawr – a chwythu o gwmpas gotiau, trowsusau a hetiau caled y bobl. Yn ei hedfan drosodd terfynol a buddugoliaethus chwistrellodd yr hofrennydd ddŵr dros bob man gan wlychu stiwardiaid y cylch mawr, a dyma'r adeg pan brotestiodd yr Uwchgapten Jack Rees, prif stiward y cylch mawr, gan weiddi: 'Ewch â'r . . . hwn o'r lle 'ma!' Er i hyn ddod trwodd yn uchel a chlir ar yr uchelseinydd, gwell peidio â rhoi'r iaith liwgar hon mewn print, medd Rees.

Canolbwynt sentimental y sioe yn y blynyddoedd hyn ar ôl y rhyfel oedd cyflwyno medalau gwasanaeth hir i weithwyr fferm a gweithwyr gwledig eraill. Yn Abertawe yn 1949, yn cael eu gwylio gyda balchder gan eu cyflogwyr

42. Y Dywysoges Elizabeth yn sioe Caerfyrddin 1947.

yr Uwchgapten a Mrs Gibson-Watt o Ddoldowlod, Llandrindod, a 40 o'u cyd-weithwyr ar y stad, cyflwynwyd gan y Cadlywydd Montgomery, fedalau Cymdeithas Amaethyddol Frenhinol Lloegr i dri gweithiwr am eu gwasanaeth hir ar y tir. Yn gynnar yn 1956, fodd bynnag, fe welwyd Cymdeithas Amaethyddol Frenhinol Cymru yn dechrau ei Chynllun Medalau Gwasanaeth Hir ei hun. Teimlid nad oedd amodau Cymdeithas Amaethyddol Frenhinol Lloegr yn addas ar gyfer y sefyllfa Gymreig ac roedd Undeb Cenedlaethol y Ffermwyr yn llwyr gefnogi'r fenter. Derbyniodd 26 o enillwyr eu medalau yn sioe 1956 yn y Rhyl. Maentumiodd adroddiad swyddogol y Gymdeithas ar sioe Aberystwyth y flwyddyn ganlynol mai'r hyn a fyddai'n aros ym meddyliau llawer, mae'n debyg, fyddai'r llinell hir o hen weithwyr amaethyddol a oedd yn gymwys am fedal gwasanaeth hir y Gymdeithas, yn arbennig am mai 'morwyn fferm haeddiannol', Miss Alice Jane Jones, a arweiniai'r golofn.

Fel yn y blynyddoedd cyn 1939, felly hefyd yn y cyfnod wedi'r rhyfel, disgwylid yn eiddgar am ymweliad arfaethedig gan aelod o'r teulu brenhinol a byddai hyn yn denu'r tyrfaoedd. Yr achlysur lle roedd hyn amlycaf oedd ymweliad y Dywysoges Elizabeth yn rhinwedd ei swydd fel llywydd y Gymdeithas, pan ddaeth i sioe Caerfyrddin ar ei diwrnod agoriadol yn nechrau Awst 1947, pan groesawyd hi yn ecstatig ar bob cam o'i hymweliad. (Yn ddiweddarach, yn 1952, fel y Frenhines Elizabeth II, roedd i gyhoeddi ei bwriad i ddod yn Noddwr y Gymdeithas, gan ddilyn yn y swydd honno ei thad, y Brenin Siôr VI, a'i thaid, y Brenin Siôr V.) Yna, daeth y Dywysoges

43. Maes sioe Aberystwyth dan ddŵr yn 1957.

Alexandra i sioe Aberystwyth yn 1957 ar yr ail ddiwrnod, gan ennill calonnau'r record o dyrfa o 40,000 ar yr ail ddiwrnod, drwy ddilorni protocol a chymysgu gyda'r ffermwyr pan gerddodd o gwmpas am bum awr. Datganodd swyddog gorfoleddus o'r sioe ar yr ail ddiwrnod rhagorol hwn: 'Os bydd y sioe hon yn torri pob record, bydd y diolch yn mynd i un person – y Dywysoges Alexandra.' Yn anffodus, ar y nos Iau honno, cyd-ddigwyddodd torgwmwl ym mhen dyfroedd uchaf Afon Rheidol â llanw uchel yn ei moryd. Pan gyfarfu'r cerrynt grymus, gorlifodd yr afon ei glannau a llifo dros faes y sioe, fel ei fod cystal â bod yn llyn mewndirol erbyn bore dydd Gwener y sioe. Golygai hyn fod yn rhaid torri'n fyr raglen swyddogol y dywysoges. Hyd yn oed os na thorrwyd record presenoldeb dros dri diwrnod y sioe oherwydd hyn, heriodd nifer dda o ymwelwyr y tywydd ar y trydydd diwrnod. Cymaint oedd gwerthiant bwtsias glaw yn gynnar yn y dydd fel nad oedd un pâr ar gael mwyach yn y cyffiniau. Wrth glywed am y llifogydd, cychwynnodd Pugh James, perchennog siop ychydig i'r de yn Aber-porth, yn gynnar ar y bore Gwener gyda'r holl fwtsias a oedd ganddo mewn stoc. Pan gyrhaeddodd, roedd cyflwr y maes mor ddrwg fel y dechreuodd rhai wneud cynnig am ei 'wellies'. Gwerthwyd y cyfan mewn mater o funudau ac, ar ôl gwerthu'r pâr a wisgai ef ei hun, rhaid oedd gyrru adref yn droednoeth!

Fel yn y blynyddoedd cyn 1939, gofalwyd am un o ddigwyddiadau cymdeithasol y sioe flynyddol gan ymwelwyr o dramor a ddeuai i'r sioe fel gwahoddedigion y Gymdeithas ac a oedd, drwy drefniant, o dan stiwardiaeth Bwrdd Croeso Cymru. Wedi eu lleoli yn eu Pafiliwn Tramor eu hunain, roeddynt yn dod o amrediad eang o wledydd gan gynnwys Canada, Awstralia, Seland Newydd, Jamaica, Rhodesia, Kenya, Pakistan, yr Unol Daleithiau, Awstria, Ffrainc, Norwy, yr Iseldiroedd, Sweden, Denmarc ac Iwgoslafia. Yn wir, roedd y rhai a ymwelodd â sioe'r Trallwng yn 1960 yn dod o 30 gwlad wahanol. Er bod nifer ohonynt yn ffermwyr yn ymweld â Phrydain yn arbennig i astudio ei harferion amaethyddol (fel, er enghraifft, y chwe gŵr ifanc o Iwgoslafia a ddaeth i sioe Hwlffordd yn 1955), roedd rhai, yn arbennig o'r Unol Daleithiau a Chanada, yn ffermwyr a oedd wedi gadael Cymru i drin tiroedd dros y môr. Un Cymro alltud fel hyn oedd Jesse Roberts o Hannah, Alberta, ymwelydd â sioe Llandrindod a gynhaliwyd yn Llanelwedd yn 1951. Roedd ef a'i frawd Tudor, wedi gadael cyffiniau Diserth, Sir Fflint yn 1907 i wneud gyrfa lwyddiannus iddynt eu hunain mewn amaethyddiaeth ar dir ymylol gwydn yng Nghanada. Yn ystod y blynyddoedd hyn byddai ar adegau hyd at gant o wahoddedigion o dramor yn Sioe Frenhinol Cymru.

Er gwaethaf y cyhoeddusrwydd niweidiol a roddwyd i sioe Bangor yn 1958 gan y wasg – efallai oherwydd cyflwr truenus y tir dan draed – a hyn fe honnid wedi lleihau nifer yr ymwelwyr ar y ddau ddiwrnod olaf ac yn ddealladwy wedi digio swyddogion y Gymdeithas, parhaodd y papurau newydd i chwarae rhan werthfawr wrth hybu'r sioe flynyddol. Nid yn unig y rhai Cymreig, ond eraill megis y *Daily Telegraph*, y *Daily Mail* a'r *Birmingham Post* a roddodd sylw i'r sioeau amrywiol; mor ddiolchgar oedd y Gymdeithas i Percy Izzard o'r *Daily Express* am ei gysylltiad hir â Sioe Frenhinol Cymru, fel ar achlysur ei sioe olaf ym Machynlleth yn 1954 fe gyflwynwyd iddo aelodaeth oes y Gymdeithas. Ar farwolaeth W. J. Jones, a adroddodd am Sioe Frenhinol Cymru am nifer o flynyddoedd i'r *Birmingham Post*, cyflwynwyd gan ei gydweithwyr ar y *Post* dlws fel gwobr barhaol er cof amdano i Gymdeithas Amaethyddol Frenhinol Cymru, i'w ddyfarnu i Adran y Gwartheg Henffordd. Rhoddodd swyddogion y Gymdeithas ddiolch arbennig i'r *Western Mail* am ei sylw eang i sioe Caerdydd yn 1953, yn haeddiannol felly yng ngolau ei benderfyniad y flwyddyn flaenorol i ailafael yn ei arfer cyn y rhyfel i gyhoeddi atodiadau amaethyddol gwerthfawr cyn y sioe flynyddol. Y prif ohebydd amaethyddol ar gyfer y papur yn y 1950au oedd Hugh Busher, ac yn 1960 ymunodd Roland Brooks ag ef.

Wrth gwrs, daeth sylw i'r sioe ar y teledu yn bwysig iawn yn y blynyddoedd ar ôl y rhyfel, ac yn gynyddol felly. Dechreuodd darlledu ar y teledu gyda'r sioe yn Hwlffordd yn 1955, a digwyddodd hynny ar y noson gyntaf. Er gwaetha'r amser hael a roddwyd iddi, fe feirniadwyd y rhaglen gan 'Y Tiwniwr' yn y *Western Mail* am gynnwys ffilm braidd yn ddiflas gan y Weinyddiaeth Amaeth ar ddatblygiadau ffermio yng ngorllewin Cymru ar draul rhoi sylw i'r sioe 'goiawn', a allai fod wedi cael ei gyflawni gan gamerâu yn ymweld â'r cylch mawr ac yn dwyn i mewn gymaint â phosib o bersonoliaethau byw, pobl ac anifeiliaid yn ddiwahân. Byddai sylw ar y teledu ar ôl hynny yn newid yn gynyddol gyflym, a daeth elfen newydd bwysig yn 1961 gyda darllediad lliw o'r sioe yn y Gelli-aur yn 1961.

Cawr o bersonoliaeth a drefnai'r sioe yn flynyddol ac a ofalai am ei llwyddiant o flwyddyn i flwyddyn yn y cyfnod wedi'r rhyfel oedd stiward y cylch mawr, Alan Turnbull o Fro Gŵyr. Talwyd teyrnged anrhydeddus iddo yn ddiweddarach gan yr ysgrifennydd Arthur George yn ei bapurau preifat: 'Y "darganfyddiad" mwyaf i'r Gymdeithas ac i mi yn bersonol, gan i mi ennill ffrind am ryw 43 o flynyddoedd, oedd Alan Turnbull.' Nid bod George yn ddall i dymer wyllt ei ffrind – fe gofiodd am y digwyddiad yn sioe Hwlffordd yn 1955 pan frasgamodd Turnbull allan o'r cylch mawr o ganlyniad i 'anghytundeb bychan' dros drefn prif orymdaith y da byw. Yn ffodus, gwelodd George fod ei gamau breision yn ei arwain tuag at y maes parcio yn benderfynol o adael am adref. Ar ôl cael ei berswadio i gael cwpanaid o de yng ngharafan George, fe dawelodd ac o fewn ychydig roedd yn ôl yn y cylch mawr, wedi llwyr anghofio'r helynt! Fel y mae George yn ein hatgoffa, pleser oedd gwrando arno yn cadeirio Pwyllgor hollbwysig y Cylch Mawr, a arferai gyfarfod yng Ngwesty'r Castell yng Nghastell-nedd.

Yn hydref 1960, a'r penderfyniad i symud i safle parhaol eisoes wedi'i wneud, gofynnwyd: 'A ddylai'r sioe flynyddol lenwi'r prif safle yng nghalendr y Gymdeithas fel y mae ar hyn o bryd?' Ar ôl trafodaeth lawn penderfynwyd y dylai unrhyw gynllunio ar gyfer safle parhaol fod ar y sail y byddai'r sioe yn aros yn debyg iawn i'r hyn ydoedd ar hyn o bryd a mwy neu lai yr un maint. Ymhellach, fe benderfynwyd y dylid gwella'r cyfleusterau, i'r aelodau ac i'r cyhoedd; y dylid ymestyn, lle bo hynny'n bosibl, yr arddangosiadau byw (yr oedd y Gymdeithas eisoes wedi'u cynyddu rywfaint) i adrannau eraill y sioe; ac y dylid cynnwys arwerthiannau da byw, fel yn sioe Dulyn. Fe welsom fod y Gymdeithas hefyd wedi rhoi ystyriaeth ddwys o 1960 ymlaen i batrwm y categorïau o dda byw yn y sioe yn y dyfodol, gan iddi sylweddoli nad oedd y drefn bresennol yn cwrdd â gofynion y diwydiant parthed bridwyr blaengar a ffermwyr masnachol. Ac felly fe benderfynwyd bod angen rhywfaint o addasu, gydag un datblygiad newydd, sef cystadlaethau carcasau, i'w gweithredu'n syth o sioe 1961 ymlaen.

PENNOD NAW
Porfeydd Newydd

Bu'r 1950au yn ddegawd o hunanholi maith i'r Gymdeithas ynglŷn â'i rôl o fewn amaethyddiaeth Cymru a'r gymuned wledig. Fe symbylwyd hyn gan femorandwm a baratowyd gan Moses Griffith yn 1951. Yn sylfaenol roedd yn dymuno gweld y Gymdeithas yn chwarae rhan fwy effeithiol yn ei dylanwad ar bolisi amaethyddol blaengar yng Nghymru a thrwy hynny godi ei statws. Er iddo gydnabod bod y Gymdeithas hyd yn hyn wedi cyflawni 'gwaith gwerthfawr iawn' wrth gynnal sioe flynyddol, credai y dylai hi, fel corff cenedlaethol, gael amcanion a swyddogaethau llawer ehangach. Felly, fe awgrymodd y dylai'r Cyngor enwebu gweithgor i astudio ac adrodd yn ôl ar: y ddarpariaeth ar gyfer addysg amaethyddol ac ymchwil yng Nghymru; defnydd tir yng Nghymru, a datblygu bridiau da byw brodorol. Fel ymateb, ym Mai 1951 sefydlodd y Cyngor weithgor i archwilio amcanion y Gymdeithas, i gofnodi i ba raddau y cyflawnwyd yr amcanion hyn ac i argymell gweithgaredd pellach. Y rhai a enwebwyd ar y gweithgor oedd yr Is-gyrnol O. W. Williams-Wynn (cadeirydd), D. S. Davies, J. E. Gibby, R. L. Jones, yr Athro J. E. Nichols (Aberystwyth), yr Athro E. J. Roberts (Bangor) a Moses Griffith. Wedi dim llai na deg cyfarfod, cyflwynodd y gweithgor ei argymhellion i'r Cyngor ym Mawrth 1953, ynghyd ag adroddiad lleiafrif gan Moses Griffith, a bwysodd, ymysg argymhellion eraill, am yr angen am *Cylchgrawn Amaethyddiaeth Cymru* dwyieithog ac am yr angen am ddefnyddio mwy o Gymraeg wrth redeg gweithgareddau'r Gymdeithas os oedd am ennill mwy o gefnogaeth gan y gymuned ffermio yng Nghymru.

Derbyniwyd argymhellion cynhwysfawr adroddiad y mwyafrif gan y Cyngor ym Mawrth 1953, o dan nifer o benawdau. Ar frig y rhestr roedd darpariaeth addysg amaethyddol yng Nghymru: galwodd y gweithgor am sefydlu cwrs diploma 'dau sesiwn gaeaf' mewn amaethyddiaeth yn sefydliadau fferm Cymru yn ychwanegol at y cwrs blwyddyn lawn a gynigid ar y pryd. Roedd yr awgrymiadau eraill yn cynnwys cynnal cynhadledd flynydd-ol; sefydlu gorsaf ymchwil ar ffermio mynydd yng Nghymru; adfywio *Cylchgrawn Amaethyddiaeth Cymru*; trefnu arddangosiadau mewn graddio anifeiliaid a'u carcasau, ar y cyd â'r sioe flynyddol; sefydlu is-orsaf Sefydliad Cenedlaethol Peirianneg Amaethyddol yng Nghymru; cynnig cystadleuaeth ysgrifennu traethawd; ehangu'r cydweithrediad presennol rhwng y

Gymdeithas a Gwasanaeth Cynghori Amaethyddol Cenedlaethol y Weinyddiaeth Amaeth; trefnu teithiau tramor; cyflwyno Gwobr y Fedal Aur mewn cydnabyddiaeth am wasanaeth anrhydeddus i amaethyddiaeth Cymru naill ai'n wyddonol neu'n ymarferol; trefnu cystadlaethau pensaernïol o gofio am y prinder mawr o gynghorion arbenigol a oedd ar gael i ffermwyr a'r anhawster o allu gwella adeiladau presennol neu godi adeiladau newydd addas a gynlluniwyd yn bensaernïol dda; gweithredu Cynllun Medal am Wasanaeth Hir; cylchredeg adroddiad blynyddol llawn i'r aelodau cyn y cyfarfodydd sirol a gynhelid yn y gwanwyn bob blwyddyn i wneud iawn am ddiffyg adroddiadau rheolaidd i aelodau am weithgareddau'r Gymdeithas; cefnogi penderfyniad Llys y Brifysgol i sefydlu ysgol filfeddygaeth yng Nghymru; ac yn olaf, cydio ym mhob cyfle i ehangu cydweithio rhwng y Gymdeithas a chyrff â diddordebau tebyg. Daeth argymhellion ychwanegol oddi wrth y gweithgor ar ôl iddo dderbyn memorandwm pellach gan Moses Griffith yn 1957 yn pwysleisio bod y berthynas rhwng y Gymdeithas a ffermwyr cyffredin Cymru wedi bod yn 'llawer rhy lac ac aneffeithiol' ac y dylai'r Gymdeithas ymdrechu i ddarparu cyfleusterau ar gyfer amaethyddiaeth Cymru yn debyg i'r rhai a enillodd Lloegr o dan nawdd Cymdeithas Amaethyddol Frenhinol Lloegr neu'r rhai a gafodd yr Alban o dan Gymdeithas Amaethyddol Frenhinol yr Ucheldiroedd.

Cyflwynwyd i'r Cyngor adolygiadau ar y modd yr oedd argymhellion y gweithgor yn cael eu gweithredu gan yr ysgrifennydd, Arthur George, yn Nhachwedd 1955 ac eto ym Mawrth 1958 a chan y Pwyllgor Addysg a oedd newydd ei ffurfio yn ddiweddarach eto ym Mawrth 1962. O safbwynt y cyrsiau diploma mewn amaethyddiaeth a llaethydda yng Nghymru, mewn ymateb i alw'r Gymdeithas yn 1953 am adolygu'r sefyllfa, apwyntiodd y Weinyddiaeth Amaeth bwyllgor yn Rhagfyr 1955 o dan gadeiryddiaeth yr Athro D. Seaborne Davies, a wrandawodd ar dystiolaeth lafar gan gynrychiolwyr y Gymdeithas. Pan gyhoeddwyd casgliadau'r pwyllgor yn hydref 1956, fe'u croesawyd gan y Gymdeithas gan eu bod i raddau helaeth yn cyd-fynd â'r syniadau a gyflwynodd y cynrychiolwyr. Prif argymhelliad y pwyllgor oedd sefydlu coleg amaethyddol newydd yn Aberystwyth, gyda'r amcan o ddarparu cyfleusterau hyffordi myfyrwyr hyd at lefelau diploma mewn amaethyddiaeth a llaethydda, yn ogystal â bod yn ganolfan i ysgol goedwigaeth. Gan y credid bod coleg amaethyddol newydd yn anhepgor i ffyniant y diwydiant yn y dyfodol, fe gefnogwyd yr argymhelliad hwn yn gadarn gan y Gymdeithas ymysg cyrff cyhoeddus eraill yng Nghymru – yn bennaf Cyd-Bwyllgor Addysg Cymru. Yn dilyn o hyn ymddangosodd dirprwyaeth o Bwyllgor Addysg y Gymdeithas o flaen ASau Cymru yn San Steffan ac yn ddiweddarach o flaen Cyngor Cymru, y corff a fyddai yn hydref 1962 yn argymell sefydlu Coleg Amaethyddol i Gymru. Roedd y Pwyllgor

Addysg yn Ionawr 1963 yn falch o gael y newyddion fod Aberystwyth, mewn ymateb i gais Cymdeithas Amaethyddol Frenhinol Cymru, wedi penderfynu ymestyn y cwrs diploma mewn llaethydda hyd hydref 1963.

Yn dilyn penodi, yn hwyr yn 1959, Bwyllgor Addysg *ad hoc* i adolygu gweithgareddau addysgol y Gymdeithas, ymddangosodd dirprwyaeth dan arweiniad T. H. Jones o flaen y Cyngor Ymchwil Amaethyddol yn Llundain yn Ionawr 1962 i bwyso am gefnogaeth i alwad y Gymdeithas am sefydlu Gorsaf Ymchwil Iechyd Anifeiliaid yng Nghymru. Yn drist, fe amharwyd ar y cyfarfod gan i R. W. Griffith ddisgyn yn farw; roedd yn is-lywydd y Gymdeithas ers 1960 ac yn aelod o'i Chyngor ers 1954. Siom i'r Gymdeithas oedd clywed dyfarniad yr Arglwydd Hailsham yng ngwanwyn 1962, fel gweinidog gwyddoniaeth, y byddai gwyddoniaeth amaethyddol yn cael ei meithrin yn well o fewn Prifysgol Cymru na thrwy greu gorsaf newydd, ond serch hynny teimlid bod yr ymgyrch wedi canolbwyntio meddyliau pobl ar yr angen am weithredu yn wyneb y colledion trwm o dda byw yn flynyddol yng Nghymru.

Sbardunodd adroddiad y gweithgor y Gymdeithas i alw ar Sefydliad Cenedlaethol Peirianneg Amaethyddol i sefydlu is-orsaf yng Nghymru i ddarparu'n benodol ar gyfer y galw am beiriannau ymysg ffermwyr mynydd Cymru. Wrth geisio mynd â'r maen hwn i'r wal, arweiniodd cydweithrediad rhwng y Gymdeithas a'r Sefydliad yn y pen draw at wahoddiad yn 1958 i'r Gymdeithas gyflwyno enwau tri pherson addas i'w chynrychioli ar bwyllgor is-orsaf yr Alban. Felly, fe apwyntiwyd y Cyrnol J. J. Davis o blasty Llanina, Ceinewydd, gan gorff llywodraethol y Sefydliad i gynrychioli Cymdeithas Amaethyddol Frenhinol Cymru ar bwyllgor Albanaidd y Sefydliad, corff yr ymunodd ag ef yn Ebrill 1958. Hyd yn oed os na lwyddwyd i gyflawni amcan y Gymdeithas i sefydlu is-orsaf yng Nghymru, bu ei chynrychiolaeth ar y pwyllgor Albanaidd yn fodd i gael gafael ar ddata peirianyddol o ddiddordeb i Gymru.

Rydym yn barod wedi gweld fel y gweithredwyd yn 1956 argymhelliad y gweithgor ar Gynllun Medal Gwasanaeth Hir. Felly hefyd, yn yr un flwyddyn, y seiliwyd y gystadleuaeth bensaernïol a argymhellwyd ar ailgynllunio adeiladau fferm. Roedd hon yn gystadleuaeth a fabwysiadwyd gan y Pwyllgor Peiriannau ac roedd llawer o'i llwyddiant yn ddyledus i arweiniad brwdfrydig Leonard Williams o'r Gwasanaeth Tir Amaethyddol.

Cynhaliodd y Gymdeithas gynhadledd flynyddol i drafod pwnc o bwys i amaethyddiaeth Cymru am y tro cyntaf yng ngwanwyn 1954 yn Aberystwyth. Cymerodd fel ei thema 'Problem Cig Cartref a Chig wedi'i Fewnforio'. Yr un modd, mewn ymgais i wella'r gwasanaethau yr oedd y Gymdeithas yn eu rhoi i'w haelodau ac yn y cyswllt hwn yn eu galluogi i weld yr hyn yr oedd gwledydd eraill yn ei wneud i wynebu problemau a allai hefyd effeithio ar ffermwyr Cymru, yn 1953 trefnwyd taith i'r Iseldiroedd ac yn y flwyddyn ddilynol i Ddenmarc. O 1956 ymlaen trefnwyd cynhadledd y Gymdeithas Frenhinol, a gynhelid naill ai yng ngogledd neu dde Cymru, bob yn ail â thaith i wlad dramor, a oedd hyd 1961 yn cynnwys Iwerddon, a hefyd yr Alban ddwywaith. Parhaodd y daith wanwyn flynyddol i wledydd eraill hyd 1970.

Datblygiad newydd arall a ddeilliodd o argymhelliad y gweithgor yn 1953 oedd cychwyn yng nghanol y 1950au Gwobr y Fedal Aur mewn cydnabyddiaeth o wasanaeth anrhydeddus i amaethyddiaeth Cymru. Gydag enw addas, 'Medal Aur Bryner Jones Cymdeithas Amaethyddol Frenhinol Cymru', fe'i cyflwynwyd gyntaf yng Nghyfarfod Rhagfyr y Cyngor 1957 i'r Athro Emeritus Thomas James Jenkin, a fu ar un adeg yn gyfarwyddwr y Fridfa Blanhigion Gymreig a sefydlwyd yn 1919 – a chadeirydd Sefydliad Cenedlaethol Botaneg Amaethyddol, Caergrawnt. Fel mab i ffermwr o Faenclochog, Sir Benfro, ni chafodd Jenkin addysg ffurfiol cyn mynd i Aberystwyth fel myfyriwr, ond fe ddaeth yn wyddonydd o fri ac yn arloeswr mewn ymchwil tir glas.

Argymhellion eraill y ceisiwyd eu hybu o'r newydd gan y Gymdeithas oedd cychwyn cystadleuaeth y traethawd, cefnogi Llys y Brifysgol yn ei benderfyniad i sefydlu ysgol filfeddygaeth yng Nghymru ac adfywio *Cylchgrawn Amaethyddiaeth Cymru*, ond heb lwyddiant. Boed y Gymdeithas yn llwyddiannus neu beidio yn ei gweithgarwch yn dilyn y fath ystod o argymhellion, roedd hi'n amlwg yn egnïol yn dilyn gweithgareddau ac yn cefnogi ymgyrchoedd y tu allan i'r sioe yn ystod y blynyddoedd ar ôl y rhyfel yn ychwanegol at y datblygiadau newydd eraill y soniwyd amdanynt uchod. Roedd rhai o'i gweithgareddau yn barhad o rai cyn y rhyfel ac eraill yn newydd i'r cyfnod, ac fe sonnir yn fyr amdanynt isod.

Roedd ansawdd cyfrol flynyddol y Gymdeithas, sef y *Cylchgrawn* a oedd wedi bodoli ers tro, i wella'n sylweddol yn ystod y 1950au, a gwnaeth yr Athro R. G. White o Fangor sylw am hyn yn 1960. Er iddo gredu nad oedd y *Cylchgrawn* wedi bod yn gyhoeddiad teilwng o'r gymdeithas yn syth wedi'r rhyfel, roedd *Cylchgrawn* ardderchog 1959 yn ei farn ef yn cymharu'n ffafriol â chyhoeddiadau cymdeithasau tebyg. Deuai llawer o'r gwelliant o ymdrechion pwyllor golygyddol a adfywiwyd – a digwyddodd hyn yng nghanol y 1950au – o dan gadeiryddiaeth Uwchgapten Gibson-Watt ac, o 1956, yr Anrhydeddus Islwyn Davies, a gredai'n ddi-ffael fod y *Cylchgrawn* yn helpu i wella apêl y Gymdeithas. Fel y golygydd o 1955 ymlaen, fe chwaraeodd y Dr Richard Phillips hefyd ran allweddol wrth sicrhau bod pob rhifyn yn cynnwys erthyglau o ddiddordeb arbennig i ffermwyr Cymru yn Saesneg yn ogystal â Chymraeg. Gyda chymorth Cronfa Ymddiriedolaeth y Foneddiges Roberts, roedd y pwyllgor golygyddol hefyd yn gyfrifol o Ionawr 1962 ymlaen am y rhifynnau cyfnodol (dau neu dri y flwyddyn) o'r *Royal Welsh Review*, a gynlluniwyd i weithredu fel dolen gyswllt o wybodaeth rhwng y Gymdeithas a'i haelodau.

Ers y dyddiau cyn y rhyfel roedd Cymdeithas Amaethyddol Frenhinol Cymru wedi bod yn gwneud gwaith ysgrifenyddol ar ran cymdeithasau'r bridiau Cymreig, a cynyddodd y dyletswyddau hyn yn sylweddol dros gyfnod y 1950au. Roedd y gwaith ysgrifenyddol hwn, er o bwys mawr i'r gymdeithasau brîd, yn ymrwymiad costus i'r Gymdeithas ei hun. Yn anffodus, hyd at ganol y 1950au, nid oedd y costau wedi cael eu clirio'n llawn gan gyfraniadau y cymdeithasau brîd, ac o gofio'r gwasanaethau sylweddol yr oedd yn eu cynnig iddynt ar ei chost ei hun, roedd y siom yn ddealladwy o weld canran mor isel o'u haelodau a ymunodd hefyd â Chymdeithas Amaethyddol Frenhinol Cymru. Erbyn hyn, roedd y cyfrifoldebau ysgrifenyddol yn cynnwys nid yn unig Cymdeithas y Merlod a'r Cobiau Cymreig a Chymdeithas Llyfr Diadelloedd Defaid Cymreig, ond hefyd Cymdeithas Bridwyr Defaid Hanner-ach Gymreig a oedd newydd ei sefydlu. Bu newid yn y dull y byddai'r ddwy gyntaf o'r cymdeithasau brîd hyn yn cyfrannu cymhorthdal o 1958. O hyn ymlaen byddent yn cyfrannu grantiau ysgrifenyddol ar sail 15 y cant o'u trosiant yn ystod y deuddeng mis blaenorol. Fodd bynnag, nid oedd hyn yn ddigon i leddfu'n ddigonol y baich ariannol a gafwyd, sefyllfa a wnaethpwyd yn fwy annerbyniol byth gan amharodrwydd parhaus aelodau'r cymdeithasau brîd i ymuno â Chymdeithas Amaethyddol Frenhinol Cymru. Felly, ar ddiwedd 1960, cytunodd y Gymdeithas i wahodd Cymdeithas y Merlod a'r Cobiau Cymreig a Chymdeithas Bridwyr Defaid Hanner-ach Gymreig i gyfrannu swm yn cyfateb i 90 y cant o gostau uniongyrchol y cyflogau a briodolid i waith y gymdeithas dan sylw, trefniant newydd a dderbyniwyd gan Gymdeithas y Merlod a'r Cobiau Cymreig erbyn Mawrth 1961.

Ar wahân i adran y sioe, roedd y Pwyllgor Coedwigaeth yn trefnu'n flynyddol o 1950 ymlaen Gystadleuaeth Coetir a Phlanhigfa, a oedd yn ymwneud â thair neu bedair sir bob blwyddyn yn eu tro. Roedd y beirniaid yn paratoi adroddiad manwl ar gyfer y stadau a'r ffermwyr a dosbarthwyd adroddiad cyffredinol. Trefnwyd ymweliadau â fferm enillydd y gystadleuaeth. Noddwyd hefyd Gystadlaethau Diadelloedd Mynydd Rhyngsirol gan y Gymdeithas o 1955 ymlaen. Yn ddiweddarach, yn 1961, cynhaliwyd Cystadleuaeth Cynnal a Chadw Peiriannau Fferm – syniad W. J. Constable. Ystyrid Tlws Coffa Syr Bryner Jones, a gyflwynwyd gan ei ferch yn 1957, o gryn werth i amaethyddiaeth Cymru yn gyffredinol, a chytunwyd yn 1959 y dylai'r tlws gael ei gyfrif fel un o brif wobrau'r Gymdeithas. Hyd at 1960 roedd y gystadleuaeth wedi ei chyfyngu i ardal ddaearyddol, ond yn agored i amryw fathau o ffermio ac arferion ffermio, ond o 1961 fe ddaeth yn agored i Gymru gyfan ond wedi ei chyfyngu i un agwedd ar ffermio, sef llaethydda yn 1961 a chynhyrchu cig eidion yn 1962. Gwnaed pob ymdrech i geisio cynnal diwrnod agored ar fferm yr enillydd. Yr un modd, yn 1960 cyflwynodd teulu y diweddar D. Walters Davies (cyn-gyfarwyddwr Gwasanaeth Cynghori Amaethyddol Cenedlaethol, Trawsgoed) dlws i'r Gymdeithas i goffáu ei enw. Y canlyniad fu i gystadleuaeth cnwd had ardystiedig gael ei threfnu'n flynyddol gyda chefnogaeth Ffederasiwn Tyfwyr Hadau Cymru Cyf.

Gan adlewyrchu ei statws, anfonodd y Gymdeithas ei barn ar y camau a gymerwyd i frwydro yn erbyn clwy'r traed a'r genau at y Weinyddiaeth Amaeth. Yn Nhachwedd 1952 cyflwynodd y Gymdeithas femorandwm yn amlinellu ei barn ar y modd y trafododd y Weinyddiaeth yr argyfwng diweddar nad effeithiodd fawr ddim ar Gymru, wrth lwc. Yn dilyn wedyn, aeth prif swyddog milfeddygol y Gymdeithas, T. H. Jones, i gyfarfod o bwyllgor yn Llundain yn Ionawr 1953 i gefnogi'r safbwyntiau a fynegwyd yn y memorandwm, a mynegodd fod ei Gymdeithas yn edrych ymlaen at y diwrnod pan berfferthid dull cyflym o ddiagnosio ac, o ganlyniad, yn ei gwneud yn bosibl brechu'r holl anifeiliaid a oedd mewn cysylltiad â'r rhai wedi'u heintio, ac felly osgoi yr angen am eu lladd. Fe fynegodd hefyd wrth y pwyllgor mai un o feirniadaethau Cymdeithas Amaethyddol Frenhinol Cymru o ddull y Weinyddiaeth o weithredu oedd yr oedi cyn dileu'r dosbarthiadau ar gyfer da byw carn-fforchog yn y Sioe Frenhinol yng Nghaernarfon yn 1952. At hyn, credai ef ei hun mai adar ymfudol oedd yn bennaf cyfrifol am gludo haint y traed a'r genau o'r Cyfandir. Gan gofio'n bryderus i ba raddau y dioddefodd ffermwyr mynydd Sir Gaernarfon mor ddifrifol gyda'r clwy yn 1957 fel y bu'n rhaid gorfodi lladd diadelloedd cyfan o ddefaid mynydd, sefydlodd y Gymdeithas bwyllgor *ad hoc* yn 1958 i ymchwilio i'r problemau neilltuol a godai bob tro y digwyddai achos mewn ardal ffermio mynydd. Anfonwyd yr adroddiad, a gwblhawyd yn Rhagfyr, at y Weinyddiaeth.

PENNOD DEG

'Gweithred o Ffydd'
SYMUD I SAFLE PARHAOL

Er na sefydlwyd gweithgor i astudio'r posibilrwydd o gael safle parhaol hyd 1958, roedd awgrymiadau y dylai'r Gymdeithas symud i ganolfan barhaol neu i safleoedd lled barhaol i'w clywed yn gynyddol o'r 1950au cynnar. Yn wir, roedd cyfarfod sirol Sir Fynwy wedi galw am symudiad o'i fath mor gynnar â 1927! Dechreuodd cyfarfod sirol Sir Gaerfyrddin rowlio'r belen eira yn 1950 drwy annog y Cyngor i ystyried y doethineb o gael safle parhaol, a'r flwyddyn ddilynol gwelwyd Sir Frycheiniog yn pwyso am ddewis dau neu dri safle lled barhaol yng Nghymru at ddiben cynnal y sioe flynyddol, ac fel y gallai'r safleoedd hyn fod ar gael ar gyfer canolfannau arbrofi y tu allan i gyfnod y sioe. Fodd bynnag, ar y ddealltwriaeth ei bod yn bosibl cael gafael ar safleoedd am nifer o flynyddoedd, penderfynodd y Gymdeithas yn hydref 1952 y dylai'r polisi cyfredol o sioeau symudol barhau. Roedd 'M.R.' o'r *Liverpool Daily Post* yn cymeradwyo'r penderfyniad hwnnw, ac yn credu y byddai union bwrpas a natur y sioe, fel gyda'r Eisteddfod Genedlaethol, yn cael eu trechu a'u niweidio pe bai digwyddiadau cenedlaethol o'u bath yn peidio â bod yn deithiol. Ar wahân i bledio mantais yr egwyddor symudol o ystyried amodau Cymru, roedd y Gymdeithas yn cydnabod bod y gost o brynu safle parhaol y tu hwnt i'w chyrraedd yn ariannol.

Fe godwyd y mater o sefydlu safle parhaol unwaith eto yng nghyfarfod cyffredinol yr aelodau ar faes y sioe ym Machynlleth yn 1954, yn ôl pob tebyg oherwydd rhwystredigaeth am gyflwr echrydus y tir o dan draed yn y sioe anffodus honno a ddifethwyd i raddau gan dywydd difrifol. Unwaith eto, goblygiadau ariannol safle parhaol a berswadiodd y Gymdeithas ei bod yn anymarferol i fynd ymlaen â'r cynnig. Fodd bynnag, fe barhaodd y cyfarfodydd sirol, cyfryngau democrataidd y Gymdeithas, i wasgu ar y Cyngor yn 1955. Gan gyd-fynd â dymuniad Sir Aberteifi y dylai'r Cyngor ystyried y buddioldeb o ymgynghori â Chymdeithas Amaethyddol y Siroedd Unedig gyda'r bwriad o gael safle ar y cyd, lle y gellid cynnal Sioe Cymdeithas Amaethyddol Frenhinol Cymru bob rhyw bum mlynedd, cafwyd cynnig gan Sir Gaerfyrddin y dylai'r Cyngor ystyried dewis Caerfyrddin fel safle lled barhaol. Roedd Cyngor Bwrdeistref Hwlffordd ar ben ei ddigon oherwydd llwyddiant rhagorol y sioe yng Ngorffennaf 1955, felly nid rhyfedd iddo wahodd y Gymdeithas i ystyried y cae ras yn y dref fel safle lled barhaol ar gyfer y sioe. Yn 1956 tro'r gogledd oedd protestio, gyda Siroedd Dinbych a Fflint yn gofyn am safle parhaol ar gyfer y sioe. Unwaith eto gwrthodwyd y cynnig ar y sail na allai'r Gymdeithas fforddio hyn. Yr un oedd yr ymateb i'r cwestiynau ynglŷn â pholisi'r Gymdeithas o safbwynt safle parhaol a ofynnwyd gan yr aelodau yn y cyfarfod cyffredinol blynyddol yng Ngorffennaf 1957, sef nad oedd mewn sefyllfa i ymgymryd â'r gwariant sylweddol iawn a olygai hyn.

Bylchwyd y mur o wrthwynebiad ar ddiwedd y flwyddyn honno pan orchmynnodd y Cyngor mewn cyfarfod ar 20 Rhagfyr – mewn ymateb i rybudd o gynnig gan J. Morgan Jones y dylai'r Gymdeithas sefydlu gweithgor i archwilio'r cwestiwn o safle parhaol – y dylai'r Pwyllgor Cyllid gyflwyno enwau unigolion i wasanaethu ar weithgor safle'r sioe ac i awgrymu telerau i'w hystyried. Fel cadeirydd Pwyllgor Gwaith Lleol sioe 1957 yn Aberystwyth, roedd Morgan Jones wedi dechrau pryderu am ddyfodol y Gymdeithas yn wyneb y ffaith ei bod yn gorfod dibynnu cymaint ar gronfa leol, oherwydd wrth i'r dewis o safleoedd addas raddol leihau roedd perygl y byddai'n rhaid gofyn i'r un bobl gefnogi'r gronfa leol. Roedd hefyd yn teimlo ei bod yn ddyletswydd ar y Gymdeithas wella ei chyfleusterau ar gyfer yr aelodau a chynnig gwasanaeth llawer gwell. Yn dilyn sefydlu aelodaeth y gweithgor, cyfanswm o 20 aelod, penodwyd J. E. Gibby o Benfro, un o ddau is-gadeirydd y Gymdeithas, yn gadeirydd yn y cyfarfod cyntaf ar 5 Mehefin 1958. Nodwyd mai dyma oedd cyfrifoldeb y gweithgor: 'I ystyried pob agwedd ar y cwestiwn a fyddai mabwysiadu un neu fwy o safleoedd parhaol neu led barhaol yn lleddfu sefyllfa ariannol y Gymdeithas ac adrodd yn ôl ar hynny.' Roedd cyflwr mwdlyd y maes yn y bedwaredd sioe ar bymtheg ar hugain a gynhaliwyd ym Mangor yng Ngorffennaf 1958 yn ddigon i ddileu unrhyw amheuaeth ynglŷn â'r priodolrwydd o gael maes parhaol neu led barhaol. O dan y pennawd 'Un Maes, Un Safle i'r Royal Welsh?', sylwodd ysgrifennwr yn *Y Cymro* ar 31 Gorffennaf 1958: 'Mae'r mwd, yn naturiol, yn dweud yn arw ar faint y tyrfaoedd, a phan welwyd cyflwr difrifol y maes ym Mangor ar y diwrnod cyntaf nid rhyfedd fod brwdfrydedd eiddgar ymysg aelodau o'r Gymdeithas Amaethyddol Frenhinol Gymreig dros yr egwyddor o sicrhau safle barhaol i'w sioe fawr flynyddol.'

Dros y cyfnod hir o drafod o 5 Mehefin 1958 hyd benderfyniad tyngedfennol y Cyngor ar 16 Rhagfyr 1960 i brynu safle parhaol yn Llanelwedd, bu llafurio caled gan y pwyllgor gwaith yn arbennig, ond hefyd gan y Pwyllgor Cyllid a Materion Cyffredinol a Phwyllgor y Cyfarwyddwr Anrhydeddus. Gosodwyd llawer o wybodaeth gerbron y pwyllgor gwaith, gan

44. Mr J. E. Gibby, llywydd y Gymdeithas, yn sioe 1966.

gynnwys ar y dechrau bedwar memorandwm a gyflwynwyd yn eu tro gan Arthur George, J. Morgan Jones a'r Is-gyrnol R. E. B. Beaumont ar y cyd, Alan Turnbull a'r Is-gyrnol G. E. FitzHugh, yn ogystal â manylion am union gostau cymdeithasau tebyg a oedd wedi penderfynu ar safle parhaol. Yn ystod y ddwy flynedd a hanner o'i drafodaethau, adroddai'r pwyllgor gwaith yn achlysurol i'r Cyngor ynglŷn â'r modd yr oedd pethau'n datblygu. Yn araf ac yn betrusgar y datblygai pethau tuag at wneud y penderfyniad mawr ac, yn naturiol, roedd ar adegau wahaniaeth barn rhwng gwahanol aelodau o'r pwyllgor gwaith. Erbyn cyfarfod y Cyngor ym Mehefin 1959, roedd J. E. Gibby mewn sefyllfa i gyhoeddi y byddai sefydlu safle parhaol o frics a morter neu goncrid yn fusnes costus iawn ac y byddai angen o leiaf £250,000 ar gyfer hynny. Credid bod hyn yn anymarferol, a theimlid bod cynllun yr Is-gyrnol FitzHugh ar gyfer maes parhaol o ddim ond 20 i 25 acer a fyddai'n gwasanaethu nifer o sioeau adrannol yn ystod y flwyddyn yn anaddas, er yn ddeniadol mewn rhai ffyrdd. Yn hytrach, penderfynodd y gweithgor mai'r ffordd orau fyddai codi adeiladau llai parhaol eu natur a mwy neu lai yn cyd-fynd â'r strwythurau presennol ar gost o tua £150,000. Yn ymwybodol mai un o amcanion dewis safle parhaol oedd lleihau costau trwm blynyddol codi adeiladau, roedd y gweithgor wedi cytuno i weithredu chwe cham anhepgor dros y pedair blynedd gyntaf – prynu safle'r sioe a mannau parcio; symud ymaith y gwrychoedd, lefelu, draenio a hadu; ffensio terfynau maes y sioe; gosod cyflenwad dŵr, y prif linellau trydan a llwybrau parhaol – ac yna, i ddilyn hyn, llunio rhaglen ar gyfer adeiladau o goed neu rai lled barhaol.

Wrth geisio dod i benderfyniad i archwilio ymhellach y posibiliadau o ddatblygu safle parhaol, mynegwyd gwahanol farnau o fewn y gweithgor, fel y dangoswyd yn flaenorol. Yn bennaf, roedd yr Is-gyrnol FitzHugh ac Alan Turnbull yn gwrthwynebu'r syniad. Barn FitzHugh oedd ei bod yn ariannol amhosibl llwyfannu sioe mor fawr ac mor eang ar safle parhaol yng Nghymru ac roedd yn argyhoeddedig y byddai hyn yn crwydro oddi wrth fwriad y Gymdeithas i fynd â'r sioe at y rhan fwyaf o bobl Cymru. Yr un modd, dadl Alan Turnbull oedd fod y gymuned ffermio yn elwa mwy ar yr hen system symudol. Ar y llaw arall, wrth bwyso a mesur manteision ac anfanteision safle parhaol yn eu memorandwm ar y cyd, cyfeiriodd J. Morgan Jones a'r Is-gyrnol Beaumont at y fantais o sefydlu maes sioe parhaol ar y trobwynt tyngedfennol hwn yn hanes y Gymdeithas. Iddynt hwy, y dadleuon grymusaf o blaid oedd: costau afresymol codi meysydd sioeau o dan y drefn symudol; costau uchel y gofal angenrheidiol i warchod y sioeau symudol yn erbyn effeithiau anffafriol tywydd gwlyb, costau a fyddai'n lleihau yn sylweddol ar safle parhaol gyda ffyrdd ar seiliau caled; y ffaith fod gorfod defnyddio pebyll, yn ogystal â'r posibiliad o gael tywydd gwlyb, yn golygu bod yr arlwywyr gorau yn cadw draw; o dan yr hen system o sioeau symudol, roedd yn amhosibl osgoi cyfleusterau ac adeiladau'r toiledau 'bawaidd ac annymunol'; flwyddyn ar ôl blwyddyn roedd llawer wedi mynd i mewn i'r sioe heb dalu, sefyllfa amhosibl i'w rhwystro gan nad oedd terfynau cadarn i faes y sioe; roedd y cynnydd cyson ym maint sioeau amaethyddol yn gyffredinol yn golygu ei bod yn anodd dod o hyd i safleoedd addas; roedd darganfod a pharatoi safle newydd bob blwyddyn yn golygu ymdrech fawr ar ran trigolion yr ardal ac yn rhoi baich arnynt o godi arian at y gronfa leol, y dibynnai llwyddiant ariannol y sioe arni fwyfwy o flwyddyn i flwyddyn; a byddai cyfleusterau gwell safle parhaol yn denu mwy i ymaelodi. Roedd y manteision hyn, meddent hwy, yn gorbwyso anfanteision safle parhaol a olygai golli'r diddordeb a'r brwdfrydedd a gâi ei greu bob blwyddyn yn ardal y sioe, a'r broblem ariannol o gael gafael ar safle parhaol a'i gyflenwi â chyfarpar, tasg 'aruthrol' o gofio cyflwr cymharol isel cronfa wrth-gefn y Gymdeithas ac a oedd hyd yn hyn wedi ei rhwystro rhag ystyried safle parhaol. Eto os oedd y fantolen yn ffafriol, roedd Morgan Jones a Beaumont yn cydnabod y byddai newid i safle parhaol gyda'r cyfalaf wrth gefn mor fychan a'r aelodaeth mor isel yn 'weithred o ffydd'. Felly, ar gychwyn mentro i'r cyfeiriad angenrheidiol hwn, byddai'n rhaid i'r Gymdeithas wneud ymdrech galed i ddenu cefnogaeth y ffermwr o Gymro dros y fenter drwy ennill ei aelodaeth a'i danysgrifiad i'r gronfa gyfalaf y byddai'n rhaid ei chodi.

Trafodwyd sut y gellid ennill cefnogaeth y gymuned ffermio Gymreig mewn cyfarfod o'r gweithgor ar ddiwedd Hydref 1958. Teimlid mai'r ffordd fwyaf effeithiol o fesur lefel y gefnogaeth i'r prosiect fyddai i'r ysgrifennydd annerch cyfarfodydd canghennau sirol Undeb Cenedlaethol y Ffermwyr. Profodd cefnogaeth y cyhoedd yn broblem anodd ac adlewyrchwyd hyn yn y datganiad i'r wasg a roddwyd gan y gweithgor yn gynnar yn 1960, ac yn y modd y pwysleisid casgliadau pendant y Cyngor yn ei gyfarfod blaenorol yn Rhagfyr, sef os na châi'r Gymdeithas aelodaeth gyson o 10,000 – neu tua phedair gwaith y nifer bresennol – na fyddai unrhyw gynnig dros safle parhaol yn cael ei ystyried o ddifrif. I'r perwyl hwn, meddai'r datganiad, gofynnwyd i'r gweithgor baratoi cynllun ar gyfer ricriwtio'r aelodaeth angenrheidiol ac i ddangos sut y gellid ariannu safle parhaol. O ganlyniad, fe drafodwyd yn llawn y broblem barhaus o ricriwtio aelodaeth yng nghyfarfod ar y cyd y Pwyllgor Ariannol a'r Gweithgor ar 4 Mawrth 1960, gan ganolbwyntio ar femorandwm a baratowyd gan Moses Griffith a ddadleuai nad oedd y Gymdeithas yn dal i fyny â datblygiadau pwysig ac â'r problemau a effeithiai yn uniongyrchol ar y ffermwyr. Ar ôl i amrywiol farnau gael eu gwyntyllu parthed y ffordd orau i hybu gynyddu aelodaeth, gwnaed y penderfyniad tyngedfennol y dylid mynegi wrth y Cyngor mai barn y cyfarfod ar y cyd oedd y byddai sefydlu safle parhaol ar gyfer y sioe yn un ffactor pwysig tuag at gynyddu aelodaeth y sioe. Roedd safbwynt y Cyngor, sef y dylid cael cyfanswm o 10,000 o aelodau cyn y gellid lansio'r prosiect, wedi cael ei droi ben i waered! Roedd momentwm cael safle parhaol yn ymddangos yn ddiatal, yn arbennig o gofio penderfyniad y Cyngor ar 18 Mawrth 1960 fod sefydlu safle parhaol yn un ffordd o bwys i ennill aelodau newydd.

Cymerwyd y cam tyngedfennol o fynd â'r maen i'r wal ar 23 Mai 1960, pan benderfynodd y gweithgor yn unfrydol 'y dylid cymeradwyo i'r Cyngor, o gofio argyhoeddiad pendant y Gweithgor y byddai'n mynd yn gynyddol anos i gyrraedd targedau'r gronfa leol ar gyfer sioeau peripatetig, fod yr amser bellach wedi dod i'r Gymdeithas orfod dod o hyd i safle parhaol addas yn Aberystwyth'. Does dim amheuaeth am bwysigrwydd y cyfarfod hwn fel trobwynt, gan fod datganiad pendant o bolisi yn awr wedi cael ei wneud. Roedd y gweithgor yn fwy na thebyg wedi cael ei gynorthwyo i gyrraedd y penderfyniad hwn gan ddatganiad Alan Turnbull ei fod yn cael ei orfodi i newid ei feddwl wyneb yn wyneb â'r anawsterau cynyddol o godi cronfeydd lleol, er nad oedd ef erioed yn wir wedi ffafrio safle parhaol. Cytunai'r Is-gyrnol Beaumont a hefyd J. Morgan Jones â'i safbwynt; a chrisialodd yr ail sefyllfa'r Gymdeithas drwy hawlio fod sioe beripatetig, yn dibynnu fel yr oedd ar y gronfa leol ac ar nifer lai a llai o safleoedd addas, yn 'araf yn rhygnu tua'i thranc'. Mewn datganiad pwyllog, dywedodd Morgan Jones, er y gwerthfawrogid bod y cronfeydd lleol, gydag ambell eithriad, wedi llwyddo i ragori ar eu targedau, roedd yr adnoddau yn cael eu disbyddu i'r fath raddau fel y byddai'n hynod anodd ped ymwelai'r sioe â'r un siroedd o fewn amser byr.

Cyfarfu'r Cyngor ar 10 Mehefin 1960 a chyda mwyafrif llethol o 32 pleidlais i 3 derbyniwyd argymhellion y gweithgor. Roedd anawsterau mawr yn dal ar y ffordd, fodd bynnag, yn bennaf oll y cwestiwn o gael cyfalaf angenrheidiol i brynu, sefydlu a datblygu'r safle. Unwaith eto rhoddodd y Cyngor ei ffydd yn y gweithgor i wireddu dwy dasg newydd, sef ei fod yn archwilio holl bwnc ariannu safle parhaol, gan alw am gyngor arbenigol, ac y dylid gofyn i holl ffermwyr Cymru, ei diwydianwyr, aelodau'r Gymdeithas a phobl eraill a oedd yn ymwneud â'r prosiect a fyddent yn rhoi eu cefnogaeth lwyr i sefydlu safle parhaol yn Aberystwyth.

Erbyn Tachwedd 1960 roedd y gweithgor – gan gael ei arwain yn ei benderfyniadau gan y tri ymchwilydd i ragoriaethau'r safleoedd amrywiol a argymhellwyd, sef Alan Turnbull, J. E. Gibby ac R. L. Jones o Gastellnewydd Emlyn – yn barnu bod Aberystwyth yn anaddas fel lleoliad, yn bennaf oherwydd mai dim ond 70 o aceri oedd ar gael i gynnwys y sioe, pan oedd angen 100 acer. Trafodwyd safleoedd posibl eraill yn Llanfair-ym-Muallt, Machynlleth, Llandinam a Chaersws – gyda'r posibilrwydd i'r olaf, fel y clywodd yr aelodau, gael ei datblygu yn 'dref orlif' ar gyfer Birmingham. At hyn, ystyriwyd cael dau safle, un yn y gogledd ac un yn y de, ond gwrthodwyd

'GWEITHRED O FFYDD'

45. Hen Neuadd Llanelwedd, cyn y tân yn 1951.

y syniad oherwydd y byddai'n dyblu'r costau. Wedi sylweddoli'r anawsterau a allai godi wrth brynu safleoedd ym Machynlleth, Llandinam a Chaersws, yr unig ddewis cadarnhaol ar gael i'r Gymdeithas oedd Neuadd Llanelwedd ger Llanfair-ym-Muallt. Gallai problemau cyfreithiol godi o safbwynt safle Machynlleth gan ei fod yn dir comin, ac roedd Llanfair-ym-Muallt – gyda Llandrindod gerllaw – yn fwy deniadol na Llandinam na Chaersws oherwydd bod mwy o gyfleusterau lletya ar gael. Daeth yr hwb terfynol i benderfynu o blaid Llanfair-ym-Muallt mewn cyfarfod is-bwyllgor, yn cynnwys J. E. Gibby, yr Is-gyrnol FitzHugh, Dr T. L. Davies ac Arthur George, gyda'r henadur lleol Harold Edwards a'i gyfeillion, yn Llanfair-ym-Muallt, ar 10 Rhagfyr 1960. Y canlyniad oedd fod yr Is-gyrnol FitzHugh yn adrodd i'r Cyngor wythnos yn ddiweddarach y byddai'n rhaid prynu 176 acer – 104 ohonynt ar dir gwastad, a'r gweddill ar lethr – a, chyhyd â'i bod yn bosibl prynu'r tir am bris y farchnad, y byddai'n sicr yn cwrdd ag anghenion y Gymdeithas. Ac felly gwnaeth y Cyngor y penderfyniad dewr y dylai'r Gymdeithas, drwy'r Pwyllgor Cyllid, drafod telerau prynu'r safle.

Yng nghyfarfod y Pwyllgor Cyllid ar 12 Ionawr 1961, awgrymodd y cadeirydd yr Is-gyrnol FitzHugh y dylid cyflogi Harold Edwards i brisio'r tir, ond ar wahân i unrhyw negodi i brynu'r safle yn Llanelwedd. Ffromodd rhai o glywed hyn: datganodd Moses Griffith heb flewyn ar ei dafod ei fod yn hynod anhapus ynglŷn â'r ffordd yr oedd trafodaeth o'r fath bwysigrwydd wedi digwydd mor sydyn a heb hysbysu'r Pwyllgor Cyllid ac aelodau'r Cyngor yn ddigonol. Yn yr un modd, mynegodd R. W. Griffiths ei gonsýrn am ansicrwydd ymddangosiadol yr aelodau'n gyffredinol a dadleuodd os na fabwysiedid prosiect y safle parhaol gyda hyder llwyr y byddai'n well o'r hanner ei ollwng. Amheuai ai Llanfair-ym-Muallt oedd y lleoliad iawn. Pan roddwyd y mater i bleidlais, a Moses Griffith yr unig wrthwynebydd, penderfynwyd gofyn i'r Henadur Edwards baratoi prisiad proffesiynol o'r tir ac y dylid symud ymlaen i drafod ei brynu. Yn y cyfarfod nesaf ar 9 Mawrth, adroddodd Harold Edwards fod cymaint o frwdfrydedd lleol fel bod pwyllgor codi arian wedi ei sefydlu a oedd eisoes wedi addo £10,000 tuag at brynu'r safle. Unwaith eto mynegodd Moses Griffith ei anfodlonrwydd am y sefyllfa a gofyn iddynt gofnodi ei fod wedi ymatal rhag pleidleisio ar y mater hwn oherwydd yn ei farn ef ni fyddai safle parhaol yn Llanfair-ym-Muallt yn gwasanaethu Cymru gyfan. Argymhellodd y cyfarfod fod y Cyngor yn prynu Llanelwedd am bris heb fod yn fwy na £32,000, yn cynnwys iawndal tenantiaeth. Drwy gymwynas hael Pwyllgor Safle Parhaol Llanfair-ym-Muallt, o dan gadeiryddiaeth yr Henadur Edwards, codwyd bron i £22,000, ac roedd hyn ynghyd â chelc wrth gefn o dros £15,000 o weddill sioe Gelli-aur yn golygu bod digon o arian ar gael i gwrdd â'r gost gyfan o £38,497 10s. i brynu'r safle, talu iawndal i'r tenant, a rhai costau cyfreithiol, heb orfod gwerthu dim o fuddsoddiadau'r Gymdeithas. Daeth y prosiect hwn – y prosiect pwysicaf i'r Gymdeithas erioed ymgymryd ag ef – i ben erbyn haf 1961 gyda meddiant llawn o'r safle yn dilyn ym Mai 1962. Yn wyneb ymateb cyflym pwyllgor codi arian Llanfair-ym-Muallt mae'n amlwg fod y Gymdeithas wedi ei chyflwyno gyda *fait accompli* a heb fawr o ddewis ond ei dderbyn. (Roedd y sefyllfa'n debyg i'r hyn a ddigwyddodd wrth ddewis Aberystwyth fel y ganolfan gyntaf ar gyfer sioe 1904 pan oedd cyfraniad nobl yn ogystal â safle addas yn cael eu cynnig.) Ond ni wnaed y penderfyniad heb amheuon. Yn ddiweddarach soniodd Alan Turnbull wrth David Lloyd o'r *Liverpool Daily Post* fel yr oedd y Gymdeithas yn nerfus am y gefnogaeth wael a roddwyd yn gynharach i'r sioe a gynhaliwyd yn Llanelwedd yn 1951, fod nifer yn teimlo bod y safle yn rhy agos at y ffin â Lloegr a theimlai pobl y gogledd ei fod yn rhy bell i'r de.

Ond o gymryd y penderfyniad, ni ellid bellach laesu dwylo. Yn wir, yn Hydref 1961, atgoffodd yr Is-gyrnol FitzHugh y Cyngor o'r cam pwysig iawn yr oedd yn awr wedi ei gymryd a'r cyfrifoldeb difrifol a oedd ynghlwm wrth y penderfyniad. Ni fedrai'r Gymdeithas obeithio llunio maes y sioe heb yn gyntaf oll benderfynu ar bolisi ar gyfer defnyddio'r safle. Ac yntau'n dechrau ymlacio yn ei rôl fel cynghorydd mawr ei barch, pwysleisiodd FitzHugh fod

46. Yr Is-gyrnol G. E. FitzHugh (yr ail o'r dde) yn ymgynghori ag aelodau'r Gymdeithas ac eraill ynghylch gwaith paratoadol ar safle parhaol maes y sioe.

angen ateb nifer o gwestiynau difrifol, cwestiynau y dylai'r Cyngor fod mewn sefyllfa i'w hateb yn gynnar yn y flwyddyn nesaf. Penderfynodd y Cyngor yn briodol y dylid ymddiried rheolaeth y safle i Bwyllgor y Cyfarwyddwr Anrhydeddus. Cawn drafod yn y bennod nesaf sut yr wynebodd y Gymdeithas y sefyllfa newydd ar ôl y ffordd o fyw crwydrol yr oedd wedi arfer â hi.

Y cyfan sydd ar ôl i'w ddweud ar hyn o bryd yw mai peth i'w ddisgwyl oedd y byddai'r penderfyniad yn cael ei anghymeradwyo yn ogystal â'i gymeradwyo ymysg yr aelodaeth ehangach a'r cyhoedd. Rhannwyd pryderon Moses Griffith nad oedd Llanelwedd yn ganolfan addas ar gyfer corff cyffredinol amaethwyr Cymru gan Gymdeithas y Gwartheg Duon Cymreig a ysgrifennodd at Gymdeithas Amaethyddol Frenhinol Cymru ym Mai 1961 yn protestio yn erbyn y penderfyniad ac yn gofyn i'r Cyngor ailystyried ar y sail y dylai safle parhaol y Sioe Frenhinol fod o fewn cyrraedd mwyafrif ffermwyr Cymru. Adroddodd Roland Brooks, sylwebydd amaethyddol y *Western Mail* yng Ngorffennaf 1961 – ac yntau ei hun yn gefnogol i'r penderfyniad i fynd i Lanelwedd – fod Cymry yng ngogledd Cymru yn cwyno bod y safle yn Llanfair-ym-Muallt yn rhy bell, ac eu bod wedi ystyried sioe 'hollt', a chlywyd murmuron o anniddigrwydd o rannau eraill o Gymru.

Ni fyddai'n deg dweud bod y Gymdeithas wedi rhuthro i wneud penderfyniad. A thrwy ddewis safle parhaol roedd yn dilyn y duedd a welwyd ymysg cymdeithasau amaethyddol blaenllaw Prydain. Yn amlwg, roedd rhai o'r aelodau yn coleddu amheuon drwy'r cyfan, fel y gwnâi'r Is-gyrnol FitzHugh hefyd, ond a chwaraeodd serch hynny ran arweiniol mor hanfodol yn yr holl broses o drawsnewid fel y cafodd ei ddisgrifio yn hael gan J. E. Gibby, is-lywydd y Gymdeithas a chadeirydd y gweithgor, fel 'Pensaer y "Royal Welsh" Fodern'. O ddechrau'r 1950au roedd wedi gwrthwynebu safle sengl ond, fel swyddog ffyddlon i'r Gymdeithas, fe gydymffurfiodd gyda'i dymuniad a datgan ei gefnogaeth lawn unwaith y cymerwyd y penderfyniad, a oedd bron yn unfrydol, i sefydlu pencadlys y Gymdeithas a'r sioe flynyddol yn Llanelwedd. Defnyddiodd ddull alegorïaidd wrth gynghori aelodau'r Cyngor ar 29 Mawrth 1962, pan ddywedodd fod y symudiad i safle parhaol yn debyg i fentro i 'lân briodas' ar ôl i'r Gymdeithas fyw fel 'hen lanc' am flynyddoedd. Cyffesodd ei fod ei hun braidd yn bryderus am ffawd ei ffrindiau 'di-briod'. Roedd y mwyafrif yn teimlo y byddai'n well pe bai'r Gymdeithas heb 'briodi' o gwbl, ond teimlai eraill fod y Gymdeithas wedi 'priodi' y 'ferch anghywir'. Yn ei farn ef, nid oedd y math hwn o agwedd erioed wedi helpu i wneud priodas lwyddiannus. Ond y cwestiwn tyngedfennol oedd: a oedd y ddwy garfan yn teimlo mor gryf dros eu safbwyntiau fel nad oeddynt yn gallu cefnogi'r fenter? Er ei bod yn sicr fod yna rai a anghytunai â'r cam newydd pwysig hwn, roedd yn amlwg eu bod yn *derbyn* y sefyllfa. Roedd yn hollbwysig, fe anogodd, y dylai'r fath gytundeb fod yn gyflawn, ac y dylai'r Gymdeithas fod yn ddiwyro ac yn ddi-syfl wrth ofalu bod y fenter yn cael ei gwireddu.

RHAN PEDWAR
O Argyfwng i Fuddugoliaeth
BLYNYDDOEDD LLANELWEDD, 1963–2004

PENNOD UN AR DDEG

Blynyddoedd Llanelwedd, 1963–1975
TRISTWCH AC ANOBAITH

Roedd gadael y sioe symudol o blaid safle parhaol – menter a oedd yn cyd-fynd â'r hyn a ddigwyddodd gyda Chymdeithas Amaethyddol Frenhinol Lloegr, a symudodd i Stoneleigh (1963), Sioe Frenhinol yr Ucheldiroedd i Gaeredin (1960), un Caerfaddon a'r Gorllewin i Shepton Mallet (1965) ac un y Tair Sir a symudodd i Malvern (1958), i gyd mewn ymateb i gostau uchel iawn cynnal sioe beripatetig – yn golygu, wrth gwrs, bod angen ffurfio cysylltiadau cryfach fyth gyda'r broydd lleol. Gwelsom yn gynharach fod y Gymdeithas, gyda'r diben hwn mewn golwg, wedi ymgorffori pwyllgorau ymgynghorol y siroedd yn ei gyfansoddiad yn 1962; craidd y rhain oedd aelodau'r Cyngor a breswyliai ym mhob sir ac roedd gan bob sir ysgrifennydd sirol anrhydeddus. Tua'r un pryd rhoddwyd cyfrifoldeb y gwaith o ddatblygu safle Llanelwedd yn nwylo Pwyllgor y Llywydd Anrhydeddus. Roedd yr Is-gyrnol FitzHugh a'i dîm cynnal yn wynebu cryn sialens, os nad yn wir sialens frawychus.

Hanfod y broblem oedd cyflwr gwan di-baid cyllid y Gymdeithas. Roedd ei swyddogion yn ymwybodol yn gynnar yn 1963 fod cyfanswm o 3,649 o aelodau yn druenus o fychan ac y byddai angen cymaint â 10,000 o danysgrifwyr i sicrhau dyfodol llwyddiannus i brosiect newydd Llanelwedd. Cythryblus, hefyd, oedd adroddiad y Pwyllgor Cyllid a gyflwynwyd i'r Cyngor ym Mehefin 1963, a ddangosodd fod un o'r dadleuon a ddefnyddid yn y gorffennol o blaid maes sioe parhaol yn gam-dyb: dim ond i ryw raddau yr oedd gwirionedd yn yr hen dybiaeth y byddai symud i safle parhaol yn lleihau costau codi'r sioe i raddau helaeth, oherwydd mewn llawer o achosion byddai costau cynnal a chadw a cholli gwerth y math o adeiladau a ragwelid yn uwch na thâl llogi'r pebyll a'r siediau yr oeddynt yn eu disodli. Gan gymryd chwyddiant parhaus i ystyriaeth, casgliad yr adroddiad oedd y byddai gwariant blynyddol y Gymdeithas yn debyg o gynyddu yn hytrach na lleihau.

Roedd yr adroddiad hefyd yn rhoi amcangyfrif manwl o'r costau a fyddai'n wynebu'r Gymdeithas dros y deng mlynedd nesaf neu fwy. Y cam cyntaf fyddai prynu'r safle, rhoi iawndal i'r tenantiaid a fyddai'n symud allan, a gwneud unrhyw waith angenrheidiol arall ar gyfer cynnal y sioe ar y tir yng Ngorffennaf 1963 – cyfanswm o ryw £67,000. Yn yr ail gam byddai'n rhaid rhoi sylw i adnewyddu bwthyn y fferm (£500) a darparu ar gyfer cartrefu'r staff (£14,000) cyn sioe 1964 pe byddai'r symiau a godwyd yn ddigonol i ganiatáu hyn; at hyn, roedd yr ail gam yn cynnwys cyfleusterau ar gyfer y stocmyn (£9,500), gwasanaethau ychwanegol a ffigur dros dro o £5,000 ar gyfer prynu carafanau ail-law fel lletty ar gyfer swyddogion y sioe. Cyfrifwyd y byddai angen £33,000 ar gyfer costau'r ail gam. Y datblygiadau yn y trydydd cam (tua £70,000), oedd cwblhau'r gwasanaethau, cynllun carthffosiaeth (£13,000), rhan o'r toiledau a chyfleusterau cysylltiedig (£16,500), darpariaeth bellach ar gyfer y stocmyn (£4,000), darpariaeth ar gyfer arddangoswyr masnachol (£5,000), a gosod ffyrdd (£25,000). Yn nyfodol braidd yn bell 1970–1, camau pedwar a phumap fyddai'r her, gan gynnwys ymestyn adeiladau'r Cyngor, y toiledau a chyfleusterau cysylltiedig, ciwbiclau ychwanegol ar gyfer y stocmyn, lloriau concrid ar gyfer lletya'r da byw, a phrif stand barhaol. Roedd angen tua £80,000 i gwblhau'r ddau gam olaf hyn. Yr oedd angen cyfanswm cyfalaf, gan gynnwys prynu'r safle, o tua £250,000 ar gyfer y pum cam (gan gynnwys prynu'r safle) – y ffigur a ragwelwyd yn gynharach gan y Cyngor.

Adroddodd yr is-grŵp y gofynnwyd iddo gyflawni'r dasg anodd o rag-fynegi'r incwm angenrheidiol am bum mlynedd, y byddai angen cynyddu cyfanswm yr incwm blynyddol o'r amcangyfrif o £55,000 yn 1963 i £80,000 dros y 5–6 blynedd nesaf. Gan gydnabod bod hwn yn darged uchelgeisiol iawn, roeddynt yn dal i ddweud y dylid chwilio am incwm ychwanegol drwy'r aelodaeth, derbyniadau wrth y fynedfa a thocynnau ymlaen llaw, yn ogystal â thrwy weithgareddau eraill heb ymwneud yn uniongyrchol â'r sioe, ac yn pwysleisio'r angen am lansio ymgyrch aelodaeth ddwys yn fuan. Ar sail yr wybodaeth hon, cychwynnodd y Gymdeithas ddwy apêl bwysig yn 1963 a 1964. Yn gyntaf cafwyd y Gronfa Apêl Genedlaethol, a lansiwyd gan yr Is-iarll Emlyn yn Llandrindod ar 28 Tachwedd 1963 gyda'r prif fwriad o ddarparu cronfa gyfalaf o £250,000 ar gyfer datblygu safle Llanelwedd fel pencadlys parhaol i'r Gymdeithas a'i sioe, ac ar gyfer canolfan ffermio a bywyd gwledig Cymru. Yn eistedd fel aelodau ar y Pwyllgor Apêl o dan gaeiryddiaeth yr Arglwydd Emlyn yr oedd yr Anrhydeddus Islwyn Davies, A. B. Turnbull, Syr David M. Evans-Bevan, Martyn Evans-Bevan a Bevington R. Gibbins. Ar y cychwyn roedd y pwyllgor hwn yn gweithio gyda chyfarwyddwr ymgyrchu a gafwyd drwy'r Wells Organization, corff proffesiynol o'r tu allan a logwyd gan y Gymdeithas i roi cyngor ar y ffordd orau o drefnu'r apêl.

Yn gynnar yn 1964 daeth apêl y Gymdeithas am gynnydd o 100 y cant yn nhâl aelodaeth; ystyrid hyn yn hanfodol i union barhad y Gymdeithas. Roedd hyn yn fater o frys o ganlyniad i'r golled ariannol sylweddol a wnaeth y sioe gyntaf a gynhaliwyd yn Llanelwedd yng Ngorffennaf 1963, yn bennaf oherwydd y nifer fechan a fynychodd y sioe oherwydd fod y cynhaeaf yn hwyr. Hefyd o dan yr hen system o sioeau symudol roedd yna sicrwydd y byddai apêl y gronfa leol bob amser yn chwyddo'r aelodaeth yn y sir dan sylw o hyd at fil neu fwy, llawer ohonynt, mae'n wir, yn aelodau am ddim ond y flwyddyn honno yn unig, yn anffodus. Felly roedd yn bwysicach byth fod yr aelodau byrhoedlog hyn a gefnogai'r sioe yn 'achlysurol' o dan yr hen fath o gronfa leol, yn awr yn newid i aelodaeth flynyddol. Cynhaliwyd y lansiad aelodaeth ar 2 Mawrth, a chyn y dyddiad hwn roedd cyfarfodydd sirol wedi eu cynnal yn 13 sir Cymru a chasglwyr tanysgrifiadau hyddysg wedi eu henwebu ym mhob rhanbarth. Roedd yn amlwg fod swyddogion y Gymdeithas yn credu bod yn rhaid i'r prif ysgogiad am ymgyrch aelodaeth ddod oddi wrth y pwyllgorau ymgynghorol sirol ac roedd yn union yr un swyddogion yn ymwybodol iawn y byddai'r ymateb i'r ddwy apêl yn penderfynu pa mor gyflym y gellid datblygu safle Llanelwedd. Eisoes ar ddechrau 1964 roedd cryn alw oddi wrth yr aelodau cyfredol am well darpariaeth o gyfleusterau yn y sioe.

Yn ogystal â llunio cynlluniau ar gyfer datblygu'r safle a lansio dwy apêl, byddai angen gwneud newidiadau pwysig yn y cyfansoddiad ac mewn gweinyddu a hysbysebu, os oedd y Gymdeithas i gwrdd â'r heriau a ddeilliai o symud i safle parhaol. Cyn symud, nid oedd y Gymdeithas yn gorff corfforaethol ac roedd ei llywodraeth wedi ei hymddiried yn y Cyngor. O fewn terfynau eang a chyda rhywfaint o ad-drefnu ar strwythur y pwyllgorau i gwrdd â'r anghenion newydd, roedd y strwythur hwn wedi gwneud y tro. Fodd bynnag, yng nghyfarfod y Cyngor yn Nolgellau yn ystod haf 1965, mabwysiadwyd y nod o gael statws elusennol, a sylweddolodd y Gymdeithas y golygai symud i Lanelwedd ei bod yn tyfu'n rhywbeth llawer mwy na sioe dri diwrnod. Y Tachwedd dilynol penderfynodd y Cyngor gofrestru'r Gymdeithas yn gwmni cyfyngedig elusennol fel y gallai berfformio yn fwy effeithiol ei swyddogaethau amrywiol a datblygu Llanelwedd ar linellau busnes cadarn fel prif ganolfan gweithgareddau amaethyddol yng Nghymru. Gan ei bod yn berchennog eiddo sylweddol yn bwriadu codi symiau cyfalaf mawr, bu'n rhaid i'r Gymdeithas ddod yn gorff corfforaethol gydag atebolrwydd cyfyngedig; fel arall gellid dwyn i gyfrif bob aelod unigol i fod yn atebol yn bersonol am unrhyw ddyledion a oedd gan y Gymdeithas.

O weld maint y gwaith ychwanegol y byddai ei angen i wneud Llanelwedd yn ganolfan ar gyfer arddangosiadau trwy'r flwyddyn gron, gwelwyd bod angen hefyd cael trefn weinyddol foddhaol, a chyda hyn mewn golwg fe geisiodd y Gymdeithas yn 1965 wella pethau trwy drosglwyddo ei phwerau gweithredol i bwyllgor llawer llai. Teimlid bod y Cyngor anhwylus o fwy na 150 o aelodau, yn cyfarfod ddim ond tair neu bedair gwaith y flwyddyn, yn annigonol i ddelio â materion brys. Ond er y byddai gweithgor bychan a elwid yn Fwrdd y Rheolwyr yn rhedeg y cwmni elusennol cyfyngedig o hyn ymlaen, byddai crynswth mawr yr aelodau'n dal i fod â grym trwy'r pwyllgorau sirol ymgynghorol hollbwysig. Y rheini yn eu tro fyddai'n ethol aelodau'r Cyngor o blith eu rhengoedd eu hunain. Sail y gynrychiolaeth ar lefel y werin oedd 6 aelod ar bob cyngor sirol ymgynghorol am bob 50 (neu lai) o aelodau: felly po fwyaf o aelodau a fyddai o fewn y sir, mwyaf fyddai grym y cyngor sirol. Roedd aelodau'r Cyngor, o'u rhan hwy, yn cynnwys 3 aelod am 100 aelod cyntaf (neu ran o 100) pob pwyllgor ymgynghorol, gydag un arall am bob 100 ychwanegol o aelodau'r pwyllgor (neu ran o 100). O safbwynt Bwrdd y Rheolwyr, a gyfarfyddai unwaith y mis, roedd ei aelodaeth i gynnwys swyddogion y Gymdeithas ac un aelod o bob sir wedi ei ethol gan y Cyngor. Roedd pob sir gyda mwy na 1,000 aelod yn cael aelod ychwanegol. Rhoddwyd pwerau cyfethol cyfyngedig i'r Cyngor a Bwrdd y Rheolwyr fel ei gilydd. Er y lleisid cwynion yn achlysurol am y cyfansoddiad newydd hwn, fe âi'r Is-gyrnol FitzHugh, unwaith eto'n bensaer y ffurf newydd hon o lywodraeth, i drafferth i bwysleisio ei fod mor ddemocratig ag unrhyw beth y gallai dyn ei ddyfeisio, a bod yr aelodau yn wir wedi cael pwerau estynedig. Wedi oedi cyn dechrau gweithredu, daeth Cymdeithas Amaethyddol Frenhinol Cymru Cyfyngedig i rym yn Ionawr 1967.

Roedd swyddogion y Gymdeithas hefyd yn ymwybodol o'r angen am wella cyhoeddusrwydd – ymhell y tu hwnt i'w lefel yn y blynyddoedd symudol – er mwyn hybu'r fenter newydd yn ei gweithgareddau amrywiol. Golygai cyhoeddusrwydd effeithiol hysbysebu'r Gymdeithas yn y cylchoedd hynny lle y chwiliai am y cyfraniadau mwyaf sylweddol at yr apêl gyfalaf, sef diwydiant a masnach, hysbysebu'r ymgyrch aelodaeth a hyrwyddo'r sioe yn ogystal ag amryw weithgareddau'r Gymdeithas trwy gydol y flwyddyn. Ar ôl ymsefydlu yn Llanelwedd roedd yn hollbwysig fod y Gymdeithas yn dal cysylltiad gyda'r siroedd a oedd yn bell o'r safle parhaol. O safbwynt y sioe ei hun, roedd yn rhaid i'r trefnwyr wynebu'r ffaith eu bod wedi colli'r cyhoeddusrwydd yr oedd arnynt ei angen i hybu llwyddiant y gronfa leol.

Yn dilyn presenoldeb trychinebus o 42,427 yn y sioe gyntaf yn Llanelwedd yn 1963 – fel y cofiai John Wigley, 'mewn ysictod y cerddai rhywun i fyny ac i lawr y rhodfeydd gwag ar y trydydd diwrnod' – penderfynwyd gwario mwy o arian ar gyhoeddusrwydd yn enwedig wedi ei gyfeirio at boblogaeth drefol cymoedd y Rhondda, a chyda 65,000 o ymwelwyr yng Ngorffennaf mae'n ymddangos bod y polisi wedi llwyddo. Yng nghanol 1964 sefydlwyd Pwyllgor Cyhoeddusrwydd a Chysylltiadau Cyhoeddus, a byddai'r gohebwyr profiadol, Sylvan Howell a Roscoe Howells, yn chwarae rhan o bwys mewn cysylltiadau cyhoeddus ar y pwyllgor hwn. Daeth Howells yn swyddog cysylltiadau cyhoeddus y Gymdeithas yn hydref 1966 yr un pryd â phan dderbyniodd olygyddiaeth y *Cylchgrawn*. Eto, yn ôl yr Is-gyrnol FitzHugh yn ei anerchiad i Fwrdd y Rheolwyr yn Nhachwedd 1967, roedd cyflwr cysylltiadau cyhoeddus y Gymdeithas yn dal i achosi pryder: ychydig o swyddogion y Gymdeithas oedd yn gwir ddeall y sefyllfa ac roedd rhai ohonynt yn gyndyn i bleidleisio i roi'r arian yr oedd y pwyllgor hwn yn gofyn amdano. Yn dilyn awgrym gan J. Llefelys Davies, cadeirydd y pwyllgor, gwnaed ymdrech i fod yn fwy effeithiol mewn cyhoeddusrwydd yn nechrau 1968, a chanlyniad hyn oedd sefydlu ar ddiwedd 1968 Bwyllgor Golygyddol a Chyhoeddusrwydd yn cynnwys Richard Bowering (cadeirydd), yr Henadur Harold Edwards, Sylvan Howell, Dr Richard Phillips, Elwyn Thomas, Mansel Davies, Llywelyn Phillips, David Lloyd ac M. W. Jude.

Bu ymgyrch gyhoeddusrwydd arall, yn cynnwys cystadlaethau ceir ac eraill, yn dilyn penodi'r ymgynghorwyr y Meistri Skinner a'i Gwmni Cyf., Llundain, fel swyddog cyhoeddusrwydd rhan-amser o Ebrill 1969 ymlaen. Ofer fu ymdrechion y cwmni hwn i ddenu Mary Hopkin, Harry Secombe, Richard Burton, Elizabeth Taylor a Tom Jones fel enwogion i ymweld â maes y sioe, a'r un modd gyda rhaglen y BBC, *The Archers*, er mwyn i Sioe Frenhinol Cymru gael cyhoeddusrwydd ar y rhaglen. Er yr holl weithgareddau a drefnwyd fel rhan o'r ymgyrch gyhoeddusrwydd newydd, mynegwyd rhywfaint o anniddigrwydd am ddiffyg cyhoeddusrwydd yn y wasg yng ngwanwyn a dechrau haf 1970 yn gysylltiedig â'r sioe a'r Gymdeithas. Achubwyd y sefyllfa drwy gymorth John Kendall ar fyr rybudd cyn sioe 1970. Roedd yn ohebydd amaethyddol y *Farmer and Stockbreeder* ac fe'i penodwyd yn swyddog cysylltiadau'r wasg i'r Gymdeithas ym Mehefin 1971; cafwyd ei gyfraniad at hyrwyddo gwella'n barhaol agwedd ac ymateb y cyhoedd tuag at y Gymdeithas a'i sioeau, yn arbennig yn ystod 1972, ei gydnabod gan y Pwyllgor Golygyddol a Chyhoeddusrwydd yn gynnar yn 1973. Parhaodd i chwarae rhan allweddol yn trafod cysylltiadau cyhoeddus y Gymdeithas hyd heddiw. O ddiwedd y 1960au, targedwyd nid yn unig y wasg amaethyddol ond yr un anamaethyddol hefyd, fel y gwelwyd yn y cyhoeddusrwydd a gafwyd mewn papurau newydd megis y *Sunday Mercury* a'r *Birmingham Evening Post*. Ar lefel unigol, roedd Charles Quant o'r *Liverpool Daily Post* a Roland Brooks o'r *Western Mail* yn ffyddlon eu cefnogaeth yn y blynyddoedd anodd hynny i lawr at ganol y 1970au. Yn 1975 gwelwyd newid mawr yn yr hysbysebu am y sioe – a oedd wedi ei ymddiried ers tro byd gan y Gymdeithas i'w hasiantaeth gyhoeddusrwydd, y Meistri Creighton Griffiths (Hysbysebu) Cyf. – oherwydd dyma'r flwyddyn gyntaf i deledu gael ei ddefnyddio; yn wir, hysbysebu ar y teledu oedd y prif gyfrwng a ddefnyddiwyd y flwyddyn honno, diolch i gydweithrediad HTV a adawodd i'r Gymdeithas ddefnyddio rhannau o un o'u ffilmiau heb godi dim tâl.

Un datblygiad pellach a fu'n fodd i wneud y Gymdeithas yn fwy abl i wynebu'r cyfrifoldebau a ddeilliodd o'r symudiad i Lanelwedd oedd ad-drefnu'r dulliau gweinyddu a'r staff. Rhagwelid y byddai Arthur George o 1964 ymlaen yn cymryd mwy o gyfrifoldeb dros reoli, gyda'r bwriad y byddai hyn yn rhyddhau y pwyllgorau o lawer o'r gwaith manwl a dueddai i lesteirio datblygiad. Felly, yn 1965, daeth yn rheolwr-ysgrifennydd a daeth John Wigley yn ysgrifennydd gweinyddol a swyddog cyllid. Serch rhywfaint o welliannau, roedd y weinyddiaeth o dan y cyfansoddiad newydd yn dal i fod yn orlwythog gan bwyllgorau, ac yn Nhachwedd 1967 penododd Bwrdd y Rheolwyr newydd Bwyllgor Gwaith yn lle'r Pwyllgorau Rheoli Ystâd a Rheoli Cyllid. Roedd y Pwyllgor Gwaith yn cynnwys swyddogion Bwrdd y Rheolwyr a saith aelod arall. Roedd i gyfarfod yn fisol i weithredu rheolaeth ariannol ac i ddelio â materion ar wahân i faterion polisi, a chytunwyd na ddylai'r pwyllgor hwn ymwneud â materion gweinyddol y dylid eu trin gan y staff. Gofynnwyd i'r pwyllgorau eraill dorri i lawr ar eu gwaith pwyllgor drwy gyfarfod unwaith y flwyddyn, a phenderfynodd y Bwrdd ei hun gyfarfod bob yn ail fis. Gwelwyd mwy o ad-drefnu yn dilyn araith yr Is-gyrnol FitzHugh i'r Gymdeithas yn Hydref 1972, pan ddadleuodd dros bwyllgor newydd yn gyfrifol dros argymell polisïau tymor-hir i Fwrdd y Rheolwyr. Cyfarfu'r Pwyllgor Polisi a ddeilliodd o hyn – mewn gwirionedd corff bychan o gyfarwyddwyr – am y tro cyntaf yn Ebrill 1973. Roedd yn cynnwys cadeiryddion y Cyngor, Bwrdd y Rheolwyr a'r Pwyllgor Cyllid a Materion Cyffredinol, ynghyd â dau aelod o'r Bwrdd, sef Val Morris (Sir Frycheiniog) a Tudor Davies (Morgannwg).

Ochr yn ochr â'r newidiadau hyn yn nhrefn pwyllgorau, ystyriodd Bwrdd y Rheolwyr yn Nhachwedd 1967 pa staff a fyddai'n angenrheidiol i alluogi i waith y Gymdeithas gael ei gyflawni, yn ogystal â gwaith y cwmni masnachol newydd a sefydlwyd yn Awst 1966, Mentrau Cymdeithas y Sioe Amaethyddol Frenhinol Cyf. Yn ogystal ag Arthur George a John Wigley, penodwyd swyddog datblygu newydd i arolygu datblygiad y safle ac i roi trefn ar waith y cwmni masnachol, tasgau a hawliai allu proffesiynol o fath arbennig. Cafwyd anhawster i ricriwtio ymgeisydd addas ar gyfer y swydd drom hon, ond yn hwyr yn 1968 ac yn 1969 manteisiodd y Gymdeithas ar gymorth rhan-amser R. J. Morris, tirfesurydd a oedd newydd ymddeol o Gyngor Tref Llandrindod, a gynorthwyodd i baratoi'r cynlluniau a chadw llygad ar y gwaith adeiladu ar y gweill. Yn Awst 1973 bu newid mawr yn y weinyddiaeth ar ymddeoliad Arthur George, a oedd wedi bod wrth y llyw ers 1948. Dyrchafwyd yr is-ysgrifennydd, John Wigley, a oedd hefyd wedi bod yn gwasanaethu'r Gymdeithas yr un mor hir, yn ysgrifennydd-gyfrifydd, a llanwyd swydd y prif weithredwr gan Philip Phillips, 39 mlwydd oed, yn raddedig o Gaergrawnt ac yn weithredwr i Britannia Airways Limited. Dechreuodd ar ei ddyletswyddau yn Chwefror 1974 a chyn ei ymadawiad ym Mawrth 1975 i swydd reoli yn Seland Newydd, roedd wedi llwyddo drwy ei ddawn i adael ei ôl ar y Gymdeithas. Yn ddiweddarach fe ddyrchafwyd Wigley yn rheolwr-ysgrifennydd ym Mehefin 1975.

Un datblygiad newydd pellach yn dilyn y symudiad i Lanelwedd oedd y pwyslais cynyddol ar yr uned sirol a'r pwyllgor cynghori sirol, a oedd, ynghyd â'r cyfansoddiad a ffurfiwyd yn 1965, i fod y cam cyntaf yn nhrefniadaeth ddemocrataidd y Gymdeithas. Roedd cynnal y cysylltiad hollbwysig hwn rhwng y gymdeithas a'r siroedd yn cael ei ystyried fel swyddogaeth hanfodol y Cyngor. O'r diwedd roedd yn ymddangos bod y Gymdeithas wedi deall yn llawn y byddai'r aelodaeth yn gwanhau, ac o ganlyniad byddai'r nifer o ymwelwyr â'r sioeau hefyd yn lleihau, os na feithrinid yn ofalus y berthynas hon. Fodd bynnag, yn gynnar yn 1971, roedd aelodau Bwrdd y Rheolwyr yn bryderus am y gwastraff amser, arian ac ymdrech yn system bresennol y pwyllgorau cynghori sirol, a oedd fel arfer yn wan o ran y nifer a ddaeth iddynt. Felly, a hithau'n poeni am y bwlch cyfathrebu rhwng y canol a'r siroedd, ac yn ymwybodol o'r ysgrifenyddiaeth sirol anfoddhaol a sefydlwyd yn 1971, penderfynodd y Gymdeithas, a oedd ar y pryd mewn sefyllfa ariannol ddyrys, gael dau drefnydd rhanbarthol, un ar gyfer y gogledd a'r llall ar gyfer y de, a oedd, yn ogystal â ricriwtio aelodau a helpu i sefydlu Clybiau 200, i gynorthwyo i wasanaethu'r pwyllgorau cynghori sirol.

Os oedd y newidiadau hyn yn cael eu cyflwyno er mwyn paratoi'r Gymdeithas ar gyfer wynebu'r sialensiau newydd, roedd llyfnder y trawsnewid yn dibynnu'n helaeth ar lwyddiant y Gymdeithas yn codi cronfa gyfalaf a chynyddu nifer yr aelodau. Ni ddatblygodd y Gronfa Apêl Genedlaethol a'r ymateb iddi fel y buasai'r Gymdeithas wedi hoffi, ac erbyn gwanwyn 1965 roedd y swyddogion yn bryderus iawn fod gwariant cyfalaf o'r Gronfa Apêl yn fwy na'r derbyniadau. Yn ychwanegol, roeddynt yn ymwybodol o'r ffaith mai dim ond arian cyfyngedig fyddai ar gael ar gyfer gwariant blynyddol o dan y system gyfamodi a gyflwynwyd yn 1964. Felly, er bod cyfanswm y Gronfa yn nesu at £140,000 erbyn diwedd y flwyddyn ariannol ar 31 Mawrth 1965, roedd hwn yn swm i'w ledaenu ar draws saith mlynedd. Roedd yn amlwg iddynt o dan y system hon y byddai'r Gymdeithas mewn dyled o ran cyfalaf am rai blynyddoedd. Ym misoedd cynnar 1965, roedd y Gronfa Apêl wedi cael cymorth gan y pwyllgorau ymgynghorol sirol a drefnodd gasgliadau o fewn eu siroedd eu hunain. Yn dilyn llwyddiant Sir Benfro yn cyrraedd ei tharged gwirfoddol o £12,000 ar gyfer y Gronfa Apêl Genedlaethol yn 1966, penderfynodd y Gymdeithas y dylai'r Pwyllgor Apêl Genedlaethol yn y dyfodol ganolbwyntio ei ymdrechion ar sir arbennig bob blwyddyn, a'i gwneud yn 'sir nawdd'. Felly ymgymerodd Sir Aberteifi â chodi £20,000 yn 1967. O dan arweiniad llywydd y Gymdeithas, Dr Jenkin Alban Davies o Frynawelon, Llanrhystud, roedd Cronfa'r Apêl Genedlaethol wedi cynyddu i £178,600 erbyn Mai 1967, gyda £10,000 wedi eu casglu drwy gyfamodau o Sir Aberteifi er mis Chwefror. Roedd arafwch derbyniadau'r Gronfa Apêl Genedlaethol o gymharu â datblygiad maes y sioe yn broblem barhaus, fodd bynnag; ar gyfer y flwyddyn yn gorffen 31 Rhagfyr 1967 roedd datblygiad y maes eisoes ar y blaen i'r cyllid a dderbyniwyd o'r gronfa o tua £35,000 – yn cyfateb i orddrafft y cyfrif cyffredinol. Yn rhannol oherwydd na chyrhaeddwyd y targed o £250,000 a osodwyd ar y dechrau, er llwyddo i gyflawni'r tri cham cyntaf yn y rhaglen ddatblygu a gynlluniwyd ar gyfer y blynyddoedd 1962–72, ni lwyddwyd i gyflawni'r pedwerydd a'r pumed cam. Ar ddiwedd 1971 pwysleisiwyd y dylid rhoi sylw arbennig i godi cronfa gyfalaf dan y system sirol, oherwydd heb raglen apêl barhaol, byddai datblygu'n amhosib. Yn anorfod, byddai dirywiad mawr yn y Gronfa Apêl Genedlaethol ar ôl 1973, oherwydd dyma flwyddyn olaf y cyfamodau a ddechreuwyd yn ystod cyfnod yr ymgyrch yn Sir Aberteifi yn 1966–7. Felly, rhoddwyd ystyriaeth i ba mor ddoeth fyddai lansio Cronfa Apêl Genedlaethol arall, ond teimlai'r Pwyllgor Cyllid yn Ionawr 1973 y byddai'n well chwilio am gefnogaeth barhaus gan y cefnogwyr presennol a gofyn am gymorth y pwyllgorau cynghori sirol i wneud hyn. Atgoffwyd y Cyngor gan yr Anrhydeddus Islwyn Davies yng Ngorffennaf 1973 fod rhaglen ddablygu maes y sioe, heb sôn am gyfraniadau hael y siroedd hyd yn hyn, yn dibynnu ar barhau'r Gronfa Apêl Genedlaethol ar gyfer datblygiad cyfalaf, a diolchodd i'r rhai a oedd wedi adnewyddu eu cyfamodau i'r Gymdeithas.

Roedd y methiant i gyrraedd targed y Gronfa Apêl Genedlaethol, ynghyd â'r ffaith fod y gost o ddarparu cyfleusterau cyfalaf wedi cynyddu ar gyfradd lawer cyflymach nag y rhagwelwyd yn wreiddiol, yn golygu bod sefydlu'r safle parhaol yn llawer arafach cyn 1971–2 nag a gynlluniwyd. Roedd hyn yn ei dro yn golygu nad oedd cost codi'r sioe fel yr eitemeiddiwyd yng nghyfrif blynyddol y contractwr yn gostwng yn ddigon cyflym, ac felly roedd yn dal yn rhwystr difrifol i ymgais y Gymdeithas i gyrraedd gwarged yng nghyfrifon y sioe. Felly fe gytunodd Pwyllgor Gweinyddu'r Sioe yn Hydref 1972, wrth drafod codi'r adeiladau newydd ar gyfer y da byw, ei bod yn hanfodol 'os oedd y sioe i oroesi' i godi adeiladau, penderfyniad a fyddai'n golygu gostyngiad yng nghostau blynyddol y contractwr.

Roedd y penderfyniad yn Ionawr 1973 i beidio â lansio apêl genedlaethol arall yn deillio o'r ffaith fod y Gymdeithas yn rhoi mwy o bwyslais ar yr ymgyrch aelodaeth a oedd mor hanfodol i chwyddo ei hincwm blynyddol ac a oedd erbyn hyn yn isel o ran ysbryd. O dan gadeiryddiaeth J. E. Gibby, llwyddodd yr Is-bwyllgor Hyrwyddo Aelodaeth yn arbennig o dda yn ei ymdrech i ricriwtio ym mhob sir yn y blynyddoedd yn dilyn yn syth ar ôl 1963, ac felly, erbyn 30 Medi 1964, bu cynnydd o bron i 70 y cant mewn niferoedd ers 31 Hydref 1963, o 4,566 i 7,753. Hon fu'r ymgyrch fwyaf llwyddiannus yn hanes y Gymdeithas a chyfeiriodd Edward Gibby yng Ngorffennaf 1964 at y rhai a fu'n hynod o lwyddiannus yn casglu aelodau newydd, megis James (Jimmy) Prytherch (Sir Frycheiniog), T. H. Jones ac Ll. Thomas (Sir Gaerfyrddin) a William Evans (Sir Fynwy). Cynhaliwyd y diddordeb, a chyrhaeddodd yr aelodaeth ei hanterth o tua 10,000 erbyn diwedd 1967. Fodd bynnag, roedd un rhwystr, oherwydd fe glywodd yr un cyfarfod gan y trysorydd anrhydeddus ar y cyd, L. Smith Davies, nad oedd yr aelodau yn 'chwarae'n deg': camddefnyddiwyd y bathodyn braint £2, ac roedd anonestrwydd hyd yn oed yn waeth o dan yr aelodaeth ar y cyd o £3. Yn gyffredinol cytunwyd bod angen adolygu'r manteision aelodaeth a oedd yn gysylltiedig â chynnydd yn y tanysgrifiad. Yn nannedd llawer o wrthwynebiad oddi wrth bwyllgorau cynghori sirol, cynyddwyd tanysgrifiadau aelodau yn Chwefror 1968 i £3 ac i berthnasau teuluol i £1 10s. Fel y gellid rhagweld, proses araf oedd newid archebion banc i'r swm uwch.

Yn bennaf oherwydd y cynnydd hwn ym mhris tanysgrifiadau, roedd aelodaeth wedi disgyn i 7,000 erbyn Mawrth 1970, ac roedd yn achos pryder bod 58 y cant dros 55 oed a dim ond 10 y cant o dan 25. Yn Chwefror 1971, mynegodd cyfarfod o'r Pwyllgor Trefnu Sirol gonsýrn oherwydd fod nifer yr aelodaeth yn disgyn, gan ei fod erbyn hyn o gwmpas 6,000. Roedd y sefyllfa ariannol mor ddifrifol – yn bennaf oherwydd fod y nifer a fynychai'r sioe yn syrthio gryn dipyn o dan y 75,000 i 80,000 a oedd yn angenrheidiol i'w gwneud yn llwyddiant – fel bod angen dod o hyd i incwm ychwanegol ar unwaith. Felly ailafaelwyd yn yr ymgyrch i ennill mwy o aelodau yn 1971, ac fel y crybwyllwyd eisoes, penodwyd dau drefnydd rhanbarthol i ricriwtio aelodau, gyda'r nod o ddyblu'r aelodaeth ymhen tair blynedd. Gobeithid y byddai hyn, ynghyd â sefydlu dwsin o Glybiau 200, yn codi cyllid a fyddai'n sicrhau dyfodol y Gymdeithas. Roedd y sefyllfa'n argyfyngus: fel proffwyd gwae atgoffodd Austin Jenkins y Pwyllgor Cyllid a Materion Cyffredinol yn Ebrill 1972, os na wnâi'r Gymdeithas bob ymdrech i gynyddu'r aelodaeth gan o leiaf 1,000 y flwyddyn, 'nad oedd fawr obaith i wella'r sefyllfa ariannol gyffredinol'. Roedd chwyddiant y cyfnod yn golygu ei bod yn anorfod cynyddu tanysgrifiad i £4 ac aelodaeth deuluol i £6 erbyn diwedd 1972. Roedd adroddiad ar y cyfrifon drafft am y flwyddyn yn gorffen 31 Rhagfyr 1972 yn swnio'n ddigalon, ac unwaith eto pregethodd cyfrifydd siartredig y Gymdeithas, Charles Elphick, yn Chwefror 1973: 'Rhaid i'r Gymdeithas fel mater o frys edrych ar ffyrdd o gynyddu ei hincwm, a thanysgrifiadau aelodau sy'n ymddangos fel y ffynhonnell orau ar gyfer hyn.'

Digon rhwystredig oedd gweld fawr o gynnydd, fodd bynnag, yn yr ymgyrch a atgyfodwyd i ennill aelodau. Felly, roedd cyfanswm yr aelodaeth ar 1 Awst 1973 yn aros ar ddim ond 6,519, gydag ymhell dros 2,000 o'r nifer hon wedi methu newid eu haelodaeth i'r raddfa danysgrifio newydd. Yn anochel, gofynnwyd cwestiynau am effeithiolrwydd y trefnyddion rhanbarthol, a mynegwyd y teimlad eu bod yn gwario gormod o amser ar ddigwyddiadau eraill yn y siroedd ar draul gwaith yn ymwneud â ricriwtio aelodaeth. Ar ddechrau 1975 penderfynodd y Gymdeithas nad oedd gwaith y trefnwyr rhanbarthol wedi bod yn llwyddiant ac o ganlyniad fe roddwyd y gorau iddo. Unwaith eto, heb unrhyw ddewis arall yn y dyddiau hynny o chwyddiant, cynyddodd y Gymdeithas danysgrifiadau aelodaeth ar ddechrau 1975, gydag aelodaeth sengl yn codi i £6 ac aelodaeth deulu i £10.

Ar wahân i incwm oddi wrth aelodaeth, prif ffynhonnell arall cyllid, wrth gwrs, oedd y taliadau mynediad i'r sioe flynyddol. Yn anffodus, awgrymai'r niferoedd a fynychodd y sioeau dros y pedair blynedd gyntaf, o 1963 i 1966, nad oedd digon o bobl yn cael eu denu i'r sioe. O gofio bod costau cynnal y digwyddiad yn cynyddu – roedd cost cynnal sioe 1965 yn £75,000, sef £18,000 yn fwy na'r flwyddyn flaenorol – roedd ffigurau presenoldeb yn syml yn rhy isel i alluogi'r sioe i wneud elw. Gyda'r cynnydd aruthrol yng nghost cynnal sioe 1965, amcangyfrifwyd bod angen 85,000 o ymwelwyr â'r sioe os oedd y gymdeithas am wneud unrhyw elw, a phan achosodd y glaw i'r nifer a ddaeth i'r sioe ostwng mor isel â 59,419, roedd y golled o £10,445 yn ganlyniad anorfod. Cyfartaledd y nifer a ddaeth i'r pedair sioe rhwng 1963 a 1966 oedd dim ond 58,000, ac roedd y golled ar gyfartaledd yn £11,610. Roedd y colledion hyn yn fwy nag yr oedd y Gymdeithas wedi eu hofni gan fygwth arwain at docio yn gyfan gwbl ar ei gweithgareddau. Er y gobaith a fynegwyd y byddai 1967 – y flwyddyn gyntaf er 1961 pan ddangosodd y cyfrifon warged, er ei bod yn un fechan iawn – yn drobwynt yn ffawd y Gymdeithas, nid felly y bu. Colled fu'r hanes yn 1968 eto, yn bennaf oherwydd y nifer fechan a fynychodd y sioe. Doedd dim gobaith cael gwared â'r cymylau, gan fod y Gymdeithas i wynebu am rai blynyddoedd eto y baich o fethu â chynhyrchu incwm blynyddol digonol, ac oedd wedi ei phlagio gan gostau cynyddol, yn arbennig o safbwynt costau codi maes y sioe, a oedd yn hynod anodd eu ffrwyno. Er yr holl welliant yng nghyhoeddusrwydd y sioe, roedd y nifer a fynychai yn dal yn gyndyn i nesu at y nifer angenrheidiol o 80,000 hyd at 1973, pan gyrhaeddodd 77,024. Mewn anobaith, daeth cyfarfod o Fwrdd y Rheolwyr i'r casgliad ym Medi 1969 'mai'r anhawster, mae'n ymddangos, yw nad yw'r cyhoedd yn ystyried Sioe Frenhinol Cymru fel Sioe Genedlaethol ac nad ydynt yn ei chefnogi'n genedlaethol'. Rhaid cydnabod yn drist na wnaethai hyn erioed. Er y tywydd da ac ymweliad gan y Tywysog Siarl fel rhan o'i daith yn dilyn yr arwisgiad ar 1 Gorffennaf, dim ond 72,840 a ddaeth i sioe 1969. Yn ychwanegol, fel y nodwyd yn barod, roedd costau codi adeiladau'r maes yn gwneud y sefyllfa yn waeth. Mewn pennod flaenorol gwelsom fod y gost o gynnal y sioe yn flynyddol wedi cynyddu o £15,271 yn 1947 i £57,832 yn 1962. Y rheswm pennaf dros benderfynu symud i Lanelwedd oedd y credid y byddai modd ffrwyno'r costau cynyddol o gynnal y sioe flynydol drwy ddarparu cyfleusterau a nodweddion parhaol ond, i'r gwrthwyneb, fe siomwyd trefnyddion y sioe gan na wireddwyd eu gobeithion o wneud arbedion mawr. Amcangyfrif y gost o gynnal sioe 1969 pe bai wedi ei chynnal fel sioe beripatetig oedd £33,500 o'i gymharu â £27,400 ar safle parhaol; ac fel y sylwyd yn flaenorol, roedd yr holl waith o godi'r sioe yn

Llanelwedd yn arafach na'r disgwyl, ac o ganlyniad doedd costau codi'r sioe yng nghyfrifon blynyddol yr adeiladydd byth yn gostwng yn is na £27,000. Yn y cyswllt hwn, rhaid cydnabod bod y cynnydd mewn costau llafur rhwng 1962 a 1970 yn 40 y cant (14 y cant yn unig yn y flwyddyn 1969–70) a dim ond drwy archwiliad manwl ar ran pwyllgorau'r Gymdeithas a oedd yn delio â hyn y cadwyd at y ffigur hwn.

Oherwydd presenoldeb isel a chostau cynyddol roedd y sioe rhwng 1963 a 1970 wedi gwneud colledion blynyddol, ac eithrio yn 1969 pan wnaethpwyd elw o ychydig dan £1,000. Roedd y trefnwyr yn ymwybodol iawn er Mawrth 1966 y byddai'n rhaid dod o hyd i ffynonellau cyllid yn ychwanegol at y sioe flynyddol, ac yn Chwefror 1971 rhoddwyd pwyslais ar gael gafael yn syth ar fwy o incwm er mwyn gwarchod hyfywedd ariannol y Gymdeithas. Arweiniodd y fath sefyllfa ariannol ddifrifol at benodi'r trefnyddion rhanbarthol y soniwyd amdanynt eisoes, ac roedd y rhain yn y bôn yn werthwyr a oedd yn gyfrifol am ricriwtio aelodau a threfnu'r Clybiau 200.

O 1966 ymlaen, yn dilyn y sioeau a wnaeth golledion ar y safle newydd, gobeithiwyd y byddai'r Clybiau 200 a gweithgarwch y cwmni masnachol newydd, Mentrau Cymdeithas Amaethyddol Frenhinol Cymru Cyf., yn darparu'r cyllid ychwanegol angenrheidiol. Byddai'r cwmni masnachol yn gyfrifol am drefnu digwyddiadau ar faes y sioe yn ystod y cyfnodau gwag disioe yn ystod y flwyddyn. Dim ond yn y ffordd hon y byddai'r Gymdeithas, fel ei phrif flaenoriaeth, yn gallu cael cydbwysedd rhwng incwm a gwariant y flwyddyn. Hyd nes y gellid mantoli'r gyllideb, byddai holl ddyfodol y Gymdeithas mewn perygl. Byddai'r cwmni newydd yn gwarchod statws elusennol Cymdeithas Amaethyddol Frenhinol Cymru i'r graddau y byddai'n trefnu digwyddiadau codi arian yn ychwanegol at y rhai a ganiateid o fewn amcanion elusennol Cymdeithas Amaethyddol Frenhinol Cymru.

Ar y cyfan, llesteiriwyd y gobaith hwn am godi arian ychwanegol. Awgrymodd T. H. Jones o Landeilo, milfeddyg anrhydeddus dros y ddau ddegawd cynt, wrth Fwrdd y Rheolwyr ym Mai 1966 y gellid creu cynllun o gyfraniadau wythnosol o bum swllt er mwyn sefydlu ym mhob sir glybiau codi arian i'w galw yn 'Clwb 200 y Sioe Frenhinol'. Roedd y cynllun yn golygu, os oedd 200 o bobl yn ymaelodi, gyfraniad cyfan o £2,600. Byddai arian y gwobrau yn cyrraedd £1,450, ac ar y dybiaeth y byddai trefniadau a threuliau'r clwb yn llyncu £150 arall, byddai hyn yn gadael gweddill o £1,000 i gael ei drosglwyddo i gyfrif cyfredol y Gymdeithas. Awgrymwyd gan y Bwrdd fod pob pwyllgor sir i fabwysiadu'r cynllun, ac y dylid atgoffa'r cyhoedd nad oedd pum swllt yr wythnos yn cyfateb i ddim mwy na phaced o sigarennau ac y byddai gan aelod o'r clwb eithaf siawns i ennill car newydd sbon neu £500. Er y gwelwyd Clwb J. A. George, yn y pencadlys, a Chlwb Sir Frycheiniog – diolch i egni Val Morris – ar eu traed erbyn 1967 ac yn llwyddo, roedd yr ymateb yn y mannau eraill yn rhwystredig o araf i Fwrdd y Rheolwyr a edrychai ar y cyfraniad a ddeuai o'r clybiau fel ffynhonnell hanfodol o gyllid ac yn ffordd sydyn i bontio'r bwlch yn y cyfrifon blynyddol yn y dyfodol agos. Yn arwyddocaol, llwyddwyd i gael y gweddill bychan o gredyd o £366 yng nghyfrif 1967 drwy dderbyn £2,000 o'r ddau Glwb 200. Erbyn Medi 1970, er yr holl anogaeth ar ran swyddogion y Gymdeithas y dylai'r clybiau hyn gael eu sefydlu, dim ond 3½ clwb oedd yn gweithredu, sef Clwb J. A. George, Clwb Sir Frycheiniog, Clwb Sir Drefaldwyn ac (ond ar raddfa lai) Clwb Sir Benfro. Ni welwyd fawr o gynnydd chwaith drwy egni'r trefnwyr rhanbarthol rhwng 1971 a 1974, ond yn y pen draw, fe sefydlwyd clybiau hefyd yng Nghlwyd ac Aberteifi.

Ni wnaeth codi arian drwy ddigwyddiadau adloniant a chwaraeon, a drefnwyd o dan nawdd Mentrau Cymdeithas Amaethyddol Frenhinol Cymru Cyf., fawr i chwyddo coffrau anghenus y Gymdeithas chwaith. Sefydlwyd y cwmni masnachol ar 8 Awst 1966, a dau gyfarwyddwr gwreiddiol y cwmni oedd y Gwir Anrhydeddus Is-iarll Emlyn a'r Anrhydeddus Islwyn Davies. Eu tasg gyntaf oedd denu cefnogaeth cyrff masnachol o'r tu allan i'r cwmni, a byddai ei lwyddiant yn llwyr ddibynnu ar hyn. Yn ei adroddiad i'r Cyngor yn Hydref 1967 fel cadeirydd Bwrdd y Rheolwyr, sylwodd yr Is-gyrnol FitzHugh nad oedd y cwmni masnachol wedi magu unrhyw fomentwm ac felly bod yn rhaid cymryd camau i bontio'r bwlch drwy gynnal nifer o ddigwyddiadau bychain ar faes y sioe, megis rasys trotian merlod, a ddigwyddodd ar 23 Awst ac 20 Medi, ac a gyfrannodd £204 i'r coffrau. Yn yr un pwyllgor awgrymodd Alan Turnbull, y cyfarwyddwr anrhydeddus, y dylid rhoi mwy o sylw i rasys ceir. Yn ei ddull deinamig nodweddiadol ei hun, fe ymdrechodd yn galed fel aelod o'r Pwyllgor Cylchffordd Rasio Ceir i wireddu'r freuddwyd hon – credai y byddai'r prosiect yn cynhyrchu o leiaf £5,000 fel incwm blynyddol, bron yn cyfateb i'r £6,000 o rent a ddeuai i Gymdeithas Frenhinol yr Ucheldiroedd o'i chylchffordd hi. Sylwodd Arthur George ym Mawrth 1970 y gobeithid y byddai'r fenter hon mewn rasys ceir yn dod â digon o incwm i'r fei fel y byddai'r Gymdeithas yn gallu helpu cyrff gwirfoddol, megis Clybiau'r Ffermwyr Ifanc a'r clybiau merlod. Fodd bynnag, er gwaethaf yr ymdrechion i baratoi cynlluniau ar gyfer y fath gylchffordd dros gyfnod o ryw dair blynedd, ni ddaeth dim o'r peth, oherwydd prinder cyfalaf i ariannu'r cynllun £70,000 hwn. Yn amlwg nid oedd yn gynllun hyfyw, o gofio hinsawdd economaidd y wlad yn gyffredinol ar y pryd ac yn arbennig y diwydiannau ceir a'u diwydiannau ategol.

Pan sefydlwyd y cwmni masnachol, roedd wedi gobeithio codi hyd at £5,000 neu fwy yn flynyddol. Mewn gwirionedd, roeddynt ymhell o gyrraedd hyn ac roedd y cynnydd yn araf a siomedig. Ac yntau'n wynebu argyfwng ariannol ym Mawrth 1971, clywodd Bwrdd y Rheolwyr gan y cadeirydd, yr

Anrhydeddus Islwyn Davies, nad oedd y cyllid a ddeilliai o'r amrywiol brosiectau a gynhelid yn flynyddol ar faes y sioe – yn cynnwys sioeau stalwyni, arwerthiannau defaid, ralïau clybiau merlod, ralïau'r Ffermwyr Ifanc, sioeau cŵn hela, digwyddiadau rasys moduron ar draws gwlad, sgrialfeydd beiciau modur a rasys trotian merlod – yn ddim mwy yn flynyddol na £1,000 i £2,000, tra oedd y bwlch yr oedd yn rhaid ei bontio yn £10,000 o leiaf. Ar gynnydd yn yr aelodaeth ac ar y Clybiau 200 y seilid unrhyw obaith am y cyllid ychwanegol a oedd mor hanfodol.

Bron fel gwyrth, gwelwyd digalondid 1971 yn newid yn obaith cymedrol ar ddechrau 1973. Deilliodd cryn bleser o'r ffaith fod 1972 nid yn unig yn flwyddyn o gadarnhau ond hefyd yn un o gynnydd go-iawn. Roedd gweithgarwch mwyaf y Gymdeithas y flwyddyn honno, sef y sioe flynyddol, yn llwyddiant digamsyniol; roedd y dorf yn amlwg wedi mwynhau ei hymweliad a chyrhaeddodd yr elw bron £3,500, yr elw mwyaf a wnaethpwyd er pan symudodd y sioe i Lanelwedd. Yng nghyfarfod Mawrth 1973 o Fwrdd y Rheolwyr, mewn awydd i chwalu'r teimlad o wangalondid ymysg yr aelodau, tynnodd y swyddogion sylw at bwysigrwydd cyflwyno cyfrifon y Gymdeithas i'r aelodau mewn persbectif cywir, fel bod y cyflawniadau cadarnhaol yn cael eu hamlygu. Symbylwyd y brwdfrydedd ymhellach gan sioe lwyddiannus haf 1973, pan gododd y nifer a ddaeth i'r sioe i bron 10,000 yn fwy na'r 77,024 a ddaeth y flwyddyn flaenorol, a dyma'r drydedd nifer fwyaf erioed i ddod i Sioe Frenhinol tri-diwrnod. Roedd gwarged o incwm dros wariant yng nghyfrifon y sioe yn £27,000 anrhydeddus! Byrlymai'r swyddogion yn hyderus o deimlo bod y sioe bellach wedi ei sefydlu ac yn cael ei derbyn yn gyffredinol, er y buont yn ddigon gochelgar i dalu sylw i gyngor Charles Quant yn y *Liverpool Daily Post* y gallai'r Gymdeithas fod yn orhyderus yn dilyn llwyddiant y sioe.

Doeth oedd ei gyngor, gan nad oedd cyflwr ariannol y Gymdeithas ddim eto ar dir cadarn, ac yn wir daeth teimlad o gywilydd dros dro yn sgil sefyllfa enbyd 1974. Y flwyddyn honno eto, roedd digalondid ynglŷn â'r cyfrifon yn gyffredinol, oherwydd fel canlyniad i ostyngiad sylweddol yn elw'r sioe – o £26,741 i £13,579 – trodd yr elw o £6,673 am 1973 yn golled o £5,829 yn 1974. Eglurwyd hyn gan wariant cynyddol mewn cyfnod o chwyddiant, gyda chynnydd arbennig o greulon o 18 y cant ar brif gyfrif yr adeiladydd oherwydd cyflogau. O edrych yn ôl, mynegodd yr Anrhydeddus Islwyn Davies mai camgymeriad oedd peidio â chynyddu prisiau mynediad i sioe 1974 (fel roedd Sioe Amaethyddol Frenhinol Lloegr wedi'i wneud). Yn ychwanegol at y ffigurau digalon hyn am y flwyddyn yn gyffredinol, fodd bynnag, profwyd argyfwng annifyr pan fentrodd y Gymdeithas wario ar ddatblygiadau cyfalaf yn 1974, sef ar ddwy eitem – prynu stablau ceffylau yn costio £33,000, ac iard yr orsaf yn costio £14,000. Er y gellid bod wedi cyfiawnhau'r gwariant hwn yn wyneb chwyddiant cyfredol, roedd y Bwrdd wedi bwrw ymlaen i brynu 300 o stablau ar sail nawdd a addawyd iddo, ond na ddaeth i fod, ac felly gadawyd y Gymdeithas ar y clwt. Ar y foment dyngedfennol hon, achubwyd y Gymdeithas o'i thrafferthion dros dro gan y ffydd a ddangoswyd ynddi gan Emrys Evans, cyfarwyddwr rhanbarthol pencadlys Banc y Midland yng Nghaerdydd ac aelod cyfetholedig o Fwrdd Rheolwyr y Gymdeithas ers 1973. Ef a berswadiodd Fanc y Midland Cyf. i 'gytuno fel eithriad' i gynyddu maint y gorddrafft posibl yn sylweddol – i £100,000 – am gyfnod byr yn unig. Roedd y Gymdeithas yn hynod falch o gael y benthyciad hwn, a chydnabu'r bythol haelionus John Wigley hynny wrth ysgrifennu yn y *Cylchgrawn* yn 1987. Bu tipyn o feirniadu ar Fwrdd y Rheolwyr yn sgil y bennod ddiflas hon, am brynu pethau cyn bod arian ar gael. Yr oedd Peter Manning o Ddyfnaint yn ddig ei gerydd am 'agweddau trahaus' y Bwrdd. Ef oedd is-gadeirydd Pwyllgor y Da Byw a'r ysbrydoliaeth y tu ôl i Raglen Adeiladu Stablau Ceffylau, ac yn ei dymer fe dorrodd bob cysylltiad â'r Gymdeithas oherwydd y ffordd wael y teimlai fod y Bwrdd wedi ei drafod.

Roedd y blynyddoedd hyn rhwng 1963 a chanol y 1970au yn gyfnod o ansicrwydd ariannol mawr yn hanes y Gymdeithas. Yn wir, yn ystod y degawd cyntaf yn Llanelwedd bu colled glir o dros £76,000. Bu'r penderfyniad i symud i safle parhaol yn achos beirniadaeth sylweddol o'r cychwyn cyntaf o du gogledd Cymru, ond erbyn hydref 1967 roedd y rhwystrau ariannol cynnar yn achosi 'beirniadaeth ddinistriol' ymysg aelodaeth y Gymdeithas yn gyffredinol, ac oherwydd hyn fe geisiodd yr Is-gyrnol FitzHugh hybu cefnogaeth yn y cyfarfod cyffredinol blynyddol yn Hydref. Yn ddiweddarach, yng nghyfarfod cyffredinol blynyddol Ebrill 1973, roedd y swyddog cyllid i gyfeirio at y broblem barhaus o wangalondid ymysg yr aelodau.

Heb amheuaeth, gellid egluro'r diffyg hyder ymysg yr aelodau a'u diffyg sêl dros y modd yr oedd pethau'n datblygu yn rhannol oherwydd fod llawer o'r gwariant cyfalaf ar y safle yn guddiedig i raddau helaeth am y deng mlynedd cyntaf yno. Roedd y cynnydd yn natblygiad maes y sioe yn un cadarn, er braidd yn araf, ac roedd llawer o'r £162,000 a fuddsoddwyd yn y safle erbyn diwedd 1972 wedi ei wario ar eitemau megis torri ffosydd, draenio, gosod pibellau a phrif bibellau dŵr, offer carthffosiaeth a thrydan, ond er mor hanfodol oedd y rhain, nid oedd newid trawiadol yn y modd roedd y lle yn edrych ac ni chawsant eu gwerthfawrogi'n llawn gan aelodau'n ymweld na chan y cyhoedd yn gyffredinol. Yn wir, bu'n rhaid aros tan 1972 a 1973, ar ôl i'r gwaith sylfaenol ar wasanaethau hanfodol gael ei gwblhau, cyn i'r Gymdeithas allu mentro ar raglen adeiladu. Yn sicr roedd y trefnwyr yn awyddus i ddal ati er mwyn gostwng yn sylweddol gostau blynyddol adeiladu maes y sioe. Yn y cyswllt hwn y daeth y siroedd nawdd i chwarae rhan hanfodol fel y mynnodd Dr Alban Davies yn 1967: anogwyd hwy gan y Gymdeithas i godi cronfeydd

47. Gwaith cynnar ar y safle newydd yn Llanelwedd.

digonol i ddarparu eitem benodol, boed yn adeilad neu'n offer, a fyddai'n gostwng y costau adeiladu blynyddol ar faes y sioe. Rhoddid cyngor i bwyllgorau sirol fel y gellid gweithredu rhaglen adeiladu gynlluniedig, a phenodwyd y Meistri Alex Gordon a Phartneriaid, Caerdydd fel penseiri ymgynghorol y Gymdeithas yn 1973. Fel arfer, gofynnid i'r cyngor sir a chynghorau eraill gyfrannu tuag at arddangosyn y sir ar faes y sioe yn ogystal ag at y prosiect parhaol i goffáu'r flwyddyn mai'r sir benodol honno oedd sir nawdd y sioe.

Yr adeilad cyntaf o bwys oedd Neuadd Arddangos Clwyd, a gyflwynwyd gan Siroedd Dinbych a Fflint ac a agorwyd yn sioe 1972. Gosododd Sir Gaerfyrddin darged iddi ei hun o £50,000 a chyflwynodd Adeilad Da Byw newydd ar gyfer sioe 1973, adeilad i gartrefu'r gwartheg. Fe greodd yr adeilad hwn andros o argraff ar ymwelwyr â'r sioe yn 1973 ac fe gyfrannodd lawer i greu'r ysbryd newydd a fodolai ar yr achlysur ffafriol hwnnw yn ôl pob sôn. Yn fuan wedyn, daeth yn dro i arddangoswyr ceffylau grefu am stablau parhaol, ac arweiniodd hyn at sefydlu 300 o staliau rhyddion parhaol yn union mewn pryd ar gyfer sioe 1974. Er eu bod yn costio £34,000 – ac er bod prinder cyfraniadau ar gyfer eu prynu yn creu embaras ariannol – roeddynt yn arbed o leiaf £3,300 o gostau cynnal y sioe honno. Roedd Sir Drefaldwyn, y sir nawdd ar gyfer 1974, yn talu am bafiliwn newydd i'r aelodau, ac fe gymerodd hwn bron ddwy flynedd i'w adeiladu, ac fe gwblhawyd ef yn derfynol ar gyfer sioe 1977. Yn 1975, tro De Morgannwg oedd cyfrannu trwy godi arian tuag at Neuadd Arddangos De Morgannwg. Fe gostiodd hon £80,000 a dyma hyd hynny yr adeilad mwyaf trawiadol ar faes y sioe ac un o'r mwyaf ym Mhrydain. Yn yr un flwyddyn fe welwyd adeiladu uned newydd i gneifio defaid, prosiect a wnaed yn bosibl gan weithgaredd taer wyth aelod o'r pwyllgor cneifio defaid a roddodd fenthyciad o £100 yr un yn ddi-log i'r Gymdeithas. Er gwaethaf y ffaith fod y sioe yn 1975 wedi costio £85,000 i'w chynnal – £5,000 yn fwy na'r flwyddyn flaenorol – buasai'r ffigur wedi bod yn aruthrol oni bai am yr arbedion ar yr adeiladau parhaol a godwyd yn ddiweddar, ac felly yn dileu'r angen am logi pebyll.

Er bod Cymdeithas Amaethyddol Frenhinol Cymru wedi cydweithio drwy gydol ei hanes fel un teulu mawr estynedig o swyddogion, staff gweinyddol, aelodau Cyngor, aelodau pwyllgor, cynrychiolwyr sir a chynorthwywyr gwirfoddol dros gyfnod y sioe, ym mlynyddoedd 1963–75 roedd rhai pobl yn sefyll allan fel cyfranwyr allweddol i bwysigrwydd a datblygiad y Gymdeithas. O'r cychwyn yn y 1950au hyd at y 1970au cynnar bu'r Is-gyrnol G. E. FitzHugh o Blas Power, Wrecsam fel cawr yn rhedeg y Gymdeithas. Gan fod ei arweiniad doeth wedi cael ei werthfawrogi yn ystod y blynyddoedd symudol hyd at 1962, mae'n addas yn awr tanlinellu ei ran yn llywio'r Gymdeithas ar ôl iddi symud i Lanelwedd; yn gyntaf fel cyfarwyddwr anrhydeddus y sioe, swydd a ddaliodd o 1952 hyd 1966, ac yna am dair blynedd anodd fel cadeirydd cyntaf Bwrdd y Rheolwyr newydd o Ionawr 1967, ac yn olaf, fel cadeirydd y Cyngor o ddiwedd 1969, pan gymerodd yr awenau drosodd oddi wrth y Brigadydd Syr Michael Venables-Llewelyn, hyd at 1972. Er na adawodd erioed i unrhyw beth ei rwystro rhag mynychu ymarfer côr ar nos Iau yn Eglwys Bers lle roedd yn organydd, roedd ei wasanaeth i'r Gymdeithas yn amhrisiadwy o safbwynt meddwl, amser ac egni. Roedd ei agwedd yn gyson wedi'i nodweddu gan degwch a chadernid, ac ef, uwchlaw pawb arall, a roddodd siâp ar ddatblygiad y Gymdeithas yn negawdau tyngedfennol y 1950au a'r 1960au pan ddigwyddodd cymaint o gynyrfiadau ac ailstrwythuro. Yn haeddiannol, fe'i gwobrwywyd gyda Medal Aur y Gymdeithas yn 1969.

Soniwyd yn gynharach am Syr Michael Venables-Llewelyn fel cadeirydd y Cyngor o 1954 hyd at Dachwedd 1969. Yn gyffredinol, cydnabyddid ei fod wedi gwasanaethu'r Gymdeithas yn gampus: roedd yn ffrind i bawb ar y Cyngor, roedd yn gyson yn ddeddfol o ddiduedd a bob amser yn parchu rheolau. Ar lefel bersonol, roedd yn dalp o garedigrwydd.

Yr un a ddilynodd yr Is-gyrnol FitzHugh fel cadeirydd y Cyngor oedd y Cyrnol John Williams-Wynne, DSO, a etifeddodd yn 1937, pan oedd yn 29 oed, stad Peniarth ym Meirionnydd. Wedi gwasanaeth milwrol neilltuol yn India, Ceylon a Byrma, fe ymgartrefodd ym Mheniarth yn 1948, ac fel gwladwr ymroddgar fe'i bwriodd ei hun yn gyfan gwbl i amaethu ac i weithgarwch y gymuned wledig. Fel cadeirydd y Cyngor rhwng 1972 a 1976 roedd yn nodweddiadol egnïol, dyfeisgar a hael, a gwnaeth gyfraniad

48. Cyrnol John Williams-Wynne (y trydydd o'r dde), cadeirydd y Cyngor, mewn seremoni yn sioe 1976.

ardderchog at reolaeth y Gymdeithas. Yr hyn a'i poenai yn bersonol oedd yr angen am leihau y nifer o dlysau, i gynyddu gwerth y gwobrau ar gyfer y prif ddosbarthiadau ac i gyflwyno dosbarthiadau i ddechreuwyr er mwyn eu hannog i gynnig ar arddangos.

Eraill o statws llai swyddogol, ond eto a chwaraeodd ran bwysig yng ngweithgaredd y Gymdeithas yn ystod y 1960au a'r 1970au cynnar, oedd T. H. Jones o Landeilo, milfeddyg y Gymdeithas am 21 blynedd cyn ei ymddeoliad yn 1968. Roedd hefyd yn dda am ricriwtio aelodau newydd yn ogystal â bod yn ysbrydoliaeth i Glybiau 200 y siroedd; yr un mor gymeradwy oedd Austin Jenkins o Landrindod, cadeirydd y Pwyllgor Da Byw, a'i wraig, Blanche, cadeirydd y Pwyllgor Garddwriaethol, a gafodd, yn 1972, yr anrhydedd o dderbyn Medal Aur y Gymdeithas am eu gwasanaeth nodedig – yr unig dro i'r fedal gael ei dyfarnu i ŵr a gwraig; ac fe arbedodd A. M. Jones, cadeirydd y Pwyllgor Cyllid, cyn ei ymddiswyddiad yn 1975, filoedd o bunnau i'r Gymdeithas dros y blynyddoedd trwy ddelio'n ddawnus â phroblemau astrus cyfrifon y contractwyr.

Cydnabyddwyd yn gynharach wasanaeth ardderchog Arthur George. Roedd yn ysgrifennydd er 1948, a byddai'n ysgwyddo baich ysgrifennydd-reolwr yn ddiweddarach, hyd ei ymddeoliad yn Awst 1973. Defnyddid geiriau fel 'ffyddlondeb' ac 'ymroddiad' yn aml i'w ddisgrifio, a bu ei arweiniad a'i ddyfalbarhad yng nghanol helbulon y symud i Lanelwedd a blynyddoedd anodd yr ymsefydlu ar safle parhaol o fudd eithriadol i'r Gymdeithas.

PENNOD DEUDDEG

Yr Haul yn Gwenu ar Lanelwedd

O'r flwyddyn 1976 ymlaen gwelwyd cynnydd ac ehangu enfawr, ac roedd un record ar ôl y llall yn cael ei thorri flwyddyn ar ôl blwyddyn o safbwynt maint y dorf, ceisiadau da byw, nifer y stondinau masnach ac yn y blaen. Yr un mor drawiadol oedd y modd y trawsnewidiwyd y maes – yn wir fe'i 'gwisgwyd mewn ysblander'. Gwelwyd cynnydd mewn adeiladau parhaol a stondinau masnach ac roedd hyn yn dyst i'r ffydd newydd ddiweddar yng Nghymdeithas Amaethyddol Frenhinol Cymru fel y prif sefydliad ym myd materion gwledig yng Nghymru. Roedd y tywydd hyd yn oed yn gefnogol i'r sioe; fel y gwelwyd yn y disgrifiad ffraeth o ffotograff yn *Cylchgrawn* y Gymdeithas am 1992: 'Nid yn aml y gwelwch ymbarelau ar agor yn Llanelwedd!' Yn wir, union lwyddiant y sioe ei hun a oedd i achosi rhai o'i phroblemau mwyaf difrifol.

Daeth y trobwynt yn ffawd y Gymdeithas gyda chynnydd yn y nifer a fynychai'r sioe ar ôl canol y 1970au. Yn ffodus, roedd y cynnydd i 90,000 yn 1975 i barhau, ac yn 1976 gallai'r swyddogion ymhyfrydu ei fod wedi cyrraedd 105,000, er nad oeddynt wedi disgwyl cyrraedd 100,000 am ryw ddwy flynedd arall. Cynigiwyd amryw o resymau dros y don dderbyniol hon o ymwelwyr: o'r diwedd, yn gyffredinol gwelwyd bod cael safle parhaol yn dechrau dwyn ffrwyth gyda chynnydd yn yr ymwelwyr a ddeuai o'r cymunedau amaethyddol ac yn fwyaf arbennig o ogledd Cymru; roedd y niferoedd hefyd yn elwa ar yr ymwelwyr a phobl a ddeuai i Gymru ar wyliau; roedd y sioe yn digwydd yn ystod gwyliau ysgol; roedd y tywydd yn ffafriol yn 1975 a 1976; roedd y cynnydd mewn gwneud silwair hefyd yn golygu bod y gymuned ffermio yn gorffen ei gwaith o baratoi porthiant yn gynharach; ac roedd hysbysebu ar y teledu wedi rhoi hwb mawr i gyhoeddusrwydd. Rydym yn barod wedi sylwi fel roedd y gwelliannau amlwg i'r adeiladau ar y maes o ddechrau'r 1970au ymlaen wedi creu teimlad o obaith a bod y fenter newydd o'r diwedd yn brasgamu ymlaen. Mae pobl, bob amser, yn hoffi bod yn gysylltiedig â menter lwyddiannus. Rhaid aros tan y bennod nesaf i gael golwg ar y niferoedd a ddeuai i'r sioe, ond o 1976 ymlaen cafwyd cynnydd gweddol gyson. Yn arwyddocaol, yn sioe 1984 gwelwyd cynnydd yn y rhai a ddaeth o ogledd-ddwyrain Cymru; dyma'r tro cyntaf, yn wir, i nifer ohonynt ddod. Cyrhaeddwyd y targed hudol o 200,000 yn 1989 a chynyddodd y niferoedd wedi hynny i gyfartaledd o bron 210,000 yn ystod yr 11 sioe o 1990 i 2000. Ni tharfodd y siom o orfod canslo sioe 2001 ar y brwdfrydedd gan i niferoedd sioe 2002 gyrraedd 214,798. Yn 1985 roedd niferoedd Llanelwedd hyd yn oed yn fwy na'r nifer a fynychai Sioe Frenhinol Lloegr yn Stoneleigh.

Pan gyrhaeddodd y Gymdeithas a'r sioe Lanelwedd am y tro cyntaf, bwriedid i'r maes ddal 75,000 i 80,000 ar y mwyaf. Ar ôl sioe 1976, yn naturiol, roedd ystyriaethau ar droed i edrych a fedrai'r Gymdeithas ymdopi â dyblu o bosibl y niferoedd o ymwelwyr a ragwelwyd ar y dechrau. Mae'n amlwg y byddai hyn yn arwain at oblygiadau enfawr o ran darpariaeth bwyd, toiledau, meysydd parcio, lletty i'r da byw, mynedfeydd ochrol, meysydd carafanau a stondinau masnach os oedd ansawdd y gwasanaethau i aelodau, arddangoswyr a'r cyhoedd yn gyffredinol i aros yn debyg neu i gael eu gwella. Hyd yn hyn, cronfeydd y siroedd nawdd yn ogystal â nawdd a chyllid gan gyrff allanol, a oedd wedi talu am y prosiectau cyfalaf mawr, ond byddai'n rhaid talu am brosiectau megis mynedfeydd newydd a ffyrdd, lledu rhodfeydd, ymestyn cyfleusterau parcio, draeniau ac yn y blaen o goffrau'r Gymdeithas ei hun. Felly roedd yn bwysig i'r sioe wneud elw rhesymol y gellid wedyn ei ailfuddsoddi yn y gwaith datblygu yr oedd angen ei wneud i gynnal a gwella cyfleusterau ar gyfer y cynnydd cyflym yn niferoedd yr ymwelwyr a'r cystadleuwyr. O ganlyniad, mabwysiadwyd polisi llym o ailfuddsoddi gan gadeirydd Fwrdd y Rheolwyr, yr Anrhydeddus Islwyn Davies, yn ystod ei gyfnod yn y swydd rhwng 1972 a 1986. Ar ôl colledion Llanelwedd rhwng 1963 a 1974, roedd yr elw a wnaed dros y blynyddoedd o 1975 ymlaen yn bleser amheuthun. Roedd y flwyddyn 1977 yn garreg filltir pan welwyd troad y llanw yn sefyllfa gyffredinol elw a cholled gweithgarwch cyfrifon sioe a rheolaeth y Gymdeithas er pan symudodd i Lanelwedd; hyd at ddiwedd 1976 roedd sefyllfa gyffredinol elw a cholled yn golygu bod yna golled o £27,193, a newidiodd elw 1977 y golled honno yn warged o £42,729. Ailfuddsoddwyd y warged sylweddol y llwyddid i'w chael o flwyddyn i flwyddyn – sydd i'w gweld yn Ffigur 1 yn Atodiad 3 – hyd yn oed os byddai'n cael ei fwyta gan gostau cynyddol didrugaredd y sioe. Ond drwy wella'n rheolaidd gyfleusterau'r maes, yn y pen draw llwyddwyd i ddileu'r problemau; y tro cyntaf i'r Gymdeithas beidio â derbyn unrhyw gŵyn am gyflwr y toiledau oedd pan adeiladwyd tri bloc toiled newydd ar gyfer sioe 1988!

Ar ddiwedd y 1980au dechreuodd dirwasgiad, ac erbyn diwedd 1990 roedd y diwydiant ffermio yn wynebu amser anodd, sefyllfa nad oedd wedi ei phrofi er yr 1930au. Golygai hyn fod Bwrdd y Rheolwyr yn 1992, o dan ei gadeirydd cadarn, Lloyd FitzHugh, yn ofalus dros ben wrth drafod y prosiectau adeiladu newydd er gwaetha'r pwysau a ddeuai oddi wrth y rhai a oedd yn frwd dros gael adeiladau newydd neu rai gwell. Naturiol felly oedd i rywfaint o densiwn gael ei greu. O ganlyniad, gofynnwyd i'r aelodau, yn enwedig y rhai a oedd yn dangos diddordeb adrannol, i beidio â phlagio'r Bwrdd, gan na fedrid gwneud gwelliannau ond yn ôl yr adnoddau ar gael, ac roedd yn rhaid cofio mai'r gweddill a oedd ar ôl ar gyfer gweithgareddau yn 1991 oedd yr isaf ers 1983. Ond rhoddwyd sicrwydd yng nghyflawnder yr amser y byddai'r gwelliannau angenrheidiol yn cael eu gwneud wrth i'r sioeau barhau i fod yn rhai llwyddiannus. Gyda gwell gwarged yn 1993 ac yn arbennig yn 1994, atgoffodd y cadeirydd y cyfarfod cyffredinol blynyddol yn 1995 fod y duedd o gynnydd yn elw'r sioeau yn hanfodol os oedd y galwadau bythol gynyddol am welliannau pellach ar faes y sioe i'w cyflawni.

Er gwaetha'r polisi o ailfuddsoddi'r elw yng nghyfrif y sioeau a'r cyfrif rheoli, ni fyddai'r safle hanner mor ddatblygedig a deniadol oni bai am y modd cyson y codwyd symiau mawr o arian ar gyfer cyllido prosiectau dewisol ar faes y sioe gan y siroedd nawdd. Roedd digon o ddychymyg a synnwyr y fawd ar gael yn syth ar ôl symud yn barhaol i Lanelwedd – yn arbennig gan yr Is-gyrnol FitzHugh – i weld gwerth cylchdroi'r siroedd nawdd ar gyfer harneisio o fewn sioe safle-parhaol deyrngarwch dwfn ac egni cystadleuol y sioeau symudol a drefnwyd fel arfer gan un sir benodol. Yn wir, roedd cymdeithasau amaethyddol mawr eraill Prydain yn genfigennus o lwyddiant amlwg y system unigryw o siroedd nawdd. Nid yn unig roedd y system yn cynnig cymorth ariannol amhrisiadwy, ond roedd hefyd yn gweithredu fel cysylltiad anhepgor rhwng Llanelwedd a'r siroedd ac yn fwy na dim yn sicrhau bod safle Llanelwedd yn cael ei dderbyn fel cartref i'r Gymdeithas ac i'w sioe. O safbwynt hyn, gwelwyd pwysigrwydd y system yn 1981 pan mai Clwyd oedd y sir nawdd a sylweddolodd y Gymdeithas sut roedd y flwyddyn wedi chwalu rhwystrau; roedd y Gymdeithas a'i sioe i bob pwrpas wedi dod at bobl Clwyd a phobl Clwyd wedi mynd ati hithau. Dangosodd pob un o'r siroedd nawdd ymdrechion anhygoel yn ystod eu blwyddyn arbennig wrth baratoi eu harddangosfeydd ar gyfer y sioe. Deuai hyn â nodwedd arbennig wahanol i'r sioe o flwyddyn i flwyddyn, yn ogystal â chodi arian tuag at ariannu'r prosiect dan sylw drwy gynnal llu o weithgareddau a ddeuai â'r gymuned ffermio sirol at ei gilydd. Eisoes erbyn 1975, gwelsom Neuadd Arddangos Clwyd yn 1972, Adeilad Da Byw Sir Gaerfyrddin yn 1973, prosiect Sir Drefaldwyn yn 1974 – pafiliwn newydd i'r aelodau nas cwblhawyd hyd 1977 – a Neuadd De Morgannwg yn 1975, i gyd yn arwyddo'r rhan hanfodol a chwaraewyd gan ymdrechion codi arian y siroedd nawdd. Roedd ymdrechion codi arian i gyrraedd lefelau uwch fyth, ac yn hytrach na chronfeydd o tua £40,000 i £60,000 a godwyd yn y 1970au hwyr, o'r 1980au hwyr roedd y symiau yn cyrraedd dros £100,000, a'r record yn cael ei thorri gan Dyfed-Caerfyrddin yn cyfrannu £128,000 yn 1987. Yn arwyddocaol, roedd y sir, o dan ysbrydoliaeth ei llywydd W. J. Hinds, ac yn haeddiannol ymfalchïo mewn gosod record, yn benderfynol o efelychu'r gronfa o £104,000 a gasglodd Dyfed-Ceredigion yn 1983 o dan arweiniad ysbrydoledig Geraint Howells. Mewn ymdrech arall anhygoel, cyrhaeddodd cronfa 1995 Ceredigion £210,000. Mor gostus oedd rhai o'r prosiectau fel y golygai, fel y cawn weld, fod rhai siroedd nawdd yn cytuno i gydgyfrannu eu hymdrechion i ariannu rhai o'r prif ddatblygiadau. Roedd swyddogion y Gymdeithas yn dra ymwybodol fod cyfraniadau'r sir nawdd yn anhepgor i ddatblygiad cyfredol y Gymdeithas. Roedd cyfraniadau cynghorau sir a dosbarth yn chwarae rhan hanfodol i chwyddo cronfa'r sir nawdd ac roedd y cyfraniadau a addawyd yn gweithredu fel catalydd i hybu ymdrechion y pwyllgor nawdd. O bwys hefyd oedd safon uchel aelodaeth pwyllgorau ymgynghorol y gwahanol siroedd nawdd, o dan arweiniad egnïol a hael llywydd y Gymdeithas, ac a ddeuai am y flwyddyn dan sylw o'r sir nawdd. (Yn Atodiad 9 ceir rhestr o holl lywyddion y Gymdeithas.)

Dim ond drwy'r math hwn o ariannu y llwyddwyd i godi'r adeiladau a wêl yr ymwelydd ar faes y sioe heddiw. Roedd ymdrechion y siroedd nawdd yn wir yn hanfodol o gofio costau cynyddol y prosiectau cyfalaf o'r 1970au hwyr. Fel cadeirydd Bwrdd y Rheolwyr, mynegodd yr Anrhydeddus Islwyn Davies, yng nghyfarfod cyffredinol blynyddol 1978 'ei bod yn hanfodol i fynd ymlaen cyn gynted â phosibl ag unrhyw brosiect cyfalaf a oedd eto i'w gyflawni cyn i gostau fynd mor aruthrol fel na fedrai'r Gymdeithas fyth eu cyrraedd'. Yn 1976, tro Sir Faesyfed oedd bod yn sir nawdd a defnyddiwyd y £40,000 a gasglwyd at adeiladu asgell ychwanegol ar Adeilad Caerfyrddin, lle rhoddid cartref i'r gwartheg, ac at gyllido Canolfan Cymorth Cyntaf. Dewis Gorllewin Morgannwg yn 1977 oedd hybu newid Neuadd Llanelwedd yn ystod 1976–7 yn swyddfa'r pencadlys gydag ystafell gynadledda ac ystafell dawel i'r aelodau ar y llawr cyntaf. Mewn ysbryd hael ar gais y Gymdeithas, newidiodd Gwynedd-Meirionnydd eu bwriad gwreiddiol a darparu uned letya newydd ar gyfer defaid a, chyda chymorth grant gan Gyngor Sir Gwynedd, gwerth £6,000 o arwyddion dwyieithog ar gyfer maes y sioe. Yn dilyn penderfyniad tyngedfennol y Gymdeithas yn 1978 i adeiladu prif stand ar gyfer y cylch mawr – ac felly arbed llogi stand am y tri diwrnod ar gost gyfredol o £4,500 – cytunodd Siroedd Penfro a Brycheiniog, fel siroedd nawdd 1979 a 1980 yn olynol, y gallai eu cronfeydd hwy fynd tuag at Brosiect y Brif Stand, a gostiodd £264,000 ac a gwblhawyd mewn pryd ar gyfer sioe 1980, ac a agorwyd yn swyddogol gan y Gwir Anrhydeddus Arglwydd Cledwyn o Benrhos ar 7 Gorffennaf. Y flwyddyn ddilynol, 1981, daeth y Dywysoges Ann i'r sioe ac agorodd bafiliwn y llywydd, a godwyd gyda chronfa apêl Clwyd 1981. Roedd penderfyniad y Gymdeithas i fwrw ymlaen â'i menter unigol fwyaf hyd yn hyn – i godi cyfadeilad preswyl ar gyfer y stocmyn, yr oedd mawr angen amdano – yn golygu ei bod yn dibynnu, er mwyn cael y cyllid angenrheidiol o £400,000, ar yr arian a gydgronnwyd gan Morgannwg Ganol 1982, Gwynedd-Caernarfon 1984, Gwent 1985 a Gwynedd-Môn 1986. Daeth cymorth hefyd oddi wrth y Rank Foundation (£15,000) a Bwrdd Croeso Cymru (£75,000), a chyfrannodd y Gymdeithas ei hun £50,000. Arweiniodd yr ymdrechion anhygoel hyn yn y pen draw at agoriad swyddogol Neuadd Henllan gan dywysog Cymru yn hydref 1985. Tra oedd gweithgareddau codi arian Dyfed-Ceredigion 1983, a gyrhaeddodd y swm enfawr o £104,000, wedi gwneud prosiect y Pafiliwn Rhyngwladol yn bosibl, gwnaethpwyd cyfraniad pwysig hefyd gan Bowys-Maesyfed 1988, a gytunodd y byddai eu swm targed hwy o £75,000 yn mynd tuag at lawr gwaelod yr adeilad ar gyfer y wasg a gwobrau/tlysau. Felly, galwyd adran dramor y llawr cyntaf yn 'Neuadd Dyfed-Ceredigion' a'r llawr gwaelod yn 'Ystafelloedd Powys-Maesyfed'. Unwaith eto bu'n rhaid i'r Gymdeithas chwilio am gyfraniadau gan noddwyr tuag at gostau adeiladu'r Pafiliwn Rhyngwladol. Gan fod Bwrdd Croeso Cymru wedi gwrthod cais y Gymdeithas am grant, bu'n rhaid gohirio'r prosiect, a gostai tua £300,000. Fodd bynnag, fe agorwyd y pafiliwn ar 2 Gorffennaf 1987 gan y seren opera ryngwladol, Syr Geraint Evans, dathliad hynod o addas gan ei bod yn 25 mlynedd ers i'r Gymdeithas ddod i Lanelwedd.

Fe gasglodd Dyfed-Caerfyrddin £128,000 fel sir nawdd yn 1987. Clustnodwyd yr arian hwn ar gyfer estyniad Adeilad Gwartheg Dyfed-Caerfyrddin, prosiect a ohiriwyd tan ar ôl sioe 1988 ond a agorwyd y flwyddyn ganlynol. Yn dilyn codi swm o £145,000, mabwysiadodd De Morgannwg yn 1989 Neuadd Fwyd barhaol y Sioe Frenhinol fel ei phrosiect, fel bod bwyd Cymreig o safon uchel yn cael ei ddangos ar ei orau yn y sioe. Ond roedd cost y Neuadd Fwyd, fodd bynnag, yn gofyn am nawdd sylweddol ychwanegol, a golygodd hyn ohirio'r prosiect. Y canlyniad oedd i'r Neuadd Fwyd gael ei hadeiladu erbyn sioe 1992 gan Fwrdd Datblygu Cymru Wledig a'i rhentodd hi allan i'r Gymdeithas hyd nes y gallai'r Gymdeithas fforddio prynu'r adeilad. Rhoddodd y Gymdeithas gefnogaeth gref i'r fenter hon, a oedd yn gaffaeliad o bwys i'r sioe yn ogystal ag i'r Ffair Aeaf, digwyddiad un diwrnod a ddechreuodd yn Rhagfyr 1990. Yn ogystal roedd yn adeilad urddasol a wnaeth lawer i wella golwg pen uchaf maes y sioe. O ran Gwynedd-Meirionnydd 1990, Dyfed-Penfro 1991 a Phowys-Trefaldwyn 1992, fe glustnodwyd eu cronfeydd apêl ar gyfer Pafiliwn y Stocmyn; fe gostiodd hwn, yr oedd mawr angen amdano, dros £300,000, ac fe'i henwyd yn Hafod a Hendre. Tro Gorllewin Morgannwg oedd fod yn sir nawdd yn 1993; bwriad ei phwyllgor ymgynghorol oedd codi £170,000 i adeiladu adeilad addysgol gerllaw cylch y sioe wrth ochr pafiliwn S4C. Llwyddwyd i wneud hyn gyda chymorth Cyngor Sir Gorllewin Morgannwg a Chyd-bwyllgor Addysg Cymru, a oedd i reoli'r ganolfan. Penderfynodd Clwyd 1994 ddefnyddio ei harian tuag at brynu'r Neuadd Fwyd, y £120,000 fwy neu lai a gasglwyd yn cyfrannu'n sylweddol at gyfanswm y gost o £440,000. Rydym yn barod wedi cyfeirio at y swm anhygoel o £210,000 a gasglwyd gan Geredigion 1995, arian a glustnodwyd ar gyfer cam cyntaf cyfadeilad newydd ar gyfer ceffylau, ar ffurf adeilad mawr yn cynnwys 80 o stablau. Agorwyd y cyfleuster newydd gwych hwn yn sioe 1996 gan Tom Evans, llywydd 1995.

Mae'n debyg na fu codi arian yn fwy effeithiol ar unrhyw adeg nag yn y cyfraniad a wnaethpwyd gan y siroedd nawdd rhwng 1996 a 2000 tuag at y Cyfadeilad Da Byw newydd. Parhaodd y system rota o dan yr awdurdodau unedol newydd o 1996, a phenderfynodd Caernarfon 1996, Sir Frycheiniog 1997, Ynys Môn 1998, Morgannwg 1999 yn ogystal â Maesyfed 2000 godi arian ar gyfer adeilad mawreddog Canolfan Arddangosfeydd y Sioe Frenhinol, prosiect uchelgeisiol ar gost o £2.2 miliwn, ond yn gaffaeliad gyda phosibilrwydd i ddwyn elw fel cyfleuster trwy'r flwyddyn gron. Wrth gymryd y cam tyngedfennol hwn yn nechrau 1999 i fynd ymlaen â'r buddsoddiad unigol mwyaf yr ymgymerwyd ag ef erioed gan y Gymdeithas, roedd Bwrdd y Rheolwyr, o dan anogaeth ei gadeirydd deinamig Dr Emrys Evans, yn ymwybodol iawn o'r angen iddo gael ei weld yn cefnogi cymuned glwyfedig y ffermwyr. Yn ddiau, atgyfnerthwyd ei benderfyniad gan ffyddlondeb ac ymroddiad y pum sir nawdd, a gasglodd erbyn diwedd 2000 y cyfanswm trawiadol o £666,831 tuag at y prosiect. Daeth hwb iddynt ddyfalbarhau hefyd pan gyhoeddwyd ym Medi 1998 fod y Gymdeithas wedi sicrhau grant Ewropeaidd o £500,000 tuag at y prosiect, a hefyd trwy barodrwydd Hoechst Roussel Vet i noddi hyd at y swm o £25,000 y flwyddyn dros gyfnod o dair blynedd. Agorwyd Canolfan Arddangosfeydd y Sioe Frenhinol gan Ei

49. Cadeirydd y Bwrdd Rheoli, Dr Emrys Evans, a thywysog Cymru wrth i Ganolfan Arddangosfeydd y Sioe Frenhinol gael ei hagor.

Fawrhydi Tywysog Cymru yn ystod ymweliad a drodd yn wir gyffrous yn sioe 2000. Yn y cyfamser, sefydlwyd carreg filltir arall yn 1998 gyda Thŷ Ynys Môn yn cael ei agor yn y sioe – canolfan wybodaeth mewn adeilad deniadol gyda'i gloc pedwar-wyneb a'i geiliog tywydd urddasol a gyllidwyd yn bennaf gan Gyngor Sir Ynys Môn, cyngor a ddangosodd gefnogaeth arbennig i'r sir nawdd. Mae'n deg dod i'r casgliad mai'r prif reswm dros lwyddiant cyson y Gymdeithas ers iddi symud i Lanelwedd oedd system y siroedd nawdd.

Daeth cefnogaeth ariannol, hefyd, yn gynyddol drwy nawdd o ddechrau'r 1980au. Mynegodd y swyddogion yn 1977 eu bod yn gynyddol ymwybodol nid yn unig fod mwy o nawdd ar gyfer y sioe yn ddymunol ond y dylai'r Gymdeithas hefyd ddenu nawdd ar gyfer rhai prosiectau o bwys gan gwmnïau masnachol. Gyda noddi dosbarthiadau yn y sioe yn cynyddu – fel roedd yn digwydd yn achos y banciau mawr megis Barclays a National Westminster, a benderfynodd ymuno â Banc y Midland Cyfyngedig i noddi sioe 1978 – byddai'r Gymdeithas yn gallu clustnodi'r arian yr oedd yn ei arbed ar gyfer cynlluniau yr oedd ganddi i ddatblygu maes y sioe. Erbyn haf 1980 roedd yna gytundeb cyffredinol mai pitw iawn oedd y nawdd o £6,000 arferol o'i gymharu â'r hyn a dderbyniai cymdeithasau pwysig eraill ac y dylai'r Gymdeithas fod yn llawer mwy ymosodol yn y maes hwn. Roedd hyn yn fwy perthnasol fyth drwy fod pwyllgorau'r siroedd nawdd yn y sefyllfa gyllidol bresennol yn ymlafnio i godi cyfansymiau mor anrhydeddus â'r rhai a gyrhaeddwyd dros yr ychydig flynyddoedd a fu. O ganlyniad, fe ffurfiwyd ym Medi 1980 Is-bwyllgor Nawdd o dan gadeiryddiaeth A. B. Turnbull, ac apwyntiwyd yr Is-gyrnol Desmond Evans fel ysgrifennydd rhan-amser ar gyfer y cynllun nawdd. O'r cychwyn cyntaf cymerwyd gofal arbennig i gynllunio'r pecynnau a dderbyniai'r noddwyr yn gydnabyddiaeth am eu cefnogaeth. O ganlyniad i ddiwydrwydd Desmond Evans gwelwyd y nawdd yn cynyddu dros y blynyddoedd o bron £23,000 a ddenwyd yn 1981 i record o dros £100,000 a gafwyd ar gyfer sioe 1988, pan oedd yn ymddeol. Dal i gynyddu a wnaeth y nawdd hyd at 1991, gan gyrraedd record o dros £127,000 y flwyddyn honno, ac wedi cyfansymiau siomedig yn 1992 a 1993, fe wthiodd ymlaen o 1994 pan ddaeth yr ysgrifennydd Peter Guthrie a'i dîm yn gyfrifol amdano. Roedd y nawdd a ddenwyd ar gyfer sioe 1994, mewn arian parod neu fel arall, wedi cyrraedd £211,000 a oedd, er gwaetha'r amseroedd anodd yn y diwydiant amaethyddol, i ddringo i record o £317,766 yn 2000. Does dim amheuaeth nad elwodd y Gymdeithas lawer ar ymdrechion haelionus Peter Guthrie ar ei rhan.

Ar wahân i'r nawdd gwerthfawr a roddid i'r sioe, roedd nawdd hefyd yn gymorth i'r datblygiadau cyfalaf fel y rhai a enwir yma. Elwodd twr rheoli'r ail gylch ar gyfer sioe 1987 ar nawdd o £10,000 gan y Bwrdd Marchnata Llaeth a £7,500 gan M ac M Timber Cyf.; roedd estyniad yr Uned Gneifio Defaid, a agorwyd yn Rhagfyr 1988, yn ddyledus iawn i'r nawdd ariannol a ddenwyd drwy egni'r llywydd, Verney Pugh; defnyddiwyd Adeilad Cyfathrebu newydd am y tro cyntaf yn 1998, diolch i nawdd Land Rover; noddwyd y Pafiliwn Rhyngwladol a adnewyddwyd ac a agorwyd yn sioe 1998 gan Marks and Spencer; ac mewn ymateb i ddoniau darbwyllo cadeirydd y Bwrdd, Dr Emrys Evans, cafwyd nifer o gyfraniadau gan amryw gwmnïau masnachol, ymddiriedolaethau, sefydliadau a chymdeithasau brîd tuag at helpu'r Gymdeithas i wneud iawn am y diffyg yng nghyllid prosiect costus Canolfan Arddangosfeydd y Sioe Frenhinol. Bu ymdrechion Dr Emrys Evans yr un mor hanfodol i ddenu nawdd ar gyfer Prosiect y Brif Stand 1979. Rhaid rhoi sylw arbennig hefyd i nawdd Banc y Midland, nid yn unig i sioe'r haf ond hefyd i'r Ffair Aeaf o 1990 ymlaen, yn ogystal â gofalu bod cyfleusterau ychwanegol ar gyfer benthyciadau dros dro ar gael ar adegau anodd. Yn wir, er dyddiau cynharaf y Gymdeithas, Banc y Midland (bellach yr HSBC) oedd ei chefnogwr ariannol mwyaf haelionus, a'r banc hwn hefyd a roddodd iddi ei holyniaeth o drysoryddion anrhydeddus. I gloi, roedd cymorth ariannol o'r 1980au gan sefydliadau megis Bwrdd Datblygu Cymru Wledig, Bwrdd Datblygu Canolbarth Cymru, Bwrdd Croeso Cymru, y Swyddfa Gymreig a Chyllido Ewropeaidd (Cronfa Arweiniad a Gwarant Amaethyddol Ewrop) yn hynod bwysig wrth barhau datblygiad cyfalaf parhaus y safle. Wrth gwrs, ni fu pob cais am gyllid yn llwyddiannus: oherwydd diffyg gweledi ad fe wrthodwyd y cais sylweddol am £7.5 miliwn i Gomisiwn y Milenium tuag at helpu i droi'r maes sioe yn ganolfan ragoriaeth ar gyfer y Gymru wledig.

Yn ogystal â'r adeiladau parhaol a godwyd gan y Gymdeithas ei hun, roedd y rhai a adeiladwyd gan amrywiol gyrff eraill, a phenderfyniad y cyrff hynny i gymryd safle parhaol ar gyfer eu stondinau, yn adlewyrchu eu ffydd yn nyfodol y Gymdeithas. Fel arwydd o'i hyder ym mhrosiect Llanelwedd, cododd Banc y Midland adeilad parhaol ar y maes mewn da bryd ar gyfer sioe 1978; dyma un o'r adeiladau parhaol cyntaf i gael ei godi gan gorff allanol a dyma'r cyntaf i gael ei adeiladu er pan gyflwynodd y Gymdeithas ei chanllawiau ar gyfer datblygiad cyffredinol maes y sioe. Buan y dilynodd cyrff eraill yr esiampl hon. Trawyd Roland Brooks o'r *Western Mail* – sylwebydd craff ar y Gymdeithas – gan y cynnydd yn y nifer o stondinau parhaol yn y deuddeng mis cyn sioe 1981, a theimlai eu bod yn gwella golwg maes y sioe. Ymysg y rhestr yr oedd dau fanc, Barclays a National Westminster, Cymdeithas Yswiriant Mutual yr NFU – y drws nesaf i adeilad Undeb Cenedlaethol y Ffermwyr a godwyd mewn pryd ar gyfer sioe'r flwyddyn flaenorol – Undeb Amaethwyr Cymru, Cymdeithas Sefydliadau Amaethyddol Cymru, ac Uned Addysg Amaethyddol Sir Powys, a oedd yn gartref i Swyddfa Cymru Clybiau'r Ffermwyr Ifanc ac, yn bwysig, yn cael ei defnyddio trwy gydol y flwyddyn. Erbyn sioe 1985 yr oedd rhyw 23 o sefydliadau wedi cymryd safle stondin ar faes y sioe.

Er y byddai eraill yn dilyn, arafu a wnaeth datblygiad adeiladau parhaus gan gyrff allanol yn ystod canol y 1980au.

Mae safle Llanelwedd mewn lleoliad hyfryd ac mae'r olygfa ffisegol hyd yn oed wedi gwella ers y 1970au trwy bolisi blaengar o godi adeiladau sy'n ymdoddi i'r amgylchedd naturiol. Doedd neb yn fwy ymwybodol o'r angen am warchod prydferthwch y safle na chadeirydd newydd y Cyngor, yr Arglwydd Gibson-Watt, ac roedd hyn yn golygu bod y Gymdeithas yn rhoi sylw manwl i bensaernïaeth yr adeiladau parhaol, i gyflwr coed y safle ac i gadw maes y sioe rhag sbwriel, cyn belled ag yr oedd hyn yn bosibl. Cymaint oedd y gofal canmoladwy hwn am effaith esthetig y safle fel y sefydlwyd Pwyllgor Cynllunio Tymor-hir yn niwedd 1977, ac fe luniodd y Pwyllgor hwn restr o ganllawiau ar gyfer unrhyw ddarpar gynllunwyr wrth iddynt baratoi cynllun ar gyfer maes y sioe. Gwahoddodd yr Arglwydd Gibson-Watt yr Athro John Eynon i fod yn gynghorydd pensaernïol i'r Gymdeithas, ac iddo ef y mae'r rhan fwyaf o'r clod am safon uchel y datblygiad parhaol o ganol y 1970au. Roedd dymuniad yr Arglwydd Gibson-Watt i gadw maes y sioe yn lân a thaclus hefyd yn cael ei gyflawni, diolch i'r staff allanol, o dan y swyddog y safle, Brian Waller, a symudodd o Hartlepool i'r swydd yn Ionawr 1980.

Bu bygythiad difrifol i faes y sioe a'i ddatblygiad yn gynnar yn y 1990au gan ffordd osgoi arfaethedig Llanfair-ym-Muallt, gan y buasai'r llwybr coch a'r llwybr glas a gynigiwyd yn hydref 1991 wedi effeithio'n ddifrifol ar y cyfleusterau parcio a'r meysydd carafanau, heb sôn am fygu unrhyw ddatblygiad pellach ar faes y sioe. Cynrychiolaeth gref i'r Swyddfa Gymreig a achubodd y sefyllfa: roedd mabwysiadu'r dewis 'oren' diwygiedig fel y llwybr swyddogol i'r ffordd yn cynnig holl fanteision ffordd osgoi i'r Gymdeithas a hynny heb yr anfanteision difrifol a fuasai'n deillio pe bai un o'r dewisiadau eraill wedi eu dilyn.

Roedd y gwelliannau a wnaethpwyd i'r safle drwy godi mwy o gyfleusterau ac adeiladau parhaol, ynddynt eu hunain yn fodd effeithiol i gynyddu incwm yn y cyfnodau o bobtu'r sioe. Bu'r posibilrwydd o gynyddu arian rhent a nawdd yn 1980 yn fodd i wneud iawn am y costau cynyddol a wynebai'r Gymdeithas. Yn 1983, gwelwyd gwerth gwneud defnydd llawer llawnach o'r maes drwy gydol y flwyddyn, pan gynhaliwyd dros 60 o ddigwyddiadau yn Llanelwedd a oedd yn golygu bod y cyfleusterau gwahanol yn cael eu defnyddio am 120 o ddyddiau. Roedd yr incwm rhent a ddeuai o'r gweithgareddau hyn yn nesu at £30,000, o'i gymharu â £6,000–£7,000 o 36 o ddigwyddiadau yn 1978 ac £8,000 yn 1980. Wrth gwrs, roedd cynnal y digwyddiadau hyn yn bosibl oherwydd fod y stad yn cael ei chynnal a'i chadw'n well – oherwydd roedd gwaith clirio mawr ar ôl pob digwyddiad. Fel y gellid disgwyl, gyda bloc preswyl y stocmyn yn cael ei ddefnyddio o 1985 ymlaen, erbyn 1991 roedd digwyddiadau ar faes y sioe wedi cynyddu ymhellach ac roedd y gymdeithas yn derbyn mwy o incwm o'r ffynhonnell hon. Gan fod dirwasgiad wedi tolcio'r elw yn 1991 a 1992 a bod costau cynnal y sioe yn fythol gynyddol, roedd y swyddogion yn mynd yn fwy penderfynol i wneud y defnydd mwyaf posib o gyfleusterau maes y sioe drwy'r flwyddyn er mwyn cynhyrchu mwy fyth o incwm. Erbyn dechrau 1993 teimlid bod angen tri neu bedwar o ddigwyddiadau y tu allan i'r byd amaethyddol i sicrhau'r lefel o incwm a oedd yn angenrheidiol i warchod cyflwr y gymdeithas wrth i incwm o'r sioe leihau. Cynhaliwyd un digwyddiad felly, pan ddaeth yr Eisteddfod Genedlaethol i'r safle yr Awst dilynol. Yn 1995 sylwodd Richard Moseley, y trysorydd anrhydeddus, mai'r hyn a alluogodd y Gymdeithas i fynd o nerth i nerth, serch y cynnydd yng ngwarged ei gweithgareddau er 1993, oedd y defnydd cynyddol o gyfleusterau'r maes yn ogystal â rheolaeth fanwl dros ei materion ariannol. Rhoddwyd ffydd fawr ym mhotensial y Ganolfan Arddangosfeydd newydd i ddenu digwyddiadau cenedlaethol i'r safle. Adroddwyd wrth y rhai a oedd yn bresennol yng nghyfarfod cyffredinol blynyddol 1999 am y cynnydd yn y digwyddiadau y tu allan i'r sioe, yn arbennig o safbwynt cynadleddau, seminarau a chyfarfodydd.

Roedd nifer yr aelodau bob amser yn hanfodol i iechyd ariannol y Gymdeithas a thrwy gydol ei hanes hyd at gael y safle parhaol yn Llanelwedd ac wedi hynny am gyfnod, roedd prinder aelodau wedi gwanhau cyflwr y Gymdeithas. Yn wir, ar ddechrau'r symud i Lanelwedd roedd yr aelodaeth bitw yn fygythiad i fywyd y Gymdeithas, ac er y cynnydd ar y dechrau yn nifer yr aelodau yn dilyn lansio ymgyrch ricriwtio yn 1964, roedd yr aelodaeth erbyn dechrau'r 1970au eto wedi llithro'n ôl ac yn gorwedd yn llonydd ac yn farwaidd. Mor ddiweddar â Chwefror 1977, nid oedd nifer yr aelodau ond rhyw bitw 4,000. Yn gynnar y flwyddyn honno, yn gyson ymwybodol o werth incwm o danysgrifiadau aelodaeth fel rhyw fath o bolisi yswiriant, penododd Bwrdd y Rheolwyr Is-bwyllgor Aelodaeth o dan gadeiryddiaeth Tudor Davies. Gyda chodiad yn thâl tanysgrifiadau o £10 i unigolyn a £15 aelodaeth deulu yn Chwefror 1981, daeth hefyd system newydd a mwy effeithiol o dalu drwy ddebyd uniongyrchol. Cynyddodd yr aelodau yn sylweddol yn nechrau'r 1980au, o 6,824 yn 1981 i 9,214 erbyn 1983, ac o hynny ymlaen cafwyd trafodaeth yn achlysurol ai doeth ai peidio oedd gosod uchafswm ar aelodaeth, gan eu bod yn rhoi straen ar y cyfleusterau ar gael yn ystod y sioe. Ond ni ddigwyddodd y fath orfodaeth er bod yr aelodaeth yn cynyddu, ac erbyn diwedd yr 1980au roedd mwy o wasgedd nag erioed ar y cyfleusterau, pan gynyddodd yr aelodau o 10,326 yn 1987 i'r nifer uchaf erioed, sef 13,884 yn 1991. Y flwyddyn ddilynol, 1992, gostyngodd y niferoedd i 11,713, ac wedi hynny gwelwyd rhywfaint o gynnydd i gyrraedd 12,454 yn 1996. Er gwaetha'r argyfwng o fewn y diwydiant, arhosodd yr aelodaeth yn glodwiw o iach, gan setlo ar ffigur o tua 12,000 hyd at ddiwedd y ganrif.

Mae Atodiad 3 yn dangos (ymysg pethau eraill) y cynnydd yn incwm tanysgrifiadau dros y blynyddoedd hyn. Wrth gwrs, i raddau sylweddol, roedd hyn yn adlewyrchu'r cynnydd yng ngraddfeydd y tanysgrifiadau. Er bod y rhain yn cael eu cynyddu'n gyffredinol bob tair blynedd yn y 1990au i wneud iawn am gostau cynyddol rhedeg y Gymdeithas a'r sioe, roedd cyfraddau aelodaeth yn y 1980au a'r 1990au, fodd bynnag, yr isaf ymhlith prif gymdeithasau y Deyrnas Gyfunol. Sefydlwyd Pwyllgor Iau yn 1988 er mwyn denu'r bobl ifainc i ymwneud fwy â gweithgarwch y Gymdeithas a'r sioe, ac yn 1990 cyflwynwyd categori aelodaeth iau ar gyfer rhai hyd at 21 oed. Gan edrych ar 1985 fel blwyddyn nodweddiadol, ar draws Cymru roedd yr aelodaeth gryfaf yn Sir Aberteifi (1,585), Sir Frycheiniog (1,494), Sir Faesyfed (1,193) a Morgannwg (1,070), ac, yn siroedd Lloegr, dim rhyfedd bod yr aelodaeth gryfaf yn Swydd Henffordd (209) a Swydd Amwythig (108), dwy sir y gororau. Roedd y mwyafrif o'r aelodau yn ffermwyr a thirfeddianwyr, a'u gweithgareddau yn cynrychioli amaethyddiaeth, garddwriaeth, coedwigaeth, gweithgareddau gwledig eraill a busnesau cysylltiedig.

At ei gilydd roedd y blynyddoedd o ganol y 1970au ymlaen, ar wahân i flwyddyn ddychrynllyd 2001, yn flynyddoedd cynyddol lwyddiannus i'r Gymdeithas. Daeth yr enillion iach a chynyddol ar y cyfrifon gweithredol (gweler Atodiad 3) nid yn unig o elw'r sioe ond, fel y gwelsom, drwy ddenu rhent ychwanegol drwy wneud mwy o ddefnydd o faes y sioe yn y cyfnodau eraill, drwy gynnydd yn llog buddsoddiadau tymor-byr ac oddi wrth danysgrifiadau aelodau. Cafwyd y gwargedau, a chwyddwyd gan gyfraniadau y siroedd nawdd, eu hailfuddsoddi yn natblygiad y safle ac roeddynt yn hanfodol i drawsffurfio maes y sioe yn safle hyfryd fel y mae heddiw. Roedd y cyfanswm o £250,313 a godwyd gan y siroedd nawdd hyd at 1977 i gyrraedd yn uwch na £1 miliwn erbyn 1988 ac i ddringo i'r swm syfrdanol o £2,711,000 erbyn 2000. Roedd yr holl wariant cyfalaf hwn, a chwyddwyd gan arian nawdd a grantiau, yn golygu bod gwerth y safle wedi cynyddu'n aruthrol. Tra oedd gwerth yr eiddo rhydd-ddaliad (yn ôl y gost) yn sefyll ar £511,711 yn 1976, erbyn 1986 roedd wedi cynyddu o ran gwerth i £2,100,000, gan esgyn erbyn 1994 i dros £4 miliwn, ac i £6,677,984 erbyn diwedd 2000. Yr un modd, roedd ei asedau clir o £554,000 yn 1976 wedi cynyddu i £2,454,000 yn 1986, gan godi wedyn i £5,530,000 yn 1996 ac i fwy nag £8 miliwn erbyn 2000.

Ond nid oedd yr holl lwyddiant rhaeadrol hwn o ganol y 1970au yn golygu bod taith y Gymdeithas yn ddibroblem ar hyd y ffordd. Yn y lle cyntaf, roedd yn rhaid i'r swyddogion gadw llygad barcud cyson ar y costau cynyddol o redeg y Gymdeithas a'r sioe. Tra oedd cynnal sioe 1976 wedi costio £131,000, roedd y gost o'i chynnal wedi codi i £491,000 yn 1986; yn 1991, aethpwyd dros £1 miliwn ac erbyn 2000 roedd costau'r sioe wedi cyrraedd £1,500,957! Er bod elw iach yn deillio'n gyson o'r sioeau, doedd gan y swyddogion ddim dewis, os oeddynt am wneud elw da, ond gwneud rhai addasiadau incwm megis codi prisiau tocynnau mynediad, catalogau a rhaglenni swyddogol a ffioedd stondinau; er enghraifft, codwyd y tâl mynediad bron 20 y cant yn 1989. Roedd blynyddoedd cynnar y 1990au, yn arbennig, yn rhai pryderus, pan fu'n rhaid i'r Pwyllgor Cyllid, oherwydd cyflwr digalon yr economi a chostau cynyddol cynnal y sioe, chwilio am bosibiliadau eraill i wneud elw, megis mewn arlwyo a gwasanaethau hanfodol eraill. Ffordd arall a ddefnyddiwyd gan y Gymdeithas i leihau costau'r sioe oedd penodi swyddog y safle yn 1980 – roedd chwyddiant y 1970au hwyr wedi achosi pryder – ac roedd ei lafurlu bychan, drwy gynhyrchu eitemau yn rhatach, wedi lleihau'r baich o orfod cwrdd â'r cynnydd blynyddol o 15 y cant yn rhestr brisiau'r adeiladwyr. Fel o'r blaen, roedd gofal a gwyliadwriaeth yn dal yn angenrheidiol, gyda chyllidebau'n cael eu costio'n ofalus, arolygon misol, a'r trysorydd anrhydeddus, Richard (Dick) Moseley, yn annog pwyll ac atgyfnerthiad yn gyson.

Daeth ehangu â phroblemau yn ei sgil hefyd. O ganlyniad i'r anawsterau dybryd gyda llif y drafnidiaeth, parcio ceir a threfniant y mynedfeydd a achosodd bryder ac anhwylustod difrifol yn sioe 1978, gweithredodd y Gymdeithas ar frys i wella'r sefyllfa o ddiwedd y 1970au. Er enghraifft, dileodd gostau parcio yn 1979, lledwyd mynedfeydd ac allanfeydd y meysydd parcio, cafwyd gafael ar fwy o gaeau ar gyfer mannau parcio – mewn pryd ar gyfer sioe 1980 – a gwnaed gwelliannau i'r ffordd fynediad o'r tu cefn i Fferm Penmaenau i'r caeau uchaf. O ran y Gymdeithas, dangosodd sioe 1979 i swyddogion y Gymdeithas annigonolrwydd y tri gwasanaeth – carffosiaeth, dŵr a thrydan – ac aethpwyd ati ar unwaith i'w gwella mewn pryd ar gyfer digwyddiad y flwyddyn ddilynol. Cododd problem diffyg yn y cyflenwad dŵr unwaith eto yn hwyr yn y 1980au, pan fentrodd y Gymdeithas yn 1988 gyllido prosiect dŵr newydd a fyddai'n costio £480,000 dros dair blynedd, a'r gweddill yn dod o Ddŵr Cymru. Roedd y grant o £100,000 a dderbyniai'r Gymdeithas gan y Swyddfa Gymreig a chonsesiynau ar gyfrifon Dŵr Cymru am gyfnod o 20 mlynedd yn golygu y byddai cyfanswm buddsoddiad clir y Gymdeithas yn llai na £300,000. Waeth beth oedd ei gost, roedd y prosiect, a gomisiynwyd yn 1993, yn hanfodol tuag at warchod lles parhaol y sioe.

Bendithion cymysg hefyd a ddeuai o'r cynnydd enfawr yn y nifer a fynychai'r sioe ac yn y galw a ddeuai oddi wrth y stondinau masnach a chystadleuwyr y da byw erbyn diwedd 1970au, ac arweiniodd hyn at amodau anghyffordddus ar faes y sioe ac roedd y meysydd parcio yn llawn dop. Roedd maint y maes yn gyfyngedig ac felly nid oedd yr ymwelwyr yn gallu mwynhau y sioe mewn ffordd ymlaciol os oedd y nifer a ddaeth i'r sioe yn uwch na 50,000 ar unrhyw ddiwrnod. Yn wyneb gorlenwi, doedd gan y Gymdeithas ddim dewis ond ymestyn y sioe i bedwar diwrnod o 1981 ymlaen, er bod lleisiau dylanwadol ym materion y Gymdeithas yn gwrthwynebu hyn, ac nid oedd y gefnogaeth i gynnal sioe bedwar diwrnod yn ysgubol yng nghyfarfod y Cyngor yn Nhachwedd 1979, gyda 48 o blaid a 26 yn erbyn. Un amlwg a anogai'r Gymdeithas i gymryd y cam hwn oedd Tudor Davies o Forgannwg ac fe gafodd gefnogaeth gref gan Ifor Lloyd ac Alan Turnbull. Wrth gyhoeddi'r datblygiad hwn i'r aelodau ar dudalennau'r *Cylchgrawn*, eglurodd y prif weithredwr John Wigley: 'Ni yw'r olaf o'r cymdeithasau cenedlaethol i helaethu yn y dull hwn, ac wrth wneud hyn fe obeithir y bydd o fudd i'r cystadleuwyr a'r cyhoedd fel ei gilydd, gan na fydd cymaint o frys i feirniadu'r dosbarthiadau, a bydd y dyrfa yn cael ei rhannu dros bedwar diwrnod.' Erbyn canol y 1980au, fodd bynnag, roedd pryder cynyddol nad oedd hyd yn oed ddigwyddiad pedwar diwrnod wedi llwyr ddatrys y broblem o orlenwi, o ganlyniad i gynnydd trawiadol ym mhoblogrwydd y sioe. Fel ar ddiwedd y 1970au, roedd y swyddogion yn ymwybodol mai un o'r pethau amheuthun ynglŷn â maes y sioe oedd fod pobl yn gallu mynd o gwmpas y sioe mewn diwrnod ac felly, gan fod yn ystyriol o deimladau pobl, buont yn ofalus ar ôl 1985 i beidio â gadael i'r sioe gynyddu yn ei maint drwy wthio ffens y terfynau ymhellach i mewn i'r maes parcio. Fodd bynnag, golygai hyn fod maes y sioe erbyn diwedd y degawd yn gyfan gwbl lawn oherwydd y cynnydd mewn pobl a da byw. Yn sioe 1990 bu'n rhaid cyfyngu ar Adran y Gwartheg Masnachol a dim ond ddwywaith y gallai pob cystadleuydd gystadlu mewn dosbarth yn adran y defaid. Hyd yn oed wedyn, roedd sioe 1993 yn ymddangos fel petai ar fyrstio yn adrannau'r defaid a'r ceffylau. Mor gynnar â sioe 1987, roedd ymwelwyr yn gofyn dro ar ôl tro i'r prif weithredwr David Walters sefydlu digwyddiad pum niwrnod. Trafodwyd y posibilrwydd hwn gan y Gymdeithas yn 1994 am ddau reswm, sef i ledaenu'r baich ac i ddarparu incwm ychwanegol i'r Gymdeithas. Ond ni ddigwyddodd hyn gan na ddangosodd y trafodaethau ar lefel sirol fawr o frwdfrydedd dros y syniad, ac ni fyddai arddangoswyr masnach amaethyddol na pherchnogion da byw yn ei groesawu. Un ffordd o leihau y gwasgedd oedd adeiladu rhodfeydd ychwanegol ar ymylon y maes, fel yr un a adeiladwyd ar gyfer sioe 1994. Drwy i Tudor Davies nodi gwir werth y daliadau fe brynodd y Gymdeithas fferm 130-acer Wern Fawr a saith acer o dir llan yn 1995 ar gyfer parcio ceir a charafanau.

Oherwydd y galwadau trwm ar weinyddiaeth y Gymdeithas, yn dilyn ehangu gweithgareddau i bob cyfeiriad, bu'n rhaid addasu yma hefyd. Erbyn dechrau'r 1990au roedd yn amlwg fod staff y swyddfa yn cael eu boddi gan waith pwyllgorau, a bod hyn yn eu rhwystro rhag rheoli materion y Gymdeithas o ddydd i ddydd. Felly, o Ionawr 1994 roedd Bwrdd y Rheolwyr yn cyfarfod yn fisol yn hytrach na dwywaith y mis fel yn flaenorol, a rhoddwyd pwerau gweithredol ychwanegol i David Walters a'i staff. Gyda'r cyfrifoldeb pellach hwn, roedd yn bwysig fod y staff gweinyddol uwch yn cael mwy o amser i gyflawni gwaith y Gymdeithas. Gellid bod wedi gwneud hyn trwy leihau gwaith pwyllgor neu gyflogi mwy o staff. Fel yn y gorffennol, pan geisiwyd cyflawni'r cyntaf o'r ddau ddewis, roedd yn amlwg fod pwyllgorau'n ei chael yn anodd iawn lleihau'r nifer o gyfarfodydd, a chan fod y Bwrdd yn cydnabod pwysigrwydd natur wirfoddol y Gymdeithas, nid oedd am fynd ati i dorri pwyllgorau, ac felly dewisodd fynd ati i gael mwy o staff. Roedd y rhain yn cynnwys ysgrifenyddes gynorthwyol, Sheila Saer o Lanfair-ym-Muallt, a benodwyd o Hydref 1994. Fe roddwyd ymroddiad a ffyddlondeb y staff ar brawf fwy nag erioed o'r blaen yn nyddiau blin argyfwng clwy'r traed a'r genau yn 2001. Roedd yr ansicrwydd ynglŷn â rhagolygon am gyflogaeth barhaol yn creu pryder yr oedd yn rhaid ei wynebu gan bob un mewn gwaith. Gan adleisio'r agwedd a gymerwyd gan y Cyngor yn niwedd Tachwedd 1939 tuag at amddiffyn y staff rhag caledi adeg rhyfel pryd bynnag roedd hynny'n bosibl, cymerodd Bwrdd y Rheolwyr yr agwedd y dylai tîm Llanelwedd gael ei gadw cyhyd â phosibl faint bynnag o berygl a wynebai'r Gymdeithas. Ymatebodd y staff yn ardderchog, gan roi o'u gorau trwy'r cyfnod hir o argyfwng. Yn ffodus, llwyddodd Cymdeithas Amaethyddol Frenhinol Cymru i oresgyn argyfwng y clwy gan achub swyddi pawb, a goroesodd y tîm yn gyfan fel un o gaffaeliadau mwyaf gwerthfawr y Gymdeithas.

Ac eithrio argyfwng clwy'r traed a'r genau, roedd yr holl broblemau hyn yn deillio o lwyddiant y Gymdeithas yn ennill – o'r diwedd! – cefnogaeth pobl Cymru a'r tu hwnt. Fawr ryfedd fod swyddogion yn edrych ymlaen o 1999 at ddathliadau'r canmlwyddiant, gyda llywydd eithriadol diweddar y Gymdeithas, yr Anrhydeddus Shân Legge-Bourke, yn gweithredu fel cadeirydd deinamig Cymdeithas Apêl y Canmlwyddiant. (Hi, gyda Max Boyce a David Meredith, fyddai'n lansio'r apêl arbennig yn sioe 2002.) Fodd bynnag, tanseiliwyd gobeithion am gyfnod llyfn yn arwain at flwyddyn y canmlwyddiant gan glwy'r traed a'r genau a ddaeth yn greulon yn 2001, mor fuan ar sodlau'r cyfnod estynedig o ddirwasgiad yn y diwydiant amaethyddol, i effeithio'n wirioneddol wael – yn ariannol ac yn seicolegol – ar y gymuned amaethyddol a gwledig yng Nghymru. Ysgrifennodd y prif weithredwr David Walters dan deimlad yn *Cylchgrawn* y Gymdeithas yn 2002: 'Bu'r Flwyddyn 2001 yn un o'r rhai mwyaf trawmatig yn hanes Cymdeithas Amaethyddol Frenhinol Cymru.' Doedd dim dewis arall ar gael i Fwrdd y Rheolwyr yn Ebrill ond i ganslo'r sioe. Dim ond unwaith o'r blaen y bu'n rhaid cymryd cam mor eithafol – a hynny yng nghanol dogni petrol yn 1948, er i'r Gymdeithas atal ei sioe hefyd yn 1938 ar achlysur ymweliad Sioe Frenhinol Lloegr â Chaerdydd. Nid yn unig gwnaeth canslo'r sioe fel hyn yn 2001 beri niwed ariannol difrifol i'r Gymdeithas, gyda cholled ar y flwyddyn o £390,000, ond fe wnaeth niwed difrifol hefyd i'r economi wledig. Mae'n debygol i'r economi leol golli mwy na £35 miliwn o ganlyniad i ganslo'r sioe yn ogystal â'r 74 o weithgareddau eraill ar gyfnodau'r tu allan i'r sioe a ddilëwyd. Yn wyneb y golled andwyol y

50. Y llywydd W. J. Hinds (ar y chwith) yn cyflwyno Medal Aur y Gymdeithas i'r Anrhydeddus Islwyn Davies yn 1987.

disgwylid y byddai'n niweidio cyllid y Gymdeithas am dair blynedd i ddod, apeliodd cadeirydd Bwrdd y Rheolwyr, Dr Emrys Evans, yn niwedd yr haf, at y gweinidog dros faterion gwledig yn y Cynulliad Cenedlaethol, Carwyn Jones, am gymorth ariannol o o leiaf £400,000, naill ai i'w dalu fel un cyfraniad cyfan neu mewn rhandaliadau blynyddol dros y tair blynedd nesaf. Yn naturiol roedd yn siom chwerw i ddeall yn gynnar yn 2002 fod y cais hwn wedi ei wrthod; roedd yn ddealladwy fod y Gymdeithas yn teimlo ei bod yn haeddu cefnogaeth gyhoeddus, o gofio ei rhan ganolog ers tro yn meithrin a hyrwyddo diwydiant ffermio Cymru ac yn cynnal cymunedau gwledig canolbarth Cymru. At hyn, roedd y gweinidog wedi cael sicrwydd gan y Gymdeithas ei bod wedi cyflwyno mesurau egnïol ac wedi cynllunio digwyddiadau i wella ei gallu i ennill ei thamaid.

I raddau helaeth roedd bywiogrwydd di-feth y Gymdeithas yn dibynnu ar y staff bychan yn y pencadlys, yr aelodaeth ffyddlon a byddin enfawr o weithwyr gwirfoddol a wasanaethai'n hael drwy eistedd ar bwyllgorau, codi cronfeydd ariannol yn eu siroedd eu hunain a thrwy weithredu fel stiwardiaid yn y sioe. Unwaith eto yn y blynyddoedd o ganol y 1970au ymlaen, gwelwyd rhai arweinwyr arbennig yn chwarae rhan ganolog yng ngweithgarwch y Gymdeithas. Gwelwyd yr Is-gyrnol FitzHugh yn cael ei ddilyn fel cadeirydd Bwrdd y Rheolwyr yn 1970 gan yr Anrhydeddus Islwyn Davies, a roddodd, fel ei dad yr Arglwydd Davies o'i flaen, wasanaeth amhrisiadwy i'r Gymdeithas yn ystod y 16 blynedd y daliodd y swydd hyd at 1986. Bu ei ymroddiad i les y Gymdeithas, a'i weledigaeth glir ynglŷn â sut y dylai ddatblygu, cryfder ei amcanion, ei amgyffrediad ariannol a'r modd hynaws y gweithredai, i gyd yn gymorth hanfodol i'r Gymdeithas godi uwchlaw anawsterau a gwangalondid y 1970au cynnar a datblygu wedi hynny. Heb

51. Cadeirydd y Bwrdd, Peter Perkins (ar y dde), gyda Syr Geraint Evans wrth i'r Pafiliwn Rhyngwladol gael ei agor.

amheuaeth fe ysbrydolodd y Bwrdd a'r Cyngor ac fel arfer roedd yn llwyddo yn ei amcanion, a da hyn gan na fuasai nifer o brif brosiectau maes y sioe, yn cynnwys y Brif Stand, Neuadd Henllan a'r Pafiliwn Rhyngwladol, ddim wedi eu cyflawni heb ei ddyfalbarhad ef. Eto, er ei ynni a'i benderfyniad yn llywio'r Gymdeithas mewn cyfnod tyngedfennol a chynhyrfus yn ei hanes, fe arhosodd yn wylaidd a gostyngedig: roedd gan yr Arglwydd Gibson-Watt gof parhaol amdano yn 1992 yn gwerthu tocynnau raffl mewn bwth ger y cylch mawr. Fe gyflwynwyd Medal Aur y Gymdeithas iddo yn haeddiannol yn sioe 1987, ac yn ddiweddarach derbyniodd anrheg bersonol arbennig o fflasg boced/blwch pryfed arian gan dywysog Cymru ar ran y Gymdeithas yn sioe 2000 fel arwydd o werthfawrogiad o'i wasanaeth unigryw dros gynifer o flynyddoedd.

Roedd pob un o'r tri chadeirydd a'i dilynodd hyd at heddiw i gynnig yn eu ffyrdd eu hunain wasanaeth gwerthfawr i'r Gymdeithas. Roedd y cyntaf, Peter Perkins, ffermwr mentrus o Sir Benfro, wedi cadeirio ers canol y 1970au ddau o bwyllgorau'r Gymdeithas – Stondinau Peiriannau a Masnach (a llwyddodd yn ystod ei gyfnod ef i gynyddu'r incwm o stondinau masnach) a phwyllgor Cyllid a Materion Cyffredinol – a bu'n gadeirydd y Bwrdd am bum mlynedd cyn ymddeol ar ddiwedd 1990. Nid yn unig roedd ei arweiniad egnïol yn deillio o'i brofiad eang o faterion y Gymdeithas, ond cyflawnodd ei swydd ar sail gwybodaeth ddofn o ddiwydiant ffermio Cymru. Yr un mor fanwl yn ei waith fel cadeirydd y Bwrdd rhwng 1991 a 1998 oedd Lloyd FitzHugh, mab yr Is-gyrnol G. E. FitzHugh. Daeth yntau hefyd â phrofiad i'r swydd drom hon: ar ôl ei ymrwymiad cyntaf â materion y Gymdeithas yn

UCHOD 52. Cadeirydd y Bwrdd, Lloyd FitzHugh, gyda'i wraig Pauline, yn derbyn Medal Aur y Gymdeithas yn sioe 1998.

DE 53. Cadeirydd y Bwrdd, Dr Emrys Evans, gyda'i wraig Mair (ar ei dde), yn cael ei gyflwyno i dywysog Cymru yn sioe 1999.

1972 fel stiward, aeth ymlaen i eistedd ar Fwrdd y Rheolwyr ac i gadeirio yn olynol y Pwyllgor Golygyddol a Chyhoeddusrwydd a'r Pwyllgor Cyllid a Materion Cyffredinol. Fe'i hanrhydeddwyd â Medal Aur y Gymdeithas yn 1998 fel gwerthfawrogiad priodol o'i arweiniad i'r Bwrdd am wyth mlynedd. Dyma gyfnod a welodd dwf cyflym y sioe a hyd yn oed fwy fyth o weithgareddau y tu allan i gyfnod y sioe. Roedd Peter Perkins, fel cadeirydd y Bwrdd, a Lloyd FitzHugh fel cadeirydd y Pwyllgor Cyllid a Materion Cyffredinol, wedi cysegru llawer o'u hamser yn niwedd y 1980au i gael trafodaethau llwyddiannus gyda Dŵr Cymru ynglŷn â'r cyflenwad newydd o ddŵr. Wrth y llyw fel cadeirydd y Bwrdd o ddiwedd 1998 hyd heddiw yr oedd Dr Emrys Evans o Ddinas Powys ym Morgannwg, ond roedd ei wreiddiau yn ddwfn yng nghymuned ffermio Sir Drefaldwyn. Pan ddychwelodd i Gymru yn 1972 i ddal swydd uchel ym Manc y Midland, daeth yn aelod o Fwrdd y Gymdeithas y flwyddyn ddilynol. O hynny ymlaen, rhoddodd ei wasanaeth i'r Gymdeithas drwy ei gysylltiadau a'i ddawn ym myd arian a busnes, ei egni rhyfeddol a'i boblogrwydd mawr, gan alluogi'r Gymdeithas i ddod drwy stormydd megis helynt y stablau yn 1974 ac argyfwng ariannol Neuadd De Morgannwg yn ddiweddarach yn yr un flwyddyn. Yr unig ffordd i'r Gymdeithas oresgyn ei hanawsterau yn ariannu prosiect Neuadd De Morgannwg oedd iddi fenthyg £50,000, ac Emrys Evans oedd y gŵr a hyrwyddodd y benthyciad, er gwaetha'r ffaith fod y llywodraeth

54. Yr Arglwydd Gibson-Watt, cadeirydd y Cyngor, yn mwynhau hiwmor yr Arglwydd Cledwyn yn sioe 1986.

55. Meuric Rees (yr ail ar y dde), cadeirydd y Cyngor, yn sioe 1996, gyda (o'r dde) Lloyd FitzHugh, William Hague a'r Athro Eric Sunderland.

ar y pryd, oherwydd y sefyllfa economaidd yn gyffredinol, wedi gosod embargo llwyr ar bob benthyciad waeth beth fo'r ffynhonnell ar yr adeg dyngedfennol honno. Ef hefyd a ddenodd nawdd ar gyfer prosiectau cyfalaf pwysig. Yn ystod ei dymor fel cadeiydd y Bwrdd chwaraeodd Dr Evans ran hanfodol yn perswadio'r Gymdeithas i adeiladu'r Ganolfan Arddangosfeydd. Yn ogystal, yn *annus miserabilis* 2001 profodd ei graffter yn gaffaeliad gwerthfawr.

Gwelwyd cydweithio agos rhwng cadeirydd y Bwrdd a chadeirydd y Cyngor. Gwelsom ymddeoliad y Cyrnol John Williams-Wynne yn 1976, ac yna yr Uwchgapten Gibson-Watt o Ddoldowlod, Sir Faesyfed, a wnaed yn arglwydd am oes yn 1979, a ddaeth yn gadeirydd yn ei le, swydd a ddaliodd am 17 blynedd hyd ei ymddeoliad yn 1993. Roedd ei gadeiryddiaeth yn un nodedig, a chyflawnodd ei ddyletswyddau gydag urddas a chyngor doeth. Oherwydd cymhellion y gŵr hwn, a garai gefn gwlad a'i choed, y dangosodd y Gymdeithas gymaint o ymroddiad i warchod prydferthwch maes y sioe. Yn 1993 anrhydeddwyd ef ag anrhydedd uchaf y Gymdeithas, sef ei Medal Aur, am ei gyfraniad enfawr i faterion y Gymdeithas dros gyfnod o 44 blynedd. Dilynwyd yr Arglwydd Gibson-Watt gan Meuric Rees o Neuadd Escuan, Towyn, Gwynedd, amaethwr ymarferol o fri yr oedd ei enw'n adnabyddus y tu allan i Gymru. Yn 1990, enillodd yr anrhydedd ddwbl unigryw o dderbyn Medal Aur y Gymdeithas yn ogystal ag ennill Gwobr Goffa Syr Bryner Jones gan Gymdeithas Amaethyddol Frenhinol Cymru. Yn ei swydd fel cadeirydd y Cyngor roedd bob amser yn meithrin cysylltiadau gyda'r aelodaeth

56. John a Sally Wigley gyda Pugh Morgan wrth i'r Pafiliwn Rhyngwladol gael ei agor yn 1987.

57. Y prif weithredwr David Walters yn cael ei gyflwyno i'r Dywysoges Alexandra yn sioe 1997.

ehangach yn ogystal ag ymboeni i bwysleisio dibyniaeth y Gymdeithas ar y system o siroedd nawdd. Bu'n is-gadeirydd dros ogledd Cymru o 1982, yn dilyn daliad hir O. G. Thomas. Yr un a gyfatebai iddo yn ne Cymru hyd at 1986 oedd Tudor Davies o Forgannwg a gymerodd drosodd yn 1977 ar ôl daliad hir y Cyrnol J. J. Davis. Roedd yn bendant ei farn a chyfrannodd ef lawer iawn at faterion y Gymdeithas; yn eu plith, fe anogodd iddi ddileu'r camddefnydd o fynediad am ddim i faes y sioe yng nghanol y 1970au (roedd ef ei hun yn sioe 1976 yn wynebu a gwrthod nifer o'r rhai a geisiai ddod i fewn am ddim) ac, yn ddiweddarach yn y degawd hwnnw, fel cadeirydd Isbwyllgor Aelodaeth o 1977, bu'n ymgyrchu dros sioe bedwar diwrnod. Ef ynghyd â Derick Hanks yn flaenorol oedd prif ysgogwyr adeilad Neuadd Arddangos De Morgannwg. Fel cydnabyddiaeth o'i wasanaeth neilltuol, cyflwynwyd iddo Fedal Aur y Gymdeithas, y seithfed hyd hynny, yn sioe 1987. Fe'i dilynwyd gan James Thomas fel is-gadeirydd yn 1986, a daeth Tudor Davies yn brif stiward hynod effeithiol yn ei het fowler ddu ac, yn ddiweddarach, yn ddirprwy gyfarwyddwr anrhydeddus gweinyddiaeth y sioe. Roedd unigolion eraill hefyd, fel yr Uwchgapten Fetherstonhaugh, yn ymwneud â rhedeg y sioe, a chaiff eu cyfraniadau eu trafod yn y bennod nesaf.

Yr un sy'n gyfrifol am weinyddu'r Gymdeithas mewn modd didramgwydd drwy gydol y flwyddyn yw ei phrif weithredwr. Cyn ei ymddeoliad yn 1984 roedd John Wigley wedi rhoi 38 o flynyddoedd o wasanaeth ffyddlon ac ymroddedig i'r Gymdeithas, ac yna ymhen ychydig fe

58. Richard (Dick) Moseley, trysorydd y Gymdeithas, yn croesawu'r 200,000fed ymwelydd i'r sioe yn 1989.

ddaeth yn rheolwr-ysgrifennydd yn 1975, safle a ailddynodwyd yn brif weithredwr yn 1977. Fe'i gwerthfawrogid yn fawr gan y rhai a fu'n cydweithio ag af am ei allu i weithio yn galed, ei sylw i fanylion, a'i ddiplomyddiaeth, hiwmor, ffyddlondeb a gonestrwydd. Roedd eraill, yn cynnwys gohebyddion, hefyd yn canmol ei gwrteisi a'i ddull o drafod a bod ar gael i bobl. Roedd David Walters o Langadog, fel Arthur George a John Wigley o'i flaen, yn brif weithredwr dwyieithog. Fe'i penodwyd yn ddirprwy i John Wigley yn Ionawr 1976 a chyda chefnogaeth lawn yr aelodau, fe ddaeth yn brif weithredwr yn 1984. Cydnabyddir yn gyffredinol fod y gymdeithas wedi bod yn lwcus i'w gael fel pennaeth y staff gweinyddol parhaol hyd ddiwedd y ganrif ac wedyn. Roedd yn dipyn o seren, a'i gymeriad nodedig yn cyfuno ieuengrwydd, cyfaredd, sgiliau cyfathrebu rhwydd ac anian ddigyffro ynghyd ag awydd di-ben-draw i weithio, y cyfan yn fodd i hyrwyddo poblogrwydd ac effeithiolrwydd y Gymdeithas. Un arall a roddodd wasanaeth gwerthfawr ar ôl ei benodi yn 1968 fel trysorydd anrhydeddus – yn dilyn Gwynne Hughes – oedd Dick Moseley, rheolwr Banc y Midland yn Llanfair-ym-Muallt. Gwelodd yn ystod ei gyfnod maith yn y swydd hyd at ddechrau'r ganrif, ymdrechion i gadw'r Gymdeithas ar ei thraed yn ystod cyfnodau cynhyrfus diwedd y 1960au a dechrau'r 1970au, a does dim amheuaeth nad ei brofiad deifiol a wnaeth iddo annog y Gymdeithas i weithredu gyda gofal yn ddiweddarach.

PENNOD TRI AR DDEG
Y Sioe Deuluol, 1963–2004

Ehangu i bob cyfeiriad

Doedd gan y gohebyddion fawr o ddewis ond defnyddio'r ystrydeb 'mwy a gwell' pan yn adrodd am yr ŵyl amaethyddol a gynhelid yn Llanelwedd o flwyddyn i flwyddyn ers 1963. Doedd dim gwahaniaeth o ba agwedd yr ystyrid y sioe – o safbwynt incwm crynswth, niferoedd yr ymwelwyr, arddongosion da byw, stondinau masnach neu ddigwyddiadau'r cylch mawr – roedd graddfa, amrywiaeth a safonau'r sioe yn dal i ehangu ac i wella, fel erbyn y 1980au roedd yn cael ei chyfrif ymysg y digwyddiadau ffermio mwyaf poblogaidd ym Mhrydain. Yn wir, yn 1985 a 1986, roedd yn fwy poblogaidd na Sioe Frenhinol Lloegr yn Stoneleigh, Swydd Warwick. Mae Tabl 4 yn dangos yn drawiadol dwf rhyfeddol y sioe dros y blynyddoedd hyn. Roedd y cynnydd yng nghyfanswm incwm crynswth y sioe rhwng 1963 a 2000 o 4,727 y cant yn anferthol, er wrth gwrs roedd chwyddiant yn chwarae rhan arwyddocaol, fel yn y tâl mynediad i faes y sioe ac yn y ffioedd cystadlu uwch. Roedd y nifer a fynychai'r sioe yn 2000 o'i gymharu â'r nifer a fynychodd yn 1963 wedi cynyddu 421 y cant, y cystadleuwyr yn adran y da byw 322 y cant, a nifer y stondinau masnach 241 y cant.

Wedi'r niferoedd digalon o isel a ddaeth i'r sioeau cyntaf yn y 1960au yn Llanelwedd – fwy nag unwaith oherwydd anwadalwch y cynhaeaf – cynyddodd niferoedd yr ymwelwyr yn sylweddol o 1973 (77,000), gan ddringo heibio i 100,000 yn 1976 (gan dorri'r record flaenorol o 102,101 a wnaed yn sioe bedwar diwrnod Abertawe yn 1949) a mynd heibio i'r 200,000 yn 1989 (gweler Atodiad 3). Yn sicr, dyfodiad y sioe bedwar diwrnod yn 1981 oedd yn gyfrifol i raddau helaeth am y maes gorlawn a'r galwadau trwm a wneid ar y cyfleusterau. Yn y dyddiau pan gynhelid y sioe yn y gogledd a'r de ar yn ail roedd yn fwy o ddigwyddiad teuluol na dim arall, ond ar ôl iddi setlo yn Llanelwedd roedd mwy a mwy o drigolion cefn gwlad heb unrhyw gysylltiad

Tabl 4. Categorïau yn dangos twf y sioe, 1963–2000

	1963	1973	1983	1993	2000
Cyfanswm incwm crynswth (£)	40,242	104,147	561,603	1,296,342	1,942,577
Cyfanswm nifer yr ymwelwyr	42,427	77,024	159,157	218,915	221,000
Cyfanswm cystadleuwyr da byw	1,645	2,419	3,867	6,247	6,950
Cyfanswm stondinau masnach	293	351	687	980	1,000

â ffermio, yn ogystal â thrigolion trefol, yn mynychu'r sioe. Dyma arwydd clir fod y digwyddiad yn cael ei ddatblygu'n fwriadol ar gyfer ystod eang o gefndiroedd a diddordebau, ac eto, ac yn bwysig iawn, gofalodd y trefnwyr amlygu pwyslais amaethyddol y sioe a'i chynnwys. Drwy gydol blynyddoedd Llanelwedd roedd y sioe yn fwy na dim arall yn gweithredu fel ffenest siop i amaethyddiaeth Cymru a'i heconomi wledig, yn arddangos ac adlewyrchu y gorau mewn amaethyddiaeth Gymreig a'i diwydiannau cysylltiol.

Eto, roedd yna angen anorfod i chwyddo coffrau ariannol y sioe. Roedd hyn yn arwain o ddechrau'r 1970au ymlaen at gael mwy fyth o ddigwyddiadau trawiadol yn y cylch mawr yn ogystal â digwyddiadau eraill a roddai 'olwg newydd' ar yr arddangosiadau ar y maes, a hyn i gyd er mwyn denu pobl y trefi, yn enwedig y rhai o ardaloedd diwydiannol de Cymru a Gorllewin Canolbarth Lloegr. Yn wir 'rhywbeth i bawb' oedd i ddod yn thema holl sioeau amaethyddol pwysicaf y Deyrnas Unedig o ddechrau'r 1970au ymlaen. Er ei bod yn anodd darganfod y cydbwysedd cywir, daethpwyd o hyd i fformiwla llwyddiannus lle yr edrychid ar y Sioe Frenhinol fel diwrnod da o bleser i'r teulu o gefn gwlad ac o'r dref; os nad oedd y tywydd yn ffafriol, roeddynt yn sicr o awyrgylch gyfeillgar, ymlaciol, anffurfiol a diamheuol Gymreig o fewn maes sioe cyfyngedig, na welid ei debyg mewn unrhyw sioe arall o bwys. Erbyn diwedd y 1980au roedd wedi ennill yr enw da o fod y sioe deulu orau ym Mhrydain. Ni ddylid diystyru chwaith y cyfleusterau a'r cysuron a oedd yn gwella'n barhaus ar faes y sioe na chwaith yr hysbysebion ar y teledu o ganol y 1970au ymlaen wrth geisio egluro'r nifer gynyddol o ymwelwyr disgwyliedig a lifai i faes y sioe fel pe baent ar bererindod flynyddol. Mewn arolwg a wnaed o sioe 1990, ar sail hap-sampl o dros 1,000 o ymwelwyr, dangoswyd bod cefnogaeth y ffermwyr a'r cyhoedd yn gyffredinol yn gyfartal a'u bod yn dychwelyd i Lanelwedd yn gyson flwyddyn ar ôl blwyddyn. Roedd bron hanner y rhai a holwyd wedi mynychu pob sioe ers 1985, ond roedd y ffermwyr yn gefnogwyr arbennig gyda 87 y cant ohonynt yn dweud iddynt fynychu o leiaf dair sioe ers 1985. Roedd y ffermwyr hyn a fynychai'r sioe yn bennaf yn ymwneud â chadw da byw a deuent i'r sioe yn benodol i weld y da byw (50 y cant) a pheiriannau ac offer (27 y cant), tra oedd y cyhoedd heb gysylltiad uniongyrchol â ffermio yn llai penodol ynglŷn â pha eitemau yr hoffent eu gweld (81 y cant yn datgan eu bod yn 'edrych ar bopeth'). Ac wrth gwrs, dychwelai eraill i weld eu ffrindiau ac i adnewyddu cyfeillgarwch ar ôl bod heb weld ei gilydd am flwyddyn. Gwnaed sylwadau ysgafn gan y gohebydd amaeth, Claire Powell, ar sioe 1995: 'Roeddwn i'n 'nabod ffermwr o Drefyclo ym Mhowys a arferai ddweud y byddai'n cerdded i mewn i faes y sioe ar y bore cyntaf a dechrau siarad, ac erbyn y cyrhaeddai hanner ffordd at y cylch mawr roedd yr wythnos wedi dod i ben!' Dangosodd arolwg 1990 hefyd, er bod ymwelwyr yn dod o bob rhan o'r Deyrnas Unedig a thramor, bod 60 y cant yn dod o siroedd Cymru, sef Powys (31 y cant), Dyfed (20 y cant) a Gwynedd (9 y cant). At hyn, roedd Morgannwg Ganol a Chlwyd yn cyfrannu 6 y cant yr un a De a Gorllewin Morgannwg a Gwent, 4 y cant yr un. Roedd pedwar allan o bob pump o ymwelwyr yn byw o fewn can milltir i faes y sioe.

Roedd ymwelwyr tramor (gan gynnwys ffermwyr, bridwyr a phobl fusnes) hefyd yn mynychu'r sioe mewn nifer gynyddol. Yn Sioe Frenhinol Cymru fe ellid gweld y ceffylau, y gwartheg a'r defaid gorau, yn arbennig y bridiau brodorol Cymreig a bridiau'r gororau, a chyda mwy fyth o bwyslais ar allforion, roedd y Gymdeithas yn brysur yn annog prynwyr tramor i ddod i'w gweld. Roedd yr ymwelwyr o dramor yn dangos diddordeb arbennig mewn merlod Mynydd a chobiau Cymreig, er mai'r defaid a ddenai fryd ymwelwyr o Seland Newydd yn bennaf. Cynyddodd y niferoedd yn gyson o'r 1960au, fel y cofnodwyd cyfartaledd o 490 ar gyfer pob sioe yn y pafiliwn i dramorwyr yn gynnar yn y 1980au. Erbyn hyn, roedd y patrwm dros flynyddoedd lawer wedi aros yn gyson, gyda'r nifer fwyaf yn dod o'r Iseldiroedd, yn cael ei ddilyn gan Awstralia, Seland Newydd ac UDA, tra deuai ymwelwyr eraill o Ewrop, Canada, De America ac Affrica a dim ond ychydig o'r Dwyrain Canol a'r Dwyrain Pell. O sioe 1987 ymlaen roedd y Pafiliwn Rhyngwladol newydd yn gymorth i ddenu ymwelwyr. Yn 1988 yn Llanelwedd fe ddenwyd mwy nag 800 o ymwelwyr o dramor, cynnydd sylweddol ar sioeau'r gorffennol, ac ymwelodd 900 o bobl o 40 gwlad â maes y sioe yn 1990, yn bennaf o'r Iseldiroedd, Seland Newydd, yr Almaen, UDA, Awstralia a Ffrainc. Yn rhyfeddol, roedd un wraig o'r Iseldiroedd yn ymweld â'i degfed Sioe Frenhinol ar hugain yn 1995! Yr oedd gwefan y Gymdeithas, a gychwynnodd yn 2000 wedi'i llunio gan Simon Gittoes (yn adran stondinau masnach y Gymdeithas), yn arbennig o effeithiol wrth greu diddordeb ymysg ymwelwyr o wledydd tramor.

Sioe ar Gyfer Da Byw yn Fwy na Dim

O gofio cyfyngiadau hinsawdd a phriddoedd, ffermio bugeiliol yn bennaf fu ffermio yng Nghymru erioed; er enghraifft roedd da byw yn gyfrifol am 83 y cant o holl gynnyrch ffermydd Cymru. Ac er yr holl anogaeth a fu o'r 1980au ymlaen i amrywio'r cynnyrch drwy gynhyrchu cnydau eraill, coedwigaeth a diwydiannau twristaidd a hamdden, roedd cynhyrchu da byw yn dal yn brif weithgarwch ar y rhan fwyaf o'r ffermydd. Ar y pryd, oherwydd amodau hinsawdd, priddoedd ac uchder, doedd gan ffermwyr Cymru fawr o ddewis i amrywio eu defnydd o'r tir. Drwy gydol ei hanes mae Sioe Frenhinol Cymru wedi adlewyrchu'r patrwm hwn yn y modd y rhoddir blaenoriaeth ac amlygrwydd i arddangosion da byw; fel y mynegwyd yn gryno gan un sylwebydd, 'eisteddfod yr anifeiliaid' oedd y digwyddiad. Yn y blynyddoedd wedi 1963 gwelwyd cynnydd mawr yng nghystadlaethau'r gwartheg, y defaid, y ceffylau ac, ar ôl iddynt gael eu cyflwyno yn 1977, y geifr – ond dim y moch – cynnydd a'i gwnaeth hi mor anodd eu beirniadu i gyd fel nad oedd gan swyddogion y Gymdeithas fawr o ddewis ond symud i sioe bedwar diwrnod yn 1981 (gweler Atodiad 4). Oherwydd y cynnydd cyflym cyson hwn yng nghystadlaethau'r da byw yn y 1980au, gyda 6,000 o anifeiliaid o bob math – ond yn bennaf ceffylau – yn dod i faes y sioe, cododd problem wirioneddol o geisio cael lle i'w lletya i gyd. Doedd y syniad o gyfyngu ar y cystadleuwyr drwy eu dethol yn ôl ansawdd ar sail sioeau eraill ddim yn bosibl i'r Gymdeithas oherwydd ni chynhelid y mwyafrif o'r sioeau sirol tan ar ôl sioe Llanelwedd yn hwyr yng Ngorffennaf. Yn sioe 1990 bu'n rhaid cyfyngu yn anorfod ar nifer y cystadleuwyr yn adrannau'r gwartheg masnachol a'r defaid, sef dim ond dau gystadleuydd ym mhob dosbarth, ond roedd cyfyngiad tebyg wedi wedi bod yn adran y geifr ers 1985. Eto, gan na fu cyfyngu pellach ar y cystadleuwyr, fe gynyddodd nifer y da byw yn gyson dros gyfnod y 1990au a chyrraedd bron i 7,000 yn sioeau 1999 a 2000 fel ei gilydd. Ond yn sgil clwy'r traed a'r genau, gwelwyd nifer y da byw yn disgyn i 5,539 yn 2002, ond bu'n dda gweld y nifer yn codi eto i 6,978 yn 2003. Er bod Sioe Frenhinol Cymru yn y 1990au yn llwyfannu un o sioeau da byw gorau Ewrop, yn arbennig yn adrannau'r ceffylau a'r defaid, daeth y clod hwn â phroblemau go-iawn yn ei sgil, gan bod ei chyfleusterau lletya erbyn hynny'n orlawn.

Daeth cynnydd yn y cystadleuwyr yn rhannol mewn ymateb i ddatblygiad newydd yn 1971, pan ailgynlluniwyd y dosbarthiadau da byw fel bod ffermwyr yn gallu mynd â'u stoc adref ar ôl 36 awr yn hytrach na gorfod aros tan ddiwedd y sioe. Felly roedd y rhai a ffermiai ar eu pennau'u hunain yn arbed amser a chost drwy dreulio cyfnod byrrach oddi cartref. Yr un modd achoswyd cynnydd cyflym yn y cystadleuwyr drwy i amrywiaeth y bridiau barhau i ehangu ac i nifer y dosbarthiadau weld cynnydd mawr o fewn yr amrywiol adrannau da byw. Enghreifftiau o fridiau Prydeinig a gyflwynwyd yn Adran y Gwartheg oedd yr anifail bîff poblogaidd Lincoln Red (1977), South Devon pwysau trwm (1978), y Dexter bychan deubwrpas (1982) a'r Longhorn yn 1992. A'r un modd, y bridiau Prydeinig newydd ymysg y defaid oedd Dorset Down (1968); Hampshire Down (1971); defaid Jacob du-a-gwyn pedwar-corn – brîd hen iawn (1972); Bluefaced Leicester (1981) – a oedd erbyn hyn yn cael ei ddefnyddio gyda'r brîd Cymreig i greu'r ddafad Groesfrid Gymreig; y North Country Cheviot, Shropshire a South Devon (1983); defaid Llŷn, defaid Croesfrid Gymreig a'r Oxford (1984); yr Exmoor Horns (1985); a'r Whitefaced Woodland a'r Derbyshire Gritstone yn 1989, y defnyddid eu hyrddod ar famogiaid Mynydd Cymreig i roi iddynt allgroesiad o egni cryf i fridiau brodorol yr uwchdiroedd. Y bridiau Cymreig a gyflwynwyd i'r sioe oedd y ddafad Fynydd Dduon Gymreig (1964) – a ailgyflwynwyd ar ôl bwlch o 11 blynedd – y ddafad Benfrith Bryniau Cymru

(1970), y ddafad Dorddu Gymreig (1978) a'r ddafad Fynydd Balwen Gymreig (1987).

Yr un modd roedd niferoedd y gwartheg a'r defaid yn cynyddu drwy i fridiau cyfandirol newydd ymddangos yn llinellau'r da byw. Daeth hyn i fod mewn ymateb i'r ffaith fod nifer gynyddol o'r bridiau hyn wedi cael eu cyflwyno i fyd ffermio Prydeinig a Chymreig yn y 1970au, fel stoc pur ac fel croesion, ac roedd y ffermwyr yn cael cyfle i weld eu hansawdd wrth fynychu'r sioe. Yn arwain y 'tramorwyr' fel petai yn sioe 1987, er enghraifft, yr oedd y Limousin (a gyflwynwyd i'r sioe yn 1978 fel dosbarth cystadleuol), yn cael eu dilyn gan y Charolais (a gyflwynwyd yn 1975), a oedd yn fwy niferus na gwartheg poblogaidd Henffordd. Roedd y Charolais yn cystadlu'n effeithiol â gwartheg Henffordd fel anifeiliaid croesion ar nifer o ffermydd canol-barth Cymru. Yn drydydd roedd y Simmental a ymddangosodd gyntaf y flwyddyn flaenorol. Gyda defaid, hefyd, roedd cynnwys y bridiau cyfandirol yng nghatalog y sioe, bridiau megis y Texel Prydeinig (1980), Bleu Du Maine Prydeinig (1986), y Charollais (1987), yr Ile de France (1988), y Rouge de l'Ouest (1989), y Berrichon du Cher (1991) a'r Salers Ffrengig (1992), yn golygu bod 8 o blith y 40 brîd yn sioe 1996 yn rhai cyfandirol. Yn adlewyrchu'r cynnydd yn y diddordeb hwn mewn amrywiol fridiau, cynhaliwyd am y tro cyntaf yn 1991 sioe aml-frîd yr hydref a gwerthiant gwartheg eidion yn Llanelwedd.

Soniwyd ym Mhennod Naw fod y Gymdeithas yn awyddus o 1960 ymlaen i newid patrwm dosbarthu da byw er mwyn cwrdd â gofynion newidiol y diwydiant. Ac felly daeth traddodiad i ben yn Adran y Gwartheg yn sioe 1964 trwy sefydlu dosbarth ar gyfer gwartheg di-dras, a'r dosbarth masnachol newydd hwn yn cael ei gyflwyno er mwyn dilyn y meddwl a'r tueddiadau cyfoes. Erbyn dechrau'r 1990au yr anifeiliaid bîff masnachol oedd yn arwain y dosbarthiadau gwartheg, a phan gyflwynwyd arwerthiant masnachol yn sioe 1988 bu cynnydd amlwg yn y nifer a gystadlodd y flwyddyn ddilynol. (Daeth y math hwn o arwerthiant i ben ar ôl sioe 1992, fodd bynnag, fel bod y Ffair Aeaf ifanc yn gallu elwa ar arddangosfa arall o stoc masnachol a arddangoswyd yn yr haf.) Gwelsom, hefyd, fel yr oedd datblygiad newydd cynharach ar ffurf cystadlaethau carcas yn sioe 1961. I gyd-fynd â'r ymdrech parhaus i greu dosbarthiadau a adlewyrchai ofynion y fasnach, cyflwynodd y Gymdeithas ddosbarth newydd yn Adran Carcasau Cig Oen yn 1993, sef, ar gyfer ŵyn heb fod yn fwy na 12 kg pwysau marw, a oedd yn addas ar gyfer marchnad ardal Môr y Canoldir.

Daeth hwb sylweddol i'r adrannau da byw drwy gyflwyno cystadlaethau newydd a chlodfawr. Fel cydnabyddiaeth o wasanaeth yr Is-gyrnol FitzHugh, noddodd Banc y Midland yn 1968 Dlysau Pencampwriaethau Parhaol FitzHugh ar gyfer Prif Bencampwyr Bîff a Llaeth. Bedair blynedd yn ddiweddarach yn sioe 1972, sefydlwyd cystadleuaeth newydd a noddwyd gan

Deledu Harlech (Cymru) Cyf., ar gyfer arddangoswyr da byw ar ffurf digwyddiad rhyng-sirol i benderfynu pa sir a ddaeth i'r brig yn yr holl gystadlaethau. Roedd yr ymgais hon i danlinellu pwysigrwydd y cyswllt sirol ac i hybu'r siroedd i wneud yn well na'u cymdogion yn ymgais i adfywio ac ehangu'r hen Gystadleuaeth Ryng-sirol a fodolai cyn y rhyfel. Pan dynnodd HTV ei nawdd yn ôl, daeth y gystadleuaeth hon i ben ar ôl sioe 1990, a Bwrdd y Rheolwyr yn teimlo bod y gystadleuaeth wedi gweld dyddiau gwell. Yn 1977, cyflwynodd y Cyrnol John F. Williams-Wynne wobr flynyddol newydd o £40 er anrhydedd i'w wraig, sef gwobr Margaret Williams-Wynne. Ei hamcan oedd hybu dechreuwyr nad oeddynt erioed wedi ennill yn yr adran arbennig o'r dosbarthiadau da byw lle roedd y wobr yn cael ei chynnig y flwyddyn honno – câi ei chyfyngu bob yn ail flwyddyn i ddosbarth y Gwartheg Duon Cymreig neu i ddefaid Mynydd Cymreig (adran Diadell Uwchdir). Gwelodd sioe 1992 gyflwyno cystadleuaeth fawreddog, sef Cystadleuaeth Ryng-frîd Tîm o Bum Gwartheg Bîff, lle y byddai pob tîm yn cynnwys o leiaf un anifail benyw. Bu Banc National Westminster mor hael â gwarantu nawdd o £500 tuag at y wobr. Fel cydnabyddiaeth o noddwr gwerthfawr arall, sef Hoechst Animal Health, a gytunodd yn 1993 i ddod yn brif noddwr y cyfan o Adran y Defaid, cyflwynwyd yn sioe'r un flwyddyn brif gampwriaeth newydd, sef Pencampwr y Pencampwyr o blith y defaid. Y flwyddyn ddilynol gwelwyd Banc National Westminster, a oedd eisoes yn noddwr i ran fawr iawn o'r Adran Wartheg, hefyd yn noddi cystadleuaeth newydd, sef Cystadleuaeth Ryng-frîd Tîm o Bum Gwartheg Godro y NatWest.

O dan gynllunio a threfniadaeth Pwyllgor y Da Byw, a gadeiriwyd yn arbennig rhwng 1979 a 1998 gan Emlyn Kinsey Pugh, roedd pob adran da byw yn creu ei diddordeb a'i drama ei hun. O safbwynt gwartheg, lle nad oedd ond naw o fridiau yn denu 434 o gystadleuwyr yn y sioe gyntaf ar y safle parhaol, gwelodd sioe 2000 ugain o fridiau yn cael eu harddangos, gyda chyfanswm o 757 o gystadleuwyr. (Ni ddenodd yr un nifer o fridiau ond 635 o gystadleuwyr yn 2002.) Ni wnaeth cyflwyno'r bridiau newydd mewn unrhyw fodd ddisodli'r bridiau traddodiadol, a oedd yn cynnwys y gwartheg Duon Cymreig, y Byrgorn, yr Henffordd, y Ffrisiaid Prydeinig, Ayrshires, Jerseys, Guernseys ac Aberdeen Angus. O'r cychwyn yn Llanelwedd, cynyddodd y cystadleuwyr yn nosbarthiadau gwartheg Henffordd yn drawiadol, ac roedd hyn yn ddealladwy o gofio bod y safle parhaol wedi ei leoli yn agos at gartref y brîd a bod brîd Henffordd am lawer blwyddyn wedi cael eu defnyddio yn eang yng nghanolbarth Cymru fel anifail i'w groesi ar gyfer cynhyrchu gwartheg stôr. I'r gwrthwyneb, roedd pellter maes y sioe o gadarnle'r gwartheg Duon Cymreig yn y gogledd-orllewin a'r gwrthwynebiad o'r tu yna ar y cychwyn i'r safle newydd parhaol yn Llanfair-ym-Muallt, yn golygu bod ffermwyr yr ardal honno am yr ychydig flynyddoedd cyntaf yn gyndyn o gystadlu yn Llanelwedd, ac felly yn gwyrdroi'r duedd yn y blynyddoedd cyn 1963 pan oedd mwy o wartheg Duon Cymreig yn cystadlu ers llawer blwyddyn nag unrhyw frîd arall yn adran y gwartheg. Yn sioeau'r 1960au a'r 1970au gwelwyd mai gwartheg Henffordd a Ffrisiaid Prydeinig oedd amlycaf.

Fodd bynnag o 1972 ymlaen, wrth i'r rhagfarn ddechreuol yn erbyn Llanelwedd encilio ac wrth i fwy o fridwyr ddod yn rhydd o frwselosis fel y disgwylid yn ôl rheolau'r sioe, gwelwyd cynnydd arwyddocaol yn nifer y cystadleuwyr o'r brîd brodorol. Yn ffodus, gwelodd y 1970au ddiddordeb cynyddol yn y gwartheg Duon Cymreig y tu allan i Gymru, sefyllfa a oedd yn deillio'n bennaf o'r llwyddiant a gafwyd wrth eu harddangos yn Llanelwedd – nid y lleiaf pan enillasant am y tro cyntaf y bencampwriaeth ryngfrîd bîff mor bwysig yn 1973, gan wthio'r enillwyr arferol, yr Henffordd, i'r ail safle. Wedi ei chynnal ers 1968, roedd y frwydr rhwng y bridiau bîff yn 1970 rhwng y Byrgorn Bîff, y Duon Cymreig, yr Aberdeen Angus a'r Henffordd, wedi peri i fridwyr gobeithiol y Duon Cymreig fod yn sobr o siomedig pan benderfynodd y beirniad wobrwyo'r Byrgyrn Bîff. Yr un modd fe'u siomwyd yn 1975 pan ddyfarnwyd yr ail wobr i'r brîd brodorol ym mhencampwriaeth bîff ar ôl y Charolais, a oedd yn ymweld am y tro cyntaf â Sioe Frenhinol

59. Y tarw Du Cymreig, Neuadd Cawr, enillydd yn y Sioe Frenhinol yn 1988 a 1989.

Cymru. Yn llwyddo i ennill y brif wobr yn adran y gwartheg Duon Cymreig yn y tair sioe rhwng 1973 a 1975 yr oedd tarw Chwaen Major XV a fagwyd gan Huw Tudor o Dowyn. Ar ôl yr adfywiad hwn yn gynnar yn y 1970au, dal i lwyddo a wnaeth y Duon Cymreig – gan ddod yn drydydd o ran nifer y cystadleuwyr ar ôl yr Henffordd a'r Ffrisiaid Du a Gwyn yn 1981 er enghraifft – ac, er bod y bridiau cyfandirol ar eu cryfaf yn sioe 1987, y Duon Cymreig oedd y brîd cryfaf o ran nifer gyda 71 o anifeiliaid. Enillydd pencampwriaeth y brîd yn sioeau 1988 a 1989 – ac yn 1989 gwelwyd niferoedd y Duon Cymreig brodorol yn codi'n gyflym – oedd D. Bennett Jenkins o Dal-y-bont, Ceredigion, gyda'i darw pedair oed Neuadd Cawr, a fagwyd gan ei frawd Hywel, a oedd yn ffermio ger Machynlleth. Fel gydag enillwyr gwartheg Duon Cymreig yn y sioeau blaenorol – er enghraifft, O. G. Thomas o Lannerch-y-medd, Ynys Môn, yn 1969 a'r teulu Roberts o Efailnewydd, Pwllheli, yn 1970 – roedd bridio ac arddangos y gwartheg Duon Cymreig yng ngwaed teulu'r Jenkins. Roedd taid y brodyr, J. M. Jenkins o Dal-y-bont, Ceredigion, yn aelod sylfaenol o'r Gymdeithas yn 1904, a chafodd ef wobr gan

60. Maerdy Empress, yn eiddo i D. E. Evans, enillydd yn sioeau 1994 a 1995.

61. Sarn Eureka, tarw Henffordd buddugol yr Anrhydeddus Islwyn Davies.

y Ei Huchelder Brenhinol y Dywysoges Elizabeth yn sioe Caerfyrddin yn 1947. Er, yn naw o bob deg sioe rhwng 1990 a 1999, fod y gwartheg Duon Cymreig yn fwy o ran nifer na gwartheg Henffordd, roeddynt bob amser yn cael eu curo gan y Ffrisiaid Holstein o ran nifer, yn aml gan y Limousins Prydeinig ac weithiau gan y Charolais Prydeinig; yn wir roedd yn arwydd o'r amserau fod y milfeddyg a'r ffermwr o Glwyd, Esmor Evans, yn nigwyddiadau 1994 a 1995, yn ailadrodd ei lwyddiant blaenorol yn 1989 gyda'i fuwch Charolais Lappingford Tulip, gan ennill teitl Prif Bencampwr Bîff gyda'i fuwch Charolais, Maerdy Empress, er i gystadleuaeth lem yn 1995 ddod o du'r tarw Du Cymreig, Deiniolen Dewi, eiddo John a Susan Howe o Sussex.

Y brîd bîff arall a oedd mor boblogaidd yng Nghymru, wrth gwrs, oedd yr Henffordd, ac, yn yr adran odro, roedd y Ffrisiaid Prydeinig yn boblogaidd iawn; byddai gan y ddau frîd gynrychiolaeth gref yn gyson yn y sioe. Fel y gellid disgwyl aeth prif wobrwyon y gwartheg Henffordd i ffermwyr dros glawdd Offa. Eithriad amlwg i hyn ym mlynyddoedd cynnar Llanelwedd oedd y cwmni ffermio Cymreig, Cambrian Land Cyf., o'r Berthddu,

Llandinam, Sir Drefaldwyn, ac yn eiddo i'r Anrhydeddus Islwyn Davies. Yn y sioe gyntaf ar y safle, enillodd bencampwriaeth y benywod yn adran y gwartheg Henffordd – heb amheuaeth yr adran fwyaf niferus yn y sioe – gyda Sarn Curly IV, un allan o fuches a sefydlwyd gan y diweddar Arglwydd Davies. Yn 1972, fel cadeirydd y bwrdd, enillodd yr Anrhydeddus Islwyn bencampwriaeth gwrywod y brîd gyda'r tarw Sarn Eureka a oedd newydd ennill iddo'r bencampwriaeth yn Sioe Frenhinol Lloegr, ac a oedd yn unigryw gan mai ef oedd yr unig ddisgynnydd gwryw yn y wlad gyfan i darw blaengar Sarn Costelloe. Y brîd cryfaf ymysg y gwartheg yn sioe 1987 oedd y Ffrisiaid, gyda chyfanswm o 153 ohonynt yn cystadlu, ac enillydd pencampwriaeth y brîd yn y sioe hon, fel yn sioeau 1986 a 1988, oedd Bryan Thomas o Dŷ Newydd, Hendy-gwyn, gyda'i fuwch Lliwe Empress a fagwyd gartref. Nodedig yn sioeau canol y 1990au oedd llwyddiant y fuwch odro Ffrisiad Holstein, Marlais Snowdrift XI, o un o fuchesi mawreddog W. J. P. Wilson a'i Feibion o Fferm Tregibby, ger Aberteifi, a enillodd am y trydydd tro brif bencampwriaeth odro ryng-frîd y Sioe Frenhinol yn 1995. Ffrisiad Holstein cofiadwy arall rhwng canol a diwedd y 1990au oedd heffer/buwch odro Glenridge Raider Cinema o fuches R. a J. E. Williams a'i feibion. Fe'i mewnforiwyd o Ganada fel heffer flwydd oed yn nechrau 1994, ac roedd yn

62. Pencampwriaeth FitzHugh (Bridiau Godro), wedi'i noddi gan Fanc y Midland, yn sioe 1999: Highwells Broker Jackie III (ar y chwith) a Glenridge Raider Cinema. Yn y ffoto, mae Roy Davies (rheolwr amaethyddol rhanbarth De Cymru, HSBC) wrth ochr Raider Cinema, ac o'r dde W. Elfed Roberts (rheolwr cyffredinol HSBC yng Nghymru), Fred Williams (prif weithredwr, Semen World) ac Rod Williams (rheolwr amaethyddol rhanbarth Gogledd Cymru, HSBC).

bencampwraig heffrod y brîd a'r heffrod rhyng-frîd yn sioe 1995, pencampwraig buchod y brîd a chil-bencampwraig ryng-frîd y buchod yn 1996 ac, yn fwy llwyddiannus fyth, fe'i barnwyd yn Brif Bencampwraig Ryng-frîd y Gwartheg Godro yn sioe 1997. Enillydd adran Ffrisiaid Holstein yn sioe 1998 oedd newydd-ddyfodiad, Highwells Broker Jackie III, eiddo teulu'r Jonesiaid o Church Farm, ger Magwyr, Sir Fynwy, a byddai hi'n gwneud hyd yn oed yn well yn sioe 1999 drwy ennill y teitl godro unigol, cyn, ysywaeth, iddi dorri ei choes a gorfod cael ei rhoi i gysgu yn yr hydref. Roedd ennill, wrth gwrs, yr un mor bleserus i berchnogion ymysg y bridiau llai niferus; ac yma yn drawiadol lwyddiannus yn niwedd y 1980au roedd y bridwyr o Ddyfed, Len a Margaret George, a enillodd bencampwriaeth Guernsey, gydag anifeiliaid a fagwyd gartref o linachau gwaed gwahanol, yn y tair sioe rhwng 1986 a 1988, ac a lwyddodd i gipio'r gil-wobr y flwyddyn ddilynol.

Gyda chynifer yn y diwydiant amaeth yng Nghymru yn canolbwyntio ar ddefaid, nid yw'n syndod fod Adran y Defaid – ynghyd â cheffylau – wedi bod ar y blaen erioed yn Sioe Frenhinol Cymru. Yn wir, erbyn y 1990au gellid dadlau mai dyma'r orau y gellid ei chael mewn unrhyw le yn y byd, gyda'r 44 brîd a'r 2,480 cystadleuydd yn 2000 yn cyferbynnu'n drawiadol â'r 443 cystadleuydd wedi eu gwasgaru dros ddim ond 13 brîd yn sioe 1963. Doeth oedd fod y bridiau mynydd ac uwchdir yn cael eu beirniadu ar ddyddiau gwahanol i'r rhai o'r iseldir. Yn ogystal â'r arddangosfeydd amlwg o ddefaid Mynydd Cymreig a defaid yr uwchdir, roedd y Border Leicester, a ddefnyddiwyd yn helaeth yng Nghymru fel croesfrid gyda'r defaid brodorol, a hefyd y Suffolk, yn niferus iawn yn sioeau Llanelwedd. Ond roedd dyfodiad y bridiau cyfandirol mwy newydd yn golygu, yn y 1980au, fod newidiadau yn nhrefn cystadlu i ddigwydd, cymaint felly fel mai yn nosbarthiadau un o'r bridiau a ddaeth yn wreiddiol o'r cyfandir, y Texel Prydeinig, oedd y nifer fwyaf o gystadleuwyr yn Adran y Defaid yn 1986, gydag 118, ac yn cael eu dilyn gan y Suffolk gydag 89. Cadarnhawyd blaenoriaeth y Texel yn y sioe yn nes ymlaen yn y 1990au, pan gynyddodd y cystadleuwyr yn gyflym gan gyrraedd 300 sawl gwaith. Yn y blynyddoedd diweddar hyn roedd y Bleu du Maine Prydeinig a'r Charollais yn gwneud yn dda hefyd. Fodd bynnag, roedd brîd Llŷn yn cystadlu'n llwyddiannus gyda'r bridiau cyfandirol o ran nifer y cystadleuwyr yn y 1990au, gan ddychwelyd i boblogrwydd yn syndod o gyflym, ac roedd y brîd hwn yn cael ei gyfrif yn werthfawr mewn diadelloedd pedigri a masnachol trwy'r Deyrnas Unedig yn gyffredinol.

Roedd yr hen law o fridiwr, John Ellis Jones o Flaen-y-cwm, Llangynog, Croesoswallt, yn parhau ei lwyddiant cyn 1963 yn y Sioe Frenhinol gyda'i ddefaid Mynydd Gymreig. Enillodd y bencampwriaeth hyrddod yn y gystadleuaeth Diadelloedd Uwchdir am y pumed tro, gan ennill Cwpan y Frenhines yn y broses, ac yn 1966 cafodd ei ganlyniad gorau erioed, gan ennill

63. Gill Wharmby (ar y chwith) a'i gafr fuddugol Dagvill Thistle yn sioe 2000.

bron bob gwobr yn adran y Ddiadell Uwchdir ar gyfer y brîd. Yr un mor llwyddiannus yng nghystadleuaeth defaid Bryniau Maesyfed yr oedd y bridiwr Vivian Jones o Abergwenddwr, Erwood, Sir Frycheiniog, a enillodd y brif wobr frîd am y seithfed tro'n olynol yn sioe 1969. Trawiadol o lwyddiannus, hefyd, yn y blynyddoedd i ddod, oedd y ffermwr mynydd a'r bridiwr Sam Davies o Langedwyn, ger Croesoswallt, a ffermiai tir a amgylchynai Raeadrau Rhaeadr, ac a enillodd y bencampwriaeth wrywaidd yn nosbarth y defaid Mynydd Cymreig, adran Diadelloedd Uwchdir, mewn dim llai na chwe Sioe Frenhinol yn olynol rhwng 1971 a 1976. Er syndod, efallai, ni chynhwyswyd prif bencampwriaeth ar gyfer defaid tan 1979, gyda'r hergwpan yn mynd i'r pâr gorau o ddefaid, gwryw a benyw, o unrhyw frîd unigol. Yn ystod eu blynyddoedd o arddangos yn Sioe Frenhinol Cymru o'r 1980au cynnar hyd 1991, fe enillodd Ronald a Sue Jones o Fenigwynion Mawr, Gors-goch, Llanybydder – fferm fynydd agored i'r tywydd – ddwy Brif Bencampwriaeth yn ogystal â dwy Gil-bencampwriaeth, gan ennill yr anrhydeddau prin hyn ar ben ennill pencampwriaeth ryng-frîd a dwy gilwobr, ennill Cystadleuaeth y Bugail (a ddaeth i fod yn 1982) bedair gwaith ac, yn 1986, y bencampwriaeth yng Nghystadleuaeth Oen Byw a Marw! Bu W. H. Sinnett a'i feibion yn llwyddiannus ddwywaith wrth ennill gwobr Pencampwr y Pencampwyr o blith y defaid yn y 1990au, y ddeudro gyda Suffolks.

64. Y llywydd, yr Anrhydeddus Mrs Shân Legge-Bourke, yn cyflwyno i Tom Evans Wobr Cwpan y Frenhines 1997 am y mochyn Cymreig buddugol.

Daeth geifr yn adran gynyddol ddeniadol wedi i ddosbarthiadau cystadleuaol ddod i fod yn 1977, a dechreuodd diddordeb gynyddu pan ychwanegwyd bridiau newydd megis y Golden Guernsey yn 1985, Saanen, Saanen Prydeinig, Toggenburg Prydeinig, Alpaidd Prydeinig ac Anglo-Nubian yn 1987, Angora yn 1991 a'r Pygmy yn 1999. Roedd Gill a Dave Wharmby yn gefnogwyr amlwg i adran y geifr o'i dechrau, fel stiwardiaid ac fel arddangoswyr. Daeth pinacl eu llwyddiant fel cystadleuwyr yn sioeau 1998 a 2000 pan enillasant bencampwriaeth yr afr odro gyda Dagvill Quosh ac yna Dagvill Thistle.

Ar y cyfan ni fu'r fath lwyddiant, fodd bynnag, yn hanes y moch. Adlewyrchwyd y dirywiad yn y diwydiant moch yng Nghymru o ddechrau'r 1960au yn nifer weddol isel y cystadleuwyr am flynyddoedd lawer, a hefyd bu cryn ganslo o hyd, yn 1973, 1974 a 1975 oherwydd clefyd pothellog moch, ac unwaith eto yn 1991. Yn ffodus, daeth adfywiad i ddosbarthiadau'r moch yn y sioe o 1992 ymlaen fel, erbyn 1996, roedd Adran Foch lewyrchus yn y sioe ac yn y Ffair Aeaf. Daeth llawer o gefnogaeth werthfawr i'r adran oddi wrth Tom Evans a oedd yn ffermio gyda'i feibion yn Nhroed-yr-aur, Brongest, Castellnewydd Emlyn, ac a oedd yn un o'r enillwyr mwyaf cynhyrchiol gyda'i foch Cymreig Goldfoot enwog o'r sioe gyntaf yn Llanelwedd ymlaen hyd at ddiwedd y 1990au. Adlewyrchwyd ei fedr wrth iddo dderbyn Cwpan y Frenhines ddwywaith. Enillwyr eraill o bwys oedd D. Esmor Owens o Fferm Penderi, Llan-non, Llanelli, na fethodd o gwbl ennill naill ai'r bencampwriaeth neu'r gil-bencampwriaeth yn nosbarthiadau Landrace yn y 22 flynedd cyn sioe 1990, a Philip Fowlie o Sir Fôn, a enillodd y bencampwriaeth ryng-frîd yn 1994, 1997, 1998 a 1999.

    Heb amheuaeth atyniad mwyaf y sioe ers ei dyddiau cynnar oedd yr arddangosiadau ceffylau a merlod. Unwaith eto, roedd Llanelwedd i brofi cynnydd enfawr yn yr adran hon, gyda'r nifer yn cystadlu yn codi o 643 yn 1963 i'r rhyfeddol 3,241 yn 2000. Roedd y fath adfywiad gwych yn yr adran geffylau, wedi'r diffyg llewyrch ym mhoblogrwydd ceffylau yn y 1950au yn dilyn y sylw a gafodd tractor Ferguson – y Ffyrgi fach – yn adlewyrchu y cynnydd ym mhoblogrwydd marchogaeth ymysg plant a phobl ifainc mewn Prydain gynyddol well ei byd. O ganlyniad, enillodd dosbarthiadau marchogaeth i blant le amlwg yn y sioe erbyn y 1960au. Roedd merlod Mynydd Cymreig gyda'u natur addfwyn, eu personoliaeth gyfeillgar, anianawd cyson, deallusrwydd uchel a bywiogrwydd, yn naturiol yn hynod o addas i fod yn ferlod marchogaeth ar gyfer plant. Wedi'r dirywiad yn y blynyddoedd yn dilyn y rhyfel, daeth y cobiau Cymreig, hefyd, yn gynyddol fwy poblogaidd o'r 1960au, nid y lleiaf gyda phrynwyr tramor. Roeddynt yn cael eu gwerthfawrogi fwyfwy oherwydd ansawdd eu cymeriad fel yr anifail gorau yn y byd 'ar gyfer reidio a'i yrru', am eu harddwch, stamina, sioncrwydd, eu bod yn hawdd eu trin a'u ffyddlondeb. Roedd hyn i gyd yn eu gwneud yn ddelfrydol ar gyfer gwaith caled a gweithgareddau megis hela, dreifio, sioeau a reidio. Daeth nifer dda o geffylau hela, ceffylau reidio a cheffylau Arab i sioeau Llanelwedd, a deuai'r ceffylau gwedd cryfion, yn droetrwm ond hardd yn eu lifrau pres a'u haddurniadau, â lwmp i'r gwddf. Eto nid oedd y digwyddiad yn ddigon o atyniad i rai o'r bridiau trymach. Atyniad pennaf Sioe Frenhinol Cymru ar gyfer ceffylau drwy gydol ei hanes oedd y ferlen a'r cob Cymreig, ac o fewn y dosbarthiadau hyn, sef y merlod Mynydd Cymreig, merlod Cymreig, merlod Cymreig (teip cob), a'r cobiau Cymreig, y gwelwyd y cynnydd mwyaf yn nifer y cystadleuwyr yn holl adran y ceffylau yn Llanelwedd. Yn y tair sioe rhwng 1963 a 1965, cyfartaledd y cystadleuwyr yn y dosbarthiadau hyn oedd 307 y sioe, ond cynyddodd y cyfartaledd hwn i 1,627 dros y tair sioe o 1999 i 2002. O ystyried cystadleuwyr mewn-llaw y cobiau yn unig, cododd y nifer o 83 yn 1967 heibio i'r cant yn 1977, gan gyrraedd 106, ffigur a ddyblodd erbyn 1982, gyda 211 yn cystadlu, ac wedi hynny fe neidiodd y nifer i 410 yn 1989 cyn cyrraedd rhyw fath o wastadedd yn y 1990au gyda chyfartaledd y cystadleuwyr yn y sioeau o 490 dros y degawd hwnnw.

    Mae llawer wedi cael ei ysgrifennu am y naws drydanol a ledaenai drwy'r dyrfa – yn ei mysg nifer deg o fridwyr tramor – yn ystod sesiynau beirniadu'r merlod a'r cobiau Cymreig yn y sioe. Yn ôl Dr Wynne Davies, yr hanesydd gwybodus ar ferlod a chobiau Cymreig ac yntau ei hun yn fridiwr

65. Derwen Princess, pencampwr benywaidd y sioe yn 1982, a phrif bencampwr y sioe yn 1983 a 1984.

66. Derwen Groten Goch, pencampwr o gob Cymreig (adran D) yn 1986, 1990 a 1992, eiddo Mr a Mrs Ifor Lloyd a'u Meibion.

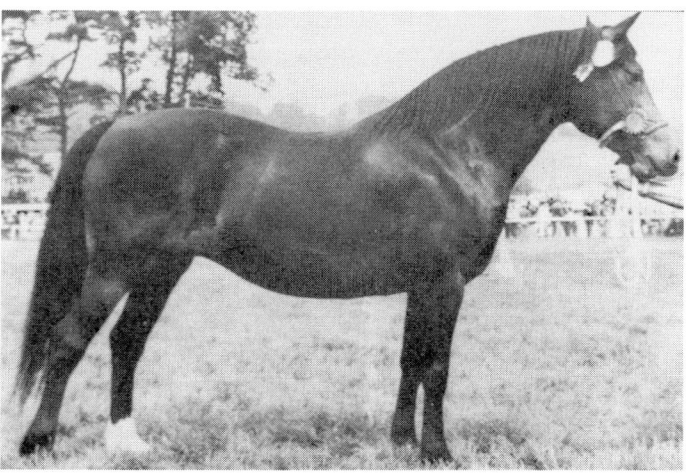

67. Parc Rachel, pencampwr o gob Cymreig yn y 1970au cynnar, eiddo Sam Morgan, Pen-Parc, Llanbedr Pont Steffan.

llwyddiannus, gellid cyffelybu hyn i'r hwyl ym Mharc yr Arfau yng Nghaerdydd, bellach Stadiwm y Mileniwm, ar ddiwrnod rhyngwladol. Roedd yr hyn a arweiniai at y digwyddiad yn gyffrous ynddo'i hun, gyda'r selogion yn dilyn hanes y sioeau lleol yn gynharach yn y flwyddyn, ac ar ddydd Mawrth a dydd Mercher wythnos y Sioe Frenhinol byddai nifer fawr o wylwyr yn heidio o gwmpas y cylch mawr yn barod i fwynhau'r ddrama a'r olygfa a oedd ar fin dechrau. Roedd Rhuban Glas yr eisteddfod geffylau flynyddol hon yn mynd i'r stalwyn o gob a enillai'r wobr a fawr chwenychid, sef Cwpan Siôr Tywysog Cymru, ar brynhawn Mercher. Roedd yn werth gweld y stalwyni Cymreig lliwgar, uchel-duthiol yn dangos eu hunain. Tyrrai'r selogion i'r brif stand pan ddechreuai'r beirniadu am wyth y bore er mwyn iddynt fod yn sicr o sedd, ac yn ystod y digwyddiad ei hun, rhoddent benffrwyn i'w hemosiynau wrth iddynt glapio eu cymeradwyaeth i'w ffefryn gan ei annog i ennill y cwpan mawreddog hwn. Yn y pair o arena, roedd y beirniaid eu hunain yn aml yn agored i feirniadaeth aflednais oddi wrth y

68. Fronarth Boneddiges. Prif Bencampwr Mewn Llaw y sioe ac enillydd Cwpan Tom & Sprightly yn 1999.

69. Fronarth What Ho, y stalwyn enwog o ferlyn Mynydd Cymreig, ac enillydd 18 o brif wobrau yn y Sioe Frenhinol hyd at 1978.

dyrfa, yn arbennig oddi wrth y bridwyr cystadleuol iawn a oedd ar bigau'r drain yn ystod yr ymgiprys adeg tymor y sioeau.

Llwyddodd rhai bridwyr cobiau i ennill dro ar ôl tro mewn nifer o'r Sioeau Brenhinol yn Llanelwedd. Dechreuodd y bridiwr hynod lwyddiannus Roscoe Lloyd ei Refa Derwen yn 1944 cyn ei symud yn 1963 i fferm Ynyshir, Pennant, Aberaeron; aeth ef ymlaen ar ôl ei lwyddiant cynharach yng Nghaerdydd yn 1953 gyda Dewi Rosina i ennill y wobr yn Llanelwedd ddim llai na saith o weithiau. Enillwyd pump o'r gwobrau hyn gan ddau anifail nodedig, sef Derwen Rosina, y ferlen loywddu – gorwyres Dewi Rosina – mewn tair sioe yn olynol rhwng 1966 a 1968 (bu'n gall iawn i wrthod y cynnig o 500 gini amdani pan enillodd yn 1966!), a Derwen Princess yn sioeau 1983 a 1984. Ond doedd y gyfres o lwyddiannau a gafodd y refa hon ddim drosodd eto, oherwydd, o dan fab Roscoe, Ifor, enillwyd pedair bencampwriaeth arall, gyda Derwen Groten Goch yn 1986, 1990 a 1992 a Derwen Dameg yn 1989! Hen law arall ar fridio cobiau Cymreig oedd Sam Morgan o Ben-Parc, Llanbedr Pont Steffan, ac enillodd ei gaseg winau dywyll, Parc Rachel, Gwpan Siôr Tywysog Cymru yn 1971 a 1972 ac yna eto yn 1975. Roedd ei hen fam Parc Lady yn flaenorol wedi ennill bencampwriaeth y Sioe Frenhinol Gymreig bedair gwaith yn olynol o 1958 i 1961. Allan o refa ddisglair fydenwog Llanarth y deuai'r stalwyn du fel glo, Llanarth Flying Comet, a enillodd y bencampwriaeth yn 1974 i'w berchennog Pauline Taylor, ac eto yn y tair sioe o 1976 i 1978. Erbyn hyn roedd y refa, ar gais Miss Taylor, wedi cael eu cyflwyno fel anrheg yn 1975 i Goleg Prifysgol Cymru, Aberystwyth, er na allai wynebu colli ei phencampwr cynnar Llanarth Braint, a oedd yn dadcu i Flying Comet. Yr un mor drawiadol o ran llwyddiant fel bridwyr prif enillwyr y sioeau oedd teulu'r Jonesiaid, perchnogion Grefa Fronarth. Roedd y teulu wedi ennill Cwpan Tywysog Cymru ar bum achlysur gyda Brenin Dafydd yn 1970, Cyttir Telynor yn 1982 a 1987, Fronarth Welsh Model yn 1996 a Fronarth Boneddiges yn 1999. Roedd y dyrfa wedi ei swyno gan harddwch a cheinder yr olaf, a daeth dagrau i lygaid y perchennog Gwyn Jones wrth i'r beirniad John Thomas godi ei het a phwyntio ato ef. Daeth gloywder pellach i Refa Bronarth, hefyd, pan enillasant gynifer o wobrau (18 gwobr gyntaf!) yn y Sioeau Brenhinol rhwng canol y 1950au hyd at 1978 gyda'r stalwyn o ferlyn Mynydd Cymreig, Fronarth What-Ho. Roedd y dyrfa'n cael ei chyfareddu ganddo ac fe enillodd Gwpan Tom & Sprightly bump o weithiau.

Y merlod a'r cobiau Cymreig oedd sêr y llwyfan yn adran y ceffylau yn Llanelwedd, ac roedd ganddynt gast ategol da yn y dosbarthiadau eraill. Gan fod marchogaeth fel hobi ar gynnydd roedd nifer dda yn cystadlu yn adran merlod marchogaeth i blant, eu nifer yn cynyddu o gyfartaledd o 105 y flwyddyn dros y tair sioe rhwng 1963 a 1965 i gyfartaledd blynyddol o 159 dros y tair sioe o 1993 i 1995, ond y niferoedd yn disgyn yn sydyn, fodd bynnag, o 1998 ymlaen. Yr un modd, adlewyrchwyd poblogrwydd merlota yng Nghymru yn nifer y cystadleuwyr ar ôl i ddosbarthiadau ddechrau yn 1965, o gyfartaledd blynyddol o 16 dros y tair sioe rhwng 1965 i 1968 i 32 y flwyddyn yn y sioeau rhwng 1993 a 1995, ond i lithro'n ôl ychydig yn niwedd y 1990au. Ychwanegwyd dosbarthiadau cystadleuol newydd at y rhai ar gyfer ceffylau a merlod dros y blynyddoedd, megis mulod yn 1971, merlod Shetland yn 1972, merlod hela wrth eu gwaith yn 1974, dosbarthiadau cyfrwy un-ochr yn 1977 a cheffylau Arab yn 1978; yn ogystal â'r dosbarthiadau hyn, cyflwynwyd cystadlaethau gyrru a neidio â cheffylau gan ychwanegu at atyniadau'r sioe. Cynyddodd y cystadleuwyr yn y dosbarthiadau harnais a gyrru o gyfartaledd o ddim ond 12 yn y tair sioe gyntaf yn Llanelwedd i gyfartaledd o 163 (yn cynnwys Concours d'Elegance) dros y tair sioe o 1999, ac erbyn hyn roedd y lliaws o gystadleuwyr yn cynnig amrywiaeth dihafal o wleddoedd i lygaid y selogion. Cyflwynwyd dosbarthiadau ar gyfer cobiau dan gyfrwy yn gynnar yn hanes Llanelwedd o dan gymhelliad y stiward a'r beirniad, Marion Thomas, yr oedd hi wedi ennill chwe phrif pengampwriaeth gyda cheffylau hela mewn-llaw a chobiau dan gyfrwy. Gall fod mynychwyr sioeau heddiw yn cofio Pencampwr y Cobiau dan Gyfrwy, eiddo Jonathan Emery yn 1998, sef Calerux Boneddwr, a enillodd Pencampwriaeth y Stalwyni Hŷn, Prif Bencampwriaeth y Stalwyni a Phrif Bencampwriaeth y Cobiau dan Gyfrwy ac felly'n ennill Cwpan y Frenhines. Roedd gyrru erioed wedi bod yn boblogaidd gyda'r torfeydd ac o 1992 ymlaen, beirniadwyd yr unigol, parau a

70. Stondinau masnach yn sioe 1985.

thandem yn y cylch mawr yn hytrach nag yng nghylch y gwartheg fel yn flaenorol. Er bod y nifer a gystadlai yn y dosbarthiadau neidio weithiau yn cael ei gyfyngu oherwydd bod y dyddiadau yn gwrthdaro â'r Sioe Geffylau Frenhinol Ryngwladol neu Sioe Dwyrain Lloegr yn Peterborough, gwnaethpwyd y cystadlaethau neidio yn fwy deniadol o 1979 drwy gynyddu arian y gwobrau. Roedd hyn yn bosibl oherwydd cynyddu'r nawdd a ddeuai o Everest Double Glazing a Radio Rentals Ltd, a gwelwyd gwelliant pellach yn 1994 pan lwyddwyd i sicrhau cydweithrediad Cymdeithas Neidio â Cheffylau Prydain (BSJA) mewn ymdrech i roi mwy o apêl i'r dosbarthiadau a drefnid dan ei rheolau hi.

Stondinau masnach

Tra bu'r sioe erioed yn troi yn bennaf o gwmpas yr arddangosion da byw, atyniad o bwys i nifer o ymwelwyr oedd y stondinau masnach o bobtu'r rhodfeydd a gynyddai o ran nifer ac amrywiaeth dros y blynyddoedd. Yn ychwanegol at y peiriannau, yr offer a'r cynnyrch ar gyfer ffermwyr, a'r arddangosion o natur addysgol a thechnegol, gwelwyd toreth gwirioneddol o offer tŷ, dodrefn, blancedi a llawer peth arall wedi eu gwasgaru yn ddeniadol ar hyd y rhodfeydd bywiog i ddenu'r llygaid a goglais y dychymyg. Mae'r stondinau masnach hyn bob amser yn faromedr da i fesur llwyddiant sioe. Ni welwyd fawr o wahaniaeth yn nifer y masnachwyr a wnâi gais am le o'r cyfnod cyn 1963 a blynyddoedd cynnar Llanelwedd hyd at 1972, ond daeth cynnydd cyflym o 1973 ymlaen, fel bod y ffigur o 351 y flwyddyn honno yn tyfu i 601 erbyn 1979 ac i fyny heibio i 1,000 ar ddechrau'r 1990au (gweler Atodiad 4). Yn wir, erbyn y 1990au roedd rhestrau aros ar gyfer cwmnïau a masnachwyr a ysai am gyfle i osod eu stondinau. Mae'n amlwg fod nod y Gymdeithas ar ddiwedd y 1960au i gynyddu incwm drwy'r stondinau masnach, yn dilyn y symiau siomedig a gafwyd yn ystod y blynyddoedd blaenorol, wedi llwyddo, gan fod yr adran hon yn cyfrannu incwm gwerthfawr dros y blynyddoedd o ganol y 1970au ymlaen. Erbyn diwedd y 1990au roedd yn cynhyrchu mwy na £550,000 ym mhob sioe ac yn cyfrannu tua chwarter yr incwm a gyllidwyd ar gyfer y digwyddiad. Dychwelodd cynhyrchwyr peiriannau fferm i Lanelwedd, fel ag i fannau eraill, mewn nifer gynyddol yng nghanol y 1970au ac aros yno. Yn y blynyddoedd cyn 1974 roedd y cynhyrchwyr hyn wedi tynnu allan o nifer o brif sioeau Prydain oherwydd y costau, ond roeddynt bellach yn sylweddoli y dylent wario mwy yn hytrach na llai ar gyhoeddusrwydd os oeddynt am gynnal gwerthiant. Golygai hyn fod y cydbwysedd rhwng y sector amaethyddol a'r sectorau eraill yn Llanelwedd i'w warchod – yn 1984 y gymhareb oedd 49 y cant amaethyddol, 51 y cant heb fod yn amaethyddol – ac roedd hyn o bwys mawr i gynnal cymeriad amaethyddol y sioe. I raddau, y rheswm fod y gweithgynhyrchwyr mawr amaethyddol, yn cynnwys y cynhyrchwyr tramor, yn cynyddu eu cefnogaeth o ddiwedd y 1970au ymlaen oedd y ffaith fod y masnachwyr hyn yn falch o ddelio'n uniongyrchol â'r ffermwyr, a thrwy hynny yn cael ymholiadau a chanlyniadau cadarnhaol. Wrth iddynt ffafrio Sioe Frenhinol Cymru fel hyn, golygai fod Llanelwedd yn denu mwy o fusnes na Stoneleigh ar ddechrau'r 1990au.

Nid bod popeth yn mynd mor rhwydd bob amser rhwng y Gymdeithas a'r grŵp allweddol hwn o gefnogwyr. Mewn cyfarfod o ddeiliaid y stondinau masnach amaethyddol ar faes y sioe ar fore olaf sioe 1968, lleisiwyd cwynion a bygythwyd tynnu allan os na fyddent yn cael eu datrys. Y cwynion pwysicaf y gofynnwyd amdanynt oedd: ail-leoli stondinau'r prif gynhyrchwyr a masnachwyr amaethyddol fel bod y rhai a arddangosai beiriannau amaethyddol yn cael eu rhoi wrth ymyl ei gilydd a chael blaenoriaeth dros rai'r diwydiannau a wladolwyd megis y byrddau nwy a thrydan; ailgynllunio'r gwasanaethau arlwyo; a darparu toiledau parhaol. Problem arall a drafodwyd oedd dyddiad y sioe, gyda nifer am ei chynnal ym mis Mai. Perswadiwyd swyddogion y Gymdeithas gan Alan Turnbull – a oedd o ran natur yn styfnig! – na fedrid anwybyddu'r cwynion hyn, ac wedi nifer o gyfarfodydd, gwnaethpwyd y gwelliannau mewn pryd ar gyfer sioe y flwyddyn ddilynol, er na welwyd unrhyw gonsesiwn ar fater y dyddiad. Roedd swyddogion y Gymdeithas hefyd yn nerfus wrth newid i sioe bedwar diwrnod yn 1981, yn bennaf oherwydd diffyg brwdfrydedd ar ran deiliaid y stondinau, gan iddynt ddangos y byddai eu cefnogaeth hwy'n dibynnu ar gost-effeithiolrwydd eu harddangosfeydd yn y sioe gyntaf ar ôl yr ehangu. Daeth cwyn arall gan y

71. Y Dywysoges Anne yn ymweld â'r sioe flodau yn 1981.

masnachwyr ar ddechrau'r 1980au am yr holl lwch a godai o'r rhodfeydd gan setlo ar eu stondinau a'u harddangosfeydd. Ar y cyfan, fodd bynnag, roeddynt yn gwerthfawrogi'r cyfleoedd busnes a gynigid iddynt gan y Sioe Frenhinol; gwerthodd un cwmni fwy na 40 tractor yn sioe 1993, ac fel arwydd o'i statws fel man cydnabyddedig i wneud busnes, lansiodd Same Lamborghini, y gweithgynhyrchwr tractorau rhyngwladol, ddau o'i fodelau newydd yn sioe 1994. Ac wrth gwrs, roedd y Gymdeithas hithau yn gwerthfawrogi cefnogaeth y masnachwyr. Y swyddogion o bwys wrth greu Adran Stondinau Masnach mor gryf oedd, ymysg eraill, Peter Perkins, Christopher Beynon, Andrew Jones a Peter Evans. Ac yn y cyswllt hwn, ni ddylid anwybyddu'r cyfraniad sylweddol a wnaed gan nifer o swyddogion y stondinau masnach.

Sioeau Eraill o Fewn y Sioe

Er iddynt ddenu llai na'r adrannau da byw a'r stondinau masnach, cyfrannodd amrediad eang o arddangosiadau a chystadlaethau mewn adrannau eraill o'r sioe at apêl gyffredinol y sioe i bobl o bob cefndir a diddordeb. Mae'r sioe flodau, gyda'i boddfa o liwiau, ei blodau cain a'i hawel o beraroglau, wedi bod yn rheidrwydd dengar i lawer o ymwelwyr â'r sioe. Roedd y fenter newydd, hefyd, o ddefnyddio pabell fawr yn sioe 1981 (yr un gyntaf bedwar-diwrnod), yn gam call ynddo'i hun o gofio'r problemau y gallai tywydd poeth eu creu, ac roedd yn darparu cefndir mwy naturiol na'r un a gynigid gan y siediau blaenorol. Bu'r sioe flodau'n debyg iawn i blentyn digartref am flynyddoedd lawer yn Llanelwedd, gan iddi gael ei symud o un llecyn i'r llall, ond symudwyd hi i'w lleoliad presennol wrth ochr Mynedfa B yn 1990, lle mae'n ymdoddi'n daclus i'r ardal Gadwraeth, Gweithgareddau Gwledig a Choedwigaeth gerllaw. Yn ychwanegol, dilëwyd hen asgwrn cynnen gyda masnachwyr ac ymwelwyr fel ei gilydd yn sioe 1990 pan ddilëwyd tâl mynediad i'r babell flodau. Wastad yn effro i dueddiadau newydd, ac yn y cyswllt hwn i'r diddordeb cynyddol mewn garddio a chynllunio gerddi, cyflwynodd swyddogion y sioe o fewn yr Adran Arddwriaethol yn 1996 yr hyn a ddatblygodd yn gystadleuaeth lwyddiannus ar gyfer gerddi wedi'u tirlunio, cystadleuaeth addas i'r cyfryngau, tebyg i'r un a welir yn Sioe Flodau Chelsea a Hampton Court.

Yng nghanol y 1960au byddai adrannau parciau a'r arddangoswyr masnach yn awyddus iawn i ddangos eu nwyddau, ond erbyn blynyddoedd olaf y degawd gwelwyd tro ar fyd wrth i nifer yr arddangoswyr leihau, lleihad yn arian y gwobrau a bygythiad i gwtogi maint y babell. Er i gyfyngiadau ariannol orfodi'r adrannau parciau i fynd oddi yno, gwelwyd y fath adferiad yn ddiweddarach fel erbyn canol y 1980au roedd yr arddangoswyr masnachol wedi dychwelyd yn eu niferoedd ac roedd y babell flodau unwaith eto yn rhan ffyniannus o Sioe Frenhinol Cymru a byddai'n aros felly, gan gynnwys ei Hadrannau Masnach ac Amatur ar gyfer rhosod, yn ogystal â ffiwsias,

72. Rasys bwyeill yn sioe 1990.   73. Dringo polyn yn sioe 2000.

begonias, pys pêr a threfnu blodau. Roedd brwdfrydedd arbennig ynglŷn â'r cystadlaethau ar gyfer Pencampwriaethau Cymru mewn Pys Pêr a Rhosod a gyflwynwyd yn gynnar yn y 1970au. Roedd y sioe flodau yn fwy diddorol oherwydd y gornel enwogion a gyflwynwyd yn 1964, lle y gallai'r ymwelwyr weld arddangosiadau a gwrando ar sgyrsiau ar arddwriaeth a blodau gan bersonoliaethau enwog yn rhyngwladol. Roedd Adran Arddwriaethol Llanelwedd i elwa ar safon ei chadeiryddion olynol, Mrs B. M. Austin Jenkins, Mrs K. Parry (yn ddiweddarach, Stevenson), Ian Treseder a Dr Fred Slater.

Cynyddodd poblogrwydd yr Adran Goedwigaeth, gan ddenu'r tyrfaoedd, wrth i ddiddordeb mewn coed a choetiroedd gynyddu yn ystod degawdau olaf y ganrif. Ni symudodd o gwbl o'i lle ar faes y sioe ac fe welodd welliannau yn ei chyfleusterau, gan gynnwys: yn 1983, bafiliwn parhaol i'r Comisiwn Coedwigaeth, yn lle'r babell; ehangu maint y lle gan roi'r cyfle i ehangu'r math o arddangosiadau a chystadlaethau; a lle i greu Pafiliwn ar gyfer Gweithgareddau Cylch o 1998 ymlaen. Yn sicr fe welwyd statws yr Adran Goedwigaeth yn cael ei uwchraddio yn y Sioe Frenhinol. Roedd y ffaith iddi gael ei leoli ar safle coetir agored, campus a deniadol yn dangos bod y Gymdeithas yn cydnabod rhan hanfodol coedwigaeth o fewn economi wledig Cymru wrth i goedwigo wedi'r rhyfel dyfu mor gyflym. Fel prif gynhyrchwyr coedwydd yng Nghymru erbyn y 1960au, gwnaeth arddangosiadau'r Comisiwn Coedwigaeth lawer i ddileu nifer o ragfarnau yn erbyn ei raglen gaffael tir. Cynyddodd y galw am le ar gyfer stondinau masnach oherwydd

74. Hyfforddi sut i daflu'r lein yn sioe 1990.

75. Arddangosiad hwylio yn sioe 1982.

datblygiadau cyflym mewn mecaneiddio gan weithgynhyrchwyr a dosbarthwyr peiriannau, i gyd yn awyddus i arddangos offer, yn arbennig llifiau cadwyn, tractorau coedwig a llwythwyr coedwydd mecanyddol. Anffodus, ond disgwyliedig, oedd i arddangosiadau o gynnyrch coedwigaeth o stadau preifat leihau o flwyddyn i flwyddyn. O'i chychwyn yn Llanelwedd, roedd gan yr adran babell dan do ar gyfer arddangoswyr a llecyn agored ar gyfer arddangosiadau. Roedd yr amrediad eang o ddiddordebau coedwigaeth a ddangosid yn cynnwys, yn ychwanegol at y cwmnïau peiriannau coedwig, feithrinfeydd coed, tyfwyr coedwydd, sectorau coedwigaeth preifat a chyhoeddus, a sefydliadau addysgol.

Yn ychwanegol at ei swyddogaethau pwysig fel corff addysgol ac fel man i wneud busnes, a'r ddau yn anelu at hyrwyddo coedwigaeth yng Nghymru fel un o'r prif ddiwydiannau amlddefnydd ar dir, roedd yr adran yn diddanu'r dyrfa gyda'i chystadlaethau medrus a grymus. At hyn roedd y dyrfa'n cael ei diddanu gan y Ffermwyr Ifanc yn cystadlu ar ffensio a gwneud crefftau

76. Cystadleuaeth gofaint yn sioe 1988.

coedwig, a hefyd gan y gystadleuaeth boblogaidd ar wneud ffyn, ac enillydd o fri yn y 1990au oedd Andrew Jones o Lanbedr Pont Steffan. Hefyd ceid digwyddiadau megis rasys bwyeill o 1966 ymlaen a chystadleuaeth dringo polyn o 1994, y ddwy yn denu cystadleuwyr rhyngwladol, ac yn cael eu cyfrif ymysg prif atyniadau maes y sioe. Cyflwynwyd rasio bwyeill am y tro cyntaf i Sioe Frenhinol Cymru yn 1966 gan dîm o Awstralia, a ddaeth am yr eildro i Gymru yn 1988.

Nodwedd newydd yn y Sioe Frenhinol oedd Adran Gweithgareddau a Chrefftau Gwledig, gan gynnwys chwaraeon. Yn sioeau cynnar Llanelwedd, lleolid hon gerllaw safle'r Weinyddiaeth Amaeth, ond fe ddaeth mor boblogaidd fel y symudwyd yr adran yn 1978 dan ei henw newydd Ardal Chwaraeon a Gweithgareddau Gwledig – heb gynnwys y crefftau gwledig a symudwyd i rywle arall – i safle gerllaw Mynedfa B. O dan anogaeth yr Anrhydeddus Islwyn Davies, roedd y Gymdeithas yn amlwg yn ymateb i'r ffaith fod mwy a mwy o bobl yn cymryd rhan mewn gweithgareddau gwledig. Wrth i'r llyn gael ei adeiladu gan Awdurdod Dŵr Cymru fel rhan allweddol o'i gyfraniad, cafodd y prif weithgareddau gwledig megis pysgota a saethu sylw: cynigiwyd hyfforddiant yn rhad ac am ddim mewn taflu lein, arddangoswyd chwaraeon dŵr ar y llyn, rhoddwyd arddangosiadau yn yr hen grefft o drin pryfed, ac arddangosiadau o safon uchel ar sut i drafod cŵn adar. O 1994 ymlaen cynhaliwyd gornest derfynol cystadleuaeth taflu lein ar gyfer Pencampwriaeth Parau Cymru a noddwyd gan Famous Grouse yno, a chyflwynwyd pwll taflu-lein ar gyfer yr ifainc i'r adran yn 1999.

Erbyn canol y 1980au, fodd bynnag, ac unwaith eto yn unol ag agweddau cyfredol y cyhoedd, cyflwynwyd agweddau ar warchodaeth natur a bywyd gwyllt i'r Ardal Gweithgareddau Gwledig. Canlyniad rhesymegol hyn oedd creu Adran Gofal Cefn Gwlad yn 1990, yn arbennig ar gyfer gwarchodaeth, gyda phwll amgylcheddol newydd yn ganolbwynt. Drwy ymdrechion haelionus Edward Griffiths a'i dîm datblygwyd ardal amgylcheddol newydd heb gost i'r Gymdeithas. Fel rhan o'r fenter newydd, cyflwynwyd cystadleuaeth ar Ofal Cefn Gwlad yn 1992 i annog plant ysgol i barchu a gofalu am gefn gwlad Cymru.

77. D. Picton Jones a'i bencampwr o geiliog ifanc yn 1985.

Fel yn y sioeau cyn 1963, roedd cystadlaethau gwaith gof pedoli yn nodwedd reolaidd yn Llanelwedd ac roeddynt yn atyniad poblogaidd iawn. I gychwyn fe'u cynhelid dan ganfas, ond yn 1981 cawsant adeilad parhaol ar yr un llecyn. Yn briodol, gosodwyd y stand ger y rhodfa yr âi'r ceffylau ar hyd-ddi ar eu ffordd i'r cylch mawr a'r ail gylch. Daeth atyniad ychwanegol yn y 1980au gyda chyflwyno cystadlaethau ac arddangosfa gwaith haearn gyrru, er bod y beirniaid yn amheus o olwg y ffigurynnau yn y gystadleuaeth. Tri chyfrannwr amlwg i les yr adran yn Llanelwedd oedd: Albert Lewis o Frechfa, uwch-stiward dros lawer o flynyddoedd ac enillydd Cwpan Cookes am Bedoli Ceffylau Cart a Chyfrwy yng Nghaerfyrddin yn 1947; John Price o'r Forge, Talsarn, Llanbedr Pont Steffan, a oedd yn stiward yn ogystal ag arddangoswr y grefft ar y safle parhaol; a William Jones, cadeirydd Is-bwyllgor Gwaith Gof Pedoli a Gwaith Haearn Addurniedig yn y 1980au, ac yn ymwneud â'r gystadleuaeth ers 1950.

Cafodd rhai ymwelwyr ddigon i'w diddori yn Adran y Cŵn ac Adran Ffwr a Phlu. Roedd Cymdeithas Amaethyddol Frenhinol Cymru gynt wedi ymgorffori sioe gŵn o dan nawdd cymdeithasau cnudiau neu gŵn lleol, ond yn 1965 sefydlodd ei hadran ei hun. Oherwydd datblygiad cyson, erbyn canol y 1980au roedd wedi dod yn un o sioeau cŵn agored mwyaf Cymru, yn denu arddangoswyr o dros y ffin yn ogystal ag o bob cwr o Gymru. Er gwaetha'r ffaith iddi gael ei symud o un safle i'r llall ar faes y sioe, cynyddodd nifer y dosbarthiadau a'r cystadleuwyr dros y blynyddoedd. Erbyn 1983 roedd 95 o ddosbarthiadau, 10 yn fwy nag yn y flwyddyn flaenorol. Yn cymryd rhan weithredol yn yr adran hon o 1963 ymlaen roedd y cadeirydd cyntaf, Bill Prytherch o Gaernarfon, a fu yn ei swydd am gyfnod hir hyd at ddechrau'r 1980au, a Trefor Evans o Lanfair-ym-Muallt, a fu yr un mor hir yn y gadair o 1982 ac i mewn i'r mileniwm newydd. Yr un modd, erbyn y 1980au, cynyddodd yr Adran Ffwr a Phlu i fod yn un o'r goreuon yn y Deyrnas Unedig, a gwelwyd darparu lletŷ ar gyfer y cynnydd yn y cystadleuwyr yn ystod blynyddoedd cynnar y degawd hwnnw. Gan fod y neuadd fwyd newydd wedi cael ei hadeiladu ar safle'r adran hon, fodd bynnag, bu'n rhaid symud i lety newydd ar faes y sioe. Yn arwyddocaol, o 1995 dechreuwyd galw Sioe'r Ddofednod yn Sioe Ddofednod Genedlaethol Cymru, ac erbyn blynyddoedd olaf y ganrif hefyd, enillodd y sioe gwningod safon pedair-seren. Roedd D. Picton Jones o Lanwnnen, Llanbedr Pont Steffan yn bersonoliaeth amlwg yn yr Adran Ffwr a Phlu yn y sioe o 1947 ymlaen, fel arddangoswr dofednod hynod o lwyddiannus a hefyd fel stiward.

Daeth cneifio defaid yn gynyddol amlwg a phwysig yn y sioe ar ôl 1963, ac roedd y grefft hon yn gofyn am ddawn, cyflymder a dyfalbarhad, a gellid cymharu'r awyrgylch cyffrous, a thrydanol weithiau, â chystadlaethau'r merlod a'r cobiau. Doedd dim ond 5 cystadleuaeth yn sioe 1962, ond erbyn 2000 roedd 14. Bu gwelliant yn y cyfleusterau ar gyfer y cystadlaethau pan ddarparwyd yn 1975 sied gneifio barhaol gyda chwe stondin, ac roedd y pafiliwn cneifio a agorwyd ar faes y sioe yn 1988 yn wirioneddol helaeth; fe'i hagorwyd gan y llywydd, Verney Pugh, ac roedd y prosiect yn ddyledus iawn i'w gefnogaeth frwd ef. Gan fod y stondin yn cynnig cyfleusterau da modern, trawsnewidiwyd cneifio o fod yn gystadleuaeth gystadleuol yn unig i fod yn un ar gyfer cynulleidfa, ac felly câi fwy o sylw yn y cyfryngau.

Roedd y gynulleidfa honno'n parhau i fwynhau, nid yn unig gystadleuaeth bwysig pencampwr cneifio Cymru a ddaeth i fod yn 1959, ond hefyd o 1969 ymlaen, gystadleuaeth pencampwr cneifio â llaw Cymru, heb sôn am y nifer gynyddol o gystadlaethau rhyngwladol a lwyfannwyd dros y blynyddoedd. Gan mai Sioe Frenhinol Cymru oedd wedi awgrymu cystadleuaeth gneifio ryngwladol rhwng Lloegr, Cymru a'r Alban, fe gafodd y fraint o lwyfannu'r

78. Nicky Beynon o Fro Gŵyr, yn ennill pencampwriaeth cneifio Cymru yn sioe 1997.

gystadleuaeth gyntaf yn Llanelwedd yn 1963. Addas oedd mai'r brif wobr fyddai Tlws W. J. Constable, a brynwyd gan y Gymdeithas i anrhydeddu enw diweddar gadeirydd y pwyllgor a drefnodd y gystadleuaeth am y tro cyntaf. Ymunodd Gogledd Iwerddon yn fuan â'r gystadleuaeth, ac yna Gweriniaeth Iwerddon, a daeth y Gystadleuaeth Ryngwladol – a ailenwyd yn Bencampwriaeth Dîm y Pum Cenedl yn 1987 – yn gyfle i ddarganfod Pencampwr Cneifio Prydain Fawr. Roedd sylweddoli eu bod yn brwydro am le yn nhîm Cymru'r flwyddyn ganlynol i gystadlu yn y Gystadleuaeth Ryngwladol yn rhoi pwysau cynyddol ar y cneifwyr o Gymry a gystadlai yn Llanelwedd. Brwdfrydedd Verney Pugh dros gneifio oedd eto'n gyfrifol am sicrhau Prif Bencampwriaeth Gneifio Ŵyn Ewrop, yn agored i'r chwe chneifiwr gorau o wledydd Ewrop, Llychlyn a'r Bloc Dwyreiniol, gyda thocyn awyren dwyffordd i Perth, Gorllewin Awstralia fel gwobr. Cyrhaeddwyd pinacl yn 1994 gyda llwyfannu am y tro cyntaf Gystadlaethau Cneifio Defaid y Byd, a oedd wedi ddechrau yn Sioe Frenhinol Caerfaddon a Gorllewin Lloegr 1977 wrth iddi ddathlu ei deucanmlwyddiant. Ar yr achlysur mawr hwn cafodd gwylwyr yn Llanelwedd weld y gystadleuaeth derfynol ddramatig rhwng y chwe chneifiwr gorau – Nicky Beynon (Cymru), Steven Lloyd (Lloegr), Tom Wilson (yr Alban), Peter Ravndal (Norwy) ac Alan McDonald a David Fagan o Seland Newydd – gyda Beynon

79. Ymweliad y Dywysoges Margaret â safle'r Ffermwyr Ifanc yn sioe 1966.

yn dod yn drydydd y tu ôl i McDonald yn y safle cyntaf a Fagan, a oedd wedi ennill pencampwriaeth y byd ddwywaith, yn ail. Câi rhai o gneifwyr gorau'r byd eu denu i Lanelwedd gan wobrau bras ar gyfer y bencampwriaeth agored, megis y rhai ar gyfer sioe 1999 pan gynigiwyd tocynnau awyren i gystadlaethau cneifio yn Ne Affrica ac Awstralia yn ogystal â gwobrau ariannol o bron £5,000.

Wrth gwrs, roedd cneifwyr o Gymry yn denu llawer o sylw yn yr holl gystadlaethau. Parhau a wnaeth y frwydr am y teitl Cymreig yn y 1960au rhwng y ddau frawd Isa a Sam Lloyd o Sir Faesyfed. Adeiladodd Sam ar ei lwyddiant yn 1962 drwy ennill y teitl bum gwaith eto hyd at sioe 1969! Y cneifwyr nodedig o Gymry yn Llanelwedd yn y 1970au oedd Jeffrey Evans o Raeadr Gwy a'r ffermwr o Libanus, Geoff Phillips. Wrth gystadlu yn y bencampwriaeth agored yn 1973, gwelwyd bod sgiliau Evans lawn cystal â sgiliau anhygoel Dwight Hall o Seland Newydd. Ynghyd â Nicky Beynon o Fro Gŵyr y soniwyd amdano eisoes, pencampwr cneifio arall o Gymro yn y 1980au a'r 1990au oedd John T. L. Davies o Bontsenni, a'r ddau ohonynt ynghyd â sawl un arall wedi'u meithrin gan Bryan Williams o Bwyllgor Cneifio'r Gymdeithas a rheolwr tîm Cymru ar gyfer cystadleuaeth brawf 1995 yn erbyn Seland Newydd.

Soniwyd eisoes mor ddiamheuol boblogaidd ymysg y cyhoedd yr oedd treialon cŵn defaid, ond bu'n rhaid canslo nifer o'r digwyddiadau yng nghanol y 1950au oherwydd prinder lle ar faes y sioe. Bu'n rhaid aros tan 1967 cyn i'r treialon ddod eto yn nodwedd gyson o Sioe Frenhinol Cymru, er i safle arall ar eu cyfer gael ei awgrymu ac, ym Mhwyllgor Gweinyddu'r Sioe yn 1972, ystyriwyd y posibilrwydd o'u gwahanu oddi wrth y sioe a'u cynnal yn ddiweddarach yn y flwyddyn. Ar ben hyn, er i'r Gystadleuaeth Agored fod yn llwyddiant ers iddi ddechrau yng nghanol y 1970au, gwelwyd rhwyg barhus rhwng Cymdeithasau Gogledd a De Cymru (yn ôl y disgwyl efallai!). Roedd y gogledd am weld treialon gwir genedlaethol yn y sioe flynyddol, ond nid oedd aelodau de Cymru o blaid rhedeg treialon cenedlaethol ar draul y rhai agored, gan y byddai hynny'n cadw allan gystadleuwyr o'r tu allan i Gymru, a beth bynnag, daeth y treialon agored i fod dim ond oherwydd i dîm gogledd Cymru fethu â dod i sioe 1975. Diolch i ddiplomyddiaeth Emlyn Kinsey Pugh, diflannodd y gwahaniaethau rhwng cystadleuwyr gogledd a de Cymru pan gytunwyd i gynnal dau dreial yn sioe 1979, sef Treialon Cymru Gyfan ar y diwrnod cyntaf a'r un Agored, i'w drefnu ar yr un llinellau ag o'r blaen, ar yr ail ddiwrnod. Yn ffodus fe ffynnodd y treialon o hyn ymlaen, a chyflwynodd y Gymdeithas dreialon Pencampwr y Pencampwyr – y cyntaf o'i fath – yn sioe 1981. Roedd hyn yn golygu bod pencampwr un-ci cenedlaethol pob un o'r pedair gwlad yn Ynysoedd Prydain yn cystadlu yn erbyn ei gilydd yn y cylch mawr. Roedd sioeau mawr eraill ym Mhrydain Fawr i ddilyn yr un patrwm.

Gwelwyd o 1949 ymlaen, o dan nawdd Arthur George, fel roedd mudiad y Ffermwyr Ifanc yng Nghymru wedi cyrraedd safle pwysicach yn y sioe. Llwyfannodd y mudiad am y tro cyntaf, ar y llecyn caeedig a gafodd ar y maes, raglen Gymreig gynhwysfawr a fyddai'n datblygu o ran amrywiaeth ac asbri hyd at 1962. Roeddynt yn mwynhau rhyddid i lunio eu rhaglen eu hunain ac felly fe olygai ei bod yn wir yn 'sioe o fewn sioe'. Wrth i'r sioe symud i Lanelwedd roedd angen ailgynllunio trefniadaeth prosiectau amrywiol y mudiad yn y sioe, gyda'r canlyniad fod cyfrifoldeb yn symud oddi wrth y ffederasiwn sirol yn y sir lle cynhelid y sioe i grwpiau o siroedd yn eu tro – yn 1964, er enghraifft, cydweithiodd siroedd Môn, Caernarfon a Meirionnydd. Roedd pob grŵp yn gweithio'n unol â chyngor ysgrifennydd mudiad Clybiau'r Ffermwyr Ifanc yng Nghymru, sef y ddyfal Jane Davies am weddill y 1960au. Yn ddiweddarach cyfrannodd Martin Pugh wasanaeth rhagorol yn hyrwyddo gweithgaredd y Ffermwyr Ifanc yn y sioe. Cafodd bri'r mudiad hwb cynnar pan ymwelodd y Dywysoges Margaret â'u stondin ar ei hymweliad cyntaf â maes y sioe yn 1966. Dros y blynyddoedd, bu'r mudiad yn cyflwyno cystadlaethau a digwyddiadau newydd, megis cystadleuaeth Ffermwyr Ifanc y Flwyddyn yn 1965, Beirniadu Stoc Clybiau'r Ffermwyr Ifanc Rhyngwladol yn 1972, Cystadleuaeth Dosbarthu Ŵyn yn 1979, cystadleuaeth Hybu Cig Oen Cymreig yn 1984, cystadleuaeth Hybu a Marchnata Cynnyrch Cymreig yn 1986 – gan adlewyrchu gofynion y funud – a chystadleuaeth Band y Fferm yn 1988, a'r offerynnau yn cynnwys offer a defnyddiau buarth fferm. Os prif ddiben y mudiad yn y sioe oedd bod yn addysgol, roedd ei raglen hefyd yn cwmpasu amrywiaeth eang o weithgareddau adloniant a chwaraeon, gyda'r nod syml o weld hwyl yn bywiogi llawer o'r digwyddiadau. Cystadlaethau a oedd yn arbennig o boblogaidd ar amrywiol adegau oedd y sioe ffasiwn, dawnsio gwerin, dawnsio disgo, gornest tynnu rhaff, cystadleuaeth beiciau fferm a rygbi saith-bob-ochr. Erbyn canol y 1980au roedd cannoedd o'r aelodau, ar ôl paratoi'n ddygn dros y gaeaf hir, yn cystadlu mewn rhyw ugain neu fwy o weithgareddau, ac roeddynt i gyd yn hynod awyddus i ddod â Her-gwpan yr NFU yn ôl i'w sir. Dywedodd Geraint Jones, wrth ysgrifennu yn *Y Cymro* am ei ymweliad â sioe 1981, mai'r hyn a wnaeth fwyaf o argraff arno dros y pedwar diwrnod oedd amrywiaeth y gweithgareddau a drefnwyd gan mudiad y Ffermwyr Ifanc yng Nghymru: 'Trefnwyd bron i ddeugain o weithgareddau ganddynt dros y pedwar diwrnod gan gynnwys llawer o bethau nad oedd a wnelont ddim â ffermio megis y gystadleuaeth disgo, cymeriad pantomeim a gorymdaith ffasiwn.'

80. Y cystadleuwyr yn rownd derfynol Miss Sioe Frenhinol, 1972.

Serch y berthynas agos rhwng y Gymdeithas a mudiad Clybiau'r Ffermwyr Ifanc, fe welwyd rhywfaint o densiwn rhyngddynt ar ddechrau a chanol y 1970au. Efallai oherwydd eu bod yn disgwyl gormod o'u 'perthynas arbennig', roedd y Ffermwyr Ifanc wedi eu siomi pan welsant fod rhaid cwtogi man eu stondin i wneud lle ar gyfer ehangu adeilad newydd De Morgannwg. Hefyd nid oeddynt mwyach i dderbyn y grant o £150, ac roedd cwtogi i fod yn y ddarpariaeth o brydau bwyd ar gyfer yr adran oherwydd problemau ariannol y Gymdeithas, ac yn olaf, eu bod yn cael eu cau allan o Bwyllgor Cyllid a Materion Cyffredinol ac o Fwrdd y Rheolwyr. O safbwynt y gynnen ddiwethaf, tra oedd Clybiau'r Ffermwyr Ifanc yn eu hystyried eu hunain fel 'estyniad cangen' o Gymdeithas Amaethyddol Frenhinol Cymru yn hytrach nag fel unrhyw adran arall, roedd y Gymdeithas yn eu hystyried fel dim mwy nag 'adran hynod o ddefnyddiol ac anhepgor o'r Sioe'. Ymhellach, teimlid y gallai'r mudiad, gyda 9,000 o aelodau ledled Cymru, wneud mwy drostynt eu hunain efallai. Fe wnaethpwyd rhai consesiynau gan y Gymdeithas ym Mehefin 1975 pan benderfynwyd y byddai'n cyfarfod Clybiau'r Ffermwyr Ifanc yn flynyddol er mwyn trafod unrhyw fater o bryder ac y byddai'n ailgychwyn talu'r grant o £150 ond i'r Ffermwyr Ifanc ddymchwel a chlirio clwydi'r defaid. Fodd bynnag, byddai'r berthynas unigryw hon rhwng y Gymdeithas a'r Ffermwyr Ifanc yn cael ei rhoi ar brawf unwaith eto yn y 1980au ac yn nechrau'r 1990au pan achosodd rhialtwch a goryfed ac ymddygiad afreolus yr ifainc, yn enwedig yn ystod eu digwyddiadau cymdeithasol yn hwyr y nos, i'r Gymdeithas alw ar y mudiad i reoli eu haelodau yn fwy effeithiol. Er hyn i gyd mae'n rhaid pwysleisio bod y Ffermwyr Ifanc drwy gydol y blynyddoedd wedi ychwanegu llawer o ddiddordeb a lliw at wythnos y sioe a bod hyn yn cael ei gydnabod a'i werthfawrogi gan swyddogion y Gymdeithas.

Roedd y Ffermwyr Ifanc hefyd yn chwarae rhan flaenllaw wrth helpu i drefnu cystadleuaeth Miss Sioe Frenhinol a ddechreuodd yn sioe 1970. Daeth y syniad yn 1968 oddi wrth Is-iarlles Chetwynd o Dy'n-y-coed, Arthog, Meirionnydd, bridwraig ac arddangoswraig enwog merlod Cymreig, a faentumiodd y byddai dewis Miss Sioe Frenhinol yn y sioe bob blwyddyn yn symbylu diddordeb o bob cornel yng Nghymru yn ystod misoedd y gaeaf, ac yn arbennig ymysg yr ifainc, drwy ddigwyddiadau dewis ar lefel sirol a ddeuai i benllanw yn y sioe fawr. Roedd diffyg diddordeb ymysg y cyhoedd yn y Gymdeithas yn ystod y cyfnod hwn, a gobeithid y byddai cystadleuaeth o'i bath yn creu cyhoeddusrwydd a hybu aelodaeth. O'r cychwyn cyntaf roedd y gystadleuaeth yn llwyddiant mawr er, unwaith eto, roedd rhywfaint o wrthdaro yn y blynyddoedd cyntaf rhwng y Gymdeithas a'r Ffermwyr Ifanc dros union natur cyfrifoldeb yr olaf tuag at drefnu'r digwyddiad. Roedd llawer o lwyddiant y gystadleuaeth yn deillio o gadeirydd selog a brwd y pwyllgor,

Mrs N. S. K. Pugh, rhwng 1974 a 1988. Fe gofiai un o'r beirniaid gwrywaidd ei gair o rybudd y dylent adael llonydd i'r tinau gan nad da byw yr oeddynt yn eu beirniadu! Wedi'r beirniadu yn y prynhawn, byddai'r enillydd yn mynychu'r ddawns ar yr un noson, ac yn ddiweddarach yn yr wythnos yn ychwanegu bywiogrwydd at y sioe drwy fynd o gwmpas y stondinau a chyflwyno gwobrau. A daeth mwy o liw eto i'r gystadleuaeth o ddiwedd y 1970au ymlaen, pan fforddiwyd i gael car o dras a merlod a chartiau trwsiadus. Erbyn canol y 1990au teimlid y dylid newid teitl Miss Sioe Frenhinol gan ei fod yn diraddio'r gystadleuaeth ac felly defnyddiwyd y teitl newydd Llysgenhades y Sioe Frenhinol o 1997 ymlaen. Nicola Davies o Geredigion felly oedd y Miss Sioe Frenhinol olaf i'w dewis yn 1996 ac fe'i dilynwyd gan Anwen Orrells o Sir Drefaldwyn fel y Llysgenhades gyntaf. O 1991 ymlaen byddai cystadleuaeth newydd yn cael ei chynnal yn y sioe i ddewis Mr Clybiau'r Ffermwyr Ifanc.

Nodwedd boblogaidd arall o'r sioe oedd yr Adran Gynnyrch. Roedd yr adran hon wedi bod yn trefnu cystadlaethau ers 1954 a chynhaliwyd yr arddangosfa waith gyntaf yn sioe 1961 yn Llandeilo. O 1963, aeth cyfrifoldeb am yr arddangosiad Addysg Amaethyddol i dair sir gwahanol bob blwyddyn a bu'n rhaid rhoi'r gorau i'r cysylltiad a gafwyd yn 1961 a 1962 rhwng yr arddangosiadau a sir arbennig. Hefyd yn 1963, yn Llanelwedd, roedd yr Adran Gynnyrch wedi ei grwpio gydag arddangosyn Sefydliad y Merched ac yn 1965 symudwyd yr arddangosion i'r Babell Gynnyrch, gydag Adran y Gwenyn yn meddiannu'r safle arddangos blaenorol. Golygai hyn y gallai'r cyhoedd yn hwylus weld yr arddangosion cysylltiedig o fewn yr Adran Gynnyrch, yr arddangosiadau ac arddangosfa Sefydliad y Merched a hynny o fewn yr un safle. At hyn, ar ddechrau'r 1970au newidiwyd teitl yr Adran Gynnyrch i Gynnyrch a Chrefftau Llaw er mwyn rhoi sylw i'r diddordeb cynyddol mewn crefftau cartref. Fe wellodd y cyfleusterau yn sioe 1979 pan leolwyd adrannau Cynnyrch, Crefftau Llaw, Mêl, Sefydliad y Merched a Merched y Wawr i gyd yn Neuadd Arddangos De Morgannwg.

Erbyn canol y 1980au sylweddolwyd ar frys ymysg arweinwyr ffermwyr yng Nghymru fod cyhoeddusrwydd a marchnata effeithiol yn hanfodol os oedd ffermwyr Cymru i oroesi, a gwelwyd arwyddion cyntaf o ymateb y Gymdeithas i hyn pan gyflwynwyd arddangosiad Bwyd o Gymru yn Neuadd Arddangos De Morgannwg yn sioe 1985, arddangosiad a elwodd ar ddawn trefnu James Thomas. Roedd hyn yn bartner addas i arddangosfa Cyngor Crefft Cymru a oedd yn yr un adeilad ac a oedd bellach i ddod yn nodwedd o sioeau'r dyfodol. O ganlyniad gwelwyd dimensiwn newydd i'r sioe, gyda bwyd yn ymuno â hanfodion gynt y sioe, da byw a pheiriannau. Yn wir, onid drwy gynnwys y cynnyrch terfynol yn ei harddangosion y gallai'r sioe honni ei bod yn ffenest siop gynrychioliadol i ffermio Cymru pan oedd amodau'r farchnad mor gyfnewidiol yn negawdau olaf y ganrif? Dangoswyd y ffordd ymlaen gan raglen Menter Bwyd Cymreig Awdurdod Datblygu Cymru a lansiwyd yn Llundain ym Mehefin 1986. Yn sioe 1987 symudwyd y stondinau bwyd o Neuadd De Morgannwg i babell gyfagos a alwyd yn Ganolfan Cynnyrch Cymreig. Ynddi roedd yr arddangosfeydd yr arferid eu llwyfannu gan y Gymdeithas a chyrff eraill fel Awdurdod Datblygu Cymru, Menter Bwyd Dyfed, Cymdeithas Sefydliadau Amaethyddol Cymru a Chyngor Crefftau Cymru. Dyma weld yr holl amrywiol ymdrechion hyn am y tro cyntaf yn cael eu cydlynu'n iawn a'u cynnal o dan yr un to, ac felly, yn ôl pennawd un sylwebydd 'a gourmet's delight'. Yn y sioeau dilynol fe welwyd yn y neuadd fwyd rai o lwyddiannau'r diwydiant cynhyrchu bwyd Cymreig a gafodd adfywiad, a rhoddwyd y cyfle hefyd i brynu'r cynnyrch. Roedd ymdrechion Menter Bwyd Cymru yn amlwg yn dwyn ffrwyth ac erbyn diwedd y degawd roedd y neuadd fwyd wedi datblygu i fod ymysg arddangosfeydd mwyaf poblogaidd y sioe. Yr un pryd roedd y disgwyl yn cynyddu am weld neuadd fwyd barhaol, cynllun a wnaed yn bosibl gan gronfa apêl sir nawdd 1989 (De Morgannwg). Byddai'r neuadd fwyd bwrpasol hon, a fyddai'n cartrefu rhyw 25 o arddangoswyr yn dangos a gwerthu amrywiaeth o fwyd a diod a fyddai'n tynnu dŵr o ddannedd, yn barod erbyn sioe 1992. Roedd y prosiect wedi dibynnu ar nawdd anhepgor Bwrdd Datblygu Cymru Wledig, a oedd yn amcanu i gyfuno diddordebau Blas Cymru a Menter Bwyd Cymru ac, yn 1990, oedd wedi noddi cwmni newydd Hyrwyddo Bwydydd Cymreig Cyf. Bu'r adeilad newydd mawreddog hwn yn fodd i hyrwyddo a

81. Pêl-geffyl Ffrengig yn y Sioe Frenhinol, 1988.

marchnata bwydydd Cymreig o'r safon uchaf yn wyneb cystadleuaeth gynyddol o dramor, a'r rhai a wnâi eu gorau glas i sicrhau ei llwyddiant oedd Bill Ratcliffe, fel dirprwy gyfarwyddwr anrhydeddus (neuadd fwyd), Hyrwyddo Bwydydd Cymreig Cyf. (o 1994) a Gilli Davies, personoliaeth y cyfryngau Cymreig a rheolwraig Blas ar Gymru.

Ffordd arall y lledodd y sioe ei hadenydd, gan symud ychydig oddi wrth ei phwyslais traddodiadol ar dda byw a pheiriannau oedd iddi gynnwys yn hwyr yn y 1960au – fel y sioeau amaethyddol mawr eraill – fwy fyth o arddangosfeydd ac arddangosiadau i ddenu trigolion y trefi yn ogystal â'r ffermwyr. Dim ond trwy ddenu trefolion y gallai'r Gymdeithas achub ei sefyllfa ariannol ddifrifol, ond roedd angen mwy na dim ond nodweddion ffermio i'w denu. Gwelwyd y newid cyfeiriad hanfodol yn nechrau'r 1970au wedi i Fwrdd y Rheolwyr bleidleisio i ryddhau symiau mwy i lwyfannu arddangosiadau deniadol ar yr ail a'r trydydd diwrnod. Gydag arddangosiadau mor drawiadol â'r un gan dîm arddangos beiciau modur y Magnelwyr Brenhinol yn gwefreiddio'r dyrfa, fe ddywedodd y gohebydd amaethyddol David Lloyd am sioe 1974: 'Er na fyddai'n plesio'r purwyr proffesiynol ar faes y sioe, roedd y mwyafrif a holais, yn datgan mai uchafbwynt y sioe iddynt hwy oedd y "syrcas" drawiadol yn y cylch mawr.' Yng nghanol yr embaras ariannol a wynebai'r Gymdeithas yn 1975, fe safwyd yn erbyn y demtasiwn i arbed arian drwy beidio â llwyfannu arddangosiad mawr yn y sioe y flwyddyn honno, gan Islwyn Davies ac eraill a welent yn glir y byddai'n rhaid cynnal arddangosiad trawiadol o'i fath os oeddynt i ddenu'r cyhoedd. Erbyn diwedd y 1970au, roedd efallai gymaint â phedwar allan o bob pump a fynychai Llanelwedd heb gysylltiad uniongyrchol â ffermio, a chan fod llawer yn edrych ar y sioe fel 'syrcas fyw enfawr', daeth yn amlwg fod gwerth adloniadol y sioe o'r pwys mwyaf. Y wyrth oedd fod trefnwyr y sioe yn y blynyddoedd i ddod wedi llwyddo i warchod naws amaethyddol y digwyddiad yn ogystal â'i wneud yn adloniadol a diddorol yn yr ystyr ehangaf.

Wrth i'r arddangosiadau fynd yn gynyddol fwy trawiadol, roedd yn gynyddol anos llwyfannu rhaglenni boddhaol. Ar rai adegau, oherwydd fod y sioe yn cyd-daro â rhai digwyddiadau eraill o bwys megis y Twrnameint Brenhinol, y Sioe Geffylau Frenhinol Ryngwladol a Sioe Dwyrain Lloegr, roedd yn golygu nad oedd rhai arddangosiadau mawr ar gael. Cur pen oedd ceisio cael rhywbeth gwahanol bob blwyddyn, ac ychwanegwyd at y broblem gan y ffaith mai Sioe Frenhinol Cymru oedd y sioe fawr olaf i'w chynnal yn y flwyddyn, ac felly buasai rhai o'r arddangosiadau mwyaf poblogaidd wedi cael eu gweld yn barod yn rhywle arall. Yn ychwanegol, erbyn diwedd y 1980au roedd yn amlwg i'r Gymdeithas y dylai ddibynnu llai a llai ar yr arddangosiadau milwrol hyn gan fod y mwyafrif ohonynt bellach wedi eu chwalu ac eraill ddim ar gael oherwydd y cyd-drawiad â'r Twrnameint

Brenhinol. Yn olaf, roedd pwysau i ddarparu rhaglen a blesiai ddisgwyliadau cynyddol y cyhoedd; ac felly, yn ymwybodol o'r feirniadaeth nad oedd rhaglen y flwyddyn flaenorol wedi bod mor gyffrous ag arfer, fe sicrhaodd trefnwyr arddangosiadau 1966 fod dau atyniad mawr yn dychwelyd, sef Reid Gerddorol y Marchoglu Brenhinol a'r JCB Dancing Diggers.

Ystyrid y sbloetiau mawreddog hyn ac eraill – fel y tîm o farchogion Cosac yn 1991, pêl-geffyl Ffrengig yn 1988, a'r Hwsariaid Danaidd Brenhinol yn 1973 (o'u henwi allan o het) yn hanfodol i ddenu'r tyrfaoedd, yn ogystal â'r nodweddion poblogaidd, rheolaidd megis tynnu rhaff, y Cymro cryfaf, cystadlaethau trotian, gemau ar geffylau, gorymdeithiau'r cŵn hela, cystadlaethau beiciau modur ac arddangosiadau hen geir a cheir o dras. Gwelwyd datblygiad newydd diddorol yn 1985, diolch yn bennaf i ddychymyg Alan Turnbull, pan gyflwynwyd Arddangosiad o Orchest Harri Tudur i ddathlu 500 mlynedd Brwydr Maes Bosworth, ac yn 1987 pan gafwyd rhywbeth tebyg gyda Phasiant Merched Beca o'r 1840au, a lwyfannwyd yn addas iawn ym mlwyddyn nawdd Sir Gaerfyrddin. Roedd y Gymdeithas yn hynod ffodus i gael Alan Turnbull fel cyfarwyddwr y rhaglen/cadeirydd Pwyllgor y Rhaglen o 1970 hyd 1990. Oherwydd ei gyfarwyddiaeth ef o raglen gyfan y sioe, gellir dadlau iddo osod safonau nad oedd eu gwell yn unrhyw sioe arall yn y Deyrnas Unedig. Cyfranwyr amlwg eraill at raglen y sioe oedd Dillwyn Thomas (cyfarwyddwr cynorthwyol anrhydeddus y ceffylau) a Peter Cooper.

82. Y Frenhines a Dug Caeredin yn sioe 1983.

83. Tywysog Cymru yn traddodi'r anerchiad agoriadol yn y Ffair Aeaf, 2001, gyda Stanley Thomas, y llywydd.

84. Y Dywysoges Frenhinol yn agor sioe 2002.

O ddiwedd y 1960au ymlaen defnyddiwyd arddangosiadau fel modd i lwyfannu sioe a fyddai o ddiddordeb i ffermwyr a phobl y trefi fel ei gilydd. Tra gallai'r ffermwyr gael gafael ar wybodaeth am dechnegau cynhyrchu newydd a datblygiadau technolegol o'r arddangosiadau a'r arddangosfeydd a lwyfennid ar safle'r Weinyddiaeth Amaeth, stondin y Bwrdd Marchnata Llaeth, stondinau cymdeithasau y gwahanol fridiau a'u tebyg, fe gafwyd arddangosiadau o ddiddordeb mwy cyffredinol yn cynnwys cadw gwenyn, llifio coed, crefftau gwledig, torri a pharatoi cig oen, trefnu a thrin blodau, ffasiynau gwlân a thaflu plu. O 1970 ymlaen, o dan anogaeth yr Anrhydeddus Islwyn Davies, fe geisiodd y Gymdeithas ddod â'r amrywiol gystadlaethau, arddangosiadau ac arddangosfeydd a gynigiwyd ym mhob adran, at ei gilydd trwy ddewis thema arbennig ar gyfer pob sioe, ac fel rhan o hyn, trefnwyd arddangosiadau arbennig yn Ardal Arddangos y Gymdeithas. Wrth gyflwyno'r prosiectau blynyddol hyn – er enghraifft, Dŵr (1971), Ffermio ac Adloniant (1974) a Ffermio Mynydd (1978) – roedd y dull o'u trafod, yn dilyn safiad annibynnol a diduedd y Gymdeithas, yn un gwrthrychol. Fodd bynnag, ni pharodd y fenter i'r 1980au.

O ganlyniad i broblemau cynyddol o fewn y diwydiant amaeth o'r 1970au ymlaen, dioddefodd ffermio Cymru ddirwasgiad hir yn chwarter olaf y ganrif, dirwasgiad na welwyd ei debyg ers y 1930au. Yng nghanol y digalondid hwn,

85. Dug Caerloyw yn sgwrsio ag enillwyr medalau hir-wasanaeth yn sioe 1982.

daeth y sioe flynyddol yn fwy o siop siarad, yn gyrchfan hanfodol ar gyfer trafodaethau swyddogol ac answyddogol ar faterion y dydd. Deuai hyn â chynrychiolwyr at ei gilydd o fyd gwleidyddiaeth, bancio, cadwraeth a'r amgylchedd, yswiriant, economeg amaethyddol a'r undebau amaethyddol. Yn nifer o sioeau y 1980au a'r 1990au, y prif bynciau trafod oedd gorfodaeth y cwotâu llaeth o ganol y 1980au, a wnaeth gymaint o ddifrod i ffermwyr llaeth Cymru, cyhoeddusrwydd a marchnata, argymhellion MacSharry 1991 ar gyfer diwygio'r Polisi Amaeth Cyffredinol (CAP), a mater ehangach aelodaeth Prydain o'r Undeb Ewropeaidd, yn cynnwys y ddadl dros yr arian sengl. O ganlyniad, o'r 1980au ymlaen daeth y sioe nid yn unig yn ffenest siop i'r goreuon ymysg da byw a chynnyrch ond hefyd yn fan i drafod dyfodol y diwydiant yng Nghymru.

Drwy gydol hanes y Gymdeithas roedd rhyw fwmian arbennig i'w glywed ar faes y sioe pan ddeuai un o'r teulu brenhinol ar ymweliad. Yn 1966 y cafodd sioe Llanelwedd ei hymweliad brenhinol cyntaf ym mherson y Dywysoges Margaret ac o hynny ymlaen anrhydeddwyd y sioe 15 o weithiau hyd at ac yn cynnwys 2002. Roedd y maes yn gynnwrf i gyd pan ddaeth y frenhines a dug Caeredin i sioe 1983, o'r foment y cyraeddasant Giatiau Gibby yn y cerbyd Balmoral Sociable a'r Landau, yn cael eu tynnu gan geffylau o stablau Palas Buckingham a gosgordd o ragfarchogion. Er y bu ychydig o ymyrraeth ar y gweithgareddau ar ddiwedd y ciniaw lle roedd y cwpl brenhinol yn mwynhau gwledd gyda 375 o aelodau'r Cyngor a gwesteion swyddogol, wrth i awyren Phantom o Awyrlu UDA hedfan yn isel dros y pafiliwn, roedd yr ymweliad am ddiwrnod cyfan yn llwyddiannus a chofiadwy. Daeth i ben gyda'r cwpwl yn cael eu gyrru i mewn i'r cylch mawr yn y cerbyd brenhinol yn sŵn cymeradwyaeth y dorf cyn iddynt fynd i'r bocs brenhinol i edrych ar orymdaith yr enillwyr ymysg y da byw a gorymdaith arbennig o enillwyr y stalwyni o ferlod a chobiau Cymreig. Yr un mor wresog â'r croeso a ddangoswyd i'r frenhines a dug Caeredin oedd y croeso a gafodd tywysog Cymru wrth iddo ymweld â'r sioe bump o weithiau ers ei arwisgiad. Yn wir, pan oedd y diwydiant ffermio yn y fath anhrefn ar ddiwedd y 1990au, roedd ymweliadau'r tywysog â maes y sioe yn 1999, 2000 a 2001 yn hwb mawr i godi calon y ffermwyr a'u diwydiant clwyfedig. Roedd hyn yn amlwg iawn yn ei anerchiad wrth agor sioe 2000, a gynhaliwyd, am y tro cyntaf, yn y cylch mawr. Fe'i gwelwyd yn ei uniaethu ei hun mewn ffordd foddhaus, empathig â'r gymuned ffermio Gymreig yn ei ddiweddglo brwd: 'Mae gan Gymru gymaint o'i phlaid – peth o'r tir pori gorau yn Ewrop, golygfeydd di-ail a ffermwyr galluog. Gweddïaf â'm holl galon y bydd y dyfodol yn ddisgleiriach, ac uwchlaw popeth, y bydd y gymuned amaethyddol a phopeth y saif drosto yn cael ei chefnogi, ei harbed a'i choleddu.' Yr un modd bu ymweliad y Dywysoges Frenhinol i agor sioe 2002 a'i chefnogaeth wych a'i chonsýrn, yn fodd i galonogi'r gymuned ffermio a oedd yn dechrau dod dros glwy'r traed a'r genau.

Roedd elfen bwysig o'r gymuned ffermio honno hefyd yn anwylo ei hiaith frodorol ac roedd y Gymdeithas i'w llongyfarch ar y modd y ceisiai gadw cydbwysedd rhwng y Cymry Cymraeg a'r rhai di-Gymraeg, yn aelodau ac yn ymwelwyr i'r sioe. Yn ystod y blynyddoedd cyn 1963 bu rhywfaint o ddatblygiad yn y defnydd o'r Gymraeg yng ngweithgareddau'r Gymdeithas, gan gynnwys sylwebaethau dwyieithog yng nghylch y sioe. Yn y 1970au yn arbennig gwelwyd mwy o alw am wella ymhellach y ddarpariaeth Gymraeg yn y sioe ac ymatebodd y Gymdeithas yn gadarnhaol. Rhoddwyd ystyriaeth llawn cydymdeimlad yng nghanol y 1970au i gynnwys y Gymraeg yn seremoni agoriadol y sioe. Daeth hyn mewn ymateb i gŵynion y ffermwyr, fel yr adroddwyd yn *Y Cymro* ar 29 Gorffennaf 1975: 'Eleni eto, fel y llynedd, cwynodd Undeb Amaethwyr Cymru am y diffyg defnydd o'r Gymraeg yn seremoni agoriadol Sioe Frenhinol Amaethyddol Cymru, yn Llanelwedd.' Yn sioe 1978 cafodd y Gymraeg ei chynnwys ar y cardiau gwobrwyo, a'r un modd fe fynnodd Meirionnydd fel y sir nawdd yn 1978, y dylai rhywfaint o'r arian a gasglwyd fynd tuag at ddarparu mwy o arwyddion dwyieithog ar faes y sioe. Gwelwyd datblygiad pellach ar ddiwedd y 1980au pan roddwyd y dewis i'r rhai a oedd i dderbyn medalau am wasanaeth hir i'w cael wedi eu harysgrifio naill ai yn Saesneg neu yn Gymraeg. Roedd y seremoni hon fel yn y dyddiau cynnar cyn 1963, yn nodwedd flynyddol arbennig yn y sioe. O sioe 1999 ymlaen, darparwyd yr adloniant hwyrol ar y bandstand yn Gymraeg.

Problemau Serch Hynny

Er bod nifer yr ymwelwyr a nifer y cystadleuwyr yn cynyddu o flwyddyn i flwyddyn, roedd problemau yn wynebu trefnyddion y sioe, ac nid y lleiaf oedd y rhai ynglŷn â thrafnidiaeth, mynediad anghyfreithlon a lladrata. Yn 1990, er enghraifft, roedd cymaint â 92 y cant yn cyrraedd maes y sioe mewn car ac roedd hwyluso mynediad i mewn ac allan o faes y sioe yn achosi cur pen cyson. Bu'n rhaid i stiwardiaid y mynedfeydd wahardd yn llym yr ymwthwyr yn niwedd y 1960au. Roeddynt fel arfer yn arddangoswyr da byw yn gyrru eu faniau yn llawn o bobl heb docyn mynediad, hefyd arddangoswyr masnachol a ffrindiau i aelodau. Doedd hon ddim yn broblem hawdd ei datrys a chlywyd dro ar ôl tro am flynyddoedd wedyn am rai yn dod i mewn yn anghyfreithlon drwy'r giatiau a thrwy fynedfeydd y peiriannau a'r da byw. Tudor Davies, yn fwy na neb, oedd y cadarnaf i roi pen ar hyn yng nghanol y 1970au, oherwydd teimlai mai'r unig ffordd i chwyddo coffrau ariannol y sioe oedd trwy i bawb dalu tâl mynediad i faes y sioe. Fe logwyd tîm diogelwch o ŵr a gwraig o Fryste ar gefn ceffylau ar gyfer sioe 1977 mewn ymgais i rwystro masnachwyr anghyfreithlon, parcio ceir heb ganiatâd ac ymwelwyr heb docynnau addas. Serch yr holl ymdrechion hyn i ddatrys y broblem, roedd y trefnwyr yn cwyno bod mynediad anghyfreithlon wedi cyrraedd 'niferoedd annerbyniol' er, yn ffodus, lleihaodd y broblem yn y blynyddoedd wedyn. Mater arall a achosai bryder yn sioeau cynnar Llanelwedd oedd y lefel uchel o drafnidiaeth fewnol ar faes y sioe. Roedd hyn mor ddifrifol erbyn 1972 fel yr ymddiriedwyd i'r Uwchgapten Basil Heaton y dasg o ddatrys y broblem. Mae'n wir i'w ymdrechion leddfu llawer ar y sefyllfa drwy ryddhau y rhodfeydd rhag trafnidiaeth, ond eto ymhen degawd wedyn roedd y broblem yn dal i fod. Roedd diogelwch y maes, hefyd, yn achosi poendod yn y 1980au wrth i ladrata gynyddu, ond trwy gyflwyno rheoliadau tynnach gwelwyd y sefyllfa hon yn gwella o sioe 1987 ymlaen.

Rhywbeth a oedd yn llawer mwy bygythiol ac yn achosi mwy o bryder, fodd bynnag, oedd y camddefnydd cynyddol o alcohol yn y sioe o ddechrau'r 1980au ymlaen, yn bennaf ymysg yr ifainc. Roedd sesiynau hir o yfed trwm yn yr amrywiol fariau a'r trafferthion annymunol a ddeuai yn sgil hynny yn rhoi sawr diflas ar yr holl ddigwyddiad. Er yr ymdrechion i geisio dileu y duedd fechan ond annerbyniol a chythryblus hon – ymgyrch a gyd-drefnwyd gan Robin Price, Rhiwlas, Meirionnydd – ni fu fawr o lwyddiant, ac ym Medi 1986 roedd trefnwyr y sioe yn gorfod derbyn fod yna 'gynnydd mewn meddwdod, hwliganiaeth a mân-ladrata'. Heidiau o bobl ifainc yn mynychu bar y stocmyn oedd wrth wraidd y broblem. Roedd yr yfed gormodol hwn yn amharu ar dawelwch y parciau carafanau a phebyll allanol, a chymaint oedd y

CHWITH 86. Tudor Davies, prif stiward gweinyddiaeth y sioe, yn sioe 1987.

DE 87. Alan Turnbull, cyfarwyddwr rhaglen y sioe, 1970–90.

dirywiad mewn safon ymddygiad ym mhafiliwn yr aelodau – a ddisgrifid fel 'Wild West Saloon' – fel erbyn diwedd y 1980au, nad oedd aelodau teuluol ddim mwyach yn gwneud defnydd o'r cyfleuster. Roedd hyn i newid yn ddramatig o sioe 1990 ymlaen pan gyflwynwyd rheoliadau llawer llymach a lleoli bar yr aelodau yn rhywle arall. Gwelliant arall a groesawyd o ddechrau'r 1990au oedd ffurfio pentref pebyll ar gyfer yr ifainc. O'r dechrau fe'i bedyddiwyd yn 'Happy Valley' ac roedd wedi ei leoli i'r gogledd o faes y sioe ar hyd y briffordd o Lanfair-ym-Muallt i Raeadr Gwy. O dipyn i beth rhoddwyd mwy o gyfrifoldeb i Glybiau'r Ffermwyr Ifanc stiwardio'r pentref. Eto prin ddatrys y broblem a wnaeth y mesurau hyn – torri blaen y canghennau yn hytrach na thynnu'r gwreiddiau o'u bôn – ac arhosodd y broblem o oryfed ac ymddwyn yn anfoesgar, tuag at ymwelwyr a masnachwyr fel ei gilydd, yn broblem ddifrifol drwy gydol y 1990au. Fel pe na bai hyn yn ddigon, problem arall i'r trefnyddion oedd y bererindod flynyddol o drafeilwyr o ddechrau'r 1990au. Methwyd â chael safle addas ar eu cyfer yn 1999 a 2000 ac ni welai'r Gymdeithas unrhyw ateb ond 'batno'r hatsys' a gobeithio'r gorau.

Problem arall a ddychwelai dro ar ôl tro oedd union ddyddiad y sioe. Tua diwedd y 1960au bu trafodaeth fywiog ynglŷn â'r fantais gymharol o aros ar y drydedd wythnos yng Ngorffennaf neu symud y sioe i'r drydedd wythnos ym Mai. Roedd nifer yn ystyried Mai yn well gan na fyddai'r sioe yn ymyrryd â gwaith hanfodol ar y fferm, yn cynnig gwell busnes i arddangoswyr peiriannau ac yn argoeli'n dda o ran tywydd. Er bod yn well gan fwyafrif mawr o

88. Yr Uwchgapten David Fetherstonhaugh (cyfarwyddwr y sioe o 1969 i 1989) gyda'i wraig, yn cael ei gyflwyno i'r Dywysoges Alice yn sioe 1985.

aelodau'r Bwrdd ddyddiad Mai, ac roedd refferendwm ymysg yr aelodau hefyd yn dangos mwyafrif o blaid dyddiad cynharach, ni wnaethpwyd unrhyw benderfyniad i newid y sefyllfa am y tro. Ddegawd neu fwy yn ddiweddarach pan ailagorwyd y drafodaeth, y cwestiwn oedd a ddylid cynnal y sioe yn wythnos olaf Gorffennaf neu gadw at y sefyllfa bresennol. Unwaith eto – yn 1983 – penderfynodd y Gymdeithas, o gofio nad oedd y sioeau sirol Cymreig na'r Eisteddfod Genedlaethol yn hapus â'r syniad o ddewis yr wythnos olaf yng Ngorffennaf, barhau i gynnal y sioe yn y drydedd wythnos.

Er yr holl gynllunio a pharatoi drwy gydol y flwyddyn, doedd neb yn disgwyl sioe berffaith yn rhydd o amgylchiadau annisgwyl munud olaf. Dyma ychydig o enghreifftiau i ddadlennu sut mae trefniadau yn gallu methu o dro i dro. Yn sioe 1968, cerddodd beirniad, Austin Jenkins, allan o gylch y gwartheg ar ôl dadl gyda chyfarwyddwr y sioe, Alan Turnbull, dros amseru beirniadu tlysau pencampwriaeth FitzHugh ar gyfer pencampwyr y bridiau bîff a godro. Tra oedd y beirniad am weld yr anifeiliaid a oedd yn cystadlu yn cael eu beirniadu'n derfynol yn y cylch mawr y diwrnod dilynol, roedd Turnbull yn mynnu y dylent gael eu beirniadu'n syth ar ôl eu beirniadu o fewn eu bridiau eu hunain. Er nad oedd y beirniad yn y cylch, aeth gorymdaith pencampwyr y bridiau godro ymlaen a phe na fuasai wedi dychwelyd yn fuan, buasai cyfarwyddwr y sioe wedi cael gafael ar feirniad arall i barhau â'r beirniadu! Yn llai dramatig, yn 1983 methodd beirniad y dosbarth marchogaeth â chyfrwy un-ochr â gwneud ei beirniadu oherwydd roedd disgwyl iddi

RHAN IV: 1963–2004

89. Verney W. Pugh, cyfarwyddwr y Sioe Frenhinol, 1989–94, a chyfarwyddwr cyntaf y Ffair Aeaf.

90. Harry Fetherstonhaugh, cyfarwyddwr y sioe, yng nghwmni'r Anrhydeddus Islwyn Davies yn sioe 2000, ar ôl iddo ef dderbyn fflasg boced/bocs pryfed arian am ei gyfraniad unigryw i'r Gymdeithas gan dywysog Cymru.

farchogaeth rhai o'r ceffylau, ond doedd hi ddim wedi dod mewn dillad addas. Yn y flwyddyn ddilynol, bu drama yn y cylch mawr pan gwympodd corporal o'r Môr-filwyr Brenhinol 30 troedfedd i'r cylch mawr am nad oedd ei barasiwt wedi gweithio, ac fe dorrodd ei fraich a'i goes o ganlyniad.

Gweinyddu'r Sioe   Ar wahân i ddigwyddiadau fel hyn, roedd safon gyffredinol gweinyddu'r sioe yn uchel, fel y dangosai prif orymdaith y da byw, sy'n sioe o fri ynddi'i hun ac yn sicr yn denu'r tyrfaoedd. Roedd y sylwebaeth ddwyieithog hefyd yn ychwanegu at yr atyniad hwn, diolch i rai fel Llywelyn Phillips yn y blynyddoedd cyn 1980, ac o hynny tan heddiw i Charles Arch o Fachynlleth, *protégé* Phillips. Roedd llawer o lwyddiant y sioe yn ddyledus i'r stiwardiaid, a oedd yn atebol i gyfarwyddwyr cynorthwyol eu hadrannau. Roedd nifer ohonynt yn y cylch mawr a'r cylchau casglu wedi gwasanaethu am ugain mlynedd a mwy, rhai ohonynt yn dilyn ôl traed eu tadau a hyd yn oed eu teidiau. Enghreifftiau o stiwardiaid a wasanaethodd am gyfnodau hir oedd Marion Thomas, stiward yn Adran y Ceffylau a'r Merlod o 1947 hyd 2000. Hi oedd y ferch gyntaf i stiwardio yn y cylch mawr ac yn barod i wisgo het galed yn ôl y disgwyl. Un arall oedd ei gŵr Harry, eto'n falch o wisgo'i het galed ac o arddangos ei fathodyn stiward ers sioe 1947, ac a raddiodd i fod yn brif stiward y gorymdeithiau/arddangosiadau yn y 1980au; hefyd Graham Rees, a roddodd hefyd hanner canrif o stiwardio hyd at 1977, ac a ddaeth yn ei dro yn uwch-stiward y cobiau Cymreig a phrif stiward y cylch mawr; a Ken Williams a wasanaethodd fel stiward yn yr adran gneifio defaid o'r sioe gyntaf ar y safle parhaol hyd at ddiwedd y ganrif. Roedd eraill i roi eu marc ar sioe Llanelwedd flwyddyn ar ôl blwyddyn, gan wneud cyfraniad gwerthfawr at lwyddiant y sioe a gofalu ei bod yn cael ei chynnal a'i rhedeg yn ddi-dramgwydd. Yn eu mysg roedd Llywelyn Phillips a oedd, fel cyfarwyddwr cynorthwyol anrhydeddus Adrannau'r Gwartheg, Defaid a Moch yn y 1970au, yn taenu rhyw hunanhyder tawel ymysg y swyddogion gan eu sicrhau y byddai popeth yn rhedeg yn llyfn, a hefyd, Tudor Davies, a wnaeth lawer yn y 1980au, fel prif stiward gweinyddiaeth y sioe, i ddatrys anawsterau, gyda'i syniad greddfol o'r hyn a fyddai'n gwneud i'r sioe 'dician'.

Gyda chefnogaeth ei stiwardiaid a'i gyfarwyddwyr cynorthwyol anrhydeddus – yn 1982, daeth D. Vincent Evans o Frongest, Ceredigion yn gyfarwyddwr cynorthwyol anrhydeddus mewn dim llai na phum adran – cyfarwyddwr anrhydeddus y sioe, yn y pen draw, oedd yn gyfrifol am drefniadaeth a chwrs y sioe. Yn 1967 etholwyd Alan Turnbull i'r swydd hon, swydd a ddaliodd hyd y daeth yn llywydd yn 1969, ac wedyn yn gyfarwyddwr rhaglenni hyd at 1990. Yn briodol, rhoddwyd cloc yn adeilad rheoli'r cylch mawr i goffáu'r cymeriad chwedlonol hwn, gŵr a oedd yn enwog am ei synnwyr digrifwch, ei glyfrwch yn tynnu gwynt o hwyliau'r balch, ei gyn-dynrwydd, ei ddiffyg amheuthun o gywirdeb gwleidyddol, ei amharodrwydd i oddef ffyliaid, ei ddawn i fynd o dan groen unrhyw ddadl yn syth, a'i deyrngarwch fel ffrind. Ac ymysg ei ffrindiau roedd John Thomas o Fro Morgannwg, yr oedd ganddo'r fath allu i drafod pobl fel y bu i Turnbull ei wneud yn stiward VIP ar gyfer sioe 1970, ac fe ddaliodd y swydd hon am ddegawdau. Dilynwyd Alan Turnbull fel cyfarwyddwr y sioe yn 1969 gan yr Uwchgapten David Fetherstonhaugh o Blas Cinmel, Abergele, a fu yn y swydd am gyfnod hir tan 1989. Heb sôn am ei ddiddordebau eraill fel ffermwr ymarferol, dyn ei deulu, a chefnogwr brwd i weithgareddau cefn gwlad a rasio ceffylau, roedd yn cadw cysylltiad agos â Chymdeithas Amaethyddol Frenhinol Cymru o'r amser y dewiswyd ef gyntaf gan yr Is-gyrnol FitzHugh fel stiward mynediad yn sioe Caernarfon yn 1952 a daeth i swydd o bwys yn y lle cyntaf fel cyfarwyddwr cynorthwyol anrhydeddus (gweinyddol) y Gymdeithas. Fel cyfarwyddwr y sioe yn rhychwantu 21 o sioeau blynyddol, roedd ei ymroddiad, ei ddawn a'i natur ddigyffro yn gaffaeliadau gwerthfawr er mwyn ymdrin â sioe a oedd yn datblygu'n gyflym ac yn denu nifer gynyddol o ymwelwyr.

Dyfarnwyd iddo Fedal Aur y Gymdeithas yn 1989 fel cydnabyddiaeth o'i wasanaeth eithriadol. Fe'i dilynwyd gan un o ffermwyr defaid amlycaf Prydain, Verney Pugh o Gwm Whitton, Trefyclo, a oedd wedi bod yn gyfarwyddwr cynorthwyol anrhydeddus Adran y Defaid yn Sioe Frenhinol Cymru am nifer o flynyddoedd. Ar ôl pum mlynedd o wasanaeth nodedig yn 1994 daeth yn ei le Harry Fetherstonhaugh, mab yr Uwchgapten David Fetherstonhaugh. Roedd ef eisoes wedi cael profiad helaeth o waith y Gymdeithas, gan gynnwys cyfrifoldeb dros ddiogelwch y maes am dair blynedd yn nechrau'r 1980au; bu'n aelod o'r Pwyllgor Ariannol o 1988; ac yn gyfarwyddwr cynorthwyol y sioe o 1990. Rhoddodd arweiniad creadigol, cadarn a llawn steil wrth wneud ei ddyletswyddau fel cyfarwyddwr sioe o 1994 hyd heddiw.

Cyfryngau cefnogol Fe chwaraeodd un asiantaeth allanol, sef y cyfryngau, ran sylweddol yn hyrwyddo'r Gymdeithas a'i sioe yn Llanelwedd. Yn gyntaf, roedd yn hanfodol i ymgyrch gyhoeddusrwydd y sioe, fel yr oedd yn ddiweddarach i'r Ffair Aeaf. Gwellodd effeithlonrwydd yr adran hon wrth i Michael Creighton Griffiths, rheolwr gyfarwyddwr Creighton Griffiths Advertising, benodi Rob Petersen yn 1974 i gymryd gofal o gyfrif hysbysebu'r Gymdeithas. Drwy hyn sefydlwyd partneriaeth rhwng Cymdeithas Amaethyddol Frenhinol Cymru ac Asiantaeth Petersen, partneriaeth a fyddai'n llwyddiannus iawn hyd heddiw. Yn sicr, roedd yr asiantaeth yn arf i hyrwyddo delwedd ac ymwybyddiaeth y Gymdeithas yng ngolwg y gynulleidfa darged ac i sicrhau bod nifer gynyddol o ymwelwyr, rhai newydd a rhai'n dychwelyd, yn dod i'r sioe bob blwyddyn. Tanlinellwyd pwysigrwydd ymwelwyr newydd yn yr arolwg o fynychwyr yn 1993, lle gwelwyd bod 17 y cant neu 39,000 ohonynt yn y sioe. Hysbysebu ar y teledu, a ddefnyddiwyd am y tro cyntaf yn 1975, oedd yn bennaf cyfrifol am y costau hysbysebu cynyddol, yn codi o £6,000 yn 1976 i £34,000 yn 1994.

Daeth y cyfryngau â digwyddiadau'r sioe i ganol cartrefi nifer o deuluoedd. Gwelwyd sylw'r wasg yn y modd y dychwelai'r gohebyddion, flwyddyn ar ôl blwyddyn, pobl fel Roland Brooks, Leslie Able a Sheila Coleman (y tri o'r *Western Mail*), David Lloyd, John Price, Charles Quant, Barry Alston a Robert Davies. Roedd y lletty cyntaf a gawsant yn Llanelwedd, mewn adeilad pren wrth ochr y bandstand, efallai'n swnllyd ond yn welliant mawr ar y 'cwt ieir' o le yn y sioeau symudol. Yn y blynyddoedd diweddaraf cawsant fwynhau moethusrwydd llawr gwaelod y Pafiliwn Rhyngwladol gan deimlo eu bod yn cael eu gwerthfawrogi gan y Gymdeithas. Cyrhaeddai'r *Western Mail* a'r *Daily Post* gynulleidfa eang a'r un mor werthfawr hefyd oedd cylchgronau amaethyddol yr haf yn y *Western Mail* a gyhoeddid ar ddechrau'r sioe. Adlewyrchir gwerthfawrogiad y Gymdeithas o'r Wasg – cyfnodwyd 112 o gynrychiolwyr yn y swyddfa yn ystod sioe 1982 a 137 yn 1983 – yn y modd yr anrhydeddwyd yr ychydig dethol trwy eu gwneud yn llywodraethwyr am oes, yn cynnwys: Roland Brooks, yn 1992, a oedd wedi adrodd am sioe Llanelwedd o'i chychwyn hyd 1991, a hefyd a fu'n gwasanaethu ar Bwyllgor Golygyddol a Chyhoeddusrwydd y Gymdeithas; gohebydd canolbarth Cymru John Price, yn 1998, a oedd wedi adrodd am 38 o Sioeau Brenhinol Cymru; a David Lloyd, yn 1999, a oedd wedi dechrau ym Margam yn 1959.

Rhoddodd y radio a'r teledu sylw eang i Lanelwedd gyda threigl y blynyddoedd. Wrth edrych yn ôl yn 1976 dros 16 blynedd fel cynhyrchydd amaethyddol yng Nghymru, sylwodd David John fel yr oedd polisi'r BBC wedi newid dros y blynyddoedd, o gyflwyno cwpl o raglenni clodfawr i ddarparu sylw cynhwysfawr erbyn canol y 1970au. Wrth wneud hyn, fe ddatganodd, rhoddai'r BBC yng Nghymru, ar y radio ac ar y teledu, lawer iawn mwy o sylw i Sioe Frenhinol Cymru o gymharu â'r sylw prin a roddid i Sioe Frenhinol Lloegr yn Stoneleigh trwy drosglwyddwyr Lloegr. Roedd y sylw a roddodd ar y radio i sioe 1977 yn fwy nag erioed o'r blaen ac mae'r sylw yn gyson wedi cynyddu hyd heddiw. Sioe Frenhinol Cymru gyntaf Chris Stuart oedd sioe 1987, pan roddodd sylw iddi ar *Good Morning Wales*, ac fe gafodd y Sioe Frenhinol dyngedfennol hon, pan oedd ffermio Cymru ar groesffordd, sylw hefyd gan y cyflwynydd amaethyddol Gaina Morgan. Heb amheuaeth roedd teledu yn well am ddal drama'r digwyddiad a'r wledd i'r llygaid. O 1977 ymlaen daeth y BBC yn fwy gweithredol o safbwynt y sioe drwy drosglwyddo adroddiad byw ar y teledu yn syth o faes y sioe. Gwelwyd ymroddiad pellach y cyfryngau pan ddarlledodd HTV ffilm o'r Gymdeithas yn 1979 o dan y teitl *Beastly Time*. Yn 1988, roedd gan y BBC dîm newydd yn arbenigo ar roi sylw i ddigwyddiadau; roedd hyn yn golygu bod y sioe yn cael mwy o sylw ac fe deledwyd dros 15 awr o'r sioe. Roedd mwy eto i ddod: yn 1989, darparodd BBC Cymru dros 18 awr o raglenni, heb gynnwys y sylw a roddwyd bob nos gan *Wales Today*. Yn 1989, hefyd, darlledwyd o'r sioe yn fyw ar y rhwydwaith am y tro cyntaf ledled y Deyrnas Unedig ar brynhawniau Llun a Mercher. Fodd bynnag, beirniadaeth a gafodd BBC Cymru gan y Gymdeithas yn 1992; bu'n siom fawr na theledodd yn 'fyw' o'r sioe honno, a mynegwyd anghymeradwyaeth o'r dueddfryd drefol ac o'r hyn a ganfyddid fel bychanu'r digwyddiad. Mynegodd y Gymdeithas ei hamheuon am sylw'r wasg i'r sioe, ac am raglenni amaethyddol yn gyffredinol, ar y cyd â Chymdeithas Tirfeddianwyr Cefn Gwlad, Undeb Amaethwyr Cymru, Undeb Cenedlaethol y Ffermwyr a Chlybiau'r Ffermwyr Ifanc i ddirprwyaeth bwerus o BBC Cymru mewn cyfarfod ar faes y sioe yn Ionawr 1993. Ynddo fe gadarnhawyd gan y BBC y byddai'r Uned Wledig ym Mangor yn parhau a honno fyddai'n gyfrifol am ddarlleidiad o'r sioe yn hytrach na'r uned drefol a ddefnyddid yn 1992. Yn anffodus, cyhoeddodd y ddirprwyaeth nad oedd darlleidiad 'byw' i fod o sioe 1993, gan y byddai'n aneconomaidd i'w gynhyrchu mewn Saesneg yn unig gan nad oedd S4C am ddarlledu yn fyw mewn Cymraeg. Er y beirniadwyd y sylw a gafodd sioeau 1993 a 1994 ar deledu'r BBC ar y sail na chynigiwyd unrhyw ddarllediad byw, ei fod yn cymharu'n wael â'r sylw a roddid i'r Eisteddfod Genedlaethol a bod tuedd i roi sylw i eitemau ymylol ar draul cynnwys amaethyddol y sioe, eto dim ond bodlonrwydd a fynegwyd ar y sylw a gafodd digwyddiad 1995 gan deledu BBC, er na welwyd eto sylw 'byw'. Yn y modd y deliodd y Gymdeithas â'r cyfryngau wrth drafod yn y 1990au cynnar, roedd y Gymdeithas yn lwcus iawn o'i Phwyllgor Golygyddol a Chyhoeddusrwydd dan gadeiryddiaeth ddawnus y ffermwr mynydd o Sir Drefaldwyn, John Vaughan, a fu yn y swydd o 1987 hyd 2000.

Peth arall 'allanol' sy'n bwysig o ran cadarnhau'r Gymdeithas yn ei chenhadaeth yw'r gwasanaeth crefyddol a gynhelir ar y Sul cyn agor y sioe. O'i dyddiau cynnar yn Llanelwedd, cynhaliwyd gwasanaeth y sioe yn Eglwys y Santes Fair, Llanfair-ym-Muallt, ac roedd y Gymdeithas yn ddyledus i'r Canon Elwyn John am y croeso a roddai iddynt dros y blynyddoedd. Daeth newid yn 1995 pan gynhaliwyd gwasanaeth ychwanegol ar y Sul – 'Moliant y Maes' – yn yr hwyr ar faes y sioe, ar linellau *Songs of Praise*, a chyfrannwyd yn helaeth at hwn gan y sir nawdd, y flwyddyn honno ac yn y blynyddoedd wedyn.

PENNOD PEDWAR AR DDEG
Gorwelion Ehangach

Ystyrid bod swyddogaeth y Ffair Aeaf, datblygiad pwysig yn Llanelwedd, yn gyffelyb i swyddogaeth sioe'r haf, sef bod yn ffenest siop i dda byw Cymreig. Roedd Llanelwedd yn gyfleuster mor wych a hawdd deall pam roedd y Gymdeithas am weld y lle yn cael ei ddefnyddio ar gyfer mwy nag un digwyddiad o bwys yn ystod y flwyddyn. At hyn, roedd y Gymdeithas yn ymwybodol o lwyddiant cynhyrchwyr Cymru yn yr adrannau byw a charcas yn Sioe Smithfield yn Llundain yn y blynyddoedd diweddar ac yn awyddus i weld Ffair Aeaf y Sioe Frenhinol yn gweithredu fel cam ar y ffordd i gynhyrchwyr a fyddai'n arddangos y gorau o'u cynnyrch ar garreg eu drws. Felly, roedd hyn yn adlewyrchu cymhelliad y sefydlwyr cyntaf yn 1904 wrth iddynt sefydlu sioe genedlaethol ar gyfer Cymru. Wrth groesawu llwyddiant y Ffair

91. Torf fawr o gwmpas y cylch arwerthu yn y Ffair Aeaf, 1991.

Aeaf gyntaf, roedd David Walters yn iawn i ragweld y byddai'n chwarae rhan ddefnyddiol yn y blynyddoedd i ddod wrth hyrwyddo'r diwydiant ffermio yng Nghymru: 'Dyma ddechreuad da i beth fydd heb amheuaeth yn ddigwyddiad blynyddol pwysig yng nghalendr ffermio Cymru.' Ers y ffair gyntaf un-diwrnod a gynhaliwyd yn Llanelwedd ar 27 Tachwedd 1990, mae'r digwyddiad, sy'n cynnwys y goreuon o dda byw, bwyd a chrefftau Cymru, wedi ennill enw fel y digwyddiad gorau yng nghalendr gaeaf y sioeau da byw tewion. Cafodd y sioe newydd hon, y gyntaf o bwys am flynyddoedd lawer ym myd ffermio, gefnogaeth lawn ffermwyr Cymru a thros Glawdd Offa, er gwaethaf yr anawsterau a wynebai'r diwydiant. Roedd y Ffair Aeaf yn adlewyrchu llwyddiant y sioe ei hun o safbwynt yr ysbryd cystadleuol a'r diddordeb brwd a welwyd ymysg cynhyrchwyr da byw. Eto roedd gwahaniaethau dybryd rhwng y ddwy sioe, yn bennaf yn swyddogaeth fasnachol y Ffair Aeaf, a oedd, yn wir, yn sioe fasnach go-iawn. Yn ocsiwn y prynhawn, roedd yr enillwyr yn ymddangos yn y cylch arwerthiant, fel yn Sioe Frenhinol Smithfield, ac yn cael eu gwerthu i'r cynigwyr uchaf.

Noddwyd y digwyddiad hwn ar y cychwyn gan Fanc y Midland a Bibby Agriculture ac yn ddiweddarach gan Midland Agriculture a Dalgety Agriculture ac adlewyrchwyd ei atyniad yn nifer yr ymwelwyr a'r ffeiriau dros y blynyddoedd (record o 9,507 yn 1995 ond record a dorrwyd yn 2001 pan ddaeth 11,417 i'r ffair). Roedd llwyddiant i'w weld hefyd yn y ffigurau cynyddol o gystadleuwyr da byw o ffermydd ledled Cymru a'r gororau, y nifer cynyddol o stondinau masnach prysur a'r cynigion uchel am brif bencampwr y gwartheg. Fel mewn digwyddiadau tebyg, gwelwyd datblygiadau newydd a gwelliannau dros y blynyddoedd; mor gynnar â 1992 bu cyflwyno'r Neuadd Fwyd newydd, a drefnwyd gan Flas ar Gymru, yn caniatâu ehangu ymhellach; a chyda Ffair Aeaf 1999 yn cael ei threfnu o gwmpas y Ganolfan Arddangos newydd ei hagor cafodd yr achlysur ddimensiwn newydd yn ogystal â mwy o ofod a hyblygrwydd. Yn wir, heb y ganolfan buasai yr unfed ffair ar ddeg yn 2000 wedi bod yn drychineb gan mor ofnadwy oedd y tywydd. O ganlyniad i lwyddiant y fenter roedd y Ffair Aeaf, am y tro cyntaf, yn para am ddau ddiwrnod yn Rhagfyr 2002.

Gellid priodoli llawer o lwyddiant y fenter newydd i Verney Pugh, y cyfarwyddwr, a Derick Hanks, cadeirydd y pwyllgor a ddaeth yn gyfarwyddwr ar ymddeoliad Mr Pugh wedi sioe 1996, pan ddaeth George Hughes ato fel y cadeirydd newydd. Personoliaethau allweddol eraill oedd (cyn ei farwolaeth yn 1994) Winston Bowen, un o symbylwyr y Ffair Aeaf, a Patrick Tantrum, prif stiward y gwartheg. Roedd sefydlu'r Ffair Aeaf yn garreg filltir go-iawn yn hanes datblygiad y Gymdeithas. Yng nghanol yr anawsterau a wynebai holl sectorau'r fasnach gig, yn arbennig yng Nghymru, bu'r ffair yn fodd o ysgogi ymwybyddiaeth y cyhoedd o'r sialensiau hyn, a chynnig llwyfan ar gyfer ffermio yng Nghymru lle y gellid arddangos y gorau o'r cynnyrch amaethyddol. Fe ddaeth hefyd yn atyniad masnachol mawr i brynwyr. Yn sicr bu'n gymorth i gryfhau hunanhyder y diwydiant ac fe weithredodd fel catalydd i brisiau gwell ymysg y da byw Cymreig.

Gwelwyd gorwelion y Gymdeithas yn lledaenu'n fwy fyth yn ystod ei bodolaeth yn Llanelwedd, fel y daeth i gynrychioli llawer mwy na'r sioe flynyddol ac, yn ddiweddar, y Ffair Aeaf. Cychwynnwyd nifer gynyddol o ddigwyddiadau a chystadlaethau y tu allan i'r sioe, trefnwyd nifer o gynadleddau a seminarau ac ymgynghorwyd â'r gymdeithas yn amlach gan y Swyddfa Gymreig a'r Weinyddiaeth Amaeth, Pysgodfeydd a Bwyd gynt parthed materion perthnasol i'r diwydiant ffermio. Yn arwyddocaol, dim ond pan ddechreuodd y sioeau wneud elw o ganol y 1970au ymlaen y daeth y Gymdeithas i gael y cyfleusterau ar y safle a'r adnoddau er mwyn hyrwyddo ei nodau a'i hamcanion yn ôl ei herthyglau cwmni.

Yn y blynyddoedd cynnar yn Llanelwedd, prin oedd y defnydd a wnaed o faes y sioe ar gyfer gweithgareddau y tu allan i'r sioe, ond gwelwyd y sefyllfa yn gwella o 1973 ymlaen pan gynhaliwyd yn Llanelwedd dri digwyddiad a ddaeth yn ddigwyddiadau blynyddol, sef sioe Clwb Cynel Cymru a oedd newydd ei sefydlu, Sioe Geffylau Un-diwrnod y Sioe Frenhinol – gyda chefnogaeth Cymdeithas Ceffylau Prydain – a threialon rhanbarthol Pencampwriaethau'r Tywysog Philip ar gyfer Merlod. Yn 1980 cynhaliwyd Ffair Fasnach Cymru (Cyngor Crefftau Cymru) yn Neuadd Arddangos De Morgannwg am y tro cyntaf, ar ôl bod yn flaenorol yng Ngwesty'r Metropole yn Llandrindod. Gymaint oedd y datblygiadau fel, erbyn 1982, roedd y rhestr ddigwyddiadau y tu allan i'r sioe, yn faith ac yn amrywiol. Yn y flwyddyn honno'n benodol gwelwyd cynnydd amlwg yn y galw gan arwerthwyr lleol am gael cynnal arwerthiannau amrywiol yn cynnwys peiriannau, da byw a dodrefn. O safbwynt niferoedd, cynhaliwyd mwy na 60 o ddigwyddiadau yn 1983 ar faes y sioe a olygai fod y cyfleusterau gwahanol yn cael eu defnyddio am 120 o ddyddiau ac yn cynhyrchu incwm rhent o £30,000. Roedd y rhain yn cynnwys digwyddiadau mawr megis lletya 2,500–3,000 o bobl yn ystod Wythnos y Beibl yng Nghymru; Sioe Bencampwriaeth Clwb Cynel Cymru; digwyddiad chwe diwrnod Auto Enduro ym mis Hydref; Ffair Grefftau Cymru; Arddangosfa 'Busnes i Fusnes' Canolbarth Cymru; a llawer o arwerthiannau da byw, peiriannau, hen bethau a dodrefn. O bwys yn eu mysg roedd Arwerthiant Hyrddod y Gymdeithas Ddefaid Genedlaethol a sefydlwyd yn 1978 gan Verney Pugh a datblygodd arwerthiant hyrddod Cymru a'r gororau a gynhelid yn Llanelwedd ym Medi i fod yr arwerthiant hyrddod mwyaf a gofnodir yn y Deyrnas Unedig. Roedd llwyddiant yr arwerthiant hwn gymaint fel y penderfynodd Pwyllgor Arwerthiannau Hyrddod Cymru a'r Gororau gynnal arwerthiant hyrddod cynnar newydd yn

Llanelwedd yn 1989 ar gyfer diadelloedd wyna cynnar. Yn 1985 gwelwyd yr arwerthiant cyntaf o wartheg Duon Cymreig ar faes y sioe, ac yn Nhachwedd 1991 daeth sioe aml-frîd hydref ac arwerthiant gwartheg bîff pedigri i'r safle am y tro cyntaf. Yn ogystal â chroesawu Pencampwriaeth y Merlod Cymreig o 1973 ymlaen, daeth Pencampwriaethau Timau Merlod Rhyngwladol i faes y sioe yn Awst 1990, gan wthio enw Cymru a'i merlod i'r rheng flaen. Daeth y digwyddiad pwysig hwn i Lanelwedd drwy ddyfalbarhad ffermwr o Randirmwyn, Will Jones, cadeirydd pwyllgor Cymru o Gymdeithas Merlod Arddangos Prydain.

Gwelsom yn gynharach yn y gyfrol hon fod cystadlaethau allanol, y tu allan i'r sioe wedi eu cynnal gan y Gymdeithas cyn 1963 er mwyn cyflawni ei phrif amcan o hyrwyddo amaethyddiaeth, garddwriaeth a choedwigaeth, yn arbennig yng Nghymru a Sir Fynwy, ac i ddatblygu ymchwil gwyddonol cysylltiedig ag amaethyddiaeth a choedwigaeth. Ymysg y cystadlaethau hyn roedd Cystadleuaeth Coetiroedd a Phlanhigfeydd (o 1950), Cystadleuaeth Diadelloedd Mynydd Rhyng-Sirol (o 1955), Cystadleuaeth Ailgynllunio Ffermdy a'r Adeiladau Cysylltiedig (o 1956), Cystadleuaeth Medal Arian y Gymdeithas ar gyfer peiriannau ac offer sy'n debyg o hwylusu ffermio uwchdir Cymru, a hefyd, o 1957, Tlws D. Alban Davies, ac, o 1961, Cystadleuaeth Cynnal a Chadw Peiriannau Fferm a Thlws D. Walters Davies. Yn 1962 trefnwyd Gornest Aredig a Chodi Gwrychoedd Cymru Gyfan – a ddaeth i fod yn 1959 – gan ysgrifenyddiaeth Cymdeithas Amaethyddol Frenhinol Cymru. Ac mae prif wobr y Gymdeithas a ddyfernir yn gyson ers 1957, sef Gwobr Syr Bryner Jones, yn parhau hyd heddiw.

Newidiwyd rhai o'r cystadlaethau hyn yn ddiweddarach a chyflwynwyd rhai newydd ar ôl y symud i Lanelwedd. Yn 1963 felly cyhoeddwyd cystadleuaeth newydd, Cystadleuaeth Adeiladau a Gweithdai Fferm, addasiad o'r un yn 1956, a hefyd un arall newydd o dan y teitl Gwobr Medal Arian y Gymdeithas am Beiriannau neu Offer Newydd neu Addasiadau, a oedd yn ddilyniant i gystadleuaeth y Fedal Arian yn flaenorol ar gyfer peiriannau newydd ac yn cynnig gwobr mewn arian i 'ddylunydd gwreiddiol' yr offer llwyddiannus a ddewiswyd. Yn 1971 daeth Cystadleuaeth Ffermio Tir Glas, a drefnwyd gan Ffederasiwn Cymdeithasau Tiroedd Glas Cymru ar y cyd â Chymdeithas Amaethyddol Frenhinol Cymru, gyda'r bwriad o hybu rheolaeth a defnydd o laswellt a'i gyfraniad i economi ffermio. Yn 1983 gwelwyd cyflwyno Gwobr Meuric Rees i Ofalwyr Cefn Gwlad fel cydnabyddiaeth i ffermwyr a ofalai'n gyson am y tirlun a'r bywyd gwyllt wrth gynhyrchu bwyd, er daeth hon i ben yn 1992 gan fod Cyngor Cefn Gwlad Cymru (cyd-drefnydd gyda'r Gymdeithas Amaethyddol Frenhinol) yn barnu nad oedd hyn yn addas ddim mwyach, gan fod agweddau ar gadwraeth wedi newid yn sylweddol. Fodd bynnag, cyd-drefnodd y ddau gorff Wobr

Amaeth-amgylcheddol am 1998–2002. Yr un pryd daeth i ben Gystadleuaeth y Fferm Lân a Thaclus a drefnwyd fel rhan o Ymgyrch Cadw Cymru'n Daclus yn 1998, ond cyflwynwyd themâu penodol yng Nghystadleuaeth Adeiladau a Gweithdai Fferm yn 1999. Cynhaliwyd Cystadleuaeth Torri Coed y Sioe Frenhinol am y tro cyntaf yn 1989, gyda'r amcan o hybu agweddau diogelwch wrth ddefnyddio llif gadwyn. Roedd y gystadleuaeth hon yn flynyddol ym Mehefin mewn coetiroedd bob yn ail yng ngogledd a de Cymru.

Mae'n debyg mai ym myd peiriannau y gwelwyd yr addasu mwyaf trylwyr mewn unrhyw grŵp o gystadlaethau. Ar ôl sawl ymgais aflwyddiannus i wneud i hen gynllun Gwobr y Fedal Arian weithio, penderfynodd y Gymdeithas, yn 1989, ddechrau o'r newydd drwy beidio â chyfeirio o gwbl at arian nac aur a rhoi yn ei le Wobr Tlws D. Alban Davies – a gyflwynwyd i'r Gymdeithas yn 1957 – am 'y peiriant, teclyn neu ddyfais sy'n debygol o fod o'r budd mwyaf i ffermio uwchdir Cymru'. Nodwedd newydd o'r agwedd arloesol hon ar gystadleuaeth beiriannau oedd yr amod nad oedd angen ceisio ymlaen llaw, a'r beirniaid o hyn ymlaen i ymweld â phob stondin briodol, i ddewis y darn o offer a fyddai yn eu barn hwy o'r budd mwyaf i ffermwyr Cymru. Daeth mwy o addasu unwaith eto yn 1998 pan gynigiwyd y wobr am 'ddyfeisiau yn debygol o fod o fudd i ffermio Cymru'n gyffredinol',

Fel y cadarnhawyd gan bwyllgor *ad hoc* o'r Gymdeithas yn 1971, roedd effaith yr adrannau arbenigol hyn ar ffermio yn sylweddol, gan fod disgwyl eiddgar am ymweliad y beirniaid perthnasol yn ogystal ag am eu hadroddiadau wedyn, nid yn unig ymysg y ffermwyr a'r stadau cysylltiedig, ond hefyd gan y rhai a oedd fwyaf cysylltiedig â'r pwnc dan sylw. Hefyd, os oedd yn bosibl, cynhaliwyd arddangosiadau yn dilyn y gwobrwyo ac roedd hyn yn fodd o hybu cysylltiadau cyhoeddus da gyda'r ffermwyr, yn arbennig gyda'r rhai yn byw ymhell o'r safle parhaol. Yn ogystal, bron ym mhob un o'r cystadlaethau, gwneid cysylltiad uniongyrchol â nifer fawr o aelodau'n ymwneud â'r pwnc ac, yn wir, â nifer o sefydliadau a diddordeb ganddynt yn y fath gystadleuaeth, er enghraifft Cymdeithas y Defaid Mynydd Cymreig, Adran Dda Byw y Weinyddiaeth a Cholegau'r Brifysgol yn achos Cystadleuaeth Diadelloedd Mynydd. Roedd ennill y cystadlaethau hyn yn dod â chydnabyddiaeth a statws; ac yn y cyswllt hwn, enillodd neb fwy o anrhydedd na David a Gwen Davies, yn ffermio Gwarffynnon, Silian, ger Llanbedr Pont Steffan, a aeth â holl brif wobrau Cymdeithas Amaethyddol Frenhinol Cymru – ar wahân i wobrau myfyrwyr – rhwng 1984 a diwedd y ganrif.

Yn 1954 dechreuodd y Gymdeithas drefnu cynadleddau i drafod materion o bwys ynglŷn ag amaethyddiaeth Cymru, ac fe gadwyd at y flaenoriaeth hon drwy gydol blynyddoedd Llanelwedd. Un gynhadledd o'i bath oedd yr un yn Llandrindod yn Nhachwedd 1969 mewn ymateb i bryder mawr ffermwyr defaid Cymreig am y tueddiadau yn eu diwydiant, gan eu bod yn wynebu gostyngiad mawr a chyflym yn nifer eu defaid. Disgrifiwyd y cyfnewid barn a ddigwyddodd ymysg bugeiliaid, ffermwyr, arwerthwyr, cigyddion a chynghorwyr y Weinyddiaeth – yn enwedig Emrys Jones, a oedd yn ŵr dylanwadol – am ddyfodol y diwydiant defaid yng Nghymru, gan y gohebydd amaethyddol Charles Quant yn y *Liverpool Daily Post*, fel 'cynhadledd unigryw a hanfodol' ac fe dalodd deyrnged i 'ddoethineb gwleidyddol' Cymdeithas Amaethyddol Frenhinol Cymru yn trefnu'r cynulliad hwn. O ddiwedd y 1980au ymlaen roedd y Gymdeithas hefyd yn ymwneud llawer â dwy gynhadledd y flwyddyn, sef, Cynhadledd Rhagolygon Amaethyddiaeth Cymru (o 1988), wedi'i threfnu a'i noddi gan y Gymdeithas, Gwasanaeth Cynghori Datblygiad Amaethyddol (ADAS), Cymdeithas Rheoli Fferm Cymru a Banc y Midland; a Chynhadledd Ffermio Cymru (o 1987), wedi'i threfnu ar y cyd gan Goleg Amaethyddol Cymru a Chymdeithas Amaethyddol Frenhinol Cymru a'i noddi gan Fanc y Midland. Roedd y gynhadledd olaf hon yn nwylo sir nawdd y Sioe Frenhinol ac yn cael ei chynnal ar y nos Fercher gyntaf yn Nhachwedd. Roedd pob cynhadledd yn adlewyrchu ffermio'r ardal honno, er enghraifft, thema Cynhadledd Ffermio Cymru a gynhaliwyd yn Hwlffordd ar 7 Tachwedd 1990 oedd 'Marchnata Llaeth – Cyfnod Newydd'. Fodd bynnag, pan benderfynodd Sefydliad Astudiaethau Gwledig Cymru a'r prif noddwr, Banc y Midland, fod y digwyddiad hwn wedi chwythu ei blwc, daeth Cynhadledd Ffermio Cymru i ben ar ôl 1997. Roedd y Gymdeithas hefyd yn noddi cynadleddau unigol, er enghraifft Cynhadledd Laeth y Gymdeithas Frenhinol a Banc Lloyds yn Llanelwedd yn Nhachwedd 1993.

Roedd y Gymdeithas yn rhoi sylw arbennig, hefyd, fel rhan hanfodol o'i chenhadaeth i hyrwyddo amaethyddiaeth Cymru, i drefnu arddangosiadau a dyddiau agored naill ai ar y maes ei hun neu mewn amrywiol gyrchfannau ar draws Cymru, a hyn yn aml mewn cydweithrediad â chyrff eraill megis y Gwasanaeth Cynghori Amaethyddol Cenedlaethol ac ADAS. Yn ychwanegol, gan fod llawer o ffermwyr yn byw ymhell o Lanelwedd – a nifer gynyddol ohonynt ers y 1960au yn rhedeg unedau un-dyn – ni fedrent fforddio'r amser i ymweld â'r sioe, ac felly roedd cynnal yr arddangosiadau ymarferol hyn ar safleoedd yn bell o faes y sioe yn fodd i aelodau a ffermwyr eraill deimlo eu bod yn perthyn i'r Gymdeithas. Yn 1973 gwelwyd arddangosiad tir-glas arbennig yng Ngelli-aur, Sir Gaerfyrddin, wedi'i threfnu ar y cyd gan awdurdodau Gelli-aur, Cymdeithas Amaethyddol Frenhinol Cymru ac ADAS, ac fe ddenodd dyrfa o dros 3,000. Gwelwyd arddangosiad llwyddiannus arall, diolch i garedigrwydd Mr Pugh a Mr Morgan a'u teuluoedd, ar ffurf diwrnod agored ar y cyd â Chymdeithas Amaethyddol Frenhinol Lloegr, ym Mai 1976, yng Nghwm Whitton a Nantygroes Isaf (Sir

Faesyfed). Hynod o lwyddiannus ac yn hir yn y cof oedd y digwyddiad dau-ddiwrnod cyntaf i'w neilltuo'n gyfan gwbl i ffermwyr uwchdir Prydain, ar 4–5 Mehefin 1986, ar stad y Rhiwlas, y Bala, drwy garedigrwydd y perchennog, Robin Price, ac un o'i denantiaid, Gwynn Lloyd Jones. Fe'i trefnwyd gan y Gymdeithas a rhanbarth Cymru o ADAS mewn cydweithrediad â *Farmers Weekly* a Chymdeithas Defaid Genedlaethol. Roedd yn ddigwyddiad cynhwysfawr ac yn sicr o fudd i berswadio llawer fod gan y Gymdeithas ran ddefnyddiol i'w chwarae fel trefnydd digwyddiadau amaethyddol cenedlaethol y tu allan i'r sioe. Fel y soniwyd hefyd, roedd arddangosiadau weithiau yn cael eu cynnal wrth i'r Gymdeithas wobrwyo enillwyr gwahanol gynlluniau, er enghraifft y rhai a gynhaliwyd ar 1 Rhagfyr 1970 ar ffermydd Tŷ Newydd, Carrog, a Thynllechwedd, Gwyddelwern, sef y ddau gynllun a ddaeth yn gyntaf ac yn drydydd yng Nghystadleuaeth Adeiladau a Gweithdy Fferm.

Roedd yn bolisi cyson gan y Gymdeithas i gynorthwyo sefydliadau eraill a rannai'r un nodau ac amcanion, fel er enghraifft y modd y bu ysgrifenyddiaeth y Gymdeithas yn brysur yn helpu'r cymdeithasau brîd cyn 1963. Fodd bynnag, yn union cyn y symud i'r safle parhaol trosglwyddwyd Cymdeithas Bridwyr Defaid Hanner-ach Gymreig o ddwylo Cymdeithas Amaethyddol Frenhinol Cymru i Gymdeithas Sefydliadau Amaethyddol Cymru, yn Aberystwyth (sefydlwyd yn 1922). Roedd hyn yn angenrheidiol drwy fod y Gymdeithas Amaethyddol Frenhinol Cymru wedi penderfynu cofrestru o dan Ddeddf Elusennau 1960 ac felly ni allai mwyach ddarparu gwasanaeth ysgrifenyddol i fentrau masnachol. Y flwyddyn ddilynol, hefyd, gwelwyd Cymdeithas y Merlod a'r Cobiau Cymreig yn profi yr hyn a elwir yn 'wahanu cyfeillgar' drwy adael ysgrifenyddiaeth y Gymdeithas Frenhinol a dychwelyd i Aberystwyth. Fe'i beirniadwyd am hyn gan Austin Jenkins, a ystyriai hyn fel rhwystr i nod Cymdeithas Frenhinol Cymru o ddatblygu Llanelwedd fel canolfan amaethyddol Cymru. Er bod Cymdeithasau'r Moch Cymreig, y Defaid Hanner-ach Gymreig a'r Merlod a'r Cobiau Cymreig wedi torri eu cysylltiadau felly erbyn 1964, roedd y Gymdeithas Frenhinol fodd bynnag yn dal i wneud gwaith ysgrifenyddol i Gymdeithas y Defaid Mynydd Cymreig, Cymdeithas Aredig Cymru a Phwyllgor Allforio Da Byw Cymru. Fel yn y cyfnod cyn 1963, roedd cost darparu'r cyfleusterau hyn yn dal i achosi pryder, fel erbyn diwedd y 1960au, fe geisiodd y Gymdeithas berswadio Cymdeithas y Defaid Mynydd Cymreig i dalu mwy am y gwasanaethau roedd yn eu cael.

Cyfrifoldeb pwysicach fyth y Gymdeithas fel corff annibynnol yng Nghymru oedd ei rhan yn llunio barn awdurdodol ar ddogfennau ymgynghorol y diwydiant a ddeuai iddi oddi wrth y Weinyddiaeth Amaeth, y Swyddfa Gymreig ac asiantaethau amgylcheddol. Yn dilyn clwy'r traed a'r genau yn 1968 cyflwynwyd memorandwm ar y clwyf i Bwyllgor Northumberland gan banel *ad hoc*, o dan gadeiryddiaeth F. V. John, prif swyddog milfeddygol y Gymdeithas. Roedd y Gymdeithas yn falch o weld bod y farn a fynegwyd ganddi hi bron yn union yr un fath â phrif argymhellion y pwyllgor. Tua'r un pryd hefyd, paratôdd paneli arbenigol y Gymdeithas ymatebion fel y gofynnwyd iddi, i'r Weinyddiaeth Amaeth ar bynciau megis 'Trwyddedu Teirw Cenhedlu' a 'Tystiolaeth yn ymwneud â Phroffesiwn y Milfeddygon'. Erbyn y 1990au ymgynghorwyd fwy nag erioed â'r Gymdeithas ac fe gafodd wasanaeth clodwiw wrth baratoi ei hadroddiadau yn enwedig gan Bill Radcliffe, Robin Gill a Cyril Davies.

Er bod y Gymdeithas bob amser yn ofalus i warchod ei safiad a'i chyfrifoldeb fel corff annibynnol ac anwleidyddol, bu'r amodau geirwon a wynebai ffermwyr Cymru yn niwedd y 1990au, yn ddigon i wneud i'r Cyngor, yn Rhagfyr 1997, weiddi'n groch am i'r llywodraeth weithredu er mwyn datrys argyfwng clefyd y gwartheg gwallgof (BSE). Wrth wneud hyn roedd yn cefnogi galwadau tebyg a ddeuai o du undebau'r ffermwyr a chyrff eraill yng Nghymru. Meddai Meuric Rees, cadeirydd y Cyngor, yn ddi-wyro:

Nid yw'r sioe Frenhinol Gymreig fel y cyfryw yn lobi wleidyddol ond rydym am i'n cefnogwyr a'n haelodau wybod ein bod yn eu cefnogi i'r carn os ydynt yn ceisio denu sylw'r cyhoedd i'r hyn sy'n digwydd neu os ydynt yn gweithredu fel arweinwyr ein diwydiant ac yn crefu ar yr awdurdodau i ddatrys y sefyllfa.

Yr un modd a'r un mor gadarn, lleisiodd Dr Emrys Evans, cadeirydd y Bwrdd, ei farn yng nghyfarfod cyffredinol blynyddol 2000 fod gan y Gymdeithas ddyletswydd i gofnodi ei hanniddigrwydd am gyflwr y diwydiant a'i hofnau dwfn am y dyfodol. Mynegodd wrth yr aelodau a oedd yn bresennol, fod yr un agwedd gadarnhaol yn cael ei hadlewyrchu yn yr ohebiaeth ddiddiwedd gydag aelodau'r llywodraeth a'r Cynulliad Cenedlaethol ac yn yr ymrwymiad cynyddol i ddigwyddiadau a seminarau a drefnwyd gan y Cynulliad ac asiantaethau perthnasol eraill. Un mater ymysg nifer a restrwyd gan Dr Evans ac a gefnogwyd gan y Bwrdd oedd yr ymgyrch i atal y lladd-dai bychain rhag cael eu cau oherwydd costau didrugaredd gwasanaeth arolygu glanweithdra cig.

Roedd y Gymdeithas wedi bod yn ymwybodol dros y rhan fwyaf o'i hanes o bwysigrwydd y *Cylchgrawn* fel ffordd dda o gadw ei haelodau mewn cysylltiad â'i gweithgareddau ac fel modd o gyflwyno gwybodaeth ddef-nyddiol ar faterion yn ymwneud â ffermio yng Nghymru. Serch hynny, roedd adegau stormus wedi bod o 1963 hyd at 1979. Roedd rhai aelodau o'r Gymdeithas o blaid diddymu'r cylchgrawn yn 1964 oherwydd sefyllfa ariannol anfoddhaol, gan fod cost ei gyhoeddi a'i ddosbarthu wedi cyrraedd

£921 yn 1962. At hyn, yn ôl pob golwg, doedd fawr neb yn poeni am ei ffawd. Fodd bynnag, fe lwyddodd Dr Richard Phillips, gyda chefnogaeth yr Athro White a'r Anrhydeddus Islwyn Davies i berswadio aelodau'r Pwyllgor Cyllid i agor llinynnau eu pwrs. Yn 1965 gwelwyd newid yn ffurf y *Cylchgrawn* mewn ymateb i'r cynnydd sydyn mewn aelodaeth. Newidiwyd y teitl yn *Royal Welsh Journal* ac roedd tair cyfrol denau yn ymddangos yn flynyddol, yn Ionawr, Mehefin a Hydref yn eu tro. O hyn ymlaen ni chyhoeddid erthyglau yn ymwneud ag agweddau hanesyddol a gwyddonol ar amaethyddiaeth Cymru, yn rhannol, mae'n sicr am y gellir bellach gael yr wybodaeth ddiweddaraf ar dechnegau ffermio o'r wasg ffermio genedlaethol. Yn hytrach, roedd y pwyslais yn awr ar gyflwyno delwedd y gymdeithas i'r gymuned yn gyffredinol er mwyn denu pobl i'r sioe. Ond cymaint oedd colledion ariannol blynyddol y Gymdeithas o hyd fel, yn Nhachwedd 1966, y mynegodd yr Is-gyrnol FitzHugh yn bendant na fyddai unrhyw arian ar gael at gyhoeddi'r flwyddyn ddilynol, a byddai'r cyfnodolyn yn goroesi o hyn ymlaen drwy ei gyhoeddi ddwywaith y flwyddyn yn unig – un yn flynyddol ac un ar adeg y sioe – a hynny drwy grant o £250 y flwyddyn gan y Foneddiges Roberts. Roedd y cyfyngiadau ariannol hyn i barhau am amser a dim ond yn 1979 y gwelwyd golau ar fryn pan ymddangosodd argraffiad y gwanwyn o'r *Cylchgrawn* ar ei newydd wedd. Cytunodd y Bwrdd o weld yr ymateb ffafriol a roddodd yr aelodau i'r cyhoeddiad mwy sylweddol hwn, y dylai cyhoeddiad y sioe fod yn yr un diwyg. Roedd y rhifyn arbennig ar gyfer y sioe yn 1987 i ddathlu'r 25 mlynedd cyntaf yn Llanelwedd mor ddeniadol fel yr argymhellwyd bod y Gymdeithas yn cyhoeddi un rhifyn o safon uchel unwaith y flwyddyn yn hytrach na'r ddau rifyn ar gyfer y gwanwyn a'r sioe. Ond daeth argyfyngau ariannol unwaith eto i'r wyneb yn 1994, fel y bu'n rhaid cwtogi maint y cylchgrawn, ond y tro hwn heb amharu ar ei safon, o dan olygyddiaeth abl John Kendall. Roedd yn llwyddiant oherwydd ei ddiwyg deniadol, moethus a'i gynnwys bywiog yn llawn o weithgareddau a phersonoliaethau'r Gymdeithas, a'i doreth helaeth o luniau, heb sôn am y modd llwyddiannus y cymathwyd y ddwy iaith yn yr eitemau. Roedd y nodweddion hyn yn sicrhau ei lwyddiant ac edrychai'r aelodau arno fel cynrychiolaeth fywiog o'u sefydliad.

92. John Kendall, ymgynghorydd cysylltiadau cyhoeddus i'r Gymdeithas o'r 1970au hyd heddiw.

EPILOG
Edrych yn Ôl ac Ymlaen

'**M**ynd i'r gwellt a wna'r sioe hon sydd i fod ar gyfer yr holl fydysawd.' Dyma oedd broffwydoliaeth John Gibson pan ysgrifennodd yn Chwefror 1904. Ond yn ffodus nis gwireddwyd. Ym mlwyddyn ei chanmlwyddiant mae gan y Gymdeithas lawer i'w ddathlu. Nid y lleiaf o'i chyflawniadau yw'r ffaith iddi lwyddo i daclo'r broblem ddi-baid o gael lleoliad addas ar gyfer ei sioe flynyddol. Roedd hon yn sialens hynod o anodd o gofio natur tirwedd Cymru. Am ychydig o flynyddoedd yn unig y bu'r sioe yn Aberystwyth, cyn i'r Gymdeithas benderfynu, gan ymateb i deimladau dyfnion iawn ymhlith ei charedigion, y dylai'r sioe symud rhwng canolfannau yn y gogledd a'r de os oedd am fod yn un wirioneddol 'genedlaethol', ac felly fe dorrwyd ei chysylltiad â'r gyrchfan glan-y-môr yn 1910. Hyd at ddechrau'r 1960au, ystyriwyd y sioeau peripatetig hynny – 37 ohonynt i gyd – fel y ffordd fwyaf boddhaol o wasanaethu'r gymuned ffermio yng Nghymru, ond o hynny ymlaen oherwydd costau cynyddol y sioe a'r ffaith fod yr ymwelwyr yn disgwyl cael cyfleusterau sylfaenol o safon, doedd gan y Gymdeithas ddim dewis ond penderfynu ar safle parhaol. Hefyd, er yr holl ymdrechion i wneud y sioe yn ddigwyddiad cenedlaethol, roedd llawer yn dal i'w hystyried yn ddim mwy na sioe ar gyfer gogledd Cymru un flwyddyn a de Cymru y flwyddyn nesaf, ac roedd y math hwn o agwedd yn peri mai siomedig oedd nifer y tanysgrifiadau aelodaeth a'r cystadleuwyr. Credid mai'r unig ffordd i gynyddu aelodaeth oedd drwy symud i safle parhaol.

Er mai Aberystwyth oedd y dewis cyntaf ac er i drefi eraill yng nghan-olbarth Cymru gael eu hystyried hefyd, roedd y penderfyniad i ffafrio Llanelwedd yn ddewis doeth. Er bod nifer yn teimlo'n gryf mai Aberystwyth oedd gwir 'gartref' y sioe yn hanesyddol, ar wahân i ddiffyg safle addas ar gyfer y sioe yn y dref honno ac nid oedd hi'n ddigon canolog, ac anodd credu y buasai'r nifer o gystadleuwyr o Loegr a ddeuai i Lanelwedd wedi teithio ymhellach i'r gorllewin i Aberystwyth. Fel safle parhaol, roedd lleoliad Llanelwedd gystal ag unrhyw fan arall yng Nghymru; roedd yn rhesymol ganolog i weddill Cymru ac yn hygyrch o ochr arall y ffin. Gellid dadlau mai Aberystwyth fyddai'r ganolfan orau ar gyfer safle barhaol i'r Eisteddfod Genedlaethol. Er, wrth gwrs, roedd yr Eisteddfod i aros yn symudol, ac mae'n ddiddorol nodi bod ei chynrychiolwyr yn hwyr yn y 1950au, yn cynnwys y

Prifathro Thomas Parry o Goleg Prifysgol Cymru, Aberystwyth, wedi cyfarfod â chynrychiolwyr y Gymdeithas yng nghartref yr Anrhydeddus Islwyn Davies yn Sir Drefaldwyn, i drafod y posibilrwydd o gydweithio ar gyfer chwilio am safle parhaol. Trafodwyd y syniad o ffurfio cwmni i brynu dwy fferm, un yn y de rhwng Port Talbot a Phen-y-bont ar Ogwr, a'r llall yn y gogledd ar hyd yr arfordir, gyda'r bwriad o'u datblygu i lwyfannu'r Eisteddfod a'r sioe, yr olaf i'w chynnal un flwyddyn yn y gogledd tra byddai'r Eisteddfod yr un pryd yn y de, ac i'r gwrthwyneb y flwyddyn ddilynol.

Er i drafodaethau am ddiffyg apêl y safle newydd a'r fantais bosibl a ddeuid o ddewis maes newydd i'r sioe flino blynyddoedd cynnar y Gymdeithas yn Llanelwedd, roedd gwariant cynyddol y cyfalaf yn Llanelwedd yn golygu bod symud i fan arall yn mynd yn llai a llai tebygol. Roedd angen ar frys argyhoeddi'r cyhoedd fod y Gymdeithas yno i aros, a datganiad pendant i'r perwyl hwn oedd adeiladu'r prif stand erbyn sioe 1980. Bu hyn yn fodd i bobl y gogledd dderbyn fod y safle yn un parhaol. Mor llwyddiannus fu'r maes parhaol hwn yn denu'r tyrfaoedd fel fod pobl fel yr Arglwydd Gibson-Watt yn cofio er mawr ddifyrrwch iddo, pan oedd yn gadeirydd y Cyngor, fod ymwelydd wedi dod ato mewn sioe boblog a gofyn: 'Pam na orfodwch chi drafnidiaeth un-ffordd yma?'

Gall y Gymdeithas fod yn falch hefyd o'r ffordd y daeth yn gorff ffyniannus, er gwaetha'r tro anffodus a ddeilliodd o glwy'r traed a'r genau yn 2001. Gwireddwyd hyn er gwaethaf ffactorau croesion megis cenfigen gynnar cymdeithasau amaethyddol lleol, tywydd gwael yn difetha sioeau, costau cynyddol llwyfannu'r sioe, ac aelodaeth wasgaredig ddiegni, a hynny oherwydd bod y Gymdeithas, yn ystod blynyddoedd anodd yn ariannol, wedi bod yn fodlon cyfyngu ar ei gweithgareddau ym mhob cyfeiriad posibl. Bu gan y system unigryw o siroedd nawdd, ran arbennig o bwysig i sicrhau'r cyllid angenrheidiol i ddatblygu Llanelwedd, system a oedd yn ennyn cenfigen cymdeithasau amaethyddol mawr eraill o fewn y Deyrnas Unedig. Roedd y ffaith hefyd nad oedd y Gymdeithas fel elusen, yn gorfod talu treth, yn egluro llwyddiant y Gymdeithas yn ei chyfnod yn Llanelwedd. Dylanwad o bwys arall drwy gydol yr amser, fu'r ymroddiad a'r gwasanaeth diflino, bron i gyd yn wirfoddol, a gafodd y gymdeithas gan ei swyddogion a'i stiwardiaid. Yn y cwswllt hwn mae'n deg cydnabod y rhan hanfodol a chwaraeodd yr hen deuluoedd o uchelwyr Cymreig yn sefydlu'r Gymdeithas yn 1904 a'r gwasanaeth a roddwyd iddi gan amryw o'u disgynyddion dros y can mlynedd cyntaf o'i hanes. Drwy eu hymdrechion yn 1904, llwyddwyd i leddfu rhai o'r cwynion yn eu herbyn ar y pryd gan ambell garfan yng Nghymru, sef eu bod yn ddylanwad niweidiol ar ddatblygiad Cymru wledig. Mewn ysgrif o dan y teitl 'O Aberystwyth i Fachynlleth' a gyhoeddwyd yn 1954, meddai aelod blaengar y Gymdeithas, y Dr Richard Phillips: 'Gwnaent eu rhan ar y

Cynghorau Sir ac arweinient ym mbob mudiad newydd gan ei chyfrif yn ddyletswydd ac yn gyfrifoldeb i ofalu am fuddiannau eu tenantiaid. Iddynt hwy yn bennaf yr ydym yn ddyledus am sefydlu y Gymdeithas hon, ac y mae disgynyddion llawer ohonynt yn parhau i weithio'n ffyddlon drosti.' Yn ychwanegol at hyn, o gymorth i sicrhau twf y Gymdeithas oedd: cadw'r cysylltiad â'r siroedd drwy'r cyfarfodydd sirol o 1924 ac wedyn o 1961 ymlaen drwy'r pwyllgorau ymgynghorol sirol; cael cefnogaeth gref yn y blynyddoedd cynnar oddi wrth Golegau Prifysgol Cymru, yn enwedig Aberystwyth a Bangor; proffesiynoldeb y criw bychan o staff parhaol; nawdd ac ymweliadau brenhinol i'r sioe; ymwneud mudiad y Ffermwyr Ifanc â'r sioe; a chefnogaeth gref y cyfryngau. Heb amheuaeth roedd rhan o'r llwyddiant hwn yn deillio o allu'r trefnwyr ar ôl 1963 i ddarganfod y cydbwysedd iawn rhwng gwarchod naws amaethyddol hanfodol y sioe a'i hagor i'r cyhoedd yn gyffredinol, un ai i drigolion gwledig heb fod â chysylltiad ag amaethyddiaeth neu i bobl y trefi. Yr un modd fe gafwyd cydbwysedd rhesymol rhwng y ddarpariaeth mewn Cymraeg a Saesneg, er i hyn ddod braidd yn hwyr yn y dydd.

Dangosodd y Gymdeithas drwy gydol ei hanes, ewyllys ddi-baid i ddatblygu a mentro er mwyn cadw'n gyfoes. Roedd ei pherthnasedd a'i dylanwad i'w gweld yn ei gallu i adlewyrchu a lledaenu gwelliannau mewn dulliau ffermio a thechnegau marchnata ymysg cymunedau amaethyddol Cymru a siroedd y gororau. Gwelwyd amryw o enghreifftiau o hyn yn y penodau blaenorol, er engraifft hyrwyddo llaethydda a choedwigaeth yn ei sioeau yn ystod y 1920au a'r 1930au, cyflwyno'n rheolaidd ddosbarthiadau newydd o dda byw, yn Brydeinig ac, yn ddiweddarach, o dramor, ac o'r 1960au ymlaen, ddosbarthiadau ar gyfer gwartheg heb dras ac ar gyfer carcasau. Yna yn hwyr yn y 1970au, Ardal Chwaraeon a Gweithgareddau Gwledig a hyrwyddo cynnyrch bwydydd Cymreig o ganol y 1980au. Yr un modd, roedd digwyddiadau y tu allan i'r sioe, megis Gwobr Meuric Rees i Ofalwyr Cefn Gwlad a sefydlwyd yn 1983, yn adlewyrchu tueddiadau newydd.

Tra oedd y cystadlaethau yn holl adrannau'r sioe a'r rhai ar y cyrion yn amcanu i godi safonau amaethyddiaeth, garddwriaeth a choedwigaeth, yn arbennig yng Nghymru, roedd y Gymdeithas yn ymboeni'n arbennig am wella ansawdd y da byw brodorol. Nid yn unig y sefydlodd Gystadlaethau Brîd Rhyng-sirol yn y 1920au a oedd i barhau hyd at 1939, ond o'r 1920au ymlaen fe gyflawnodd lawer drwy ei chefnogaeth i gymdeithasau'r bridiau Cymreig. Dangoswyd pryder tebyg am faterion eraill neilltuol i Gymru yn y ffordd y rhoddodd gefnogaeth o'r 1950au i ddyfeisiadau ym myd y peiriannau fferm a fyddai fwyaf addas i dirwedd anodd uwchdiroedd Cymru.

Yn ogystal â bod yn ffenest siop neu yn fan arddangos ar gyfer amaeth yng Nghymru a'i diwydiant a'i chrefftau ategol ac fel man i ffermwyr wneud busnes ac arddangos er mwyn gwella eu da byw, roedd ochr addysgol y sioe flynyddol yn ffordd anhepgor o roi gwybodaeth i'r ffermwr am welliannau newydd gwyddonol mewn amaethyddiaeth – datblygiadau mecanyddol a chemegol a oedd yn esblygu'n gyflym. Gwelwyd y flaenoriaeth honno, a gafodd ei hybu yn gyson gan ochr addysgol y Gymdeithas, yn cael ei mynegi yr un modd yn ei threfniant o gynadleddau ac arddangosiadau a chan ei chefnogaeth i gyrsiau amaethyddol ym maes addysg uwch yng Nghymru. Yn arbennig yn y blynyddoedd cyn 1963, gwelwyd y *Cylchgrawn* yn brysur yn lledaenu gwybodaeth am yr arbrofion gwyddonol a'r technegau newydd diweddaraf.

Ymhellach, roedd y sioe bob amser yn cyflawni cyfrifoldeb cymdeithasol o bwys ym mywyd cefn-gwlad Cymru, cyfrifoldeb a oedd yn werthfawr o gofio diffyg cyrchfannau yng Nghymru megis rasys ceffylau neu rywbeth tebyg i Dreialon Ceffylau Badminton, o gymharu â'r ffordd y medrai ffrindiau gyfarfod yn rheolaidd mewn digwyddiadau o'r fath yn Lloegr. Am wythnos o'r flwyddyn roedd ffermwyr cefn-gwlad Cymru a siroedd y gororau yn casglu at ei gilydd nid yn unig i gystadlu ond i ymlacio a mwynhau eu hunain; i nifer ohonynt yr wythnos hon oedd eu gwyliau blynyddol. Ychwanegwyd at y dimensiwn cymdeithasol hwn pan ddarparwyd meysydd carafanau wrth ochr maes y sioe o ddiwedd y 1970au ymlaen ac roedd hyn yn fanteisiol iawn yn arbennig i'r teuluoedd ffermio a ddeuai i'r sioe o ogledd Cymru. Ar adegau anodd ym myd ffermio, hefyd, roedd y sioe yn fodd o roi hwb i'r galon drwy ganiatáu i ffermwyr a'u teuluoedd ddianc o'u hunigedd am ennyd fer, a rhannu eu pryderon a chael sicrwydd bod eu diwydiant yn cyfrif. Yn wir, o weld gymaint yr hwb a ddeuai o gynnal y sioe genedlaethol, penderfynodd y Gymdeithas yn ddibetrus fynd ymlaen fel arfer â'r Sioe Frenhinol yn 1932 yng nghanol yr argyfwng economaidd a dralyncai'r wlad, a'r un modd, yng nghanol y digalondid mawr ym myd ffermio yn niwedd y 1990au a dechrau'r mileniwm newydd, bu'r sioe, yn arbennig yn 2002, yn fodd i godi calon pawb.

Mae blynyddoedd anodd y diwydiant ffermio yng Nghymru o'r 1980au hyd heddiw wedi gweld y sioe hefyd yn dod yn gyrchfan naturiol bwysig ar gyfer trafodaethau swyddogol ac answyddogol ar broblemau'r diwydiant. Yr un modd, yn gynyddol felly yn nau ddegawd olaf yr ugeinfed ganrif, dibynnwyd ar y Gymdeithas, fel corff annibynnol nad oedd yn atebol i unrhyw grŵp diddordeb arbennig, i ymateb i ddogfennau ymgynghorol a anfonwyd ati gan y llywodraeth ac asiantaethau eraill.

Er bod maes y sioe wedi ei ddatblygu ac yn cynnig cyfleusterau ardderchog yn ogystal â chynnig gwasanaeth fel canolfan amaethyddol a gwledig Cymru trwy'r flwyddyn – megis yr arwerthiannau hyrddod pwysig (a drefnir gan Ranbarth Cymru a'r Gororau Cymdeithas Defaid Genedlaethol) a'r Ffair Aeaf – ar y llaw arall, ni lwyddwyd i wireddu rhai prosiectau a fuasai wedi hybu menter Llanelwedd. Ni ddaeth dim allan o'r syniad o'r cychwyn cyntaf o sefydlu Gardd Goed Genedlaethol yng nghyffiniau Neuadd Llanelwedd; ni sefydlwyd y gylchffordd rasio ceir a'r amgueddfa geir gysylltiedig ar ddechrau'r 1970au; ni wireddwyd Canolfan Bywyd Gwledig Cymru tua'r un pryd fel man i gyflwyno treftadaeth wledig Cymru, er i drafodaethau gael eu cynnal gyda Bwrdd Croeso Cymru, Cyngor Diwydiannau Bychain mewn Ardaloedd Bychain (COSIRA) a'r Amgueddfa Werin; ni wireddwyd chwaith freuddwyd T. Mervyn Jones (y llywydd yn 1974) i wneud maes y sioe yn ganolfan barhaol ar gyfer arddangos a rhoi gwybodaeth am dwristiaeth yng Nghymru. Flynyddoedd yn ddiweddarach, yn nechrau'r 1990au, penderfynwyd bod syniad Bwrdd Datblygu Cymru Wledig i ddatblygu'r safle fel cyrchfan bwysig ranbarthol i chwaraeon yn fenter rhy gostus. Pe na fuasai'r cais am £7 miliwn gan Gomisiwn y Mileniwm yn 1995, tuag at y gost gyfan o £14 miliwn i ddatblygu maes y sioe fel canolfan rhagoriaeth ar gyfer Cymru wledig, wedi ei wrthod heb unrhyw esboniad, buasai'r safle wedi gwella yn arw. Yn olaf, gwrthododd y Bwrdd argymhelliad Hywel Richards ar ddechrau'r mileniwm newydd – adlais o ddyhead cynharach – i sefydlu ar faes y sioe, Amgueddfa Bywyd Gwledig Cymru. Eto, er i'r Arglwydd Daresbury orliwio ychydig yn ei ddatganiad yn 1927 – fel cyfarwyddwr anrhydeddus sioe Cymdeithas Amaethyddol Frenhinol Lloegr – pan ddywedodd 'nad yw'n ormod dweud fod y safon uchel sydd ar gael ymysg ffermwyr Prydain heddiw i'w briodoli'n fwy i sioeau cenedlaethol a lleol nag i bopeth arall gyda'i gilydd', gwelwyd cydnabyddiaeth lawn i waith y Gymdeithas yn ei blynyddoedd cynnar yn y *Western Mail* yng Ngorffennaf 1931:

Mae'r Gymdeithas wedi gwneud ac yn dal i wneud gwaith ardderchog dros amaethyddiaeth, yn arbennig ym maes magu anifeiliaid, sef diddordeb amaethyddol pennaf y Dywysogaeth, a byddai ystyried y peth ond am eiliad yn ddigon i argyhoeddi unrhyw un fod yr arddangosfeydd blynyddol hyn yn anhepgor er mwyn codi safonau magu stoc a hwsmonaeth. Mae hwn yn fater o bwysigrwydd arbennig i Gymru oherwydd mae Cymdeithas Amaethyddol Frenhinol Cymru i raddau helaeth iawn, ac mewn modd anhepgor, yn warcheidwad bridiau cenedlaethol y stoc fferm yn ogystal â bod yn noddwr bridiau clodfawr y gororau.

Drwy ddod â'r gorau at ei gilydd mae'r sioe yn y dyddiau cynnar ac wedyn, wedi rhoi ysgogiad ar gyfer datblygiad a darparu mesur o'r datblygiad a fu.

Er y bydd nifer o ddarllenwyr yn gwerthfawrogi llwyddiant aruthrol y sioe yn datblygu o fod yn ddim ond uchafbwynt calendr ffermio Cymru i fod, erbyn y 1980au, yn un o dri digwyddiad pwysicaf y byd amaethyddol yn y Deyrnas Unedig – a'r un pryd yn parhau i warchod y cyfeillgarwch a'r naws Gymreig – ychydig sy'n ymwybodol o effaith y Gymdeithas a'r sioe ar economi'r Gymru wledig. Ymchwiliodd Adran Amaethyddiaeth, Prifysgol

Cymru, Aberystwyth i effaith economaidd maes y sioe dros y flwyddyn Medi 1992 i Awst 1993, ac amcangyfrifodd fod cyfanswm y gwariant a ddeuai o weithgareddau maes y sioe, yn cynnwys datblygiadau cyfalaf, yn cyrraedd £24.1 miliwn. Daeth dwy ran o dair o hwn, sef £15.8 miliwn, o sioe 1993, tra oedd gweithgareddau amrywiol y tu allan i'r sioe, yn cynnwys y Ffair Aeaf, yn cyfrif am £5.7 miliwn arall. Roedd gweddill y gwariant crynswth, o £2.5 miliwn, wedi ei wario ar gynnal a rhedeg yr adeiladau parhaol ar y maes, ar gostau gweinyddol a chyfundrefnol ac, yn olaf, ar bryniannau ychwanegol yn deillio o ddatblygiad cyfalaf.

Gwariwyd £13.9 miliwn (58 y cant) o'r holl wariannau yn gysylltiedig â gweithgareddau maes y sioe ar y maes ei hun, a gwariwyd dros dri chwarter o hyn yn ystod cyfnod y sioe ei hun. Cyfanswm y gwariant y tu allan i'r maes oedd dros £10 miliwn, a bron ei hanner wedi ei wario o fewn radiws o 25 milltir o Lanfair-ym-Muallt ac o fewn Cymru. Amcangyfrifid bod canlyniadau economaidd y gwario hwn yn creu incwm lleol gwerth £2.04 miliwn, sef cyfartaledd o £79 i bob tyaid yn Siroedd Brycheiniog a Maesyfed, a digon i gynnal 147 swydd uniongyrchol ac eilaidd yn Llanfair-ym-Muallt ei hun ac yn yr ardal gyfagos. Bu'r twf yng ngweithgareddau'r maes ers 1992–3 yn fodd i wneud gwariant crynswth y flwyddyn y dyddiau hyn yn fwy na £35 miliwn.

Nid y lleiaf ymysg y rhai a elwodd yng nganolbarth Cymru o safle parhaol Llanelwedd oedd y gwestai, y tafarnau a'r lletyau, nid yn unig yn Llanfair-ym-Muallt ond yn y canolfannau cyfagos megis Llandrindod a hyd yn oed Llanandras, 18 milltir i ffwrdd. Gymaint oedd y galw am lety o'r dechrau cyntaf fel yr adroddodd un rheolwr gwesty lleol fod rhywun wedi ceisio ei berswadio i roi lle iddo gysgu yn y baddon dros nos!

Yn sefyll ochr yn ochr â'r Eisteddfod Genedlaethol fel un o ddau sefydliad pwysicaf Cymru, mae Cymdeithas Amaethyddol Frenhinol Cymru dros y blynyddoedd wedi llwyddo i ddod â gogledd a de Cymru at ei gilydd, wedi pontio'r bwlch rhwng gwlad a thref, ac wedi ymgorffori'n gytûn y siaradwyr Cymraeg a'r rhai di-Gymraeg o fewn yr un mudiad. Y cofleidio dychmygus hwn sy'n egluro llawer ar bennawd y *Western Mail* ar 20 Gorffennaf 1999: 'Sioe Frenhinol Cymru yn mynd o nerth i nerth.' Er gwaethaf y caledi a ddaeth yn ystod adeg clwy'r traed a'r genau yn 2001, diolch i'r adferiad llwyr yn nifer y da byw yn cystadlu yn sioe 2003 (gweler Atodiad 4) yn ogystal â'r presenoldeb o 213,538 – yn uwch nag yn Stoneleigh hyd yn oed – llwyddodd y Gymdeithas i gwblhau ei chanmlynedd cyntaf ar nodyn uchel. Gall y Gymdeithas felly edrych ymlaen â hyder at ganrif newydd o gynnydd a datblygiad. Wrth gwrs, bydd yn rhaid datrys rhai problemau, yn arbennig y ddwy a amlygwyd yn ymchwil diweddar Jane Ricketts Hein yn ei thraethawd M.Sc. Yn gyntaf, rhaid cymryd gofal i beidio â glastwreiddio ymhellach gynnwys amaethyddol y sioe neu fel arall gall deiliaid y stondinau masnach yn hawdd droi eu cefnau

EPILOG

arni, gan ffafrio yn hytrach, fynychu digwyddiadau amaethyddol arbenigol. Ac yn ail, serch ymroddiad Clybiau'r Ffermwyr Ifanc i'r sioe yn y gorffennol ac ar hyn o bryd, bydd angen o hyn ymlaen, i ffermwyr iau chwarae rhan helaethach yn rheolaeth y sioe a'r Gymdeithas. At hyn, byddai'n braf ac yn addas pe rhoddid mwy o bwyslais ar y duedd ddiweddar o gael mwy o ferched yn weithredol yng ngwaith y Gymdeithas – fel yr anogwyd gan Teleri Bevan yn ei haraith ysbrydoledig wrth agor sioe 1999. Ond yn fwy na dim, bydd angen i'r Gymdeithas ystyried sut y gall hybu'r Gymru wledig sy'n bell o fod yn ffyniannus – o safbwynt amaethyddiaeth, coedwigaeth a thwristiaeth – yn ogystal â bod o gymorth i adfywio ei phentrefi. Drwy'r gyfundrefn o siroedd nawdd a pharodrwydd bob amser i addasu i newidiadau a datblygu i gyfeiriadau newydd mae'r Gymdeithas wedi'i harfogi'n dda i gyflawni ei hagenda llawn sialens yn y blynyddoedd i ddod.

Atodiadau & Nodyn Llyfryddiaethol

ATODIAD UN
Nifer gymharol y cystadleuwyr 1911–1939

ADRAN	1911	1912	1913	1914	1922	1923	1924	1925	1926
Stondinau'r masnachwyr	137	81	64	78	127	118	130	128	137
Merlod a chobiau Cymreig	102	86	55	81	81	88	78	113	50
Merlod a chobiau Cymreig – lleol	–	33	–	–	–	13	–	–	5
Merlod a chobiau marchogaeth	–	–	–	–	12	44	34	57	18
Ceffylau hacnai	24	13	38	26	37	29	15	16	14
Ceffylau hela	34	20	8	39	66	86	66	82	41
Ceffylau hela – lleol	–	–	–	–	–	43	10	31	–
Ceffylau gwedd	148	51	41	59	60	92	49	50	43
Ceffylau gwedd – lleol	–	23	–	–	11	87	35	29	48
Ceffylau gwaith glo	–	2	3	18	13	–	10	22	–
Dosbarthiadau harnais	24	50	13	28	35	32	37	44	35
Neidio	–	–	–	–	–	–	–	–	–
Gwartheg Duon Cymreig	95	50	120	42	126	125	125	142	260
Gwartheg Byrgorn	49	34	27	44	87	41	83	95	65
Gwartheg Henffordd	81	61	42	45	56	39	50	37	19
Gwartheg Ffrisiaid Prydeinig	–	–	–	–	40	18	26	24	25
Gwartheg parc	–	–	–	–	–	–	–	7	–
Gwartheg lleol	–	–	–	–	103	11	58	71	49
Gwartheg godro	1	–	2	2	–	–	–	–	–
Gwartheg godro - lleol	6	15	–	–	–	–	–	–	–
Gwartheg a gofnodwyd	–	–	–	–	–	–	–	–	–
Gwartheg premiwm	–	–	–	–	–	–	–	–	–
Treialon godro	–	–	–	–	–	–	–	–	–
Gwartheg eraill	–	–	–	–	–	–	–	–	–
Aberdeen Angus	–	–	–	–	–	–	23	–	–
Geifr	–	–	–	–	–	–	–	–	–
Geifr – lleol	–	–	–	–	–	–	–	–	–
Defaid Mynydd Cymreig	102	39	108	62	112	63	81	58	88
Defaid Mynydd Duon Cymreig	–	–	–	–	13	20	21	23	13
Gwlân Cymreig	–	–	–	–	–	–	–	–	–
Defaid Ryeland	6	16	7	12	8	6	13	16	–
Defaid Ceri	69	–	36	42	72	99	67	92	67
Defaid Sir Amwythig	50	–	21	17	16	14	–	26	–
Defaid Sir Amwythig – lleol	–	–	–	–	–	–	–	–	–
Defaid Southdown	–	–	–	–	–	–	–	–	23
Defaid Suffolk	–	–	–	–	–	–	8	9	–
Defaid Wiltshire	–	–	–	–	–	–	–	–	18
Defaid lleol	–	–	–	–	83	–	–	–	62
Defaid Coedwig Clun	–	–	–	–	–	–	–	–	–
Defaid eraill	–	–	–	–	–	–	–	–	–
Moch	19	–	16	20	77	105	132	193	104
Moch – lleol	–	–	–	–	11	1	–	26	–
Neidio	18	26	5	20	21	53	33	53	60
Trotian	–	6	5	16	–	–	–	–	–
Cerbydau sioe'r masnachwyr	–	–	–	–	–	–	–	–	–
Cynnyrch llaeth	40	56	16	46	216	130	167	85	105
Mêl	11	26	39	37	21	55	33	102	83
Bara	–	–	–	–	250	85	86	32	37
Gwneud menyn	24	34	12	84	27	66	70	75	75
Seidr	–	–	–	18	–	–	–	–	–
Da pluog (cwningod, colomennod)	–	–	–	–	788	498	863	544	637
Cŵn	–	–	–	–	1273	940	1270	478	764
Cŵn hela (cyplau)	–	–	–	–	90	93	100	74	–
Coedwigaeth	–	–	–	–	–	35	108	123	112
Garddwriaeth	–	–	–	–	257	–	167	337	360
CYFANSWM Y CYSTADLEUWYR	972	722	678	836	4189	3123	4105	3321	3360

ATODIAD UN (PARHAD)

1927	1928	1929	1930	1931	1932	1933	1934	1935	1936	1937	1939
115	164	172	124	141	139	131	160	154	161	161	142
92	77	66	61	49	43	53	57	49	45	39	45
16	14	11	18	6	13	51	28	8	7	5	2
37	49	58	35	32	41	48	53	51	111	85	74
27	18	18	26	14	11	8	7	7	12	9	9
41	91	48	29	72	47	44	71	81	88	72	40
21	16	9	—	9	2	1	—	94	—	50	—
35	55	36	64	35	48	52	76	42	71	53	66
26	20	10	63	18	26	35	21	64	57	29	30
23	—	13	—	10	—	—	—	4	—	9	—
71	37	88	36	46	29	30	34	34	42	46	31
63	61	77	63	107	120	113	185	180	215	68	99
82	101	66	109	67	55	76	80	73	97	40	83
75	79	74	94	86	99	107	105	100	93	121	72
27	26	38	25	26	54	31	36	38	29	61	19
18	29	22	31	32	21	—	22	21	31	24	22
—	—	—	—	—	—	—	—	—	—	—	—
—	79	37	39	31	53	63	50	102	81	81	58
—	—	—	—	—	—	—	—	—	—	—	—
—	—	20	28	15	16	8	16	13	12	8	8
12	7	8	15	11	11	13	5	10	8	4	6
—	—	12	16	13	15	9	9	12	9	9	7
—	—	—	—	—	—	—	15	13	18	27	12
—	26	18	13	27	41	37	47	44	51	34	49
—	—	—	—	—	—	—	—	—	—	—	—
74	81	54	70	54	50	68	83	45	82	65	83
	17	18	9	11	9	17	9	9	16	15	18
—	—	—	—	—	6	13	9	14	13	8	15
17	19	22	21	22	—	—	—	—	—	22	14
89	101	67	61	53	58	56	35	31	34	26	32
—	—	—	—	—	—	—	—	—	—	—	—
—	—	—	—	—	—	—	—	—	—	—	—
—	—	—	—	—	—	—	—	—	—	—	—
—	102	60	54	16	39	47	56	55	76	46	47
—	18	18	19	18	40	45	36	31	35	32	28
18	12	14	12	10	10	8	44	—	34	—	14
84	125	84	79	72	80	82	110	129	120	92	81
—	11	11	11	5	7	17	15	58	14	12	7
—	—	—	—	—	—	—	—	—	—	—	—
—	—	—	—	—	—	8	4	4	—	—	—
96	198	109	140	114	152	148	171	150	101	128	186
36	33	111	90	81	57	141	205	122	114	87	
38	22	11	24	45	42	50	95	51	82	252	86
70	52	151	81	84	87	80	93	80	85	118	57
—	—	—	—	—	—	—	—	—	—	—	—
737	464	601	561	742	520	676	785	678	770	677	559
883	809	—	—	—	—	—	—	—	—	—	—
87	55	70½	—	46½	—	—	—	—	—	—	—
106	138	167	217	181	—	—	—	—	—	28	56	50
637	284	54	313	186	129	429	390	819	688	134	365
3777	**3490**	**2523½**	**2651**	**2589½**	**2179**	**2829**	**3226**	**3480**	**3620**	**2783**	**2610**

263

ATODIAD DAU
Nifer gymharol y cystadleuwyr yn 1947, a 1949–1962

ADRAN	1947 Caerfyrddin	1949 Abertawe	1950 Abergele	1951 Llanelwedd	1952 Caernarfon	1953 Caerdydd	1954 Machynlleth
Stondinau'r masnachwyr	115	201	236	244	254	289	245
Merlod a chobiau Cymreig	94	122	101	129	108	114	133
Merlod a chobiau Cymreig – lleol	20	55	38	36	27	35	48
Merlod a chobiau marchogaeth	55	60	70	82	36	74	47
Merlod a chobiau marchogaeth – lleol	–	45	27	14	21	36	11
Ceffylau hacnai	3	–	–	–	–	–	–
Ceffylau hela	70	37	42	70	72	49	79
Ceffylau hela – lleol	73	34	13	4	–	20	6
Ceffylau gwedd	55	38	48	51	29	39	48
Ceffylau gwedd – lleol	44	20	50	4	39	14	13
Ceffylau gwaith glo	–	30	–	–	–	31	–
Ceffylau harnais	21	11	50	56	38	39	30
Ceffylau harnais – lleol	–	10	1	–	–	–	–
Neidio	62	104	241	192	191	236	228
Gwartheg Duon Cymreig	71	77	65	87	–	48	89
Gwartheg Byrgorn	99	88	60	126	–	73	63
Gwartheg Henffordd	31	41	45	67	–	66	50
Gwartheg Ffrisiaid Prydeinig	15	28	41	71	–	49	72
Gwartheg Ayrshire	52	52	92	90	–	53	79
Jerseys	–	–	–	–	–	–	–
Guernseys	–	–	–	–	–	–	–
Aberdeen Angus	–	–	–	–	–	–	–
Gwartheg eraill	–	–	31	63	–	54	76
Gwartheg – lleol	177	142	116	42	–	57	120
Gwartheg a gofnodwyd	–	–	–	–	–	–	–
Treialon godro	9	6	10	–	–	–	–
Defaid Mynydd Cymreig	47	82	88	59	–	54	102
Defaid Mynydd Duon Cymreig	–	–	–	–	–	7	–
Dosbarthiadau Gwlân	–	–	3	–	15	24	40
Defaid Ryeland	6	6	4	33	–	23	26
Defaid Ceri	30	38	35	36	–	29	47
Defaid Coedwig Clun	29	35	33	64	–	52	59
Defaid Suffolk	–	–	–	–	–	–	–
Defaid Border Leicester	–	–	–	–	–	–	–
Defaid eraill	–	–	14	52	–	94	99
Defaid – lleol	34	96	92	73	–	68	147
Moch	61	56	95	165	–	201	237
Moch – lleol	22	28	36	2	–	61	34
	1,295	1,567	1,777	1,912	815	1,989	2,228
Cynnyrch llaeth	–	–	96	113	180	190	300
Mêl	–	206	161	246	249	215	283
Bara a theisennau	–	–	83	209	135	140	181
							dim cwningod
Da pluog, colomennod a chwningod	524	–	435	–	392	616	387
Coedwigaeth	25	32	33	25	38	21	27
Coetiroedd	–	–	14	26	19	37	58
Garddwriaeth	306	227	290	22†	630 } 29*	304 35*	15 13*
Crefftau	41	74	107	115	77	85	134
Treialon cŵn defaid	37	86	58	86	92	69	89
CYFANSWM Y CYSTADLEUWYR	2,228	2,192	3,054	2,754	2,656	3,701	3,715

† Stondianu masnach yn unig   *Masnachwyr garddwriaethol yn unig

Nodyn: bu'n rhaid i'r dosbarthiadau carn-fforchog gael eu canslo yn 1952 oherwydd clwy'r traed a'r genau. Bu'n rhaid rhoi'r gorau i ddosbarthiadau'r da pluog, y colomennod a'r cwningod yn 1949 oherwydd pla'r ieir.

ATODIAD DAU (PARHAD)

1955 Hwlffordd	1956 Y Rhyl	1957 Aberystwyth	1958 Bangor	1959 Margam	1960 Y Trallwng	1961 Llandeilo	1962 Wrecsam
272	267	250	288	295	304	326	321
115	138	131	130	136	146	219	228
62	—	—	—	—	—	—	—
62	130	128	115	106	165	123	121
64	—	—	—	—	—	—	—
—	—	—	—	—	—	—	—
83	108	61	47	47	84	145	120
66	—	—	—	—	—	—	—
31	77	38	39	32	52	22	51
—	—	—	—	7	—	9	—
29	39	29	21	27	25	19	11
—	—	—	—	—	—	—	—
91	196	301	309	396	352	145	281
73	86	130	88	49	67	76	75
71	72	40	27	33	44	52	63
52	49	37	32	47	71	53	35
79	88	50	63	43	86	79	53
62	91	55	45	39	69	51	47
—	—	—	—	—	62	40	36
—	—	—	—	—	23	23	41
—	—	—	—	—	11	12	6
92	70	57	27	64	—	—	—
276	—	—	—	—	—	—	—
—	—	—	—	—	—	—	—
28	50	87	78	68	117	84	109
—	—	—	—	—	—	—	—
19	15	29	24	19	—	—	—
33	20	16	—	21	9	14	11
18	30	34	—	17	30	23	33
43	51	48	38	20	53	41	25
—	—	—	—	—	16	47	40
—	—	—	—	—	46	31	53
77	156	142	187	125	50	96	106
35	—	—	—	—	—	—	—
182	136	153	118	125	181	127	148
136	—	—	—	—	—	—	—
2,151	1,869	1,816	1,676	1,716	2,073	1,878	2,026
265	211	275	348	297	307	317	343
136	313	234	244	248	279	253	280
181	186	269	190	142	155	222	258
			dim cwningod o 1956 hyd at 1962				
666	748	700	536	592	630	722	641
—	32	20	45	9	14	33	42
32	50	22	27	37	32	44	47
—	—	—	—	—	34	74	124
16★	35★	—	24★	21	17★	34★	39★
124	161	34	37	43	—	—	36
58	—	—	—	—	—	—	—
3,629	3,605	3,370	3,127	3,105	4,341	3,577	3,836

265

ATODIAD TRI
Crynodeb o'r canlyniadau dros y 39 blwyddyn yn diweddu 31 **Rhagfyr** 2002

	SIR NAWDD	NIFER YR YMWELWYR	TANYSGRIFIADAU £	DERBYNIADAU & FFIOEDD MYNEDIAD £	CYFANSWM ELW £	COLLED £	GWARIANT AR EIDDO £
1963 (3 d'nod)	Maesyfed	42,427	7,659	32,586		14,421	68,682
1964 —	Brycheiniog	65,348	12,452	41,913		9,380	14,179
1965 —	Ynys Môn	59,419	14,852	43,049		10,445	11,979
1966 —	Penfro	64,530	13,840	43,759		12,196	10,196
1967 —	Aberteifi	71,256	15,794	47,166	366		8,057
1968 —	Merionnydd	60,163	17,100	41,777		8,723	7,193
1969 —	Morgannwg	72,840	15,530	47,776		2,296	4,228
1970 —	Caernarfon	55,117	15,082	41,556		8,076	20,806
1971 —	Trefynwy	63,561	14,738	45,537		6,008	3,426
1972 —	Dinbych/Fflint	67,337	14,508	53,285		4,913	8,972
1973 —	Caerfyrddin	77,024	18,709	81,356	6,673		81,825
1974 —	Trefaldwyn/Powys	79,446	18,469	85,397		5,829	57,191
1975 —	De Morgannwg	90,036	19,518	109,484	9,440		81,251
1976 —	Maesyfed/Powys	105,026	26,675	159,373	38,615		136,526
1977 —	Gorllewin Morgannwg	111,162	32,539	195,905	69,922		93,297
1978 —	Merionnydd/Gwynedd	136,215	37,029	253,102	90,318		61,155
1979 —	Penfro/Dyfed	141,327	42,953	320,314	115,183		240,522
1980 —	Brycheiniog/Powys	122,777	50,342	336,660	77,523		345,620
1981 (4 d'nod)	Clwyd	155,606	55,497	403,072	89,715		87,170
1982 —	Morgannwg Ganol	146,821	75,428	405,399	72,389		164,590
1983 —	Ceredigion/Dyfed	159,157	63,650	454,006	88,079		94,146
1984 —	Caernarfon/Gwynedd	171,808	99,017	555,452	166,085		208,504
1985 —	Gwent	175,953	109,213	598,647	211,710		491,369
1986 —	Ynys Môn/Gwynedd	176,117	104,258	671,380	162,350		216,996
1987 —	Caerfyrddin/Dyfed	186,527	124,948	696,711	175,684		386,315
1988 —	Maesyfed/Powys	193,998	118,559	747,779	143,248		295,693
1989 —	De Morgannwg	200,409	129,658	892,250	245,956		386,240
1990 —	Merionnydd/Gwynedd	202,257	162,295	1,020,485	206,286		440,807
1991 —	Penfro/Dyfed	219,053	157,449	1,034,522	122,260		343,970
1992 —	Trefaldwyn/Powys	206,278	154,696	1,074,371	90,851		238,769
1993 —	Gorllewin Morgannwg	218,915	169,946	1,098,056	165,443		232,523
1994 —	Clwyd	229,712	185,436	1,180,464	252,329		530,741
1995 —	Ceredigion/Dyfed	232,814	167,440	1,301,251	239,241		454,337
1996 —	Caernarfon	230,630	261,504	1,291,451	345,960		423,589
1997 —	Brycheiniog	226,413	257,664	1,312,825	310,041		258,419
1998 —	Ynys Môn	211,921	266,553	1,360,573	169,387		206,469
1999 —	Morgannwg	208,952	280,617	1,366,694	193,651		2,239,823
2000 —	Maesyfed	220,534	276,817	1,539,662	233,529		373,243
2001 —	[canslwyd y sioe]	–	277,161	–	–	390,000	11,724
2002 —	Hen Sir Fynwy	214,798	284,641	1,614,540	254,155		144,293

Nid yw'r gwarged/golled yn cynnwys cyfraniadau y siroedd nawdd nac aelodaeth am oes.

ATODIAD TRI (PARHAD)

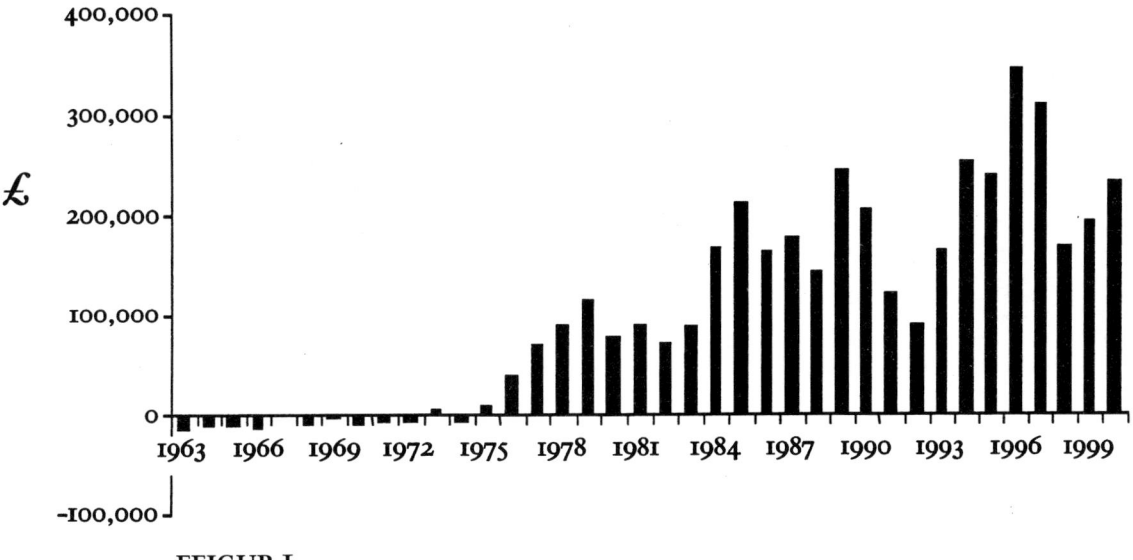

FFIGUR 1

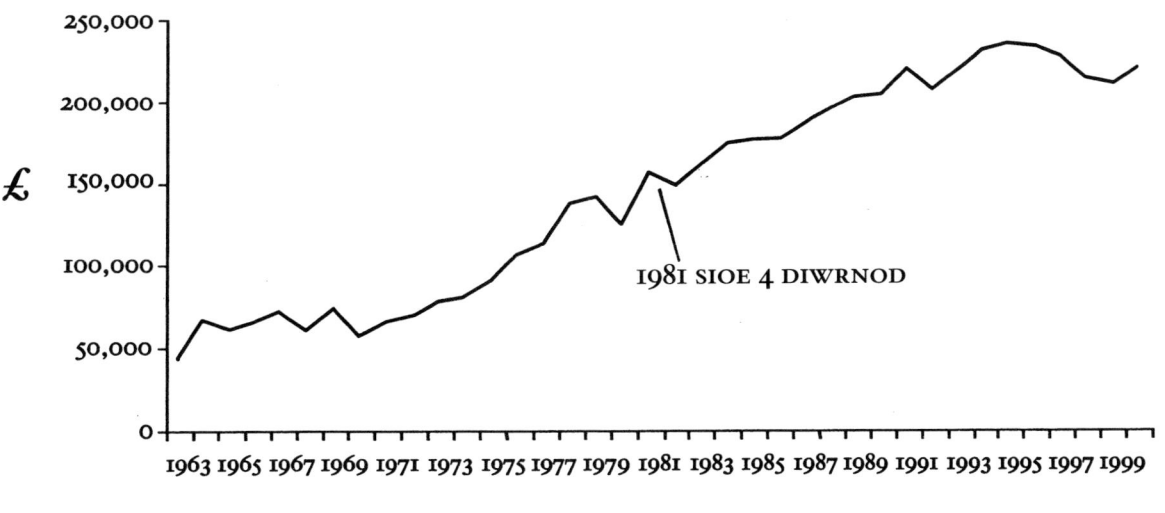

FFIGUR 2

ATODIAD PEDWAR
Rhifau cymharol y cystadleuwyr 1963–2003

BLWYDDYN		STONDINAU MASNACH	CEFFYLAU	GWARTHEG	DEFAID	MOCH	GEIFR
1963	– 3 diwrnod	293	643	434	443	125	
1964	– 3 —	292	748	441	490	120	
1965	– 3 —	308	755	424	553	139	
1966	– 3 —	298	778	420	486	114	
1967	– 3 —	296	904	506	516	98	
1968	– 3 —	284	1082	462	494	119	
1969	– 3 —	256	1105	368	525	101	
1970	– 3 —	264	1043	433	529	155	
1971	– 3 —	278	1047	455	538	145	
1972	– 3 —	325	1234	527	584	130	
1973	– 3 —	351	1125	574	590	—	
1974	– 3 —	389	1281	605	635	—	
1975	– 3 —	401	1183	561	614	—	
1976	– 3 —	465	1317	713	663	73	
1977	– 3 —	475	1382	603	696	62	154
1978	– 3 —	566	1481	636	711	71	192
1979	– 3 —	601	1633	661	683	69	219
1980	– 3 —	637	2249	580	858	68	244
1981	– 4 diwrnod	695	2107	574	785	38	188
1982	– 4 —	639	2031	554	873	67	259
1983	– 4 —	687	2098	630	845	48	255
1984	– 4 —	710	2429	636	1107	60	281
1985	– 4 —	765	2342	698	1157	42	279
1986	– 4 —	850	2388	619	1166	47	308
1987	– 4 —	860	2296	731	1244	41	198
1988	– 4 —	1000	2583	782	1450	32	236
1989	– 4 —	*	2960	897	1756	30	209
1990	– 4 —		3238	796	1830	40	227
1991	– 4 —		3298	798	1855	46	255
1992	– 4 —		3025	772	1923	47	241
1993	– 4 —		3243	808	2189	54	276
1994	– 4 —		3274	746	2096	71	209
1995	– 4 —		3275	821	2256	87	232
1996	– 4 —		3541	888	2270	80	211
1997	– 4 —		3667	820	2363	96	212
1998	– 4 —		2958	731	2417	77	227
1999	– 4 —		3279	824	2426	81	233
2000	– 4 —		3241	757	2480	81	223
2001	– 4 —		—	—	—	—	—
2002	– 4 —		3179	635	1554	44	127
2003	– 4 —		3630	816	2256	75	201

* Mae maes y sioe yn orlawn i'r ymylon gyda 1,000 o stondinau ers 1989.

ATODIAD PUMP
Noddwyr Brenhinol

Siôr, Tywysog Cymru	(1907–1910) ac fel
Brenin Siôr V	1910–1936
Brenin Edward VIII	(Ionawr) 1936–(Rhagfyr) 1936
Brenin Siôr VI	(Rhagfyr) 1936–1952
Y Frenhines Elizabeth II	1952 hyd heddiw

ATODIAD CHWECH
Cadeiryddion Bwrdd y Rheolwyr

1967–1970	Is-gyrnol G. E. FitzHugh, OBE, TD
1970–1986	Yr Anrhydeddus Islwyn E. E. Davies, CBE, DL, FRAgS
1986–1990	Peter J. Perkins, FRAgS
1990–1998	Lloyd FitzHugh, OBE, DL
1998 hyd heddiw	W. Emrys Evans, CBE, FCIB

ATODIAD SAITH
Cadeiryddion y Cyngor

1904–1914	Unigolion yn bresennol ym mhob cyfarfod o'r Cyngor yn cael eu henwebu i'r gadair; enwau amlwg yn cynnwys R. M. Greaves, Syr Powlett Milbank, Bt., Charles Coltman Rogers, Syr Richard D. Green Price, W. Forrester Addie, Syr Edward J. W. P. Pryse, Bt., Vaughan Davies, AS, a David Davies (Llandinam)
1921–1944	Uwchgapten (o 1932, yr Arglwydd) David Davies o Landinam
1944–1953	Yr Athro (o 1947, Syr) C. Bryner Jones, CBE
1954–1969	Brigadydd Syr Michael D. Venables-Llewelyn, Bt., MVO
1969–1972	Is-gyrnol G. E. FitzHugh, OBE, TD
1972–1976	Cyrnol John F. Williams-Wynne, CBE, DSO, FRAgS
1977–1993	Uwchgapten (o 1979, yr Arglwydd) David Gibson-Watt, MC DL, FRAgS
1994 hyd heddiw	Meuric Rees, CBE, FRAgS

ATODIAD WYTH
Cyfarwyddwyr Anrhydeddus

1904–1909	Ysgrifennydd a Rheolwr Cyffredinol: Lewes T. Loveden Pryse
1908–1909	Cyfarwyddwr Anrhydeddus: yr Athro (o 1947, Syr) C. Bryner Jones, CBE
1910–(Mawrth) 1913	W. Forrester Addie
1921–1926	Arthur E. Evans, OBE, DL
1928 a 1930–1950	Reuben Haigh
1950–1966	Is-gyrnol G. E. FitzHugh, OBE, TD
1967–1968	Alan B. Turnbull, OBE, FRAgS
1966–1968	Dirprwy: Uwchgapten David Fetherstonhaugh
1969–1989	Uwchgapten David Fetherstonhaugh
1989–1994	Verney Pugh, OBE, FRAgS
1994 hyd heddiw	H.G. Fetherstonhaugh, OBE

ATODIAD NAW
Cyrchfannau, dyddiadau a llywyddion sioeau

BLWYDDYN	CYRCHFAN	DYDDIAD	LLYWYDD
1904	Aberystwyth	Awst	Y Gwir Anrh. Iarll Powys
1905	Aberystwyth	Awst	Y Gwir Anrh. Arglwydd Tredegar
1906	Aberystwyth	Awst	Syr Powlett Millbank
1907	Aberystwyth	Awst	Y Gwir Anrh. Iarll Plymouth, PC, CB
1908	Aberystwyth	Awst	Y Gwir Anrh. Arglwydd Harlech, KC, CB, TD
1909	Aberystwyth	Awst	Y Gwir Anrh. Syr. H. Aubrey Fletcher, PC, AS
1910	Llanelli	Awst	Syr John T. Dillwyn Llewelyn
1911	Y Trallwng	Awst	Y Gwir Anrh. Iarll Powys
1912	Abertawe	Awst	David Davies, Ysw.
1913	Porthmadog	Awst	Syr Charles G. Assheton Smith
1914	Casnewydd	Awst	Y Gwir Anrh. Arglwydd Tredegar
1915–21	dim sioeau yn ystod y Rhyfel Byd Cyntaf		
1922	Wrecsam	Awst	EUB Tywysog Cymru, KG
1923	Y Trallwng	Awst	EUB Tywysog Cymru, KG
1924	Pen-y-bont ar Ogwr	Awst	David Davies, AS
1925	Caerfyrddin	Awst	Y Gwir Anrh. Arglwydd Kylsant, GCMG
1926	Bangor	Awst	Y Gwir Anrh. Arglwydd Penrhyn
1927	Abertawe	Awst	Y Gwir Anrh. Iarll Dunraven, CB, DSO
1928	Wrecsam	Gorffennaf	J. C. Read, YH
1929	Caerdydd	Gorffennaf	Y Gwir Anrh. Iarll Plymouth, PC, DL
1930	Caernarfon	Gorffennaf	Y Gwir Anrh. Arglwydd Penrhyn
1931	Llanelli	Gorffennaf	Daniel Daniel
1932	Llandrindod	Gorffennaf	Cyrnol Syr Charles Venables-Llewelyn
1933	Aberystwyth	Gorffennaf	Y Gwir Anrh. Iarll Lisburne
1934	Llandudno	Gorffennaf	Y Gwir Anrh. Arglwydd Mostyn
1935	Hwlffordd	Gorffennaf	Syr Evan D. Jones, LLD
1936	Abergele	Gorffennaf	Cyrnol. H. C. L. Howard, CB, CMG, DSO
1937	Trefynwy	Gorffennaf	Syr John C. E. Shelley-Rolls, DL
1938	Caerdydd (ar y cyd â Sioe Frenhinol Lloegr)	Gorffennaf	Reuben Haigh
1939	Caernarfon	Gorffennaf	Y Gwir Anrh. Arglwydd Penrhyn
1940–46	dim sioeau yn ystod yr Ail Ryfel Byd		Y Gwir Anrh. Arg. Penrhyn
1947	Caerfyrddin	Awst	EHB Tywysoges Elizabeth
1948	dim sioe – dogni petrol		
1949	Abertawe	Awst	Syr William A. Jenkins
1950	Abergele	Gorffennaf	Is-gyrnol Syr Watkin Williams-Wynn, MFH
1951	Llandrindod (safle Llanelwedd)	Awst	Brig. Syr Michael D. Venables-Llewelyn, MVO
1952	Caernarfon	Gorffennaf	Sir Michael Duff, K.St.J.
1953	Caerdydd	Gorffennaf	Uwchgapten C. G. Traherne, TD
1954	Machynlleth	Gorffennaf	Syr C. Bryner Jones, CB, CBE
1955	Hwlffordd	Gorffennaf	Cyrnol Syr Thomas Meyrick
1956	Y Rhyl	Gorffennaf	Brig. H. S. K. Mainwaring
1957	Aberystwyth	Gorffennaf	Capt. J. Hext Lewes, OBE, RN(wedi ymddeol)
1958	Bangor	Gorffennaf	Syr Michael Duff, K.St.J.
1959	Port Talbot (Margam)	Gorffennaf	Syr David M. Evans-Bevan

ATODIAD NAW (PARHAD)

1960	Y Trallwng	Gorffennaf	Y Gwir Anrh. Iarll Powys
1961	Llandeilo (Gelli-aur)	Gorffennaf	Cyrnol Syr Grismond Philipps, CVO
1962	Wrecsam	Gorffennaf	Cyrnol J. C. Wynne Finch, CBE, MC
1963	*Llanelwedd *Bl. Maesyfed*	Gorffennaf	Brig. Syr Michael D. Venables-Llewelyn, MVO
1964	Llanelwedd *Bl. Brycheiniog*	Gorffennaf	Bevington R. Gibbins, Ysw.
1965	Llanelwedd *Bl. Môn*	Gorffennaf	Dr J. T. Owen
1966	Llanelwedd *Bl. Penfro*	Gorffennaf	J. E. Gibby, OBE, FRAgS
1967	Llanelwedd *Bl. Aberteifi*	Gorffennaf	Dr Jenkin Alban Davies
1968	Llanelwedd *Bl. Meirionnydd*	Gorffennaf	Cyrnol John F. Williams-Wynne, CBE, DSO, FRAgS
1969	Llanelwedd *Bl. Morgannwg*	Gorffennaf	A. B. Turnbull, OBE, FRAgS
1970	Llanelwedd *Bl. Caernarfon*	Gorffennaf	Syr Charles Michael Robert Vivian Duff
1971	Llanelwedd *Bl. Mynwy*	Gorffennaf	Cyrnol Roderick Hill, DSO, K.St.J.
1972	Llanelwedd *Bl. Dinbych*	Gorffennaf	Cyrnol G. E. FitzHugh, OBE, TD, FRAgS
1973	Llanelwedd *Bl. Caerfyrddin*	Gorffennaf	Y diweddar Mr Arwyn S. Lewis (Dros dro – Mrs Helen Lewis)
1974	Llanelwedd *Bl. Trefaldwyn-Powys*	Gorffennaf	T. Merfyn Jones, CBE
1975	Llanelwedd *Bl. De Morgannwg*	Gorffennaf	Syr Julian Hodge
1976	Llanelwedd *Bl. Maesyfed-Powys*	Gorffennaf	Y Gwir Anrh. Arg. Lord Gibson-Watt, MC, FRAgS
1977	Llanelwedd *Bl. Gorllewin Morgannwg*	Gorffennaf	Y Gwir Anrh. Arglwydd Heycock
1978	Llanelwedd *Bl. Meirionnydd-Gwynedd*	Gorffennaf	Meuric Rees, CBE, FRAgS
1979	Llanelwedd *Bl. Penfro-Dyfed*	Gorffennaf	Y Foneddiges Marion Philipps, FRAgS
1980	Llanelwedd *Bl. Brycheiniog-Powys*	Gorffennaf	Mrs R. W. P. Parry
1981	Llanelwedd *Bl. Dinbych-Clwyd*	Gorffennaf	R. Gwynn Hughes
1982	Llanelwedd *Bl. Morgannwg Ganol*	Gorffennaf	T. M. Richards, MBE
1983	Llanelwedd *Bl. Aberteifi-Dyfed*	Gorffennaf	Geraint W. Howells, AS, FRAgS
1984	Llanelwedd *Bl. Caernarfon-Gwynedd*	Gorffennaf	R. Pritchard Jones
1985	Llanelwedd *Bl. Mynwy-Gwent*	Gorffennaf	Syr Harry Llewelyn, CBE
1986	Llanelwedd *Bl. Môn-Gwynedd*	Gorffennaf	Tom Edwards, MBE
1987	Llanelwedd *Bl. Caerfyrddin-Dyfed*	Gorffennaf	W. J. Hinds, MBE, FRAgS
1988	Llanelwedd *Bl. Maesyfed-Powys*	Gorffennaf	V. W. Pugh, MBE, FRAgS
1989	Llanelwedd *Bl. De Morgannwg*	Gorffennaf	Idwal Symonds
1990	Llanelwedd *Bl. Meirionnydd-Gwynedd*	Gorffennaf	John E. Tudor, CBE, DL
1991	Llanelwedd *Bl. Penfro-Dyfed*	Gorffennaf	Peter J. Perkins, FRAgS
1992	Llanelwedd *Bl. Trefaldwyn-Powys*	Gorffennaf	Yr Anrh. E. E. Islwyn Davies, CBE, FRAgS, DL
1993	Llanelwedd *Bl. Gorllewin Morgannwg*	Gorffennaf	Dr Gwyn Jones
1994	Llanelwedd *Bl. Clwyd*	Gorffennaf	Michael Griffith
1995	Llanelwedd *Bl. Ceredigion*	Gorffennaf	Tom Evans, MBE, FRAgS
1996	Llanelwedd *Bl. Caernarfon*	Gorffennaf	D. L. Carey Evans, OBE, DL
1997	Llanelwedd *Bl. Brycheiniog*	Gorffennaf	Yr Anrh. Mrs Shân Legge-Bourke, LVO
1998	Llanelwedd *Bl. Môn*	Gorffennaf	O. G. Thomas, DL, FRAgS
1999	Llanelwedd *Bl. Morgannwg*	Gorffennaf	D. Hugh Thomas, CBE, K.St.J, DL
2000	Llanelwedd *Bl. Maesyfed*	Gorffennaf	Robin Gibson-Watt, DL
2001	Llanelwedd *Bl. Mynwy*	Gorffennaf	G. Stanley Thomas, OBE
2002	Llanelwedd *Bl. Mynwy*	Gorffennaf	G. Stanley Thomas. OBE
2003	Llanelwedd *Bl. Meirionnydd*	Gorffennaf	Robin Price, DL, ARAgS

★ Safle parhaol

ATODIAD DEG
Cadeiryddion Pwyllgorau

PWYLLGOR CYLLID/CYLLID A MATERION CYFFREDINOL/CYLLID A GWAITH

1904–1907	Syr Powlett Milbank, Bt.	1975–1980	Edward Owen
1908–1944	David Davies (o 1932, Yr Arglwydd Davies, Llandinam)	1980–1986	Peter Perkins, FRAgS
		1987–1991	Lloyd FitzHugh. OBE, DL
1946–1948	Cyrnol G. R. D. Harrison	1991–2000	H. G. Fetherstonhaugh, OBE
1949–1969	Is-gyrnol G. E. FitzHugh, OBE, TD	2000 hyd heddiw	John Vaughan, FRAgS
1970–1975	A. M. Jones		

PWYLLGOR RHAGLENNI (GWOBRWYON DA BYW) A DEWIS Y BEIRNIAID/PWYLLGOR DA BYW

1904–1908	Syr R. D. Green Price, Bt.	1968–1972	C. Austin Jenkins
1909–1914	Edward Green	1972–1976	Meuric Rees, CBE, FRAgS
1922–1944	Uwchgapten David Davies (o 1932, Yr Arglwydd Davies, Llandinam)	1976–1998	Emlyn Kinsey Pugh
		1998–2000	H. G. Fetherstonhaugh, OBE
1946–1948	D. D. Williams	2000–hyd heddiw	T. L. J. Clarke
1949–1968	Yr Athro J. E. Nichols		

PWYLLGOR GWAITH AR FAES Y SIOE

1904–1909	D. Lloyd Lewis a John Roberts	1910–1914	David John a phump arall

PWYLLGOR COEDWIGAETH

1928–1936	Thomas Thomson	1969–1973	Yr Anrh. Trevor O. Lewis
1937–1939	H. A. Hyde	1974–1982	M. L. Bourdillon
1946–1948	E. R. Puleston Jones	1982–1990	Cyrnol. J. D. Stephenson, MBE
1949–1955	Uwchgapten J. D. D. Evans	1990 hyd heddiw	Paul Raymond-Barker, FRICS
1956–1968	A. Lloyd O. Owen, CBE		

CYSTADLEUAETH LLAETHYDDA A BEIRNIADU DA BYW AR GYFER AMATURIAID

1931	G. Llewellin, Jnr	1934–1935	D. J. Morgan, B.Sc
1932	E. Hatfield (Y Weinyddiaeth Amaeth)	1936	E. Hatfield (fel uchod)
		1937	G. H. Purvis, FCS
1933	J. D. Davidson, ARCSI	1939	Isaac Jones

PWYLLGOR PEIRIANNAU/A STONDINAU MASNACH

1949–1967	Yr Athro J. E. Nichols	1981–1986	C. J. Beynon
1967–1968	Is-gyrnol J. J. Davis, OBE, TD, DL	1987–1998	Andrew Jones, MBE, FRAgS
1969–1971	R. E. Evans	1998 hyd heddiw	Peter B. Evans
1972–1980	Peter Perkins, FRAgS		

PWYLLGOR Y CYFARWYDDWR ANRHYDEDDUS/GWEINYDDIAETH Y SIOE

1951–1969	Cyrnol G. E. FitzHugh, OBE, TD	1990–1995	Verney Pugh, FRAgS
1970–1990	Uwchgapten David Fetherstonhaugh	1995 hyd heddiw	H. G. Fetherstonhaugh

PWYLLGOR MAES ARDDANGOS/GWEITHGAREDDAU CEFN GWLAD/CHWARAEON A GOFAL CEFN GWLAD

1965–1966	Hywel Evans, CBE	1996 hyd heddiw	Glyn Sneade
1966–1996	Edward Griffiths, OBE, FRAgS		

ATODIAD DEG (PARHAD)

PWYLLGOR GOLYGYDDOL A CHYHOEDDUSRWYDD

1955	Uwchgapten J. D. Gibson Watt, MC	1980–1982	Llywelyn Phillips
1956–1963	Yr Arhydeddus Islwyn E. E. Davies	1985–1986	Lloyd FitzHugh, OBE, DL
1964–1968	J. Llefelys Davies, CBE	1987–2000	John Vaughan, DL, FRAgS
1968	Sylvan Howell	2000 hyd heddiw	W. Haydn Jones, MBE, FRAgS
1969–1979	R. H. Bowering, FRAgS		

PWYLLGOR GARDDWRIAETH

1951–1954	Y Gwir Anrh. Arglwydd Kenyon	1972–1978	Mrs. K. Parry (wedyn Stevenson)
1955–1959	Y Tra Anrh. Ardalydd Môn, FSA	1978–1981	Ian S. Treseder
1960–1971	Mrs. B. M. Austin Jenkins	1981 hyd heddiw	Dr F. M. Slater, FRAgS

PWYLLGOR ADDYSG

1963	T. H. Jones, CBE	1967–1976	Yr Athro Martin Jones
1964–1967	Dr Richard Phillips		

PWYLLGOR CYNNYRCH A MÊL

1955	H. A. Thomas, FAI	1967–1969	David J. Thomas
1956–1966	Prifathro D. S. Edwards (Llysfasi a Chaernarfon)		

PWYLLGOR SIOE MÊL GENEDLAETHOL Y SIOE FRENHINOL

Ebrill 1970–Tachwedd 1975 Amryw aelodau'r pwyllgor a etholwyd i'r gadair	Tachwedd 1977–hyd heddiw James Thomas CBE, FRASC

CYNNYRCH A CHREFFTAU

1970–1975	David J. Thomas	1979 hyd heddiw	James Thomas, CBE, FRASC
1976–1979	John Lewis		

PWYLLGOR CŴN

1964–1981	William Prytherch	1982 hyd heddiw	Trevor M. Evans

ADRAN FFWR A PHLU

1964–1981	David J. Thomas	1976 hyd heddiw	James Thomas, CBE, FRASC

CNEIFIO DEFAID

1960–1961	W. J. Constable	1990–1991	J. T. Davies
1962–1967	J. Howard Beavan	1992–1993	T. A. Evans
1968–1974	T. E. Lewis	1994–1995	J. A. Davies
1975–1978	J. E. Roberts	1996–1997	B. Jones
1979–1981	E. L. Evans	1998–1999	M. R. David
1982–1986	Michael Evans, ARAgS	2000–2001	E. Evans
1986–1988	J. L. Davies	2002 hyd heddiw	G. R. Jones
1988–1989	B. S. Williams		

ATODIAD DEG (PARHAD)

MISS SIOE FRENHINOL

1970–1972	Yr Is-iarlles Weddw Chetwynd	1974–1988	Mrs N. S. K. Pugh
1972–1974	Miss Lorraine Jones	1988–1991	Miss Delyth Lewis
1974	Miss Vera Jones, MBE	1991 hyd heddiw	Mrs Delyth (gynt Lewis) Jenkins

NAWDD

1980–1989 Alan B. Turnbull, OBE, FRAgS   1989 hyd heddiw W. L. S. Clay

PEDOLI/GWAITH HAEARN ADDURNIADOL

1976–1993 William Jones   1994 hyd heddiw Stephen K. Pugh

NWYDDAU

1992–1994 Mrs Mari Edwards   1998 hyd heddiw Mrs Sarah Froggatt
1995–1998 Mrs Barbara Morgan

BUDDSODDI

1987–1999 Yr Anrh. Islwyn Davies, CBE, DL, FRAgS   2000 hyd heddiw W. Emrys Evans, CBE, FCIB

Y FFAIR AEAF

1987–1996 D. Hanks, MBE   1997 hyd heddiw H. G. Hughes

RHAGLEN

1970–1990 Alan B. Turnbull, OBE, FRAgS   1991 hyd heddiw D. R. Thomas

AELODAETH

1977–1987 Tudor Davies   2000 hyd heddiw John Rees
1988–1999 Dewi M. Thomas, MBE, ARAgS

CYNLLUNIO/DATBLYGU

1985–1988 A. J. B. Ratcliffe, OBE   1998 hyd heddiw W. Emrys Evans, CBE, FCIB
1989–1997 Lloyd FitzHugh, OBE, DL

PWYLLGOR IAU

1988 hyd y diwedd James Thomas, CBE, FRASC

ATODIAD UN AR DDEG
Prif Swyddogion

RHEOLWR YSGRIFENNYDD A CHYFARWYDDWR ANRHYDEDDUS
1904–1908 Lewes T. Loveden Pryse

YSGRIFENNYDD I'R CYNGOR
1908–Chwefror 1909 Yr Athro C. Bryner Jones, CBE
Mawrth 1909–Chwefror 1912 Robert Roberts
Chwefror 1912–1914 Thomas Whitfield, Jnr

YSGRIFENNYDD Y SIOE
1904–1914 Cynrychiolydd wedi'i benodi o staff y Meistri Thomas Whitfield a Chwmni, Gwerthwyr Eiddo, Amwythig. Cynrychiolwyr wedi'u henwebu: Walter Williams, Robert Roberts a Thomas Whitfield, Jnr.

YSGRIFENNYDD CYNORTHWYOL
1922–1948 Walter Williams

YSGRIFENNYDD CYFFREDINOL
1927–1948 Capt. T. A. Howson ('Lancastrian' oedd ei ffugenw fel newyddiadurwr)
1948–1973 John Arthur George (Ysgrifennydd/Rheolwr o 1966), MBE, FRAgS

PRIF WEITHREDWR
Ionawr 1974–Mai 1975 Philip S. Phillips
Mehefin 1975–Medi 1977 (Ysgrifennydd/Rheolwr) John Wigley, OBE, FRAgS
Medi 1977–Awst 1984 (Prif Weithredwr) John Wigley, OBE, FRAgS
Medi 1984 hyd heddiw (Prif Weithredwr) David Walters, FRAgS

YSGRIFENNYDD I GYMDEITHAS AMAETHYDDOL FRENHINOL CYMRU
Ebrill 1987 hyd heddiw Peter Guthrie

SWYDDOG Y SAFLE
1981 hyd heddiw Brian Waller

YSGRIFENNYDD NAWDD
1980–1988 Is-gyrnol Desmond Evans
1989–1994 Gordon Hamer

UWCH SWYDDOG MILFEDDYGOL
1904–1909 R. D. Williams
1910–1914 Richard Jones
1947–1968 T. H. Jones
1968–1975 F. V. John
1975–1993 T. Boundy, MBE, FRAgS
1993 hyd heddiw D. E. Bowen

TRYSORYDD ANRHYDEDDUS
1904–1930 Arthur Jones
1930–1946 R. H. Thomas
1946–1961 J. E. Rees
1962–1966 J. Smith Davies
1967 (Ar y cyd) J. Smith Davies a D. Gwynne Hughes
1968 D. Gwynne Hughes
1969 (Ar y cyd) D. Gwynne Hughes a Richard H. Moseley, FFA
1970 hyd heddiw Richard H. Moseley, FFA

YMGYNGHORYDD CYSYLLTIADAU CYHOEDDUS
1971 hyd heddiw John Kendall, FRAgS

ATODIAD UN AR DDEG (PARHAD)

93. Aelodau Bwrdd y Rheolwyr, 1997–9: (gw. yr allwedd isod) 1. John V. Williams, 2. Emlyn Kinsey Pugh, 3. A. J. B. Radcliffe, 4. Edward C. O. Owen, 5. Leslie T. Jones, 6. Peter D. Guthrie (ysgrifennydd), 7. John Vaughan, 8. Verney W. Pugh, 9. Robin Price, 10. R. H. Moseley, 11. H. George Hughes, 12. Peter J. Perkins, 13. James Thomas, 14. Leslie R. Williams, 15. Llewelyn Evans, 16. Tudor J. Davies, 17. Desmond R. Evans, 18. Harry Harries, 19. John Rees, 20. J. Robin Gill, 21. Peter Sturrock, 22. Dewi M. Thomas, 23. W. I. Cyril Davies, 24. Cynthia Higgon, 25. Fred M. Slater, 26. Susan Jones, 27. Meuric Rees, 28. W. Emrys Evans, 29. D. Hugh Thomas (llywydd 1999), 30. Harry G. Fetherstonhaugh, 31. David Walters (prif weithredwr). Y rhai sy'n absennol o'r llun hwn yw: Islwyn E. Davies, Derick H. Hanks, Emrys L. Griffiths, John Kendall, Peter B. Evans, Rosemarie Harris.

NODYN LLYFRYDDIAETHOL (PARHAD)

NODYN LLYFRYDDIAETHOL

Roedd swyddogion y Gymdeithas o'r cychwyn cyntaf yn ymwybodol o'r angen i gofnodi'n ffyddlon drafodaethau a gweithgareddau'r Gymdeithas, a bu hyn yn fodd i hyrwyddo'r dasg o ysgrifennu hanes ei chanmlwyddiant. Bonws ychwanegol i'r hanesydd – er hwyrach yn faich i staff y swyddfa – oedd y pwyllgorau llu yr oedd ganddynt gyfrifoldeb am redeg y Gymdeithas a chofnodwyd trafodaethau a phenderfyniadau eu cyfarfodydd cyson. O ganlyniad, mae llawer o'r testun yn deillio o gofnodion y Gymdeithas a gedwir yn Adran Lawysgrifau Llyfrgell Genedlaethol Cymru, Aberystwyth, a'r rhai o ddiwedd y 1950au ymlaen sydd yn archif y Gymdeithas yn Llanelwedd. Rwyf hefyd wedi defnyddio gwybodaeth yng nghyfrolau niferus *Cylchgrawn* y Gymdeithas; roedd y bwlch rhwng 1910 ac 1922 pan nas cyhoeddwyd, fodd bynnag, yn achosi prinder gwybodaeth y bu'n rhaid chwilota amdano ymysg y cofnodion swyddogol ac ym mhapurau newydd y cyfnod. Roedd adroddiadau'r wasg yn amhrisiadwy i daflu goleuni ar holl gyfnodau hanes y Gymdeithas. Roedd y *Cambrian News* â'i brif swyddfa yn Aberystwyth o werth arbennig i ddadlennu'r berthynas anodd a fodolai rhwng y Gymdeithas yn ei blynyddoedd cynnar a'r cymdeithasau amaethyddol lleol y pryd hwnnw. Fe dyrchwyd yn ddwfn hefyd i dudalennau'r *Western Mail*, a gyhoeddodd o'r cychwyn cyntaf adroddiadau llawn a chefnogol ar weithgareddau'r Gymdeithas. Dyfynnir hefyd ddarnau perthnasol o'r *Cymro*. Roedd gwybodaeth am sefydlu'r Gymdeithas i'w chael yn archif Stad Gogerddan a gedwid yn Llyfrgell Genedlaethol Cymru (blwch 66), ac yma y cafwyd yr ohebiaeth hynod o ddefnyddiol a fu â Lewes T. Loveden Pryse. Yr un modd cafwyd llawer o wybodaeth werthfawr o bapurau personol Arthur George, y swyddog a lywiodd y Gymdeithas rhwng 1948 a 1973. Bu'r Dr Richard George mor garedig ag i roi papurau ei dad at fy nefnydd. Dilynwyd George gan John Wigley rhwng 1975 a 1984, ac fe gasglodd ef swm anferth o wybodaeth am y Gymdeithas hyd at ddiwedd y 1980au, gwybodaeth sydd i'w chael mewn llawysgrif nas cyhoeddwyd ac a gedwir yn Llanelwedd. Heb y ddogfen gyfoethog hon buasai fy nhasg o ysgrifennu hanes y canmlwyddiant hwn wedi bod yn llawer iawn anos.

Elwais hefyd o gyfweliadau a gefais â rhai a oedd yn hyddysg ym materion y Gymdeithas, gan gynnwys yr Anrhydeddus Islwyn Davies, yr Arglwydd David Gibson-Watt, Tudor Davies, Graham Rees, David Lloyd a'r Dr W. Emrys Evans. Daeth gwybodaeth hefyd oddi wrth nifer o bobl a ymatebodd i apêl a wnaethpwyd ar y radio ac a fu'n ddigon caredig i gynnig gwybodaeth ac atgofion personol o'u hymweliadau i'r sioe. O safbwynt y ffotograffau, yn ychwanegol at y rhai a gafwyd o archif y Gymdeithas yn Llanelwedd ac allan o gyfrolau'r *Cylchgrawn*, cafwyd rhai o gasgliad Geoff Charles yn Adran Mapiau a Phrintiau yn Llyfrgell Genedlaethol Cymru.

Er y penderfynwyd ar y dechrau beidio â defnyddio troednodiadau a llyfryddiaeth faith, fe hoffwn er hynny, dynnu sylw'r darllenydd at rai llyfrau ac erthyglau a fu'n gymorth i lunio'r cefndir hanesyddol angenrheidiol:

NODYN LLYFRYDDIAETHOL (PARHAD)

Ashby, A. W., 'The Agricultural Depression in Wales', *The Welsh Outlook*, 16 (1929).

Ashby, A. W., 'Some Characteristics of Welsh Farming', *The Welsh Outlook*, 20 (1933).

Ashby, A. W., 'The Peasant Agriculture of Wales', *Welsh Review*, 3 (1944).

Ashby, A. W. and Evans, I. L., *The Agriculture of Wales and Monmouthshire* (Cardiff: University of Wales Press, 1944).

Davies, John, 'The End of the Great Estates and the Rise of Freehold Farming in Wales', *Welsh History Review*, 7 (1974–5).

Davies, Walter, *The Agriculture and Domestic Economy of South Wales* (2 vols, London, 1815).

Davies, Wynne, *The Welsh Cob* (J. A. Allen, 1998).

Davies, Wynne, *One Hundred Glorious Years: The Welsh Pony and Cob Society, 1901–2001* (The Welsh Pony and Cob Society, 2001).

Edmunds, H., 'History of the Brecknockshire Agricultural Society, 1755–1955', *Brycheiniog*, 2–3 (1956–7).

Goddard, Nicholas, *Harvests of Change: The Royal Agricultural Society of England, 1838–1988* (London: Quiller Press, 1988).

Howell, D. W., *Land and People in Nineteenth-century Wales* (London: Routledge & Kegan Paul, 1977).

Howell, D. W., 'Farming in Pembrokeshire, 1815–1974', in D. W. Howell (ed.), *Modern Pembrokeshire, 1815–1974*, vol. 4, *Pembrokeshire County History* (Haverfordwest: Pembrokeshire Historical Society, 1993).

Hudson, Kenneth, *The Bath and West: A Bicentenary History* (Bradford-on-Avon: Moonraker Press, 1966).

Lewis, John, *Three into One: The Three Counties Agricultural Society, 1797–1997* (Baron Press, 1996).

McCreary, Alf, *On with the Show: 100 Years at Balmoral* (Royal Ulster Agricultural Society, 1996).

Martin, John, *The Development of Modern Agriculture: British Farming since 1931* (Basingstoke: Macmillan, 2000).

Moore-Colyer, R. J., 'The Pryce Family of Gogerddan and the Decline of a Great Estate, 1800–1960', *Welsh History Review*, 9 (1978–9).

Moore-Colyer, R. J., 'Early Agricultural Societies in South Wales', *Welsh History Review*, 15 (1986).

Moore-Colyer, R. J., 'Farming in Depression: Wales between the Wars, 1919–39', *Agricultural History Review*, 46, part 2 (1998).

Rees, Derek, *Rings and Rosettes: The History of the Pembrokeshire Agricultural Society 1784–1977* (printed by Gomer Press, Llandysul, 1977).

Whetham, Edith, *The Agrarian History of England and Wales*, viii *1914–1939* (Cambridge: Cambridge University Press, 1978).

Williams, L. J., *Digest of Welsh Historical Statistics*, 2 vols (Cardiff: Welsh Office, 1985).

MYNEGAI

Abertawe 17, 19, 33, 36, 56–7
Aberteifi (sir) 3, 4, 7, 12, 21, 35, 79, 89, 98, 152, 169, 174, 190; *gweler hefyd* Ceredigion
Aberystwyth 7–8, 9, 10, 11, 14, 15, 16, 17, 18, 19, 20, 21, 25, 28, 30, 31, 33, 34–5, 36, 41, 46, 54, 64, 80, 98, 99, 104, 106, 108, 156, 158, 254
Able, Leslie 242
Addie, W. Forrester (Parc Castell Powys) 32, 33
Adroddiad ar Weithredu'r Gymdeithas 51, 59, 92, 93; see also *Report on the Show and the General Working of the Society*
addysg 80–1, 87–8, 135–8, 146–9, 256–7
    arddangosiadau 80–1, 84, 95, 96, 97, 122–3, 137–8, 145, 234, 250, 257
    cynadleddau 40, 249–50, 257
    teithiau 147, 148–9
Alexander, D. T. 17
Alexandra, Tywysoges 115, 142–3, 198
Alice, Tywysoges 239
Alston, Barry 242
Amgueddfa Werin Cymru 258
Amwythig (sir) 190
Amwythig (tref) 45, 54, 87, 98, 107, 129
Anne, Tywysoges (y Dywysoges Frenhinol) 183, 218, 234
Arch, Charles (Machynlleth) 240
Archers, The 165
Arddangosfa 'Busnes i Fusnes' Canolbarth Cymru 247
Ashby, A. W. 93
Atkins, Is-gyrnol E. C. (Hinckley) 72
Auto Enduro 247
Awdurdod Datblygu Cymru 231
Awdurdod Datblygu Canolbarth Cymru 187

Bangor 33, 36
Banc Barclays 186, 187
Banc y Midland (HSBC) 55, 112, 176, 186, 187, 196, 199, 204, 208, 246, 250
Banc National Westminster 186, 187, 205
Barnett, D. P. (Llancarfan) 72
BBC 86, 243
Beastly Time 243
Beaumont, Is-gyrnol R. E. B. 111, 154–5, 156
Beavan, John (Winsbury) 74
Bennion, John (Stackpole Court) 131
Bevan, Teleri 260

Beynon, Christopher 219
Beynon, Christopher (Fferm Ynyshafren) 72
Beynon, Nicky 225–6
Bibby Agriculture 246
Birmingham Post 141, 167
Blas ar Gymru 232, 246
Bourne, John (Moreton-in-Marsh) 131
Bowen, Godfrey 120, 121
Bowen, Winston 246
Bowering, Richard 165
Boyce, Max 193
Bradstock, Percy (Tarrington) 73
Bridfa Blanhigion Gymreig 93, 149
Brigstocke, Augustus 5
Brockhouse Engineering (Southport) 119
Brodrick, Margaret (Abergele) 126, 127, 139
Brooks, Roland 144, 159, 167, 187, 242
Broome, David 141
Brown, Bessie 41
Brycheiniog 3, 4, 21, 50, 76, 79, 85, 86, 152, 168, 174, 190, 259; *gweler hefyd* siroedd nawdd Sioe Frenhinol Cymru
Buckley, Capten W. H. (Castell Gorfod) 90
Burton, Richard 167
Busher, Hugh 144
Bwrdd Amaeth 37, 38, 40
Bwrdd Croeso Cymru 143, 184, 187, 258
Bwrdd Datblygu Cymru Wledig 184, 187, 231, 258
Bwrdd Marchnata Gwlân 137
Bwrdd Marchnata Llaeth 81, 105, 130, 137, 186, 234
Bwrdd Marchnata Tatws 137
Bwrd Marchnata Wyau 137

Caerdydd 10, 33, 52, 54, 56, 57, 62, 78
Caerfyrddin (sir) 3, 13, 14, 21, 36, 69, 89, 107, 122, 124, 152, 171, 177; *gweler hefyd* siroedd nawdd Sioe Frenhinol Cymru
Caerfyrddin (tref) 13–14, 17, 20, 152
Caerloyw, dug 235
Caernarfon (sir) 3, 35, 37, 79, 90, 98, 99, 106, 151, 227; *gweler hefyd* siroedd nawdd Sioe Frenhinol Cymru
Caersws 157
Caint, dug 66, 67
Cambrian Land Cyf. 207–8
Cambrian News 11, 12, 19, 20, 35
Carrington, Arglwydd 39

MYNEGAI

Casnewydd 36
Castell-nedd 57, 145
Cave, W. H. Brown (Llanllieni) 73
Cawdor, Argwlydd (Stackpole Court) 3, 72
ceffylau:
    ceffylau Arab 212, 216
    ceffylau gwedd 27, 41, 123–4, 212
        pencampwyr: Heaton Gay Lad 124; Hendre Baronet 27; Hillmoor Sunset 124; Wishful Select 123
    ceffylau hacnai 27, 48, 124
    ceffylau hela 27, 84, 127, 212, 216
    ceffylau reidio 212
    cobiau Cymreig 23–4, 39, 41, 45, 48, 49, 55, 67, 68, 70, 74–5, 98, 111, 124–5, 127, 141, 202, 212–17, 241
        pencampwyr: Brenin Dafydd 215; Brenin Gwalia 125; Calerux Boneddwr 216; Cwmcau Lady Jet 75; Cyttir Telynor 215; Derwen Dameg 215; Derwen Groten Goch 213, 215; Derwen Princess 213, 215; Derwen Rosina 215; Dewi Rosina 215; Fronarth Boneddiges 214, 215; Fronarth Welsh Model 215; High Stepping Gambler II 24; Llanarth Braint 215; Llanarth Flying Comet 215; Llwynog-y-Garth 125; Mathrafal Brenin 125; Mathrafal Eiddwen 75–6, 125; Meiarth Welsh Maid 125; Myrtle Welsh Flyer 125; Parc Lady 125, 215; Parc Rachel 213, 215; Pentre Eiddwen Comet 74, 125; Pride of the Hills 24
    merlod Cymreig 23–4, 39, 41, 48, 49, 55, 67, 68, 111, 124, 126–7, 141, 212, 215, 229
    merlod Mynydd Cymreig 70, 75, 124, 126–7, 141, 212, 214, 215
        pencampwyr: Coed Coch Madog 126; Coed Coch Siaradus 126; Coed Coch Siwgran 126; Fronarth What Ho 214, 215; Grey Light 23, 24; Grove Sprightly 75; Revel Spring Song 126;
    merlod Shetland 216
Ceredigion 106; *gweler hefyd* Aberteifi (sir)
Cledwyn o Benrhos, Arglwydd 183, 197
clefyd pothellog moch 211
clefyd y gwartheg gwallgof (BSE) 252
Clwb Cynel Cymru 247
Clwyd 174, 202

clwy'r traed a'r genau 67, 101, 151, 193, 203, 251–2
Clybiau'r Ffermwyr Ifanc 85, 97–8, 105, 111, 120, 137–8, 174, 187, 227–30, 238, 243, 255–60
Coats, Peter 26
coedwigaeth 51, 78–9, 84, 137, 147, 150, 248, 256
Coleg Amaethyddol Cymru 147–8, 250
Coleg Prifysgol Cymru, Aberystwyth 5, 29, 35, 45, 81, 93, 146, 148, 215, 254–5, 256, 258–9
Coleg Prifysgol De Cymru, Caerdydd 35, 87
Coleg Prifysgol Gogledd Cymru, Bangor 5, 8, 35, 45, 51, 74, 81, 87, 89, 93, 146, 149, 256
Coleman, Sheila 242
Colley, Alan (Corston) 73
Comisiwn Coedwigaeth 80, 220
Comisiwn y Mileniwm 187, 258
Constable, W. J. 110
Cooper, Peter 233
Cooper, Sir Richard (Caerlwytgoed) 26, 32
Cooper, McDougall a Robinson, Meistri 81, 86
Corfield, E. M. a'i Fab 131
Corwen 51, 62, 63, 111
Creighton Griffiths, Meistri (Hysbysebu) Cyf. 167, 242
Cronfa Apêl Genedlaethol 164, 169–70
Curre, Cyrnol Syr Edward (Cwrt Llanddinol) 72
Cwmni Rheilfford Canada a'r Môr Tawel 86
cŵn 76–8, 82, 83, 140
    cŵn defaid 82, 83, 140, 224, 227
        pencampwr: Blackie 82
        treialon 83, 84, 139–40, 227
    cŵn hela 76–7, 83
        pencampwr: Verity 77
Cyd-Bwyllgor Addysg Cymru 147, 184
Cyngor Amaeth Cymru 53
Cyngor Cefn Gwlad Cymru 248
Cyngor Crefft Cymru 230, 231; *gweler hefyd* Ffair Fasnach Cymru
Cyngor Cyhoeddusrwydd Llaeth Cenedlaethol 81
Cyngor Cymru 147
Cyngor Diwydiannau Bychain mewn Ardaloedd Bychain (COSIRA) 258
Cyngor Ymchwil Amaethyddol 148
Cylchgrawn Amaethyddiaeth Cymru 146, 149
Cylchgrawn Cymdeithas Amaethyddol Frenhinol Cymru 22, 23, 25, 28, 32, 37, 38, 40–1, 55, 56, 92–3, 105, 110, 149, 166, 176, 180, 192, 193, 252–3, 257

Cyllido Ewropeaidd (Cronfa Arweiniad a Gwarant Amaethyddol Ewrop) 187
Cymdeithas Amaethyddol Amwythig a Gorllewin y Canolbarth 100
Cymdeithas Amaethyddol Frenhinol Cymru
    aeolodaeth 31–2, 33, 34, 46, 47–8, 50–1, 52–4, 58, 99–100, 101, 104–5, 107, 150, 152, 153, 155–6, 158, 163, 164–5, 166, 169, 170–2, 176, 189–90, 229
    Clybiau 200 169, 171, 173–4, 175, 179
    cyfansoddiad 8–10, 45, 49–50, 97–8, 106–8, 165–6, 169
    cyfarfodydd/pwyllgorau sirol 50, 58, 61–2, 64, 68, 79, 83, 85, 93, 98–9, 147, 152, 163, 165, 166, 170, 171–2, 174, 177, 182–3
    Cyngor 10–11, 27, 31, 32, 33, 34, 35, 36, 37–40, 45, 46, 47, 49–50, 53, 61, 62, 63, 65–6, 80, 83, 84, 85, 86, 87, 88, 89, 90, 91, 97–8, 99, 101, 106, 122, 138, 139, 146, 152, 153, 156, 158, 159, 160, 165–6, 169, 252
    cyllid 31–3, 35–6, 46–7, 50–3, 54, 58, 61–2, 63, 78, 99–104, 105, 107–8, 112–13, 150, , 154, 155, 156, 157–8, 163–4, 169–70, 171–6, 178, 179, 181–7, 188–91, 193–4, 247, 255, 258–9
    gweinyddiaeth 97–8, 99, 100–1, 105–9, 111–13, 118–19, 165–6, 167–8, 173, 190–1, 192–3, 240–2
    nawdd 185, 186–7, 190, 204–5, 217, 246, 250
    a *passim*
Cymdeithas Amaethyddol Frenhinol Lloegr 5, 8, 10, 12, 16, 23, 24, 27–8, 34, 40, 45, 46, 52, 53, 57, 64, 83, 89, 142, 147, 163, 175, 181, 200, 208, 218, 243, 258
Cymdeithas Amaethyddol Frenhinol Sir Gaerhirfryn 31, 53, 65, 118
Cymdeithas Amaethyddol Frenhinol Ulster 5
Cymdeithas Amaethyddol Frenhinol y Siroedd 34
Cymdeithas Amaethyddol Frenhinol yr Ucheldiroedd 5, 10, 53, 147, 163, 174
Cymdeithas Amaethyddol Genedlaethol Gymreig, *gweler* Cymdeithas Amaethyddol Frenhinol Cymru
Cymdeithas Amaethyddol Genedlaethol Denmarc 16
Cymdeithas Amaethyddol Genedlaethol Iwerddon 16
Cymdeithas Amaethyddol Swydd Efrog 53, 65, 100
Cymdeithas Amaethyddol y Siroedd Unedig 13–16, 17, 20–1, 31, 152

Cymdeithas Amaethyddol y Tair Sir 53
Cymdeithas Aredig Cymru 251
Cymdeithas Bridwyr Defaid Hanner-ach Gymreig 111, 150, 251
Cymdeithas Ceffylau Cyfan Sir Drefaldwyn 27
Cymdeithas Ceffylau Prydain 247
Cymdeithas Cŵn Defaid De Cymru 140
Cymdeithas Cŵn Hela Cymreig 78, 83, 92
Cymdeithas De Cymru o Fridwyr Gwartheg Duon 14
Cymdeithas Defaid Genedlaethol 247, 251
Cymdeithas Dulyn 5, 145
Cymdeithas Frenhinol Caerfaddon a Gorllewin Lloegr a'r Siroedd Deheuol 10, 17, 23, 46, 53, 56–7, 62, 132, 163, 225
Cymdeithas Genedlaethol Bridwyr Defaid 121
Cymdeithas Goffa Genedlaethol Gymreig y Brenin Edward VII 87, 88
Cymdeithas Hynafiaethau Cymru 19
Cymdeithas Llyfr Diadelloedd Defaid Cymreig 25, 150
Cymdeithas Merlod Arddangos Prydain 248
Cymdeithas Neidio â Cheffylau Prydain (BSJA) 217
Cymdeithas Rheoli Ffermio Cymru 250
Cymdeithas Sefydliadau Amaethyddol Cymru 80, 90, 231, 251
Cymdeithas Tirfeddianwyr Cefn Gwlad 53, 90, 243
Cymdeithas y Defaid Mynydd Cymreig 111, 249, 251
Cymdeithas y Gwartheg Duon Cymreig 5, 25, 40, 41, 57, 129–30, 159
Cymdeithas y Merlod a'r Cobiau Cymreig 5, 24, 25, 39, 92, 111, 124, 150, 251
Cymdeithas y Moch Cymreig 92, 251
cymdeithasau amaethyddol sirol 3, 4–5, 7–8, 11–14, 15–16, 18, 20, 21, 36, 62–3, 69
Cymraeg, darpariaeth ar gyfer yr iaith 9, 41, 55–6, 105, 109–11, 119, 122, 146, 236–7, 243–4, 253, 256
Cymro, Y 116, 153, 228, 236
Cynhadledd Ffermio Cymru 250
Cynhadledd Genedlaethol Dofednod 40
Cynhadledd Rhagolygon Amaethyddiaeth Cymru 250
Cynllun Gwella Cahn Hill 87

MYNEGAI

Cynllun Gwella Da Byw 91, 128
Cynllun Marchnata Llaeth 93
Cynllun Medal Gwasanaeth Hir 141–2, 147, 148
Cynulliad Cenedlaethol Cymru 194, 252
cystadlaethau 51, 64, 67–70, 84, 120, 137, 147, 149, 223, 224–5, 227–30, 241, 248–9
    Cystadleuaeth Ryng-Frîd o Bum Gwartheg Bîff 205, 206
    Cystadleuaeth Ryng-frîd Tîm o Bum Gwartheg Llaeth 205
    Cystadleuaeth y Bugail 210
    Cystadlaethau Cneifio Defaid y Byd 225
    Cystadlaethau Rhyng-sirol Grŵp a Brîd 51, 64, 67–70, 84, 204–5, 256
    Pencampwriaeth Cneifio Defaid Cymru Gyfan 120
    Pencampwriaeth Tîm y Pum Cenedl 225
    Pencampwriaeth y Merlod Cymreig 248
    Pencampwriaethau Timau Merlod Rhyng-wladol 248
    Pencampwriaethau'r Tywysog Philip ar gyfer Merlod 247
    Prif Bencampwriaeth Gneifio Ŵyn Ewrop 225
    'Royal Welsh Stakes' 82, 83, 139–40
    gweler hefyd prif wobrau

da byw, *gweler* ceffylau, defaid, geifr, gwartheg, moch
Daily Express 116
Daily Mail 85–6, 141
Daily Telegraph 141
Dalgety Agriculture 246
Daresbury, Arglwydd 254
Davies, Cyril 252
Davies, Athro D. Seaborne 146, 147
Davies, D. Walter 151
Davies, David (Felindre) 16
Davies, David (Gwarffynnon) 249
Davies, David, Arglwydd (Llandinam) 46–7, 48–9, 50–2, 53, 54–5, 56, 57, 59, 63, 67, 69, 71, 72, 76–7, 83, 84, 88, 89, 91, 93, 97, 106, 113, 194, 208
Davies, Evan (Cwmgwenin) 24
Davies, Gilli 232
Davies, Gwen (Gwarffynnon) 249
Davies, Anrhydeddus Islwyn 149, 164, 170, 174, 175, 181, 194, 207–8, 222, 232, 234, 240, 253, 255
Davies, J. Llefelys 166

Davies, J. O. (Llanddewibrefi) 125
Davies, Jane (Felin-fach) 139, 227
Davies, Dr Jenkin Alban (Llanrhystud) 106, 169–70, 176
Davies, John T. L. (Pontsenni) 226–7
Davies, Kenneth 56
Davies, L. Smith 171
Davies, Mansel 167
Davies, Nicola 230
Davies, Robert 242
Davies, Roy 208
Davies, Sam 210
Davies, Dr T. L. 157
Davies, Tudor 168, 189, 192, 198, 237, 238
Davies, Vaughan (Tan-y-bwlch) 7, 8, 31, 35, 39–40
Davies, Dr Wynne 212–13
Davies, Thomas a Howells, Meistri (Sanclêr) 25
Davis, Cyrnol J. J. (Llanina) 120, 148, 198
Davis, M. H. a'i Feibion (Aberystwyth) 28
De Morgannwg 177, 202; *gweler hefyd* siroedd nawdd Sioe Frenhinol Cymru
Deddf Gwrteithiau a Phorthiant (1893) 37, 38
Deddf Trwyddedu Teirw (1931) 91
defaid:
    Berrichon du Cher 204
    Bleu Du Maine Prydeinig 204, 209
    Bluefaced Leicester 203
    Border Leicester 121–2, 209
    Bryniau Maesyfed 210
    Ceri 23, 26, 41, 67, 68, 74
        pencampwr: Kerry Goalkeeper 74
    Charollais 204, 209
    Croesfrid Cymreig 203
    Derbyshire Gritstone 203
    Dorset Down 203
    Exmoor Horns 203
    Fforest Clun 132–3
        pencampwr: Court Llacca F.50 132
    Hampshire Down 203
    Ile de France 204
    Jacob 203
    Llanwenog 122, 132
    Llŷn 203, 2090
    Maesyfed 132
    Mynydd Balwen Cymreig 204
    Mynydd Cymreig 23, 26, 41, 67, 68, 72, 73–4, 76, 132–3, 203, 209–10

pencampwyr: Cegin M14 74; Nantyrharn B3 2596 74; Snowdon D57 74; Snowdon G5 74
Mynydd De Cymru 132
Mynydd Duon Cymreig 74, 132, 203
   pencampwr: Cegin Wonder 74
North Country Cheviot 203
Oxford 203
Penrith Beulah 122, 132
Penfrith Bryniau Cymru 203–4
Rouge de l'Ouest 204
Ryeland 22, 27
Salers Ffrengig 204
Shropshire 26–7, 203
   pencampwyr: Heredity 26–7; Shrawadine Dream 27
South Devon 203
Southdown 70
Suffolk 70, 209, 210
Texel Prydeinig 204, 209
Torddu Cymreig 204
Whitefaced Woodland 203
Wiltshire 70
Dent, Henry (Perton Court) 73
digwyddiadau allanol ar faes y sioe 188–9, 190, 247–50, 256
Dinbych (sir) 35, 62, 68, 83, 86, 98–9, 153, 177; *gweler hefyd* siroedd nawdd Sioe Frenhinol Cymru
Dodd, G. H. a'i Fab (Ellerton Grange) 131
Dolgellau 165
Downshire, ardalydd 5
Draper, C. E. B. a'i Fab (Acton Burnell) 131
Dugdale, J. Marshall 8, 25, 41
Dunraven, iarll 57
Dŵr Cymru 191, 196, 222
Dyfed 202; *gweler hefyd* siroedd nawdd Sioe Frenhinol Cymru

Eckley, T. R. (Felin-fach) 132
Edward VII, Brenin 7, 23, 26, 31
Edward VIII, Brenin; 66; fel dug Windsor 66; fel tywysog Cymru 46, 47–8, 65, 67, 72
Edwards, Gwilym (Y Bala) 130
Edwards, H. P. 24
Edwards, Henadur Harold 57, 158, 167
Eglington, S. S. a'i Fab 133
Eisteddfod Genedlaethol Cymru 17, 19, 35, 63, 65, 152, 189, 239, 244, 254–5, 259

Elizabeth II, Brenhines 142, 233, 236; fel tywysoges 129, 142, 207
Elphick, Charles 169
Embrey, Harold (fferm y Brooks) 132
Emery, Jonathan 216
Emlyn, Is-iarll 164, 174
Evans, Arthur (Bronwylfa) 48, 50, 54, 60
Evans, Capten Bennet (Bow Street) 71
Evans, D. Vincent 241
Evans, David (Llwyncadfor) 15
Evans, Is-gyrnol Desmond 186
Evans, Eifion (Llansannan) 121
Evans, Dr Emrys 176, 185, 187, 194, 197, 252
Evans, Esmor 207
Evans, Syr Geraint 184, 195
Evans, Jeffrey 226
Evans, Laurie (Penally) 133
Evans, Mrs Mair 196
Evans, Peter 219
Evans, Thomas 87
Evans, Tom (Troed-yr-aur) 185, 211
Evans, Tom Jones (Lower Dinchope) 49, 75, 124
Evans, Trefor (Llanfair-ym-Muallt) 224
Evans, William 75, 124, 170
Evans-Bevan, Syr David M. 164
Evans, Bevan, Martyn 164
Everest Double Glazing 217
Eynon, Athro John 188

Fagan, David 225
Farmer and Stockbreeder 86, 167
Farmers Weekly 251
Fetherstonhaugh, Uwchgapten David (Plas Cinmel) 199, 241
Fetherstonhaugh, Harry 240, 242
FitzHugh, Is-gyrnol G. E. (Plas Power) 72, 87, 101, 103, 106, 111, 114, 118, 127, 140, 154, 157, 158, 160, 163, 166–7, 168, 174, 176, 178, 182, 194, 195, 204, 241, 253
FitzHugh, Lloyd 181, 195–6, 197
FitzHugh, Mrs Pauline 196
Fletcher, Syr Henry 14
Fowlie, Philip (Sir Fôn) 212
Francis, Uwchgapten John 105

Ffair Fasnach Cymru 247
Ffederasiwn Cymdeithasau Tir Glas Cymru 248

Ffederasiwn Tyfwyr Hadau Cymru Cyf. 151
Ffermydd Malvern Cyf. 133
Fflint (sir) 35, 83, 98–9, 153, 177; *gweler hefyd* siroedd nawdd Sioe Frenhinol Cymru
ffwr a phlu (adran) 40, 51, 78, 89–90, 123, 223, 224

garddwriaeth 78, 79–80, 139, 219–20, 248, 256
geifr 70, 203, 210, 211
    Alpaidd Prydeinig 211
    Anglo-Nubian 211
    Angora 211
    Golden Guernsey 211
    Saanen 211
    Saanen Prydeinig 211
    Toggenburg Prydeinig 211
        pencampwyr: Dagvill Quosh 211; Dagvill Thistle 210, 211
George, Arthur 106, 111–12, 114, 138, 145, 154, 157, 167, 168, 173, 174, 179, 199, 227
George, Josiah (Y Garn) 105
George, Len 209
George, Margaret 209
Gibbins, Bevington R. 164
Gibby, J. Edward 146, 153, 154, 157, 160, 170
Gibson, John 11–13, 15, 19, 20, 254
Gibson-Watt, Arglwydd (Doldowlod) 141–2, 149, 188, 195, 197, 255
Gill, Robin 252
Gillate, E. Uwins (Surrey) 72
Gittoes, Simon 202
Good Morning Wales 243
Gorchymyn Gorfodol Dipio Defaid (1906) 38
Gordon, Meistri Alex a Phartneriaid 177
Gorllewin Morgannwg 184, 202; *gweler hefyd* siroedd nawdd Sioe Frenhinol Cymru
Greaves, John 16
Greaves, R. M. (Y Wern) 8, 11, 16–17, 40, 72
Green, Edward 41
Green-Price, Sir Richard 20, 24, 33, 41
Griffith, E. C. E. (Plasneywdd) 131
Griffith, Is-gyrnol E. W. 74
Griffith, Moses (Pontarfynach) 56, 72, 87, 91, 97–8, 99, 105–6, 109, 111, 128, 146, 147, 155, 158, 159
Griffiths, Edward 223
Griffiths, Emrys (Talgarth) 126
Griffiths, H. R. (Little Tarrington) 73
Griffiths, Michael Creighton 242

Griffiths, R. W. (Ffordun) 111, 131, 148, 158
Guthrie, Peter 186
gwaith gof pedoli 124, 223
gwartheg:
    Aberdeen Angus 70, 295, 206
    Ayrshire 121, 128, 131, 205
    Byrgorn 26, 70, 72, 83, 128, 131, 205, 206
        pencampwyr: Barton Silver Ace 131; Chiddingstone Malcolm 26; Eaton Wild Eyes III 131; Hean Arthur 84; Townend Supreme 72
    Charolais, 204, 206, 207
        pencampwyr: Lappingford Tulip 207; Maerdy Empress 207
    Dexter 203
    Ffrisiaid 67, 70, 128, 131, 205, 206, 207
        pencampwyr: Glenridge Raider Cinema 208; Highwells Broker Jackie III 208, 209; Holmside Sure 131; Lliwe Empress 208; Marlais Snowdrift XI 208; Stackpole Engelsham II 131
    Guernsey 70, 205, 209
    Gwartheg Duon Cymreig 4, 5, 23, 24–5, 41, 46, 67, 68, 69, 70, 71–2, 76, 128–31, 205–7
        pencampwyr: Caran Jano 73; Caran Penda 73; Caran Tilly 129; Chwaen Major XV 206; Deiniolen Dewi 207; Duke of Connaught 25, 130; Egryn Buddugol 72, 73; Egryn Garnedd 129; Esgob Emrys II 131; Neuadd Cawr 206; Neuadd Idwal 129; Penywern Hester 73; Rhyllech Cymro 130; Wern Sentry 72, 73; Ynys Glenca III 130; Ysbyty Ifor 130
    Henffordd 26, 70, 72–3, 76, 128, 131, 204, 205, 206
        pencampwyr: Apsam 72–3; Britannia 73; Endale 26; Free Town Admiral 73; Leen Generosity 76; Pandarus Sain Ffagan 73; Paxolute Sain Ffagan 73; Sarn Costelloe 208; Sarn Curly IV 208; Sarn Eureka 208; Studdolph Mabel 131; Sultan 73; Wenlock Gringo 131
    Hirgorn 203
    Jersey 121, 122, 128, 129, 205
        pencampwyr: Abinger Harmonie 132; Cowin Rose 122; Jingo's Spoilt Boy 131–2; Wychwood Esprit 122

Limousin 204, 207
Lincoln Red 203
Red Polls 121
Simmental 204
South Devon 203
Gwasanaeth Cynghori Amaethyddol Cenedlaethol (NAAS) 147, 250
Gwasanaeth Cynghori Datblygiad Amaethyddol (ADAS) 250
Gweinyddiaeth Amaeth 80, 81, 89, 90, 91, 113, 136, 144, 147, 151, 247, 250, 251
Gweinyddiaeth Iechyd 88
gweithgareddau cefn gwlad 79, 81, 84, 137, 219, 222–3, 230, 256
Gwent 202; *gweler hefyd* siroedd nawdd Sioe Frenhinol Cymru
Gwillim, T. E. (Talgarth) 72, 76
Gwynedd 183, 202; *gweler hefyd* siroedd nawdd Sioe Frenhinol Cymru

Hague, William 197
Haigh, Reuben (Neuadd Gardden) 54–5, 92, 98, 99, 100, 114
Hall, Dwight 226
Hailsham, Arglwydd 148
Halford, T. 41
Hanks, Derick 198, 246
Harford, J. C. (Falcondale) 15
Harri, Tywysog 66
Harrison, Miss R. M. (Swydd Stafford) 72
Harrop, Capten N. Milne (Rhuthun) 72
Heaton, Uwchgapten Basil 237
Hein, Jane Ricketts 259
Hennfordd (swydd) 190
Herbert, Uwchgapten J. A. (Llanofer) 74
Hinds, W. J. 182, 194
Hoechst 185
Hopkin, Mary 167
Howe, John (Sussex) 207
Howe, Susan (Sussex) 207
Howell, L. A. (Llechryd) 122
Howell, Sylvan 166, 167
Howells, Geraint 183
Howells, Roscoe 166
Howson, Capten T. A. 50, 54, 55, 65, 67, 73, 80, 87, 92, 106, 111, 139
HTV 205, 243

Hughes, A. J. 35
Hughes, David (Y Rhyl) 121
Hughes, George 246
Hughes, George (Y Rhyl) 121
Hughes, Gwynne (199
Hughes, John (Llanrhystud) 125
Humphreys, W. F. S. (Y Gaer, Ffordun) 27
Hwlffordd 152–3
Hyrwyddo Bwydydd Cymreig Cyf. 231

Izzard, I. D. W. 85–6
Izzard, Percy 144

James, Dan 105
James, Pugh 143
Jeffreys, D. G. P. (Trecastell) 72
Jenkin, Athro Thomas James 93, 149
Jenkins, Austin 121, 171, 179, 239, 251
Jenkins, Mrs B. M. Austin 179, 220
Jenkins, D. Bennett (Tal-y-bont) 207
Jenkins, David (Taliesin) 72
Jenkins, Hywel (Machynlleth) 207
Jenkins, J. M. (Tal-y-bont) 72, 129
Jervoise, Mrs B. A. (Herriard Park) 74
John, David 243
John, Canon Elwyn 244
John, F. V. 252
Jones, A. M. 179
Jones, Andrew 219
Jones, Andrew (Llanbedr Pont Steffan) 222
Jones, Alice Jane 142
Jones, Arthur 46, 55
Jones, Beti (Castellnewydd Emlyn) 139
Jones, Syr C. Bryner 35, 47, 49, 63, 84, 90, 97, 99, 106, 112, 113–14, 116–17, 136, 137, 150
Jones, Carwyn 194
Jones, D. Picton 223
Jones, Emrys 250
Jones, Evan (Manorafon) 23
Jones, Geraint 228
Jones, Gwyn (Grefa Fronarth) 215
Jones, Gwynn Lloyd 251
Jones, H. Meyrick (Sir Drefaldwyn) 76, 83
Jones, I. Osborne 124
Jones, Isaac 92, 93
Jones, J. Morgan 153, 154, 155, 156
Jones, John (Grefa Merlod Coed Coch) 126

MYNEGAI

Jones, John (Trawsfynydd) 83
Jones, John (Ynys-hir) 12
Jones, John Ellis (Blaen-y-cwm) 132, 209–210
Jones, John a'i Fab (Neuadd Dinarth) 75
Jones, Meirion (Llandrillo) 141
Jones, Norton 116
Jones, Cyrnol Pryce 8
Jones, R. L. 109, 146, 156
Jones, Richard ap Simon (Ysguboriau) 131
Jones, Ronald (Menigwynion Mawr) 210
Jones, Sue (Menigwynion Mawr) 210
Jones, T. H. (Llandeilo) 105, 148, 170, 173, 179
Jones, T. J. 54–5
Jones, T. Llywelyn (Fferm Ystrad) 131
Jones, T. Mervyn 258
Jones, Tom 167
Jones, Vivian (Abergwenddwr) 210
Jones, W. H. 93
Jones, W. J. 144
Jones, Will (Rhandir-mwyn) 248
Jones, William 223
Jones, teulu (Church Farm) 209
Jones, teulu (Grefa Fronarth) 215
Joseph, Llewellyn (Porth-cawl) 123
Jude, M. W. 167

Kendall, John 167, 253
Knox, William (Slebech) 3
Kylsant, Boneddiges 84

Land Rover 187
Legge-Bourke, Anrhydeddus Shân 193, 211
Lewes, Watkin (Abernant-bychan) 3
Lewis, Alfred (Brechfa) 223
Lewis, Anrhydeddus Anne 84
Lewis, Cyrnol (Llysnewydd) 18
Lewis, John (Harpton Court) 3
Lister, Meistri R. A. 120
Liverpool Daily Post 86, 152, 158, 167, 175, 242, 250
Livestock Journal 54, 86
Lloyd, Charles E. 59, 71, 86
Lloyd, David (*Liverpool Daily Post*) 158, 167, 232, 242
Lloyd, David (Tremeirchion) 74
Lloyd, Ifor 192
Lloyd, Ifor (Grefa Derwen) 213, 215
Lloyd, Isa (Yr Eglwys Newydd) 120, 226
Lloyd, Roscoe (Grefa Derwen) 215

Lloyd, Sam (Yr Eglwys Newydd) 120–1, 226
Lloyd, Steven 225
Lloyd Trevor (Efail Dolgarreg) 124
Lloyd, Walford 86
Lloyd George, David 76

llaethydda 5, 28–9, 49, 79, 81, 84, 87–8, 93, 136, 147, 148, 137, 256
Llanandras 259
Llanbedr Pont Steffan 15–16, 51
Llandeilo 51
Llandinam 157
Llandrindod 33, 37, 54, 114, 157, 164, 259
Llanfair-ym-Muallt 104, 157, 158, 159, 188, 259
Llanfarian 7
Llanilar 8, 11, 13
Llanrwst 86
Llewellin, David C. (Sir Benfro) 134
Llewellin, G. Herbert (Hwlffordd) 87, 89
Llewellin, George G. (Sir Benfro) 134
Llewellin, R. G. N. (Sir Benfro) 134
Llewellyn, Syr David (Sain Ffagan) 72
Llewelyn, W. Craven (Cefn Cethin) 131
Llyfr Llinach y Cnudiau Cenedlaethol 77
Llyfr Llinach Cŵn Hela Cymreig 77

M ac M Timber Cyf. 186
McDonald, Alan 225
Machynlleth 157
Maesyfed (sir) 3, 7, 21, 35, 63, 190, 259; *gweler hefyd* siroedd nawdd Sioe Frenhinol Cymru
Manning, Peter 176
Margaret, Tywysoges 226, 227, 235
Mark Lane Express 5
Marks and Spencer 187
Massey-Harris-Ferguson 120, 134
Merched y Wawr 230
Meirionnydd 3, 4, 12–13, 85, 227; *gweler hefyd* siroedd nawdd Sioe Frenhinol Cymru
Menter Bwyd Cymru 231
Menter Bwyd Dyfed 231
Mentrau Cymdeithas y Sioe Amaethyddol Frenhinol Cyf. 168, 173, 174
Merchant, E. Verley 52, 85, 86
Meredith, David 193
Merthyr, Arglwydd 72, 84
Midland Agriculture 246

Milner, W. (Much Wenlock) 131
moch
    moch Cymreig 27, 67, 68, 70, 71, 74, 133–4
        pencampwyr: Letton Lunette II 133; Musselwich Supreme II 133; Teilo Solomon IV 133; Temple Druid Acorn III 133
    moch Cymreig Goldfoot 211
    moch Landrace 122, 134, 212
Môn 3, 35, 87, 108, 186, 227; *gweler hefyd* siroedd nawdd Sioe Frenhinol Cymru
Montgomerie, Dr R. F. 89
Montgomery, Cadlywydd 112, 142
Moore-Colyer, Athro Richard 49, 85
Morgan, D. O. 106
Morgan, Daniel (Coed Parc) 125–6
Morgan, Gaina 243
Morgan, J. 53
Morgan, Pugh 198
Morgan, Sam (Pen-Parc) 213, 215
Morgan, Mrs W. E. (Wellfield) 127
Morgan, teulu (Nantygroes Isaf) 250–1
Morgan-Richardson, C. (Noyadd) 14–15, 18, 21
Morgannwg 3, 17, 21, 35, 83, 190
Morgannwg Ganol 202; *gweler hefyd* siroedd nawdd Sioe Frenhinol Cymru
Morris, D. W. (Tal-y-bont) 72, 74
Morris, Johnny 74
Morris, R. J. 168
Morris, Val 168, 173
Moseley, Richard 189, 191, 199
Mostyn, Arglwydd 53
Mundy, Uwchgapten G. Miller (Andover) 72
Murray, W. (Fferm Eastington) 133
Mynwy (sir) 9, 21, 56, 68, 152, 170; *gweler hefyd* siroedd nawdd Sioe Frenhinol Cymru

Newman, F. J. (Llanllieni) 73
Nichols, Athro J. E. 110, 122, 146
Norton, E. P. 79

Orrells, Anwen 230
Owen, A. C. Humphreys 8
Owen, David (Pontfadog) 130
Owen, Ewart (Prestatyn) 74
Owen, J. B. (Llanboidy) 25, 41
Owen, William (Pontfadog) 130–1
Owens, D. Esmor (Fferm Penderi) 211

Owens, J. B. (Shobdon) 74

Parke, Mrs Bonnie 127
Parker, T. L. (Bishop's Frome) 131
Parr, John (Y Rhosan ar Wy) 73
Parry, Mrs K. 220
Parry, Prifathro Thomas 254–5
peiriannau 81–2, 113, 114, 118, 119–20, 123, 134, 148, 217, 219, 220–1, 238, 249, 256; tractorau 82, 98, 118, 119–20, 123, 124, 125, 134, 212, 219
Penfro (sir) 3, 4, 13, 14, 21, 35, 40, 84, 89, 90, 98–9, 169, 174; *gweler hefyd* siroedd nawdd Sioe Frenhinol Cymru
Pennell, Mrs N. (Hartpury) 139
Penrhyn, Arglwydd 72
Perkins, Peter 195, 196, 219
Perry, H. H. (Llandogo) 79
Petersen, Rob 242
Philip, Tywysog 233
Phillips, Geoff (Libanus) 226
Phillips, J. R. E. 93
Phillips, Llywelyn 110, 122, 167, 240, 241
Phillips, Peter 168
Phillips, Dr Richard 149, 165, 253, 255–6
Plaid Genedlaethol Cymru 57
Platt, Uwchgapten Eric (Fferm Madryn) 73–4
Powel, Charles (Castell Madog) 3
Powell, Claire 201
Powell, W. B. (Nanteos) 7, 12
Powys (sir) 187, 202; *gweler hefyd* siroedd nawdd Sioe Frenhinol Cymru
Powys, iarll 8, 18
Price, David (Nantyrharn) 73, 74
Price, James, a'i Fab (Glantywi) 72
Price, John 242
Price, John (Talsarn) 223
Price, Pat 141
Price, Robin (Rhiwlas) 237, 251
prif wobrau
    Ail Her-gwpan Sprightly 126
    Cwpan Cookes am Bedoli Ceffylau Cart a Chyfrwy 223
    Cwpan Eglington 134
    Cwpan y Frenhines 127, 209, 211, 216
    Gwobr Margaret Williams Wynne 205
    Gwobr Meuric Rees i Ofalwyr Cefn Gwlad 248, 256

MYNEGAI

Her-gwpan Edward Tywysog Cymru 46, 72, 129
Her-gwpan Fythol Tom & Sprightly 124, 125, 214, 215
Her-gwpan Kilvrough 126
Her-gwpan Mathias 72
Her-gwpan Siôr Tywysog Cymru 23–4, 46, 76, 125, 214, 215
Her-gwpan Tarrington 131
Her-gwpan y Cyrnol Harry Platt 72, 129
Her-gwpan yr NFU 228
Her-gwpan Ysguborwen 25
Medal Aur Bryner Jones Cymdeithas Amaethyddol Frenhinol Cymru 149, 178, 179, 194, 196, 197, 198, 241–2
Rosglwm Pencampwriaeth Cymdeithas y Sioe 131
Tlws D. Alban Davies 120, 248, 249
Tlws D. Walter Davies 151, 248
Tlws Goffa Syr Bryner Jones 150, 197, 248
Tlws W. J. Constable 225
Tlysau Pencampwriaethau Parhaol FitzHugh 204, 208, 236
Prifysgol Cymru 17, 19, 35, 45, 148, 249, 256
Prior, Thomas 5
Pryse, Syr Edward (Gogerddan) 36
Pryse, George R. 35
Pryse, Syr Lewes T. Loveden (Aberllolwyn) 7–8, 10, 11, 12, 14, 15–16, 17, 18–19, 21, 30, 31, 32, 34, 35, 37, 39, 64, 113
Prytherch, Bill (Caernarfon) 224
Prytherch, James 171
Pugh, Emlyn Kinsey 205, 227
Pugh, Martin 227
Pugh, Mrs N. S. K. 229–30
Pugh, Verney (Cwm Whitton) 187, 224, 225, 242, 246, 247, 250
Pwyllgor Allforio Da Byw Cymru 215
Pwyllgor Cyhoeddusrwydd Taleithiol 98
Pwllheli 17

Quant, Charles 167, 175, 242, 250

radio a theledu 86, 144–5, 167, 180, 243–4
Radio Rentals 217
Rank Foundation 184
Ratcliffe, Bill 232, 252

Ravndal, Peter 225
Rees, Ben W. 112
Rees, D. (Tyn-parc) 12
Rees, Graham 113, 141, 241
Rees, J. R. 8
Rees, J. E. 104, 112
Rees, Uwchgapten Jack 112
Rees, John (Dolgwm) 27
Rees, Meuric (Neuadd Escuan) 197, 252
Rees, Richard (Fferm yr Ynys) 72, 130
Report on the Show and the General Working of the Society 56; gweler hefyd *Adroddiad ar Weithredu'r Gymdeithas*
Richards, Hywel 258
Richardson, Meistri (Fferm Frogmore) 124
Roberts, Eryl Glyn 56
Roberts, Henry 8
Roberts, J. Bryn 17
Roberts, E. J. Athro 111, 146
Roberts, Jesse 144
Roberts, John 41
Roberts, Thomas 41
Roberts, Tudor 144
Roberts, W. Elfed 208
Roberts, teulu (Efailnewydd) 207
Rogers, Charles Coltman (Parc Stanage) 33, 41
Rowlands, W. T. 89
Royal Welsh Journal, gweler *Cylchgrawn Cymdeithas Amaethyddol Frenhinol Cymru*
Rutzen, Baron de (Parc Slebets) 89

Rhiwabon 97

Saer, Sheila 193
Same Lamborghini 219
Scott, Cyrnol G. F. (Plas Cregennan, Arthog) 19
Scurlock, T. H. (Tiers Cross) 72
Secombe, Harry 167
Sefydliad Astudiaethau Gwledig Cymru 250
Sefydliad Cenedlaethol Peirianneg Amaethyddol 123, 135, 148
Sefydliad Fferm Llysfasi 72, 74, 92, 93
Sefydliad y Merched 80, 81, 136, 138–9, 230
Shaw, William 5
Shelley-Rolls, Boneddiges (Trefynwy) 72
Siarl, Tywysog Cymru 172, 185, 186, 195, 196, 234, 240

Sinnett, J. L. M. (Tal-y-bont ar Wysg) 72
Sinnett, W. H. 210
Sioe Amaethyddol Frenhinol Cymru
  arddangosfeydd y cylch mawr 82–4, 122, 128, 134, 140–1, 201, 232–33
  cyhoeddusrwydd 166–7, 229, 242
  Ffair Aeaf 187, 204, 210, 234, 240, 245–6, 247, 257, 259
  niferoedd ymwelwyr 30 , 59–60, 64, 86, 101, 102, 103, 104, 113, 142–3, 144, 166, 169, 172, 173, 180–1, 191–2, 200–2, 237
  safle Llanelwedd: 103–4, 114, 121, 124, 153–4, 254–5, 257–8
    Adeilad Da Byw Sir Gaerfyrddin 177, 182, 183
    Adeilad Cyfathrebu 187
    Adeilad Gwartheg Dyfed-Caerfyrddin 184
    Ardal Chwaraeon a Gweithgareddau Gwledig 222, 256
    Canolfan Arddangosfeydd y Sioe Frenhinol 185–6, 187, 189, 197, 246
    Cyfadeilad Da Byw 185
    Cyfadeilad Preswyl y Stocmyn 183
    Neuadd Arddangos Clwyd 177, 182
    Neuadd Arddangos De Morgannwg 177–8, 182, 196, 198, 229, 231
    Neuadd Fwyd 184, 246
    Neuadd Henllan 184, 195
    Neuadd Llanelwedd 157, 183
    Pafiliwn Gweithgareddau Cylch 220
    Pafiliwn Rhyngwladol 184, 187, 195, 202, 242
    Pafiliwn y Comisiwn Coedwigaeth 220
    Pafiliwn y Stocmyn 184
    Pafiliwn y Llywydd 183
    Pafiliwn yr Aelodau 177, 182
    Prif Stand 183, 187, 195
    Stablau 177, 185
    Tŷ Ynys Môn 186
    Uned Gneifio Defaid 178, 187
  sioeau Llanelwedd: (1963) 135, 164, 198, 204; (1964) 201, 203, 204; (1965) 172; (1966) 231; (1968) 172, 203; 218; (1969) 172, 173; (1970) 203–4; (1972) 173, 203, 204; (1973) 172, 173, 200, 208; (1974) 177, 204, 206; (1975) 178, 180, 200, 204, 206; (1976) 180, 181, 190; (1977) 203, 205; (1978) 186, 187, 191, 203, 204, 233; (1979) 191; (1980) 204; (1981) 182, 187, 200, 203; 218, 219, 223; (1982) 203, 221, 242; (1983) 203, 233, 242; (1984) 180, 203, 218; (1985) 181, 187–8, 201, 203; (1986) 190, 204, 208, 209; (1987) 192, 203, 204, 208; (1988) 181, 184, 202, 204, 208, 209, 243; (1989) 180, 200. 203, 204; (1990) 192, 205; (1991) 190, 204; (1992) 184, 203, 204, 205, 243; (1993) 203, 205, 215, 240; (1994) 215, 240; (1995) 206, 209, 243; (1996) 185, 209; (1997) 209; (1998) 187, 203; (1999) 208, 260; (2000) 190, 200; (2001) 181, 190; (2002) 181, 203, 205
  sioeau symudol:
    Abergele (1936) 51, 52, 55, 59, 60, 61, 63–4, 67, 72, 74, 76, 79, 81, 83–4, 100; (1950) 100, 112, 126, 131
    Abertawe (1912) 46, 59, 60, 67, 84; (1927) 57, 59, 60, 64, 66, 67, 77, 79, 84, 86; (1949) 100, 104, 112, 115, 127, 129, 134, 139, 141–2, 200
    Aberystwyth (1904) 10, 12, 15, 16, 20, 28, 29–31, 59–60; (1905) 21, 24, 25, 26, 27, 29–30, 31, 59–60; (1906) 25–6, 27, 28, 29, 31, 59–60, 130; (1907) 26, 27, 30, 31, 33, 59–60; (1908) 24, 25, 26, 27–8, 29, 30, 31, 34, 59–60, 130; (1909) 24, 27, 30, 31, 35, 59–60; (1933) 51, 66, 73, 75, 80; (1957) 101, 109–10, 115, 120, 124, 126, 130, 131, 134, 139, 142, 143, 153
    Bangor (1926) 48, 66, 83, 84; (1958) 110, 115, 118, 125, 127, 130, 136, 139, 144, 153
    Caerdydd (1929) 62, 64, 82, 84, 86 (1938) 83; (1953) 101, 109, 119, 122, 124, 134, 135, 144, 212–14
    Caerfyrddin (1925) 48, 59, 60, 61, 64, 66, 78, 81, 83, 84, 115; (1947) 100, 104, 110, 121, 124, 127, 129, 138, 142
    Caernarfon (1930) 64, 67, 76; (1939) 53, 60, 64, 66, 79, 80, 84, 100; (1952) 101, 109, 119, 126, 140, 151, 241
    Casnewydd (1914) 46, 60, 65, 78, 83; (1927) 56
    Hwlffordd (1935) 59, 61, 63, 75, 78, 81, 82, 83, 84, 85; (1955) 101, 104, 109, 115, 122, 126, 131, 133, 134, 137, 144, 152–3
    Llandeilo (1961: Gelli-aur) 104, 115, 121, 22, 125, 130, 133, 136, 138, 139, 145, 158, 230
    Llandrindod (1932) 63, 69, 73, 74, 85, 86; (1951: Llanelwedd) 100–1, 119, 121, 122, 124, 126, 144, 158, 257
    Llandudno (1934) 59, 61, 64, 73, 75, 78, 81
    Llanelli (1910) 36, 46, 60; (1931) 60, 64, 66, 67, 77, 86

MYNEGAI

Machynlleth (1954) 8, 101, 109, 115, 116, 118, 131, 133, 136, 139, 141, 152
Pen-y-bont ar Owgr (1924) 48, 59, 78, 84
Port Talbot (1959: Margam) 103, 104, 110, 115, 120, 125, 141, 243
Porthmadog (1913) 46, 60, 64
Rhyl, Y (1956) 102, 103, 119, 120, 121, 124, 125, 130, 131, 133, 134, 137, 138, 139, 140, 141, 142
Trallwng, Y (1911) 46, 60; (1923) 48, 66, 81, 83, 84, 118; (1960) 104, 117, 118, 122–3, 125, 132, 134, 141, 144
Trefynwy (1937) 52, 60, 70, 72, 73, 79, 81, 83, 85, 100
Wrecsam (1922) 47–8, 59, 60, 77; (1928) 62, 67, 77, 86; (1962) 104, 122, 131, 139
siroedd nawdd 177, 180, 182–6, 190, 260
  Brycheiniog 183, 185; Caernarfon 185; Ceredigion 184–5; Canol Morgannwg 183; Clwyd 182, 183, 184; De Morgannwg 177, 184; Dyfed-Caerfyrddin 182, 184, 233; Dyfed-Ceredigion 182–3, 184; Dyfed-Penfro 184; Gorllewin Morgannwg 183, 184; Gwent 183; Gwynedd-Caernarfon 183; Gwynedd-Meirionnydd 183, 184, 232; Gwynedd-Môn 183; Maesyfed 183, 185; Morgannwg 185; Morgannwg Ganol 183; Penfro 183; Powys-Maesyfed 184; Powys-Trefaldwyn 184; Trefaldwyn 177; Ynys Môn 185, 186
  a *passim*
Sioe Dwyrain Lloegr 217, 232
Sioe Fawr Swydd Efrog 30
Sioe Geffylau Frenhinol Ryngwladol 217, 232
Sioe Smithfield 245, 246
sioeau ffasiwn 120, 137
Siôr V, Brenin 46, 66, 72, 142; fel tywysog Cymru 24, 31, 46
Siôr VI, Brenin 73, 142
Skinner, Meistri a'i Gwmni Cyf. 167
Slater, Fred 220
Slater, W. H. (Wellington) 131
S4C 244
Spencer, John Charles, Iarll 5
Smith, Osmond 78
Stapledon, Syr George 93, 113
stondinau masnach 28, 60, 81–2, 118, 200, 202, 217–19

Stratton, Richard (Y Dyffryn) 8, 72
Stuart, Chris 243
Sunday Mercury 167
Sunderland, Athro Eric 197
Swyddfa Gymreig 187, 188, 247, 251
Swyddfa Diwydiannau Gwledig 80, 137

Talbot, Thomas Mansel (Margam) 3
Tal-y-bont 8, 11, 13
Tanner, Alfred 27
Tanner, Craig (Wroxeter) 73
Tantrum, Patrick 246
Taylor, Elizabeth 167
Taylor, Pauline (Grefa Llanarth) 215
Thomas, A. D. (Grefa Grange) 125
Thomas, Bryan (Tŷ Newydd) 208
Thomas, D. H. (Parc Starling) 14, 17
Thomas, Dillwyn 233
Thomas, Elwyn 167
Thomas, G. J. (Carregcegin) 74
Thomas, Harry 241
Thomas, James 198
Thomas, John 215
Thomas, John (Bro Morgannwg) 241
Thomas, Ll. 170
Thomas, Marion 216, 240–1
Thomas, O. G. (Llannerch-y-medd) 198, 207
Thomas, Percy 112, 141
Thomas, R. H. 55, 112
Thomas, R. P. 105
Thomas, Stanley
Thomas, Trevor (Fferm Cwm Mawr) 123
Thomas, Valerie 116
Thorne, W. E. (Neuadd Studdolph) 131
Trallwng, Y 33, 65
Tredegar, Arglwydd 8, 14
Trefaldwyn (sir) 3, 27, 84, 174; *gweler hefyd* siroedd nawdd Sioe Frenhinol Cymru
Treowen, Arglwydd (Llanofer) 74
Treseder, Ian 220
Tudor, Huw (Towyn) 206
Turnbull, Alan 122, 143, 154, 156, 158, 164, 174, 186, 192, 218, 233, 238, 239
twbercwlosis 87–90, 93
Twrnameint Brenhinol 232–3
twymyn y moch 67

Undeb Amaethwyr Cymru 187, 236, 243
Undeb Cenedlaethol y Ffermwyr 53, 86, 90, 91, 105, 142, 155, 187, 243

Vaughan, John 244
Venables-Llewelyn, Cyrnol Syr Charles 114
Venables-Llewelyn, Brigadydd Syr Michael D. (Neuadd Llysdinam) 102, 114, 178

Wales Today 243
Waller, Brian 188
Walters, David (Llangadog) 192, 193, 199–200, 245–6
Walters, James (Llwynfedwyn) 79
Webley-Parry-Pryse, Uwchgapten (Noyadd Trefawr) 15
Wells Organization 164
Welshman, The 4
Western Mail 11, 15, 17, 19–20, 21, 29, 36, 37–8, 57, 59, 61, 64, 69, 71, 76, 80, 81, 84, 86, 116, 122, 144, 159, 167, 187, 242, 258, 259
Westminster, dug 72, 131
Wharmby, Dave 211
Wharmby, Gill 211
Wheeler, Mr (Studley) 30
Whelan, J. M. (Pont Fadlen) 133
Whewells, Meistri 124
White, Athro R. G. 51, 87, 93, 149, 253
Whitfield, Thomas 56
Wigley, John 106, 111, 166, 167, 176, 192, 198–9
Wigley, Mrs Sally 198
Williams, A. Osmond 8, 12–13
Williams, C. M. 35
Williams, Capten Bill 113
Williams, Bryan 227
Williams, D. J. (Aber-coed) 16
Williams, David Daniel 6, 8, 22, 37, 41, 69, 90
Williams, Fred 208
Williams, G. Checkland 8
Williams, Parchedig Garnons (Abercamlais) 4
Williams, Ken 241
Williams, Leonard 148
Williams, Mallt 58
Williams, R. a J. E. 208
Williams, Rod 208
Williams, Rufus 8
Williams, Thomas (Ffordun) 74
Williams, Tom 99
Williams, Walter 6, 11, 16, 50, 100, 106, 111
Williams-Ellis, R. (Glasfryn) 90
Williams-Owen, Mrs (Treveilyr) 72
Williams-Wynn, Is-gyrnol O. W. 146
Williams-Wynne, Cyrnol John (Peniarth) 178–9, 197, 205
Willis, G. H. (Birdlip) 72
Wilson, Tom 225
Wilson, W. J. P. a'i Feibion (Fferm Tregibby) 208
Woodcock, W. H. 57, 63, 69, 86
Woodhouse, Meistri (Nottingham) 103
Wrecsam 3, 33, 36, 45, 54, 62, 97, 100
Wyndham-Quin, Cyrnol 14
Wynn, Syr Watkin Williams (Wynnstay) 3
Wynne, R. F. (Rhuddlan) 131
Wythnos y Beibl yng Nghymru 247

Yeomans, I. M. 110
Ymddiriedolaeth y Foneddiges Roberts 149, 253
ymwelwyr tramor 86, 127, 143–4, 202
Ynys Sgogwm 90
Ysgrifenyddiaeth Wlân Ryngwladol 120, 137